21世纪高职高专土建类专业规划教材

Revit 建筑建模基础

主　编 ◎ 梁鸿颉
副主编 ◎ 李万海　李旭东　赵　星

中国建材工业出版社

图书在版编目（CIP）数据

Revit 建筑建模基础/梁鸿颉主编．—北京：中国建材工业出版社，2018.9（2024.1 重印）
21 世纪高职高专土建类专业规划教材
ISBN 978-7-5160-2391-4

Ⅰ.①R… Ⅱ.①梁… Ⅲ.①建筑设计—计算机辅助设计—应用软件—高等职业教育—教材 Ⅳ.①TU201.4

中国版本图书馆 CIP 数据核字（2018）第 197197 号

内 容 简 介

本书按照"理论以必需、够用为度，突出应用性，加强理论联系实际，内容应通俗易懂，适用性要强"的原则，并结合职业资格特点，以 1＋X 建筑信息模型（BIM）职业技能等级证书考试涉及的内容进行编写。全书共分为 16 个学习单元，主要包括：学习 Revit 相关知识，学习 Revit 基本操作，创建标高、轴网及参照平面，创建墙与幕墙，创建楼板和天花板，创建屋顶，创建柱和梁，创建门窗和洞口，创建楼梯扶手和坡道，创建场地，房间标记和创建面积，提取明细表，渲染外观和创建漫游，成果输出，创建体量及学习族基础知识等内容。

本书不仅可以作为高等职业院校和应用型本科院校土木类等相关专业 1＋X 建筑信息模型（BIM）职业技能等级证书考试初、中级教材，还可以作为从事 BIM 工作的工程技术人员的参考书。

Revit 建筑建模基础
梁鸿颉　主　编

出版发行：中国建材工业出版社
地　　址：北京市海淀区三里河路 11 号
邮　　编：100831
经　　销：全国各地新华书店
印　　刷：北京印刷集团有限责任公司
开　　本：787mm×1092mm　1/16
印　　张：16.25
字　　数：400 千字
版　　次：2018 年 9 月第 1 版
印　　次：2024 年 1 月第 4 次
定　　价：48.00 元

本社网址：www.jccbs.com，微信公众号：zgjcgycbs

前　言

本书根据高职高专人才培养目标、工学结合人才培养模式及专业教学改革的要求，以培养高技术技能应用型人才为主要任务，以提高 BIM 建模技能为出发点，结合相关行业岗位考证要求，利用编者多年的教学实践编写而成。

本着“理论以必需、够用为度，突出应用性，加强理论联系实际，内容应通俗易懂，适用性要强”的原则，本书结合职业资格特点，以 1+X 建筑信息模型（BIM）职业技能等级证书考试涉及的内容进行编写。在内容上以“××项目 6# 楼”实际工程为对象，列举了大量的典型案例，着重培养学生的实际应用和操作能力。通过使用 Revit 软件，以三维设计为基础理念，直接采用工程实际的墙体、门窗、楼板、楼梯、屋顶等构件作为命令对象，快速创建出项目的三维虚拟 BIM 建筑模型。为增强教材职业能力培养的系统性、连贯性，每个项目都设计了知识目标、能力目标等，每个单元小结都设置了思维导图文件。为巩固所学知识，在学习单元末安排了练习题。

全书共分 16 个学习单元，主要包括：学习 Revit 相关知识，学习 Revit 基本操作，创建标高、轴网及参照平面，创建墙与幕墙，创建楼板和天花板，创建屋顶，创建柱和梁，创建门窗和洞口，创建楼梯扶手和坡道，创建场地，房间标记和创建面积，提取明细表，渲染外观和创建漫游，成果输出，创建体量及学习族基础知识等内容。

本书是集体智慧的结晶，经建设行业、企业、学校专家审定教材编写大纲，在教材编写过程中给予悉心指导。全书由梁鸿颉统稿、修改、定稿，梁鸿颉任主编，李万海、李旭东、赵星任副主编。参加编写本书的人员有辽宁城市建设职业技术学院梁鸿颉、赵星；辽宁恒申项目管理咨询有限公司 BIM 项目部李万海；河北外国语学院李旭东。本书为辽宁省教育厅 BIM 技术技能传承创新平台的建设成果之一，梁鸿颉为平台建设的主持人、李万海为平台建设成员。

本书是面向实际应用的 BIM 基础图书，由高校建筑类专业教师及企业 BIM 专家联合编写，建议教学学时为 60～80 个学时，教学时可结合具体专业实际，对教学内容和教学学时进行适当调整。本书不仅可以作为高校、职业技术院校土木类等专业 1+X 建筑信息模型（BIM）职业技能等级证书考试初、中级教材，还可以作为从事 BIM 工作的工程技术人员的参考书。

本书在编写过程中参考了 Revit 2017 软件用户的网络帮助文件，在此向相关作者表示感谢。由于作者水平有限，不妥之处在所难免，恳切希望广大读者批评指正。

编者

2018 年 7 月

目　　录

学习单元1　学习 Revit 相关知识

知识目标：

了解 BIM 技术的价值。

熟悉 Revit 软件操作界面。

掌握 Revit 软件相关基本术语。

掌握项目文件的创建和设置方法。

能力目标：

会对 Revit 软件操作界面进行操作。

会使用项目样板创建和设置项目文件。

BIM（Building Information Modeling），中文意思为“建筑信息模型”，是由 Autodesk 公司在 2002 年率先提出，现已在全球范围内得到业界的广泛认可，被誉为工程建设行业实现可持续设计的标杆。Autodesk 公司的 Revit 是一款三维参数化建筑设计软件，它打破了传统的二维设计中平立剖视图各自独立、互不相关的协作模式。它以三维设计为基础理念，直接采用墙体、门窗、楼板、楼梯、屋顶等构件作为命令对象，快速创建出项目的三维虚拟 BIM 建筑模型。

任务 1.1　BIM 概述

1.1.1　BIM 简介

BIM 的概念原型最早于 20 世纪 70 年代被提出，当时称为“产品模型（Product Model）”，该模型既包括建筑的三维几何信息，也包含建筑的其他信息。进入 21 世纪后，随着计算机和信息技术的快速发展，CAD 技术也随之快速发展，特别是三维 CAD 技术的应用，产品模型的概念得以发展。2002 年，CAD 软件开发商——美国 Autodesk 公司收购了 Revit，开启了真正的 BIM 市场战略之路，BIM 技术开始在建筑工程中得到重视并加以应用。经过十几年的发展，BIM 技术取得了很大的进步，并已成为继 CAD 技术之后行业信息化最重要的新技术。

BIM 是以三维数字技术为基础，集成了建筑工程项目中各种相关信息的工程数据模型，可以为设计和施工提供相协调的、内部保持一致的、并可进行运算的信息。即 BIM 是通过计算机建立三维模型，并在模型中存储了设计需要的所有信息。例如，平面、立面和剖面图纸、统计表格、文字说明和工程量清单等。并且这些信息全部根据模型自动生成，并与模型实时关联。

1.1.2 BIM 技术特征

BIM 技术具有 4 个关键性特征，即面向对象、基于三维几何模型、包含其他信息和支持开放式标准。

(1) 面向对象。该特征以面向对象的方式表示建筑，使建筑成为大量实体对象的集合。例如，一栋建筑物包含了大量的结构构件、填充墙和门窗等。这就使得在相应的软件中，用户操作的对象就是这些实体，而不再是点、线、长方体、圆柱体等几何元素。

(2) 基于三维几何模型。该特征用三维几何模型尽可能如实地表示对象，并反映对象之间的关系。由于是基于三维几何模型的，相对于传统的用二维图形表达建筑信息的方式，不仅可以直接表达建筑信息，便于直观地显示，而且还可以利用计算机自动进行建筑信息的加工和处理，不需要人工干预。例如，从基于三维几何模型的建筑信息自动生成实际过程中所需要的二维建筑施工图，同时也便于利用计算机自动计算建筑各组成部分的面积、体积等。

(3) 包含其他信息。该特征在基于三维几何模型的建筑信息中包含其他信息，根据指定的信息对各类对象进行统计、分析。例如，可以选择某种型号的窗户等对象类别，自动进行对象的数量统计等。若在三维几何模型中包含了成本和进度数据，则可以自动获得项目随时间对资金的需求，便于管理人员进行资源的调配。

(4) 支持开放式标准。该特征支持按开放式标准交换建筑信息，从而使建筑全生命周期各阶段产生的信息在后续环节或阶段中可以共享，避免信息的重复录入。

1.1.3 BIM 技术的价值及应用前景

1. 对业主的价值

随着全社会对可持续发展认识的提高，建筑工程的可持续发展逐步成为共识，给建筑工程的设计、施工、运营和维护提出了更高的要求。特别是近年来，政府部门推行绿色建筑，要求建筑工程项目全生命周期做到“四节一环保”，即节能、节水、节地、节材、环境保护，建设绿色建筑逐步成为业主必需的抉择。另外，随着建筑工程的大型化和复杂化，以及政府部门对施工安全的重视，出于保证建筑工程按预期完成以及工程安全的目的，业主需要更好地对建筑工程进行把握，包括详细了解施工方案、施工安全措施，精确地进行投资控制等。

BIM 技术在上述几个方面都可以发挥关键的作用，有其重要的应用价值。在建筑工程建设进度方面，由于 BIM 技术支持快速形成直观的设计方案，可以使业主和设计单位用于确定设计方案的时间缩短；由于提高了设计效率，可以使设计单位的设计周期缩短；由于通过应用 4D 进度管理软件提高管理水平，可以使施工周期缩短。分析表明，BIM 技术的应用可以消除 40％预算外更改，使造价估算控制在 3％精度范围内，使造价估算耗费的时间缩短 80％，通过发现和解决冲突将合同价格降低 10％，使项目工期缩短 7％，可帮助业主及早实现投资回报。

2. 对承包商的价值

在建筑施工中，承包商通过利用 BIM 技术同样可以带来显著的价值。BIM 技术给承包商带来的应用价值，主要体现在以下几个方面：

(1) 支持施工计划的制订。在制订施工计划时，首先计划对应于每个计划单元的工程量。基于 BIM 面向对象的特性，承包商利用基于 BIM 技术的工程计量软件，通过计算机自动计算得到每个计划单元的工程量，然后在此基础上根据资源均衡等原则，制订及实施施工计划。

(2) 支持现场建造活动。随着建筑工程的大型化和复杂化，图纸变得非常复杂，给现场工人的识读带来很大困难。使用基于 BIM 技术的施工管理软件，可将施工流程以三维模型的形式直观、动态地展现出来，便于设计人员对施工人员进行技术交底，也便于对工人进行培训，使其在施工开始之前充分地了解施工内容及施工顺序。

(3) 支持减少及避免返工。在施工过程中，承包商需要将建筑、结构、水暖电、消防等各专业设计统一地加以实现。由于设计结果或者各专业施工协调不充分，往往出现不同专业管线碰撞、专业管线与主体结构部件碰撞等情况，以致承包商不得不砸掉已施工的部分，进行返工。应用 BIM 技术进行不同专业的碰撞检查，承包商也可以利用基于 BIM 技术的碰撞检查软件进行各专业设计的碰撞检查，从而在施工开始之前发现问题。或者利用基于 BIM 技术的 4D 施工管理软件，模拟施工过程，进行施工过程各专业的事先协调，从而避免返工。

(4) 支持工程计量和计价。传统的工程计量和计价是基于二维设计图进行的。造价工程师需要首先理解图纸，然后基于该图纸在计算机软件中建立工程计量模型，在此基础上进行工程计量和计价。对承包商来说，工程计量和计价是项目投标的必要工作，由于准备投标的周期往往较短，工程计量和计价涉及大量工作，通过基于 BIM 技术的工程计量软件，可直接利用项目设计 BIM 数据，省去理解图纸及在计算机中建模的工作。

(5) 支持项目综合管控。项目综合管控是指对项目的进度、成本、质量、安全、分包等进行综合管理和控制。BIM 技术基于三维几何模型，以属性的形式包含了各方面的信息，它支持信息的综合查询。例如，对于一个商业楼项目，使用 BIM 5D 施工管理软件可以查询到建造某层时需要用多长时间，消耗多少资源，管理哪些工程的分包，这样便于项目管理者对项目进行综合管控。

(6) 支持虚拟装配。在传统的施工项目中，构配件的装配只能在现场进行，如果构配件的设计存在问题，往往只有到现场装配时才能发现，这时再采取补救措施显然会使工期滞后，同时也浪费了很多精力。使用基于 BIM 技术的虚拟装配软件，可从设计结果的 BIM 数据中抽取构配件信息，并在计算机中自动进行装配，避免因设计问题造成工期滞后。

(7) 支持非现场建造活动。随着建筑工业化的发展，很多建筑构件的生产需要在工厂完成。使用 BIM 技术进行设计，可将 BIM 数据直接发送到工厂，通过对构件进行数字化加工，建造具有复杂几何造型的建筑构件，大大提高生产效率。

3. BIM 技术的应用前景

BIM 被业内认为是一片待开发的蓝海。行业内权威机构预估，到 2022 年全球 BIM 市场规模将由 2014 年的 26 亿美元增长到 115.4 亿美元，2015～2022 年施工方会成为最主要的 BIM 用户，预估增长率在 22.7%。可以预计，BIM 技术将有很好的应用前景。

(1) 对于新建筑，运用 BIM 技术将成为一种范式。目前，BIM 技术主要应用于大型复杂建筑工程，但限于局部应用，尚未在建筑全生命周期得到充分应用。在这种情况下，只有将其应用到大型复杂工程中才能得到看得见的效果，从而让人们接受其应用价值。随着BIM人才、BIM应用软件、BIM相关标准以及BIM技术应用模式等要素的改善，BIM技术必将取代传统的CAD技术，成为新建筑工程的一种范式，BIM技术将应用到任何建筑工程，也必将应用到建筑全生命周期中。

（2）对于既有建筑，也将实现BIM技术应用与传统CAD技术应用的对接。在应用BIM技术的建筑工程新范式下，将实现建筑全生命周期的信息化管理，届时既有建筑也不会成为例外。为此，对既有建筑也会建立其BIM数据，与新建筑实行统一管理。过去，建立建筑的三维模型被认为是费时、费力的事，近年来随着数字技术的发展，这一状况已经在改变。例如，利用激光扫描仪，可以对建筑物进行自动测量，得到点云，利用计算机对点云进行处理，可以得到点云对应的三维模型。这种方法目前已经得到迅速发展，并会逐步走向成熟。这样一来，将大大提高既有建筑的三维建模效率，从而突破既有建筑三维建模的瓶颈。只要有了建筑的三维模型，既有建筑将像新建筑一样，可以利用基于BIM技术的管理信息系统进行高效管理。

（3）BIM技术将在数字城市建设、基础设施建设等方面起到重要作用。实现城市的立体化、精准管理，不仅可以提高城市的现代化管理水平，而且有利于高效地进行城市防灾减灾的规划、预测和应急处置。数字城市正是支持城市的立体化、精准管理的重要手段。建筑作为城市的主要构成元素之一，其数字化对数字城市至关重要。从这个角度来讲，数字城市的发展会反过来推动BIM技术在既有建筑中的应用。

1.1.4 Revit 简介

1. BIM 与 Revit

BIM是以建筑工程项目的各项相关信息数据作为模型的基础，进行建筑模型的建立，即数字建筑。BIM是建筑业的一种全新理念，也是当今建筑工程软件开发的主流技术，而Revit系列软件就是专为BIM构建的。其利用软件内的墙、楼板、窗、楼梯和幕墙等各种构件来构建BIM，可帮助设计、建造和维护质量更好、能效更高的建筑。

Revit是Autodesk公司一套系列软件的名称，是专门为建筑信息模型而构建BIM的软件。Revit作为一种应用程序提供，结合了Revit Architecture、Revit MEP和Revit Structure软件的功能，内容涵盖了全部建筑、结构、机电、给排水和暖通专业，是BIM领域内最为知名、应用范围最为广泛的软件。

2. Revit 的应用特点

了解Revit的应用特点，才能更好地结合项目需求，做好项目应用的整体规划。其主要应用特点如下：

（1）首先要建立三维设计和建筑信息模型的概念，创建的模型具有现实意义。例如，创建墙体模型，它不仅有高度的三维模型，而且具有构造层，有内外墙的差异，有材料特性、时间及阶段信息等。所以，创建模型时，这些都需要根据项目应用需要加以考虑。

（2）关联和关系的特性。平立剖图纸与模型、明细表的实时关联，即一处修改，处处修改的特性；墙和门窗的依附关系，墙能附着于屋顶楼板等主体的特性；栏杆能指定坡道楼梯为主体、尺寸、注释和对象的关联关系等。

（3）参数化设计的特点。类型参数、实例参数、共享参数等对构件的尺寸、材质、可见性、项目信息等属性的控制。不仅是建筑构件的参数化，而且可以通过设定约束条件实现标准化设计，如整栋建筑单位的参数化、工艺流程的参数化、标准厂房的参数化设计。

（4）设置限制性条件，即约束。如设置构件与构件、构件与轴线的位置关系，设定调整变化时的相对位置变化的规律。

（5）协同设计的工作模式。工作集（在同一个文件模型上协同）和链接文件管理（在不同文件模型上协同）。

（6）阶段的应用引入了时间概念，实现了四维设计施工建造管理的相关应用。阶段设置可以和项目工程进度相关联。

（7）实时统计工程量的特性。可以根据阶段的不同，按照工程进度的不同阶段分期统计工程量。

3. 参数化设计

参数化设计是 Revit 的一个重要特征，它分为两个部分：参数化图元和参数化修改引擎。Revit 中的图元都是以构件的形式出现，这些构件是通过一系列参数定义的。参数保存了图元作为数字化建筑构件的所有信息。例如，当建筑师需要指定墙与门之间的距离为 200mm 时，可以通过参数关系来“锁定”门与墙的间隔。

参数化修改引擎提供的参数更改技术，可以使用户对建筑设计或文档部分做的任何改动自动的在其他相关联的部分反映出来。例如，在立面视图中修改了窗的高度，Revit 将自动修改与该窗相关联的剖面视图中窗的高度。任一视图下所发生的变更都能参数化地、双向地传播到所有视图，以保证所有图纸的一致性，勿需逐一对所有视图进行修改，从而提高了工作效率和工作质量。Revit 采用智能建筑构件、视图和注释符号，使每一个构件都可以通过一个变更传播引擎互相关联，且构件的移动、删除和尺寸的改动所引起的参数变化会引起相关构件的参数产生关联的变化。

Revit 具有三维可视化、仿真性的特性体现在 Revit 软件的可见即可得。Revit 能完全真实地建立出与真实构件相一致的三维模型。一处修改处处更新的特性体现在 Revit 各个视图间的逻辑关联性。传统的 CAD 图纸各幅图纸之间是分离的没有程序上的逻辑联系，当我们需要进行修改时，要人工手动的修改每一幅图，耗费大量时间精力，容易出错。而 Revit 的工作原理是基于整个三维模型的，每一个视图都是从三维模型进行相应的剖切得到的视图，在创建和修改图元时，是直接进行的三维模型的修改，而不是修改图纸，因此，基于三维模型的其他二维视图也自动进行了相应的更新。

任务 1.2　Revit 基本术语

Revit 是三维参数化建筑设计 CAD 的工具，不同于 AutoCAD 绘图系统。用于标识 Revit 中的对象的大多数术语或者概念都是常见的行业标准术语。一些术语对 Revit 来讲是唯一的，了解这些术语或者基本概念是非常重要的。

1. 项目

在 Revit 中，所有的设计信息都被存储在一个后缀名为“.rvt”的 Revit“项目”文件中。在 Revit 中，项目就是单个设计信息数据库——建筑信息模型。项目文件包含了从几何图形到构造数据的所有设计信息，包括建筑的三维模型、平立剖面及节点视图、各种明细表、施工图图纸以及其他相关信息。这些信息用于设计模型的构件、项目视图和设计图纸。通过使用单个项目文件，Revit 不仅可以轻松地修改设计，还可以使修改反映在所有关联区域（平面视图、立面视图、剖面视图、明细表等）中，仅需跟踪一个文件，方便项目管理。

2. 项目样板

当在 Revit 中新建项目时，Revit 会自动以一个后缀名为“. rte”的文件作为项目的初始条件，这个“. rte”格式的文件称为“样板文件”。Revit 的样板文件功能同 AutoCAD 中的“. dwt”文件相同。样板文件中定义了新建项目中默认的初始参数，例如，项目默认的度量单位、默认的楼层数量的设置、层高信息、线型设置、显示设置等。Revit 允许用户自定义自己的样板文件的内容，并保存为新的“. rte”文件。

3. 图元

在 Revit 中进行设计时，基本的图形单元被称为图元，如在项目中建立的墙、门、窗、文字、尺寸标注等都被称为图元。在创建项目时，用户可以通过向设计中添加参数化建筑图元来创建建筑。Revit 按照类别、族和类型对图元进行分类。在 Revit 中，图元主要分为三种：模型图元、基准图元和视图专有图元，如图 1-1 所示。

（1）模型图元。表示建筑的实际三维几何图形，其将显示在模型的相关视图中，如墙、窗、门和屋顶等。模型图元又分为以下两种类型：

① 主体。通常在项目现场构建的建筑主体图元，如墙、屋顶等。

② 模型构件。指建筑主体模型之外的其他所有类型的图元，如窗、门和家具等。

（2）基准图元。可以帮助定义项目定位的图元，如轴网、标高和参照平面等。

（3）视图专有图元。该类图元只显示在放置这些图元的视图中，可以帮助对模型进行描述和归档，如尺寸标注、标记和三维详图构件等。视图专有图元又分为以下两种类型：

① 注释图元。指对模型进行标记注释并在图纸上保持比例的二维构件，如尺寸标注、标记和注释记号等。

② 详图。指在特定视图中提供有关建筑模型详细信息的二维设计信息图元，如详图线、填充区域和二维详图构件等。

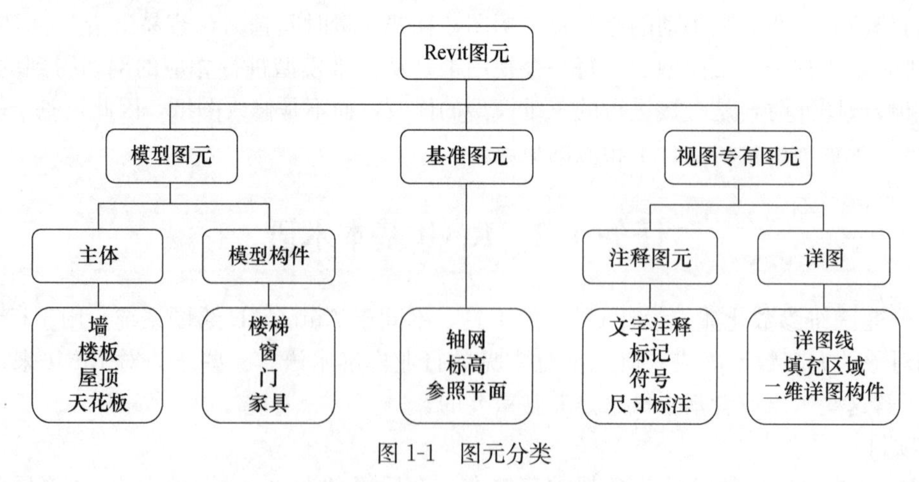

图 1-1　图元分类

4. 类别

类别是一组用于对建筑设计进行建模或记录的图元，用于对建筑模型图元、基准图元、视图专有图元进一步分类。例如，墙、屋顶和梁属于模型图元的类别，而标记和文字注释则属于注释图元类别。

5. 族

所有图元都是使用“族”（Family）来创建的。可以说族是 Revit 的设计基础。“族”中包括许多可以自由调节的参数，这些参数记录着图元在项目中的尺寸、材质、安装位置等信息。修改这些参数可以改变图元的尺寸、位置等。Revit 使用以下类型的族：

（1）可载入的族。可以载入到项目中，并根据族样板创建。可以确定族的属性设置和族的图形化表示方法。

（2）系统族。不能作为单个文件载入或创建。Revit 预定义了系统族的属性设置及图形表示。可以在项目内使用预定义类型生成属于此族的新类型。例如，标高的行为在系统中已经预定义，可以使用不同的组合来创建其他类型的标高，系统族可以在项目之间传递。

（3）内建族。用于定义在项目的上下文中创建的自定义图元，如果项目需要不希望重用的独特几何图形，或者项目需要的几何图形必须与其他项目几何图形保持众多关系之一。由于内建图元在项目中的使用受到限制，因此每个内建族都只包含一种类型。可在项目中创建多个内建族，并且可以将同一内建图元的多个副本放置在项目中。与系统和标准构件族不同，内建族不能通过复制内建族类型来创建多种类型。

6. 类型

每一个族都可以拥有多个类型。类型可以是族的特定尺寸，如 450mm×600mm、600mm×750mm 的矩形柱都是“矩形柱”族的一种类型。类型也可以是样式，如“线性尺寸标注类型”、“角度尺寸标注类型”都是尺寸标注图元的类型。

7. 实例

实例是放置在项目中的每一个实际的图元。每一实例都属于一个族，且在该族中属于特定类型。例如，在项目中的轴网交点位置放置了 10 根 600mm×750mm 的矩形柱，那么每一根柱子都是“矩形柱”族中“600mm×750mm”类型的一个实例。

Revit 图元按层级分类，分为四个层级：类别、族、类型、实例。类别分类是根据图元的功能属性进行分类的，族的分类是根据图元形状特性等属性进行分类的，类型的分类则是根据图元具体的一类属性参数进行分类的，实例则是具体的单个图元，如图 1-2 所示。

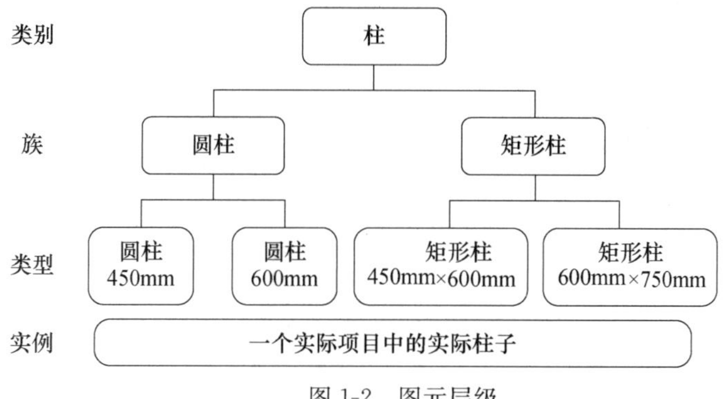

图 1-2 图元层级

8. 标高

标高是无限水平平面，用作屋顶、楼板和顶棚等以层为主体的图元的参照。标高大多用于定义建筑内的垂直高度或楼层。可为每个已知楼层或建筑的其他必需参照（如第二层、墙顶或基础底端）创建标高。要放置标高，必须处于剖面或立面视图中。

任务 1.3　项目样板设置

1.3.1　样板文件与项目文件

样板文件的后缀名为“. rte”，它是新建 Revit 项目中的初始条件，定义了项目中初始参数，如度量单位、标高样式、尺寸标注样式、线型线宽样式等。可以自定义自己的样板文件内容，并保存为新的“. rte”文件。

项目文件的后缀名为“. rvt”，包括了设计中的全部信息，如建筑的三维模型、平立剖面及节点视图、各种明细表、施工图图纸，以及其他相关信息，Revit 会自动关联项目中所有的设计信息，如平面图上尺寸的改变会即时的反映在立面图、三维视图等其他视图和信息上。

1.3.2　打开样板文件

1. 运行 Revit 软件

单击 Windows“开始”菜单→所有程序→Revit 命令，或双击桌面上生成的“Revit”快捷图标，打开 Revit 程序。

2. 创建基于样板文件的 Revit 文件

打开 Revit 后，可以通过界面左上方“项目”中的“打开”、“新建”、“建筑样板”三种方式，打开建筑样板文件，如图 1-3 所示。

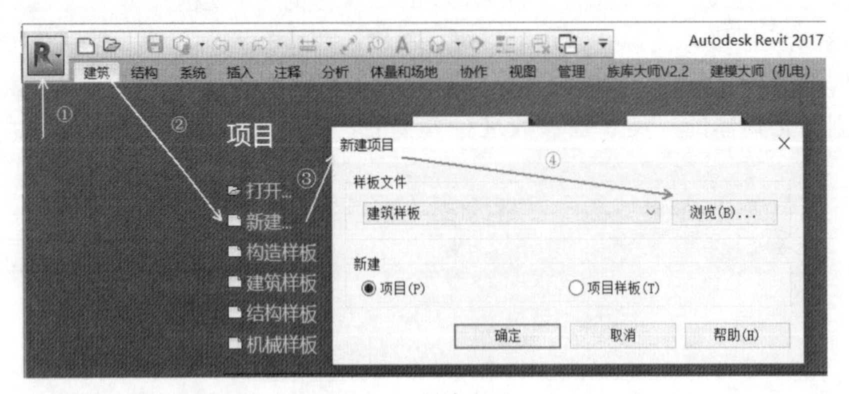

图 1-3　新建项目

（1）方法一：单击“项目”中的“打开”命令。

点击“打开”命令后，自动跳到储存样板文件的文件夹中。双击“DefaultCHSCHS”，可打开软件自带的建筑样板文件。

软件自带的建筑样板文件“DefaultCHSCHS”存于“C：/ProgramData/Autodesk/RVT2017/Templates/China”文件夹中。

通过这种方式打开的样板文件，不能另存为项目文件。

单击“项目”中的“打开”命令，也可以打开样板文件、族文件等其他文件。

(2) 方法二：单击“项目”中的“新建”命令。

在弹出的“新建项目”对话框中，单击“样板文件”下拉菜单，选择“建筑样板”选项，单击“确定”按钮，可直接打开软件自带的建筑样板文件“DefaultCHSCHS”。

若有自定义的样板文件，单击“浏览”按钮，找到自定义的样板文件，单击“确定”按钮打开，如图 1-4 所示。

(3) 方法三：直接单击“项目”中的“建筑样板”命令。

这种方法可以直接打开软件自带的建筑样板文件“DefaultCHSCHS”。

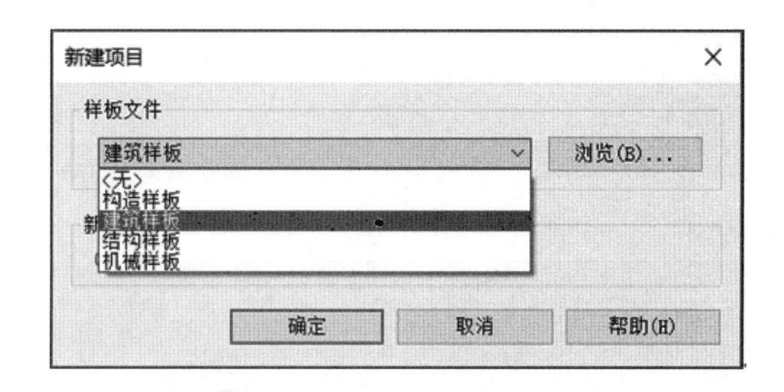

图 1-4　“新建项目”对话框及打开自定义样板文件

1.3.3　项目样板文件的储存位置

打开 Revit 后，单击界面左上方的应用程序按钮，单击“选项”按钮，弹出“选项”对话框。在弹出的“选项”对话框中，单击“文件位置”命令，会出现建筑样板、构造样板等的默认储存位置，如图 1-5 所示，可对其进行修改。

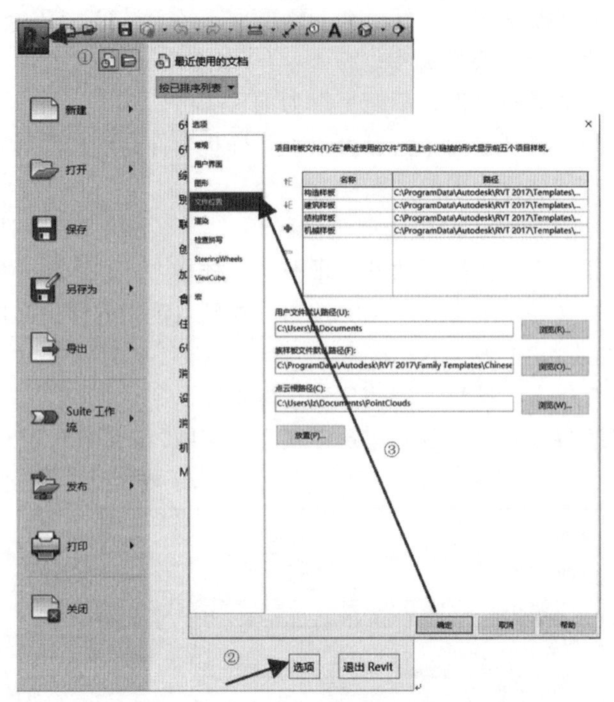

图 1-5　应用程序按钮及默认文件位置

任务 1.4　项目工作界面

打开样板文件或项目文件后，进入到 Revit 2017 的工作界面，如图 1-6 所示。

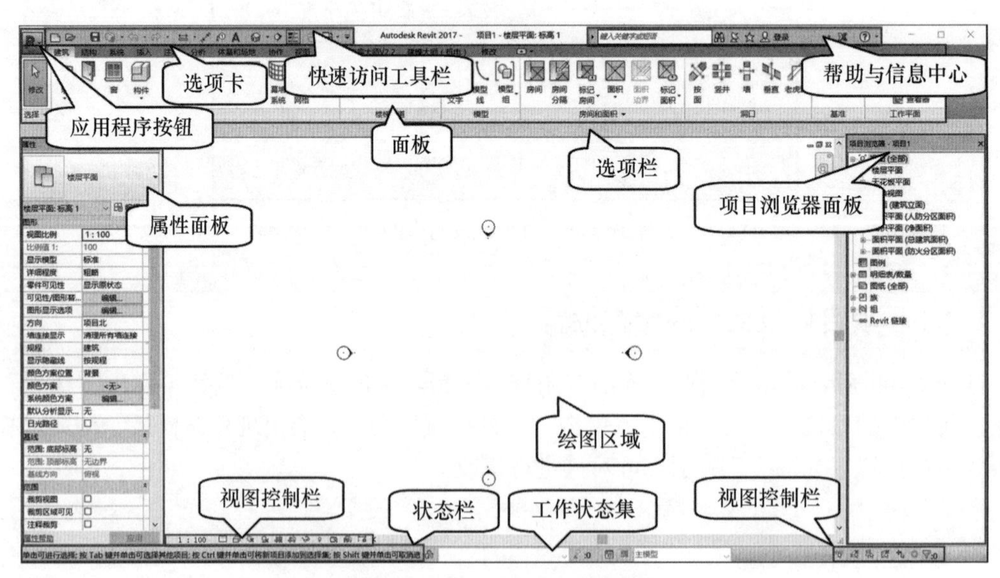

图 1-6　Revit 2017 工作界面

1. 应用程序按钮

应用程序按钮内有“新建”、“保存”、“另存为”、“打印”等选项。单击“另存为”命令，可将自定义的样板文件另存为新的样板文件（“.rte”格式）或新的项目文件（“.rvt”格式）。应用程序菜单“选项”设置：

（1）常规选项：设置保存自动提醒时间间隔，设置用户名，设置日志文件数量。

（2）用户界面选项：配置工具和分析选项卡，快捷键设置。

（3）图形选项：设置背景颜色，设置临时尺寸标注的外观。

（4）文件位置选项：设置项目样板文件路径，设置族样板文件路径，设置族库路径。

建模的一般过程是先打开已有的样板文件，在绘图的过程中或绘图完毕保存为 .rvt 项目文件。

2. 快速访问工具栏

快速访问工具栏包含一组默认工具。对该工具栏进行自定义，显示最常用的工具。

快速访问工具栏的使用：

（1）移动快速访问工具栏：“在功能区下方显示”或“在功能区上方显示”。

（2）将工具添加到快速访问工具栏中：右击，添加到快速访问工具栏。

（3）自定义快速访问工具栏：单击“快速访问工具栏”的下拉按钮，将弹出工具列表，可自定义“快速访问工具栏”。

3. 帮助

（1）在 Revit 窗口的标题栏上，单击?（帮助）按钮，如图 1-7 所示。

图 1-7　帮助按钮

（2）使用上下文相关帮助。

① 在对话框中，单击?按钮或“帮助”文字链接，或按 F1 键。

② 将光标移动到功能区的某个工具之上，待其工具提示出现时，按 F1 键。

注：如果关闭工具提示，功能区工具的上下文相关帮助（F1）也会关闭。如果希望能够使用上下文相关“帮助”，请使用“选项”对话框将“工具提示助理”设置为“最小”。

要访问联机帮助和其他资源，请在 Revit 窗口的标题栏中，单击?（帮助）右侧的箭头，然后选择一个选项。

4. 功能区选项卡及面板

（1）功能区选项卡

创建或打开文件时，功能区会显示此选项卡。它提供创建项目或族所需的全部工具。有“建筑”、“结构”、“系统”、“插入”、“注释”、“分析”、“体量和场地”、“协作”、“视图”、“管理”、“修改”选项卡。

在进行选择图元或使用工具操作时，会出现与该操作相关的上下文选项卡。上下文选项卡的名称与该操作相关。例如，选择一个墙图元时，上下文选项卡的名称为“修改墙”，如

图 1-8 所示。

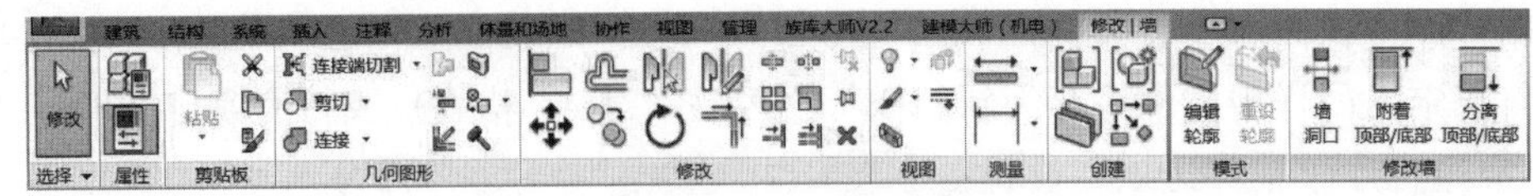

图 1-8　上下文选项卡

上下文功能区选项卡显示与该工具或图元的上下文相关的工具，在许多情况下，上下文选项卡与“修改”选项卡合并在一起。退出该工具或清除选择时，上下文功能区选项卡会自动关闭。

每个选项卡中都包括多个“面板”，每个面板内有各种工具，面板下方显示该“面板”的名称。“建筑”选项卡下的“构建”面板，内有“墙”、“门”、“窗”等工具，如图 1-9 所示。

图 1-9　“建筑”选项卡下的“构建”面板

单击“面板”上的工具，可以启用该工具。右击某个工具，可将该工具添加到“快速访问工具栏”中，以便于快速访问。

（2）功能区的使用

① 自定义功能区。按住 Ctrl 键和鼠标左键，可以在功能区上移动选项卡；按住鼠标左键可以在功能区选项卡上移动面板。可以用鼠标将面板移出功能区，将多个浮动面板固定在一起，将多个固定面板作为一个组来移动，还能使浮动面板返回到功能区。

② 修改功能区的显示，如图 1-10 所示。

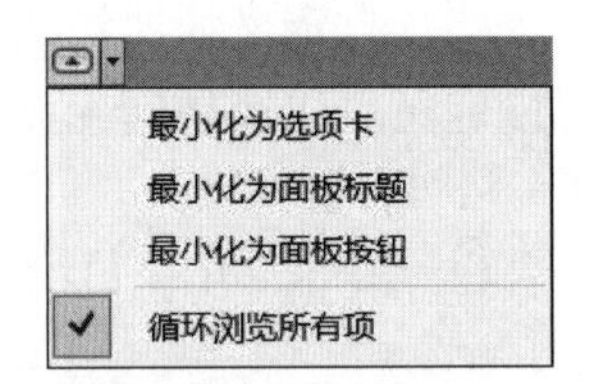

图 1-10　修改功能区

5. 选项栏

“选项栏”位于“面板”的下方、“属性”选项板和“绘图区域”的上方。其内容根据当前命令或选定图元的不同而变化。从中可以选择子命令或设置相关参数。例如，单击“建筑”选项卡下“构建”面板中的“墙”工具时，出现的选项栏如图 1-11 所示。

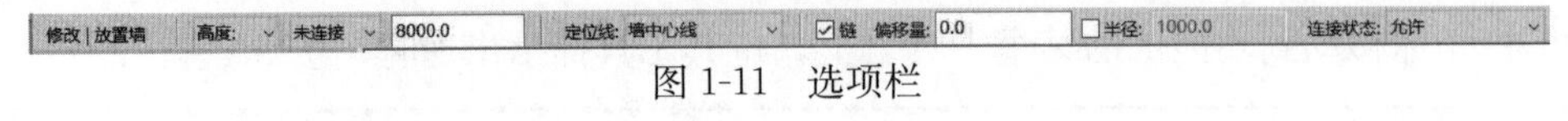

图 1-11　选项栏

6. “属性”选项板

通过“属性”选项板，可以查看和修改 Revit 中图元属性的参数。启动 Revit 时，“属性”选项板处于打开状态并固定在绘图区域左侧项目浏览器的上方。“属性”选项板包括类型选择器、属性过滤器、编辑类型、实例属性四个部分，如图 1-12 所示。

（1）类型选择器。若在绘图区域中选择了一个图元，或有一个用来放置图元的工具处于活动状态，则“属性”选项板的顶部将显示“类型选择器”。“类型选择器”标识当前选择的族类型，并提供一个可从中选择其他类型的下拉列表，如图 1-13 所示。

（2）属性过滤器。类型选择器的正下方是一个过滤器，该过滤器用来标识将由工具放置的图元类别，或者标识绘图区域中所选图元的类别和数量，如图 1-14 所示。如果选择了多个类别或类型，则选项板上仅显示所有类别或类型所共有的实例属性。当选择了多个类别时，使用过滤器的下拉列表可以仅查看特定类别或视图本身的属性。选择特定类别不会影响整个选择集。

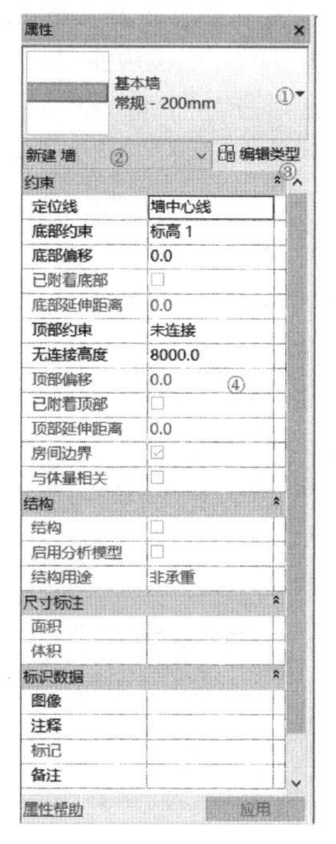

图 1-12　“属性”选项板

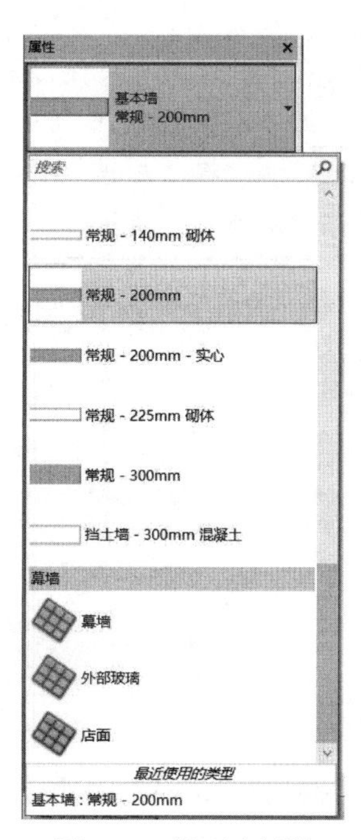

图 1-13　类型选择器

（3）编辑类型。单击“编辑类型”按钮将会弹出“类型属性”对话框。对类型属性进行修改将会影响该类型的所有图元。

（4）实例属性。修改实例属性仅修改被选择的图元属性，不修改该类型的其他图元，如图 1-15 所示。

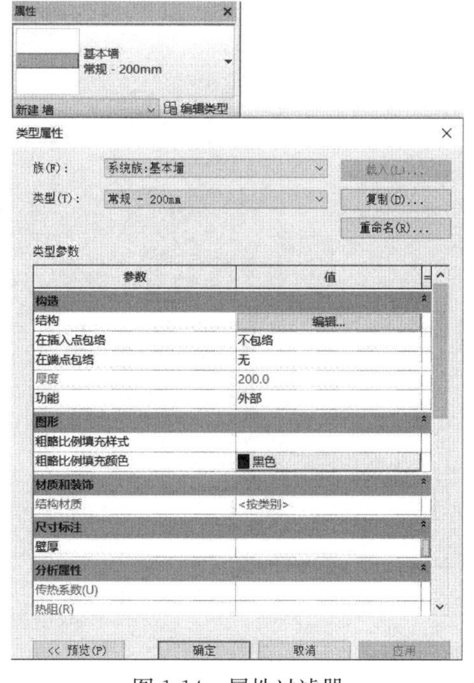

图 1-14　属性过滤器

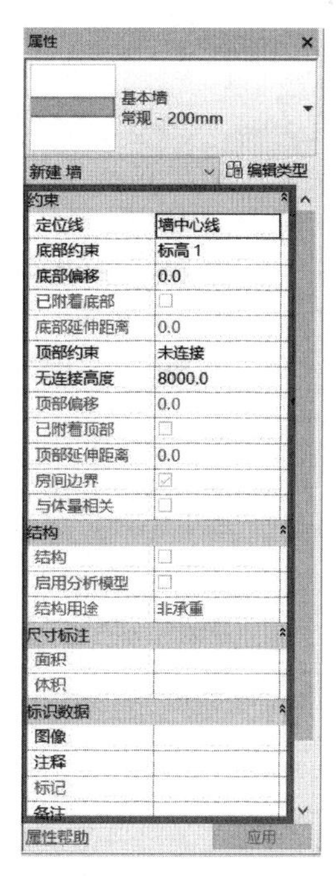

图 1-15　实例属性

说明： 有两种方式可关闭“属性”选项板。单击“修改”选项卡下“属性”面板中的“属性”工具，如图 1-16 所示。或单击“视图”选项卡下“窗口”面板中的“用户界面”下拉菜单，将“属性”前的“√”去掉，如图 1-17 所示。同样，用这两种方式也可以打开“属性”选项板。

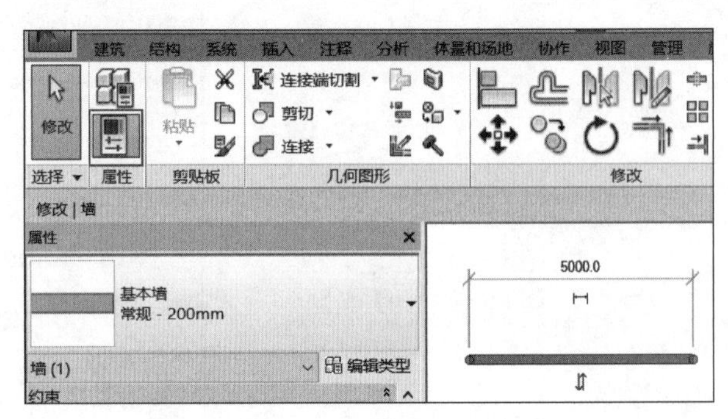

图 1-16　属性工具

7. 项目浏览器面板

Revit 把所有的楼层平面、天花板平面、三维视图、立面、剖面、图例、明细表、图纸，以及明细表、族等全部分门别类放在“项目浏览器”中进行统一管理，如图 1-18 所示。双击视图名称即可打开视图，在视图名称上右击即出现复制、重命名、删除等常用命令。

例如，在打开程序自带的样板文件（图 1-17）后，在项目浏览器中展开“视图（全部)”→“立面（建筑立面)”项，双击视图名称“南”，进入南立面视图。可在绘图区域内看到内有标高 1、标高 2 两个标高。

图 1-17　用户界面

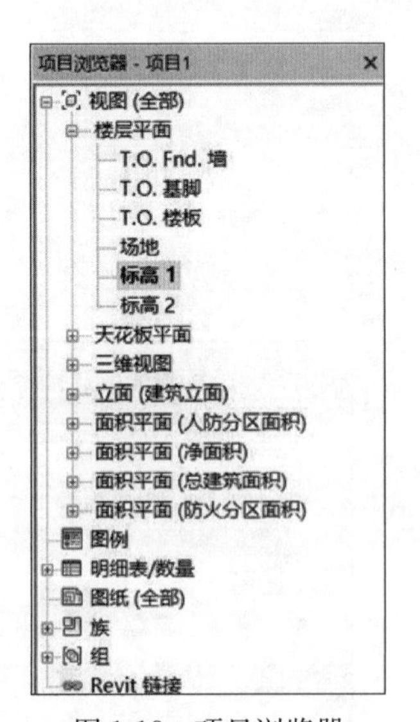

图 1-18　项目浏览器

8. 视图控制栏

视图控制栏位于绘图区域下方。单击视图控制栏中的按钮，即可设置视图的比例、详细程度、模型图形样式、阴影、日光路径、裁剪区域、隐藏/隔离等，如图 1-19 所示。

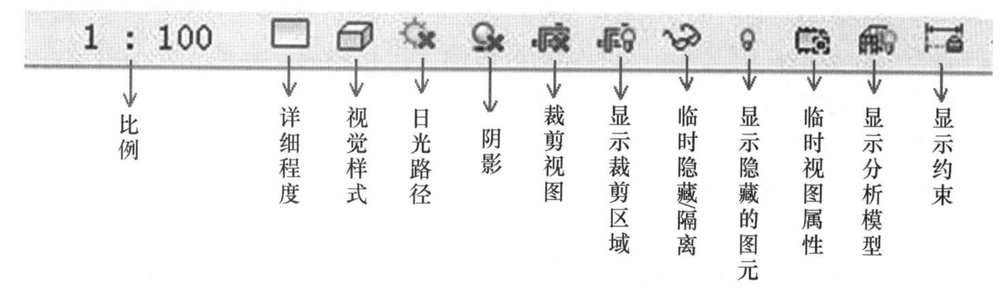

图 1-19　视图控制栏

通过“视图控制栏”可对图元进行可见性控制。视图控制栏位于绘图区域底部，状态栏的上方。内有比例、详细程度、视觉样式、日光路径、阴影、裁剪视图、显示裁剪区域、临时隐藏/隔离、显示隐藏的图元、临时视图属性、显示分析模型及显示约束等工具。视觉样式、日光路径、阴影、临时隐藏/隔离、显示隐藏的图元是常用的视图显示工具。

（1）视觉样式。单击“视觉样式”工具，内有“线框”、“隐藏线”、“着色”、“一致的颜色”、“真实”、“光线追踪”样式和“图形显示选项”。

①“线框”视觉样式可显示绘制了所有边和线而未绘制表面的模型图像。

②“隐藏线”视觉样式可显示绘制了除被表面遮挡部分以外的所有边和线的图像。

③“着色”视觉样式显示处于着色模式下的图像，而且具有显示间接光及其阴影的选项，详见操作演示 1-1。在“图形显示选项”对话框中选择“显示环境光阴影”选项，以模拟环境（漫射）光的阻挡。默认光源为着色图元提供照明。着色时可以显示的颜色数取决于在 Windows 中配置的显示颜色数。该设置只会影响当前视图。

④“一致的颜色”视觉样式显示所有表面都按照表面材质颜色设置进行着色的图像。该样式会保持一致的着色颜色，使材质始终以相同的颜色显示，而无论以何种方式将其定向到光源。

⑤“真实”视觉样式，在“选项”对话框中启用“硬件加速”后，“真实”样式将在可编辑的视图中显示材质外观。旋转模型时，表面会显示在各种照明条件下呈现的外观。在“图形显示选项”对话框中选择“环境光阻挡”选项，以模拟环境（漫射）光的阻挡。注意，“真实”视图中不会显示人造灯光。

⑥“光线追踪”视觉样式是一种照片级真实感渲染模式，该模式允许平移和缩放打开的模型。在使用该视觉样式时，模型的渲染在开始时分辨率较低，但会迅速增加保真度，从而看起来更具有照片级真实感。在使用“光线追踪”模式期间或在进入该模式之前，可以选择在“图形显示选项”对话框中设置照明、摄影曝光和背景。可以使用 ViewCube、导航控制盘和其他相机操作，对模型执行交互式漫游。

（2）日光路径、阴影。在所有三维视图中，除了使用“线框”或“一致的颜色”视觉样式的视图外，都可以使用日光路径和阴影。而在二维视图中，日光路径可以在楼层平面、天花板投影平面、立面和剖面中使用。在研究日光和阴影对建筑和场地的影响时，为了获得最佳的结果，应打开三维视图中的日光路径和阴影显示。

（3）临时隐藏/隔离。“隔离”工具可对图元进行隔离，即在视图中保持可见，并使其他图元不可见。“隐藏”工具可对图元进行隐藏。

选择图元，单击“临时隐藏/隔离”工具，有隔离类别、隐藏类别、隔离图元、隐藏图元四个选项。

① 隔离类别：对所选图元有相同类别的所有图元进行隔离，其他图元不可见。

② 隔离图元：仅对所选择的图元进行隔离。

③ 隐藏类别：对所选图元有相同类别的所有图元进行隐藏。

④ 隐藏图元：仅对所选择的图元进行隐藏。

（4）显示隐藏的图元。

① 单击视图控制栏中的灯泡图标即“显示隐藏的图元”工具，绘图区域周围会出现一圈紫红色加粗显示的边线，同时隐藏的图元以紫红色显示。

② 单击选择隐藏的图元，右击取消在视图中隐藏。

③ 再次单击视图控制栏中的灯泡图标，恢复视图的正常显示。

9. 状态栏

状态栏位于 Revit 工作界面的左下方。使用某一命令时，状态栏会提供有关要执行的操作的提示。鼠标停在某个图元或构件时，会使之高亮显示。同时，状态栏会显示该图元或构件的族及类型名称，详见操作演示 1-1。

10. 绘图区域

绘图区域是 Revit 软件进行建模操作的区域，绘图区域背景的默认颜色是白色，可通过“选项”设置颜色，按 F5 键刷新屏幕，详见操作演示 1-1。

单元 1 小结

练习题 1

1. BIM 技术给承包商带来的应用价值，主要体现在哪些方面？

2. 视图专有图元包括哪些内容？

3. 应用程序菜单“选项”，需设置哪些内容？

4. 属性面板包括哪些内容？

5. 视图控制栏包括哪些内容？

6. 根据宿舍楼 . rvt 文件，熟悉宿舍楼的应用程序菜单“选项”、属性面板及视图控制栏等。

宿舍楼 . rvt 文件

学习单元 2　学习 Revit 基本操作

知识目标：

熟悉图形浏览与控制基本操作。
熟悉图元编辑基本操作。
掌握项目基本设置的方法。

能力目标：

会进行项目信息的基本设置。
能够对图形浏览与控制进行操作。
能够对图元编辑进行操作。

在利用 Revit 软件进行三维建模时，诸如图元的选择和过滤，以及建筑构件模型的轮廓绘制和编辑，都是建模过程中极其重要的基本操作。用户只有掌握了基本的绘制和编辑工具的用法，才能为构建三维建筑模型打下基础。

任务 2.1　Revit 基本技能及概念

2.1.1　建模的基本技能

学习建模的基本技能，需要了解在一个视图中对图元所做的更改如何在所有其他视图中可见。Revit 模型是建筑设计的虚拟版本，此模型不仅描述了模型图元的几何图形，还捕捉了设计意图和模型图元之间的逻辑关系。可以将二维模型视图（平面、剖面、立面等）视作三维模型的切面。对一个视图所做的更改将立即在模型的所有其他视图中可见，从而使视图始终保持同步。三维模型用于创建构成打印文档集的二维视图。

（1）模型。创建设计的三维虚拟表示。项目的视图是特定位置模型的切面。模型的每个视图都是图元的实时视图。如果在某个视图中移动一个图元，那么此图元在所有视图中的位置都将立即更改。该模型也采用限制条件对设计意图进行编码。

（2）限制条件。限制条件在图元之间建立关系，所以当某个图元修改后，其限制的图元也将更改，从而保持模型的设计意图。例如，墙的顶部可以限制到屋顶。当屋顶升高、降低或修改坡度时，由于限制条件，墙会响应并保持连接到屋顶图元。

（3）草图。定义图元的边界，如屋顶或楼板。在大多数情况下，图元的草图必须构成一个闭合的线环以使其有效。绘制线可限制到其他图元，以确保图元的边界与模型中的其他图元保持重要的关系。

（4）视图。从特定的视点（如模型的楼层平面或剖面）显示模型。所有视图都是实时的，在某个视图中对一个对象所做的修改将立即传播到模型的其他视图，从而保持所有的视图同步。视图还会确定模型图元在放置时所处的位置。例如，屋顶平面视图确定了放置屋顶的工作平面，以将其定位到正确的高度。

2.1.2　定位的基本技能

学习定位的基本技能，需了解如何打开视图并定位到模型的不同区域。Revit 文件是建筑的三维模型。二维视图是是模型的切片，显示楼层平面、立面、剖面或详图视图。“项目浏览器”列出并提供定位到不同的视图。若要更好地了解图元之间的空间关系，可通过平铺视图窗口处理多个打开的模型视图。在视图中，使用鼠标中键进行缩放、平移和动态观察。绘图区域右侧的导航栏和三维视图中的 ViewCube，都提供了在视图中导航的其他方法。

（1）视图。隔离模型的特定部分，可以更轻松地进行处理。例如，① 楼层平面在标高基准的指定距离之上切割模型；② 剖面视图在剖面线穿过模型图元的位置切割模型；③ 立面视图不剪切模型，但提供一个可投影模型图元的平面；④ 三维视图以等轴测视图或透视视图显示模型图元。

（2）项目浏览器。列出模型中包含的所有视图。双击视图标题可在绘图区域中打开该视图。“项目浏览器”也会列出所有当前载入到项目中的族内容。

（3）平铺视图。立即显示多个视图，从而可以同时从不同角度查看图元。在三维空间中进行设计时，使用平铺视图会非常有帮助，因为可以更容易理解关系，并且无需从一个视图更改至另一个视图。

（4）导航栏。用于访问基于当前活动视图（二维或三维）的导航工具。

（5）ViewCube。可以快速将三维视图定向到特定的观察角度。

2.1.3　族的基本技能

学习族的基本技能，需了解如何使用族图元来构建模型。在 Revit 中使用的所有图元都是族。某些族（如墙或标高基准）包括在模型环境中。其他族（如特定的门或装置）需要从外部库载入到模型中。如果不使用族，无法在 Revit 中创建任何对象。

（1）系统族。用于创建基本建筑图元（如墙、屋顶和楼板）的 Revit 环境的一部分。

（2）可载入族。具体有以下特征的族：① 独立于模型进行创建并根据需要载入到模型中；② 用于创建安装的建筑构件，如门和装置以及注释图元；③ 通常以系统族为主体，例如，门和窗以墙为主体。

（3）内建族。在模型的上下文中创建的自定义图元。如果模型需要不想重复使用的特殊几何图形，或需要必须与其他模型几何图形保持关系的几何图形，则创建内建族。由于内建图元在模型中的使用受到限制，因此每个内建族都只包含一种类型。

（4）建模族。表示真实对象的可载入族，如门、楼板或家具。这些族显示在所有视图中。

（5）注释族。用于进行注释的可载入族，如文字、尺寸标注或标记。这些族不具有三维用途，仅显示在放置它们的视图中。

（6）类别。族的分类，如门、幕墙、家具、照明设备等。族在内容库和项目浏览器中按类别分组和排序。

（7）族类型。族图元的变体。例如，族可以是一个带观察玻璃的门，类型是该样式的门的3种不同尺寸。

（8）实例属性。包含与模型中族图元放置的特定实例相关的信息。例如，门的实例属性可能包括门下缘高度和框架材质。对实例属性所做的更改仅影响族的该实例。

（9）类型属性。包含应用于模型中同一族类型的所有实例的信息。例如，门的类型属性可能包括厚度和宽度。对类型属性所做的更改会影响从该类型创建的族的所有实例。

2.1.4　标高的基本技能

学习标高的基本技能，需了解如何在模型中放置标高。标高为模型搭建框架。模型中的所有图元将分配并限制到相应的标高，以便在三维空间中建立其位置。标高用于创建模型的平面视图，从而简化建模和导航模型。

（1）标高。模型中使用的基准，用于确定模型重要特征的高程。例如，建筑的第一个和第二个楼层、女儿墙顶部或基脚顶部。可以将模型中的任何重要垂直基准线定义为标高。

（2）捕捉和引导。在将图元放置在模型中时，帮助定位和对齐图元。在放置标高时，将显示引导，以便能够轻松对齐标高端点。

（3）标高属性。描述标高的各个方面及其在模型中定义。标高名称和高程就是标高属性的示例。

（4）标高限制条件。控制模型中的分配给某个标高的图元的属性。当标高位置发生变化时，分配给标高的图元的位置也会发生变化。例如，模型中的墙可能具有与某个标高关联的墙顶和墙底定位标高。

2.1.5　选择的基本技能

学习如何使用“修改”工具选项选择模型中的图元。“修改”工具可启用选择。可以通过一次拾取一个图元，或通过拖动窗口选择多个图元来创建选择集。选择图元后，包含各种工具的上下文选项卡会显示在功能区中，相关选项会显示在选项栏上。所选图元的特性会显示，并可以通过“特性”选项板更改。“修改”工具也可以用于终止激活的命令，例如，如果选定了“墙”工具，单击“修改”可结束“墙”命令并激活“修改”工具。

（1）修改。默认处于活动状态的工具。当光标显示为典型的鼠标指针（箭头）时，“修改”工具处于活动状态。修改工具必须处于激活状态才能选择模型中的图元。要从功能区的第一个选项卡访问“修改”工具，可以通过单击绘图区域中的空白区域，或按 Esc 键。

（2）边/面选择。通过单击图元的面，选择是否可以选择图元。如果未选中“修改”工具的“按面选择图元”选项，需将光标放置在某个图元的边缘，然后单击以选中该图元。图元的面是不可选的。例如，不能通过拾取墙的面来选择墙。光标必须位于顶部或底部边缘或者墙的一个结束边缘，此时才能将其选中。

如果选中了“修改”工具的“按面选择图元”选项，请将光标移动到项目中某个图元的面，然后单击以选中它。

（3）使用 Tab 键选择。选择图元时，可以按 Tab 键在光标附近可能的候选选择中循环切换。（单击选项卡时，状态栏将更新以指示当前选择。）如果任何连接图元链位于光标附近，它们将包含为候选对象，可以一次性选中链中的所有图元。

（4）Shift 和 Ctrl 键。按住 Ctrl 键的同时选择要添加到选择集中的图元，按住 Shift 键的同时选择要从选择集中删除的图元。

（5）窗口选择。当“修改”工具处于活动状态时，单击并拖动鼠标可用窗口选择多个图元。从左至右绘制的窗口选择框具有实线边界，可以选中完全包含在窗口中的图元。从右向左绘制的窗口选择框具有虚线边框，可以选中包含在窗口中以及与窗口边界交叉的图元。

2.1.6 绘制的基本技能

学习如何绘制边界以定义图元的边。通过绘制边界（又称创建草图）可以创建某些建筑图元，如楼板、屋顶和天花板。通常必须将边界绘制成一个闭合环，不能有任何间隙或重叠的线。草图也可约束到其他图元，例如墙，如果移动了墙，则草图创建的图元也会相应地进行调整。绘制功能也可用于定义其他类型的几何图形（如拉伸和洞口）。

（1）草图模式。该环境可绘制尺寸或形状不能自动确定的图元，如屋顶或楼板。进入草图模式时，功能区显示正在创建或编辑的草图类型所需的工具，以及其他以半色调显示的图元。

（2）闭合环草图。建筑对象（如楼板或天花板）的草图，由连续的连在一起的线绘制而成。绘制线不能重叠，并且在草图中不能有任何间隙。

（3）绘制面板。功能区中的工具显示区，可用于绘制草图线，如“线”和“矩形”。

（4）拾取工具（墙、线、边）。绘制草图时，可以选择现有墙、线或边。使用“拾取线”时，“选项栏”上有一个“锁定”选项（用于某些图元），可以将绘制线锁定到拾取的图元。

（5）链选项。选项栏上的选项，用于绘制草图时连接线段。当选择“链”选项时，上一条线的终点自动成为下一条线的第一个点。

（6）编辑边界。用于进入草图模式以修改图元草图形状的工具。若要编辑草图，请单击选中图元，然后在上下文选项卡中，单击“编辑边界”工具。

2.1.7 可见性和图形的基本技能

学习可见性和图形的基本技能，需了解如何在视图中更改图元的可见性和图形外观。视图的可见性设置定义了图元和类别是否在视图中可见，图形设置则定义了它们的图形外观（如颜色、线宽和线样式）。“可见性/图形替换”对话框列出了模型中的所有类别。部分类别示例包括家具、门和窗标记。每个类别的可见性状态和外观可以根据模型中的每个视图进行修改。使用关联菜单（在绘图区域的图元上右击）以修改各个图元的外观和可见性。

（1）类别。图元的分类或分组。部分类别示例包括门、墙和窗标记。在每个视图的“可见性/图形替换”对话框中，可以更改每个图元类别的可见性和图形。在某个视图中对可见性和图形设置所做的更改，将应用到当前活动的视图中。视图样板可对多个视图更改可见性和图形，或当所有视图都需要更改时，对模型的对象样式进行修改。

（2）“可见性/图形替换”对话框。用于控制视图中的每个类别将如何显示。对话框中的选项卡可将类别组织为逻辑分组：“模型类别”、“注释类别”、“分析类别”、“导入类别”和“过滤器”。每个选项卡下的类别表可按规程进一步过滤为“建筑”、“结构”、“机械”、“电气”和“管道”。

（3）“显示隐藏的图元”工具。可启用某个模式，在此模式中视图中隐藏的所有图元将可见并高亮显示。“显示隐藏的图元”工具可从“视图控制”栏进行访问。在此模式下，可选择隐藏的图元并指定为“取消隐藏”以使其在视图中可见。单击“显示隐藏的图元”为当前视图打开或关闭此模式。

（4）可见性替换。用于更改各个图元的可见性状态和图形外观的方法。选中绘图区域中的图元，右击，然后从关联菜单应用可见性替换。可见性替换优先于视图类别所应用的可见性设置。可见性替换可在视图中显示所需的各个图元。例如，一个门可以显示为“半色调”，而所有其他的门会正常显示。

2.1.8　模型和注释图元的基本技能

学习如何在模型视图中放置模型和注释图元。

模型图元：① 代表物理图元，如墙、窗和门；② 当放置在项目中时，在所有视图中可见。

注释和详图图元：① 用于为视图添加尺寸标注、注释和标记，以及为模型几何图形生成的图形添加详细信息；② 是视图专有的，仅显示在其所在的视图中；③ 可以从视图复制到视图，但在某个视图中对其所做的任何更改，将不会传输到其他任何视图。

（1）模型图元。用于定义模型的几何图形。放置后，模型图元会立即显示在所有视图中。大多数情况下，模型图元代表物理图元，如墙、窗和门。模型图元的所有类别都显示在“可见性/图形替换”的“模型”选项卡和“对象样式”对话框中。

（2）注释图元。视图专有图元，可用于：① 记录模型，如尺寸标注、标记或注释；② 为不是由模型几何图形生成的视图添加详细信息，如线和详图构件；③ 大比例的详细信息，如条形基础或女儿墙将使用注释和详图图元以完全显示条件。

（3）模型视图。用于从不同视口查看模型。每个视图都是单独控制的。如果在视图中放置模型图元，该图元将根据每个视图的可见性和图形设置，显示在所有其他视图中。放置在视图中的注释图元将仅显示在其所在的视图中。

任务2.2　项目基本设置

在 Revit 模型中，所有的图纸、二维视图和三维视图以及明细表都是同一个虚拟建筑模型的信息表现形式。对建筑模型进行操作时，Revit 将收集有关建筑项目的信息，并在项目的其他所有表现形式中协调该信息。Revit 参数化修改引擎可自动协调在任何位置（模型视图、图纸、明细表、剖面和平面中）进行的修改。

（1）项目信息。单击“管理”选项卡下“设置”面板中的“项目信息”工具，输入日期、项目地址、项目名称等相关信息，单击“确定”按钮，如图 2-1 所示。

（2）项目单位。单击“管理”选项卡下“设置”面板中的“项目单位”工具，设置“长度”、“面积”、“角度”等单位。默认值长度的单位是 mm，面积的单位是 m^2，角度的单位是°。

（3）捕捉。单击“管理”选项卡下“设置”面板中的“捕捉”工具，可修改捕捉选项，如图 2-2 所示。

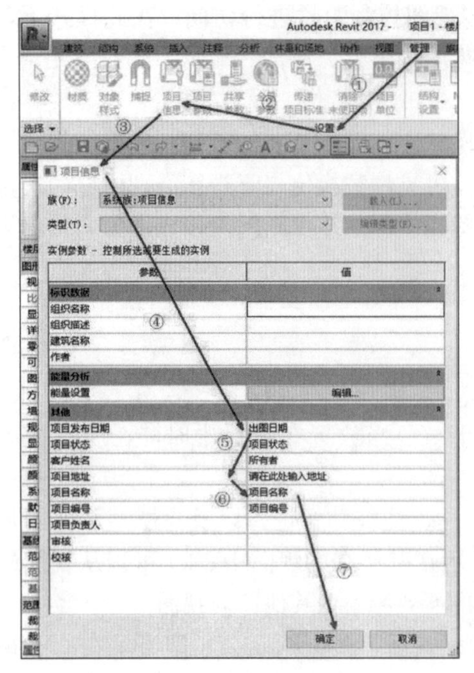

图 2-1　项目信息

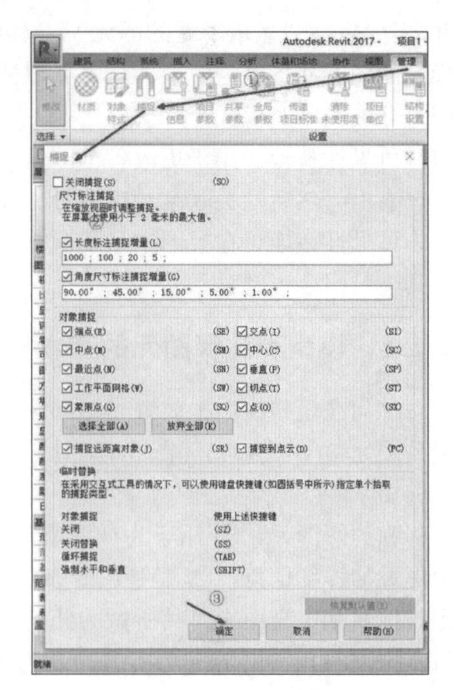

图 2-2　捕捉设置

任务 2.3　学习图形浏览与控制基本操作

2.3.1　视口导航

1. 在平面视图下进行视口导航

展开“项目浏览器”中的“楼层平面”或“立面”，在某一平面或立面上双击，打开平面或立面视图。单击“绘图区域”右上角导航栏中的“控制盘”工具，如图 2-3 所示，即出现二维控制盘，如图 2-4 所示。可以单击“平移”、“缩放”、“回放”按钮，对图像进行移动或缩放。

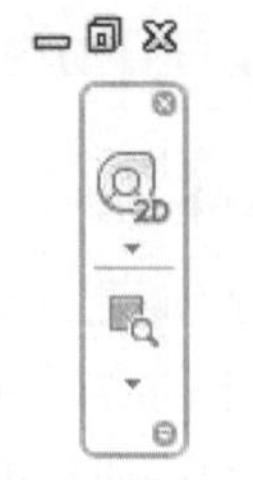

图 2-3　控制盘工具

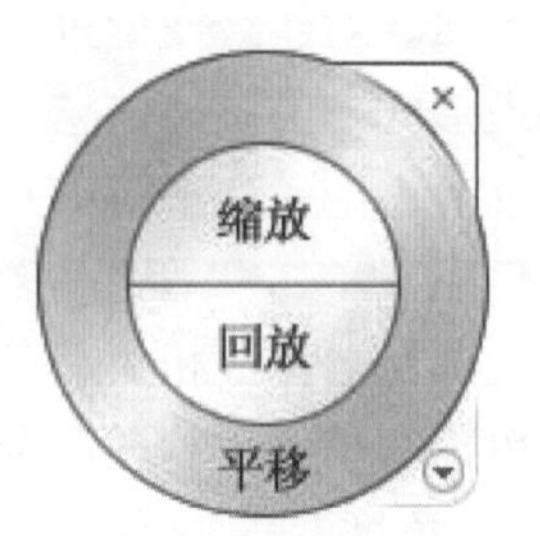

图 2-4　控制盘

说明： 亦可利用鼠标进行缩放和平移。向前滚动滚轮为“扩大显示”，向后滚动滚轮为“缩小显示”，按住滚轮不放移动鼠标可对图形进行平移。

2. 在三维视图下进行视口导航

展开“项目浏览器”中的“三维视图”，双击“3D”命令，打开三维视图。单击“绘图区域”右上方导航栏中的“控制盘”工具，出现全导航控制盘，如图 2-5 所示。鼠标左键按住“动态观察”选项不放，鼠标光标会变为“动态观察”状态，左右移动鼠标，将对三维视图中的模型进行旋转。视图中绿色球体表示动态观察时视图旋转的中心位置，鼠标左键按住控制盘的“中心”选项不放，可拖动绿色球体至模型上的任意位置，松开鼠标左键，可重新设置中心位置。

说明：按住键盘“Shift”键，再按住鼠标右键不放，移动鼠标也可进行动态观察。

在三维视图下，“绘图区域”右上角会出观 ViewCube 工具，如图 2-6 所示。ViewCube 立方体中各项点、边、面和指南针的指示方向，代表三维视中不同的视点方向，单击立方体或指南针的各部位，可以在各方向视图中切换显示，按住 ViewCube 或指南针上的任意位置并拖动鼠标，可以旋转视图。

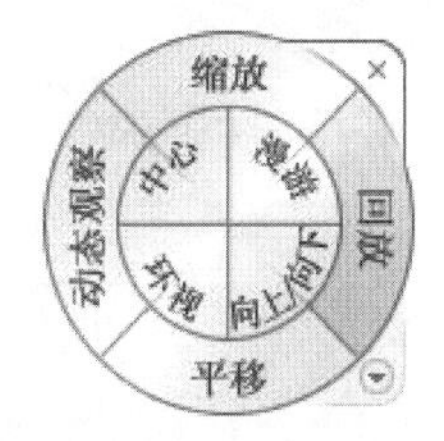

图 2-5　全导航控制盘

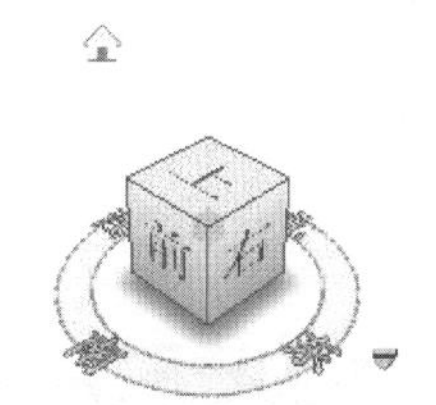

图 2-6　ViewCube 工具

2.3.2　视图与视口控制

图形显示控制，使用“可见性/图形”工具。打开“可见性/图形”对话框，单击快捷键 VV，可以控制不同类别的图元在绘图区域中的显示可见性，包括模型类别、注释类别、分析类别等图元。选中相应的类别即可在绘图区域中可见，未选中即为隐藏类别，如图 2-7 所示。

在 Revit 中，所有的平面、立剖面、详图、三维、明细表、渲染等视图都在项目浏览器中集中管理，设计过程中经常要在这些视图间切换，或者同时打开与显示几个视口，以便于编辑操作或观察设计细节。下面是一些常用的视图开关、切换、平铺等视图和视口控制方法。

（1）打开视图：在项目浏览器中双击“楼层平面”、“三维视图”、“立面”等节点下的视图名称；或右击视图名称，从弹出的菜单中选择“打开”命令，即可打开该视图，同时视图名称黑色加粗显示为当前视图。新打开的视图会在绘图区域最前面显示，原先已经打开的视图也没有关闭只是隐藏在后面。

（2）打开默认三维视图：单击快速访问工具栏中的“默认三维视图”工具，可以快速打开默认三维正交视图。

（3）“切换窗口”：当打开多个视图后，从“视图”选项卡下的“窗口”面板中，单击“切换窗口”命令，从下拉列表中即可选择已经打开的视图名称快速切换到该视图，名称前面打“√”的为当前视图。

（4）“关闭隐藏对象”：当打开很多视图时，尽管当前显示的只有一个视图，但有可能会影响计算机的操作性能，因此建议关闭隐藏的视图。单击“窗口”面板中的“关闭隐藏对象”命令即可自动关闭所有隐藏的视图，无须手工逐一关闭。

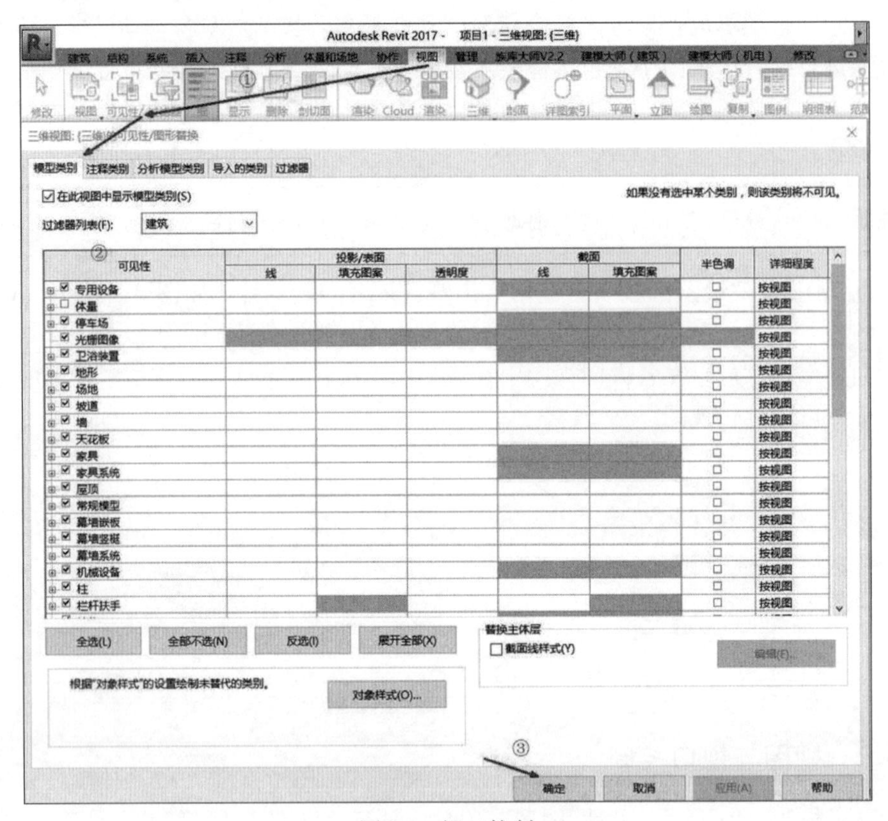

图 2-7　视口控制

（5）“平铺”视口：需要同时显示已打开的多个视图时，可单击“窗口”面板中的“平铺”命令，即可自动在绘图区域同时显示打开的多个视图。每个视口的大小可以用鼠标直接拖拽视口边界调整。

（6）“层叠”视口：单击“窗口”面板中的“层叠”命令，也可以同时显示几个视图。但“层叠”是将几个视图从绘图区域的左上角向右下角方向重叠错行排列，下面的视口只能显示视口顶部的带视图名称的标题栏，单击标题栏可切换到相应的视图。详见操作演示 2-1。

任务 2.4　学习图元编辑基本操作

2.4.1　图元操作

在 Revit 中，图元操作是建筑建模过程最常用的操作之一，也是进行构件编辑和修改操作的基础，主要包括图元的选择和过滤。

1. 图元的选择

图元的选择是建筑建模中最基本的操作命令，和其他的 CAD 设计软件一样，Revit 软件也提供了单击选择、窗选和交叉窗选等方式。

（1）单击选择

在图元上直接单击进行选择是最常用的图元选择方式。在视图中移动光标到某一构件上，当图元高亮显示时单击，即可选取该图元，效果详见操作演示 2-2。

此外，当按住 Ctrl 键，且光标箭头右上角出现“＋”符号时，连续单击要选取的图元，即可一次选择多个图元。效果详见操作演示 2-2。

提示：当单击选取某一构件图元后，右击，并在打开的快捷菜单中选择“选择全部实例”选项，系统即可选择所有相同类型的图元。

（2）窗选

窗口选取是以指定对角点的方式定义矩形选取范围的一种选取方法。使用该方法选取图元时，只有完全包含住矩形框中的图元才会被选取，而只有一部分进入矩形框中的图元将不会被选取。

采用窗口选取方法时，可以首先单击确定第一个对角点，然后向右侧移动鼠标，此时选取区域将以实线矩形的形式显示，接着单击确定第二个对角点后，即可完成窗口选取，效果详见操作演示 2-2。

（3）交叉窗选

在交叉窗口模式下，用户无须将欲选择图元全部包含在矩形框中即可选取该图元。交叉窗口选取与窗口选取模式很相似，只是在定义选取窗口时有所不同。

交叉选取是在确定第一点后，向左侧移动鼠标，选取区域将显示为一个虚线矩形框。此时再单击确定第二点，即第二点在第一点的左边，即可将完全或部分包含在交叉窗口中的图元都选中。效果详见操作演示 2-2。

提示：选取图元后，在视图空白处单击或按 Esc 键即可取消选取。

（4）Tab 键选择

在选择图元的过程中，用户可以结合 Tab 键方便地选取视图中的相应图元。其中，当视图中出现重叠的图元需要切换选择时，可以将光标移至该重叠区域，使其亮显。然后连续按下 Tab 键，系统即可在多个图元之间循环切换以供选择。

此外，用户还可以利用 Tab 键选择墙链或线链的一部分：单击选取第一个图元作为链的起点，然后移动光标到该链中的最后一个图元上，使其亮显。此时，按下 Tab 键，系统将高亮显示两个图元之间的所有图元，单击即可选取该亮显部分链。

2. 图元的过滤

当选取了多个图元后，尤其是利用窗选和交叉窗选等方式选取图元时，特别容易将一些不需要的图元选中。此时，用户可以利用相应的方式从选择集中过滤不需要的图元。

（1）Shift 键＋单击选择

选取多个图元后，按住 Shift 键，光标箭头右上角将出现“－”符号。此时，连续单击选取需要过滤的图元，即可将其从当前选择集中过滤。

（2）Shift 键＋窗选

选取多个图元后，按住 Shifi 键，光标箭头右上角将出现“－”符号。此时，从左侧单击并按住不放，向右侧拖动鼠标拉出实线矩形框，完全包含在框中的图元将高亮显示，松开鼠标即可将这些图元从当前选择集中过滤。

（3）Shift 键＋交叉窗选

选取多个图元后，按住 Shift 键，光标箭头右上角将出现“－”符号。此时，从右侧单击并按住不放，向左侧拖动鼠标拉出虚线矩形框，完全包含在框中和与选择框交叉的图元都将高亮显示，松开鼠标即可将这些图元从当前选择集中过滤。

（4）过滤器

当选择集中包含不同类别的图元时，可以使用过滤器从选择集中删除不需要的类别。例如，如果选取的图元中包含墙、门、窗和家具，可以使用过滤器将家具从选择集中排除。

选取多个图元后，在软件状态栏右侧的过滤器中将显示当前选取的图元数量。效果详见操作演示 2-3。

单击该过滤器漏斗图标，系统将打开“过滤器”对话框。该对话框中显示了当前选择的图元类别及各类别的图元数量，用户可以通过禁用相应类别前的复选框来过滤选择集中的已选图元。

例如，只需选取选择集中的窗图元，可以分别禁用墙和门前的复选框，然后单击“确定”按钮，系统即可过滤选择集中的墙和门图元，且状态栏中的过滤器将显示此时保留的窗图元的数量。效果详见操作演示 2-3。

2.4.2 基本绘制

在 Revit 中绘制墙体、楼板和屋顶等的轮廓草图，或者绘制模型线和详图线时，都将用到基本的绘制工具来完成相应的操作。这些绘制工具的使用方法和 AutoCAD 软件中的操作方法大致相同。

1. 绘制平面

在 Revit 中绘制模型线时，首先需要指定相应的工作平面作为绘制平面。一般情况下，系统默认的工作平面是楼层平面。如果用户想在三维视图中墙的立面，或者直接在立面、剖面视图上绘制模型线，需要在绘制开始前进行设置。

打开一平面视图，然后在“建筑”选项卡中的“模型”选项板中单击“模型线”按钮，如图 2-8 所示。系统将激活并展开“修改 | 放置线”选项卡，进入绘制模式。此时，单击选项栏的

“放置平面”列表框中的“拾取”选项，系统将打开“工作平面”对话框，如图 2-9 所示。

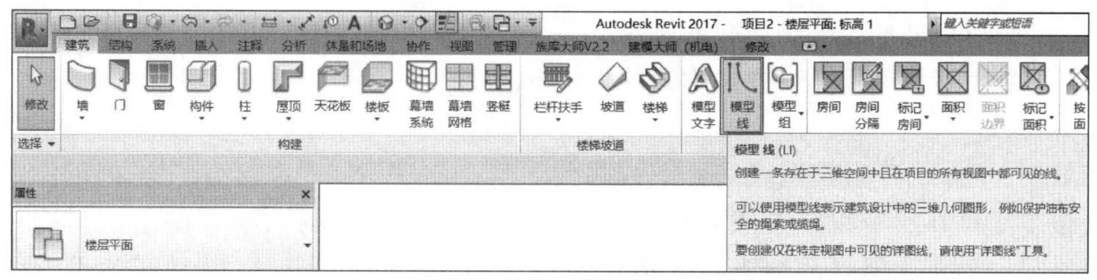

图 2-8　“模型线”命令

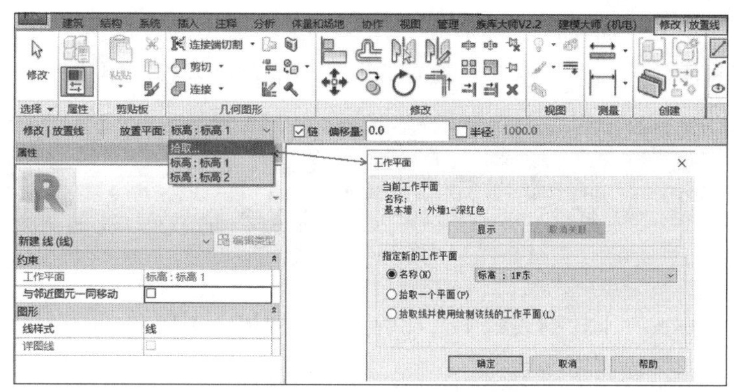

图 2-9　“工作平面”对话框

在该对话框中，用户可以通过三种方式设置新的工作平面。

（1）名称

选中“名称”单选按钮，可以在右面的列表框中选择可用的工作平面，其中包括标高名称、轴网和已命名的参照平面。选择相应的工作平面后，单击“确定”按钮，即可切换到该标高、轴网、参照平面所在的楼层平面、立剖面视图或三维视图，如图 2-10 所示。

（2）拾取一个平面

选中“拾取一个平面”单选按钮后，可以手动选择墙等各种模型构件表面、标高、轴网和参照平面作为工作平面。其中，当在平面视图中选择相应的模型表面后，系统将打开“转到视图”对话框，如图 2-11 所示。此时指定相应的视图作为工作平面即可。

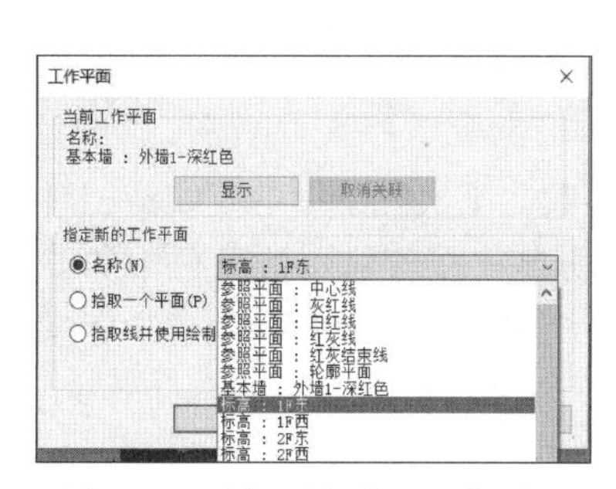

图 2-10　选择“名称”工作平面

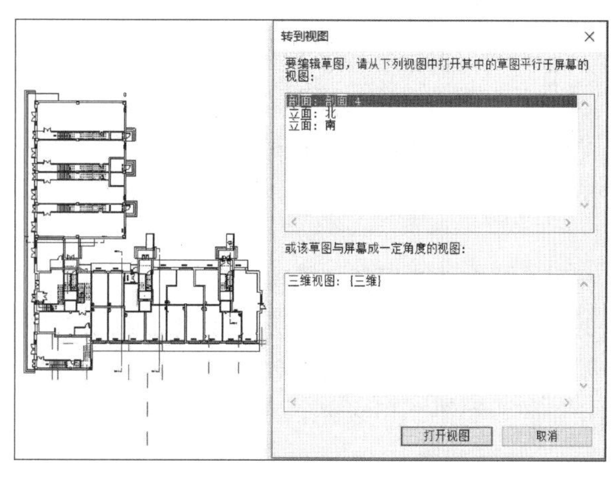

图 2-11　拾取工作平面

（3）拾取线并使用绘制该线的工作平面

选中“拾取线并使用绘制该线的工作平面”单选按钮后，在平面视图中手动选择已有的线，即可将创建该线的工作平面作为新的工作平面。

2. 模型线

在 Revit 中，线分为模型线和详图线两种。其中，模型线是基于工作平面的图元，存在于三维空间且在所有视图中都可见；而详图线是专用于绘制二维详图的，只能在绘制当前的视图中显示。但是两种线的绘制和编辑方法完全一样，现以模型线为例介绍其具体绘制方法。

在 Revit 中打开一平面视图，然后在“建筑”选项卡中的“模型”面板中单击“模型线”工具，系统将激活并展开“修改｜放置线”选项卡，进入绘制模式，如图 2-12 所示。

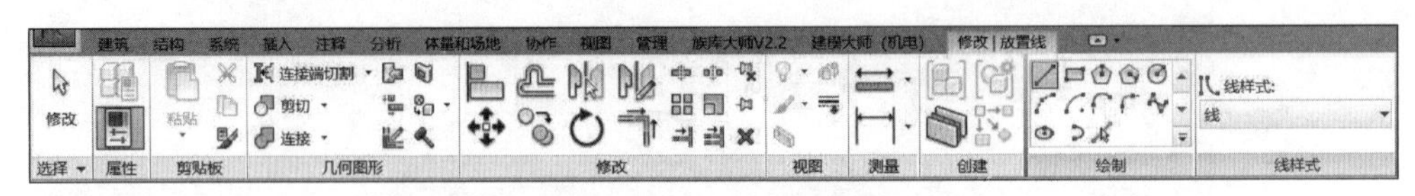

图 2-12　“修改｜放置线”选项卡

此时，在“线样式”下拉列表框中选择所需的线样式，然后在“绘制”面板中单击相应的工具，即可在视图中绘制模型线。

完成线图元的绘制后，按 Esc 键即可退出绘制状态。各绘制工具的使用方法如下：

（1）直线

“直线”工具是系统默认的线绘制工具。在“绘制”面板中单击“直线”工具，系统将在功能区选项卡下方打开相应的选项栏，如图 2-13 所示。

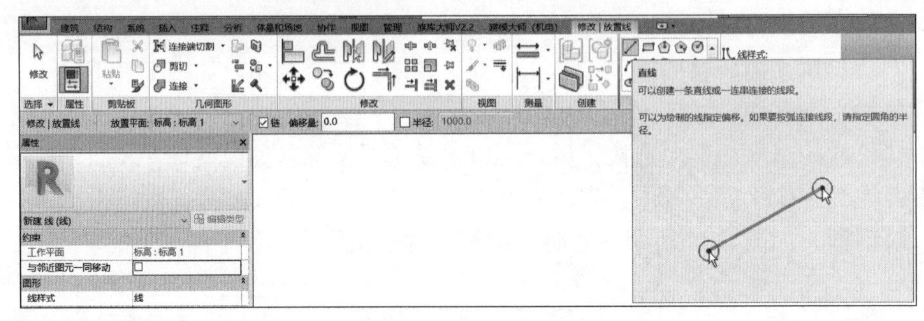

图 2-13　“直线”选项栏

此时，若禁用“链”复选框，然后在平面图中单击捕捉两点，即可绘制一单段线；若启用“链”复选框，则在平面图中依次单击捕捉相应的点，即可绘制一连续线，如图 2-14 所示。

此外，若在选项栏的“偏移量”文本框中设置相应的参数，则实际绘制的直线将相对捕捉点的连线偏移指定的距离，该功能在绘制平行线时作用明显；而若启用选项栏中的“半径”复选框，并设置相应的参数，则在绘制连续直线时，系统将在转角处自动创建指定尺寸的圆角特征，如图 2-15 所示。

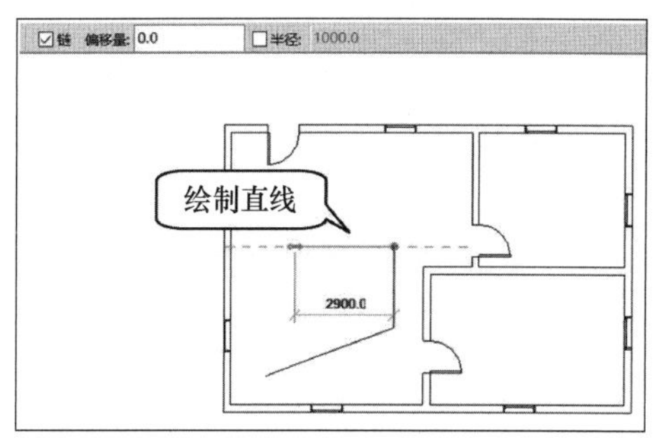

图 2-14　绘制直线

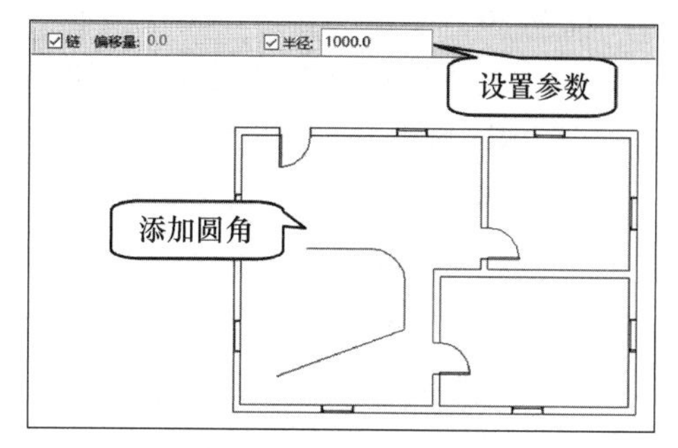

图 2-15　添加圆角特征

(2) 矩形

在“绘制”面板中单击“矩形”工具，系统将在功能区选项卡下方打开相应的选项栏，如图 2-16 所示。

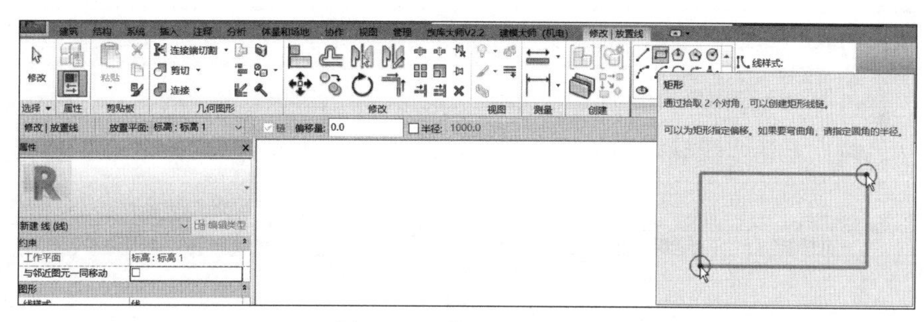

图 2-16　“矩形”选项栏

此时，在平面图中单击捕捉矩形的第一个角点，然后拖动鼠标至相应的位置再次单击捕捉矩形的第二个角点，即可绘制出矩形轮廓。且用户可以通过双击矩形框旁边显示的蓝色临时尺寸框来修改该矩形的定位尺寸，如图 2-17 所示。

此外，若在选项栏的“偏移量”文本框中设置指定的参数，则可以绘制相应的同心矩形；而若启用选项栏中的“半径”复选框，并设置相应的参数，则可以绘制自动添加圆角特征的矩形，如图 2-18 所示。

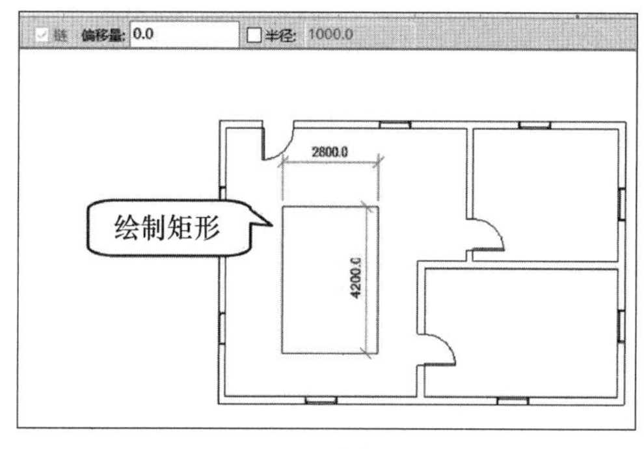

图 2-17　绘制矩形

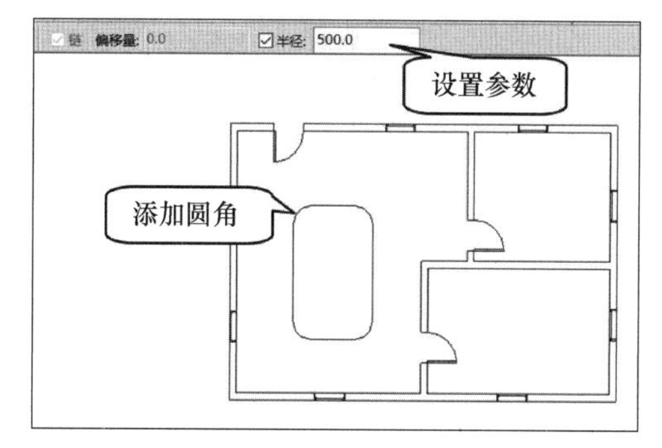

图 2-18　添加圆角特征

(3) 内接多边形

在“绘制”面板中单击“内接多边形”工具，系统将在功能区选项卡下方打开相应的选项栏，如图 2-19 所示。

此时，先设置多边形的边数，然后在平面图中单击捕捉一点作为中心点，并移动光标拉出一个半径值不断变化的圆及其内接多边形，接着移动光标确定多边形的方向，并直接输入相应的半径参数，即可绘制出内接多边形，如图 2-20 所示。

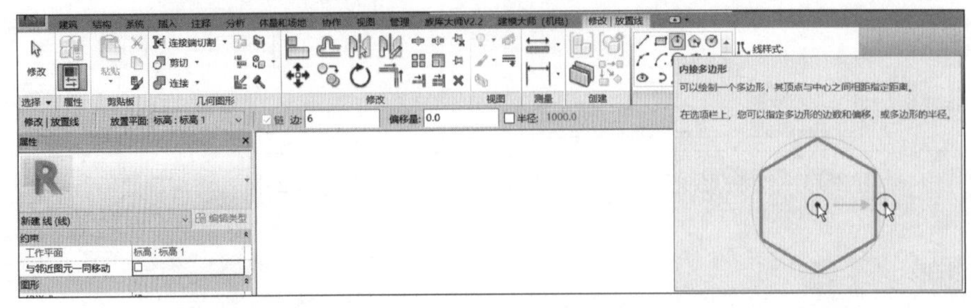

图 2-19 “内接多边形”选项栏

提示： 若在“偏移量”文本框中设置相应的参数，用户还可以方便地绘制同心多边形。

此外，若设置完多边形的边数后，启用选项栏中的“半径”复选框，并设置相应的半径参数值，然后按照上述步骤确定多边形的方向，即可完成固定半径内接多边形的绘制，如图 2-21 所示。

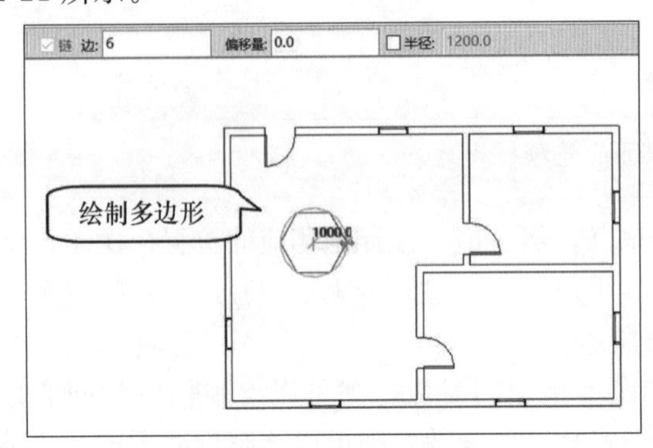

图 2-20 绘制内接多边形

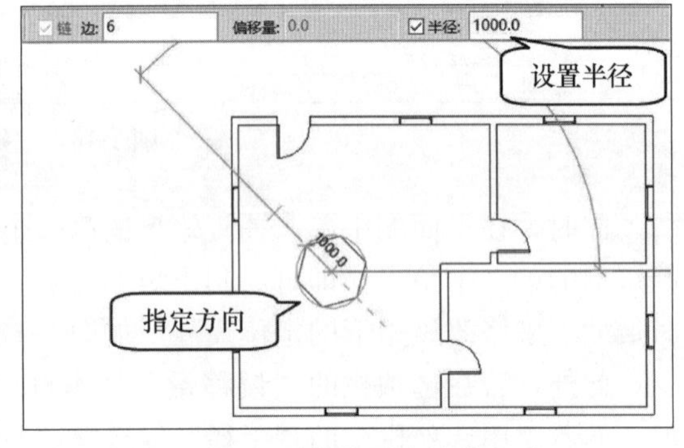

图 2-21 固定半径内接多边形

（4）外切多边形

外切多边形的绘制方法与内接多边形的绘制方法一样，这里不再赘述，其具体的绘制效果如图 2-22 所示。

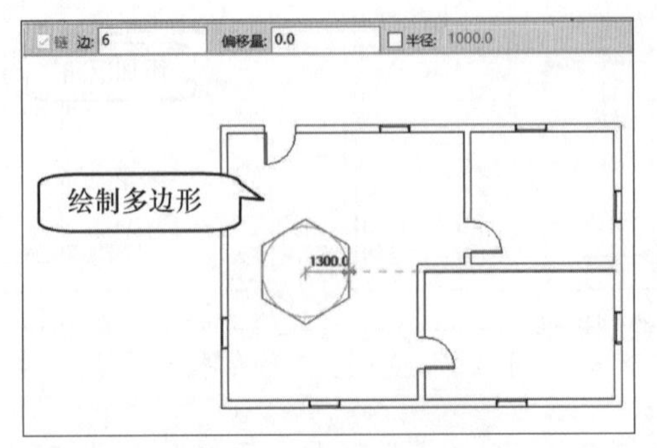

图 2-22 绘制外切多边形

（5）圆

在“绘制”面板中单击“圆形”工具，系统将在功能区选项卡下方打开相应的选项栏，如图 2-23 所示。此时，在平面图中单击捕捉一点作为圆心，并移动光标拉出一个半径值不断变化的圆，然后直接输入相应的半径参数值，即可完成圆轮廓的绘制，如图 2-24 所示。

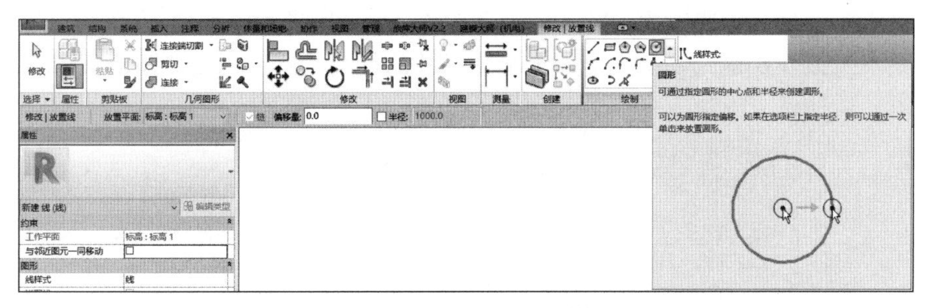

图 2-23　“圆形”选项栏

此外，若启用“半径”复选框，并设置相应的参数值，即可绘制固定半径的圆轮廓；若在“偏移量”文本框中设置相应的参数值，还可以方便地绘制同心圆。其操作方法简单，这里不再赘述。

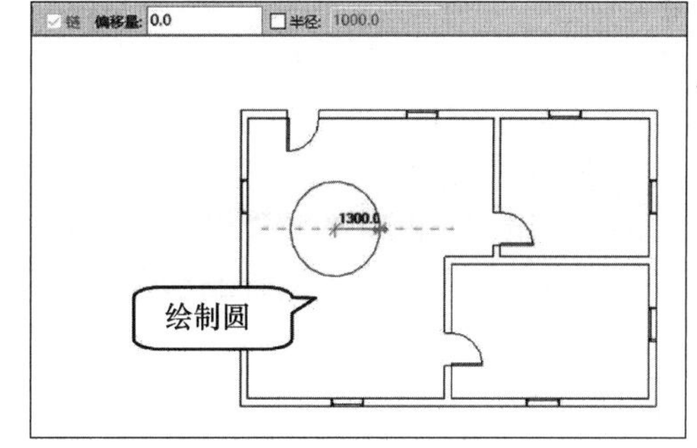

图 2-24　绘制圆

（6）圆弧

在 Revit 中绘制模型线时，用户可以通过多种方式绘制相应的圆弧，现以常用的圆弧工具为例介绍其具体操作方法。

① 起点-终点-半径弧

在“绘制”面板中单击“起点-终点-半径弧”工具，系统将在功能区选项卡下方打开相应的选项栏，如图 2-25 所示。此时，在平面图中依次单击捕捉两点分别作为圆弧的起点和终点，然后移动光标确定方向，并输入半径值，即可完成圆弧的绘制，如图 2-26 所示。

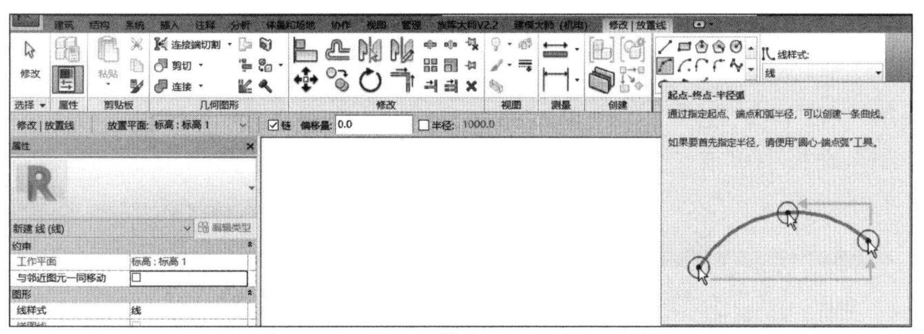

图 2-25　“起点-终点-半径弧”选项栏

此外，用户还可以通过启用选项栏中的“半径”复选框，并设置相应的参数值来绘制固定半径的圆弧。

提示： 在绘制固定半径的圆弧时，当两点的弦长超出指定半径的 2 倍时，则该圆不存在，且系统将自动切换到绘制浮动半径弧的方式。

② 圆心-端点弧

在“绘制”面板中单击“圆心-端点弧”工具，然后在平面图中单击捕捉一点作为圆心，并移动光标至半径合适的位置单击确定圆弧的起点，接着再确定圆弧的终点，即可完成圆弧的绘制，如图 2-27 所示。

用户也可以通过启用选项栏中的“半径”复选框，并设置相应的参数值来绘制固定半径的圆弧。只不过该方式是先放置一个固定半径尺寸的整圆，然后再在该圆上截取相应的起点和终点即可。

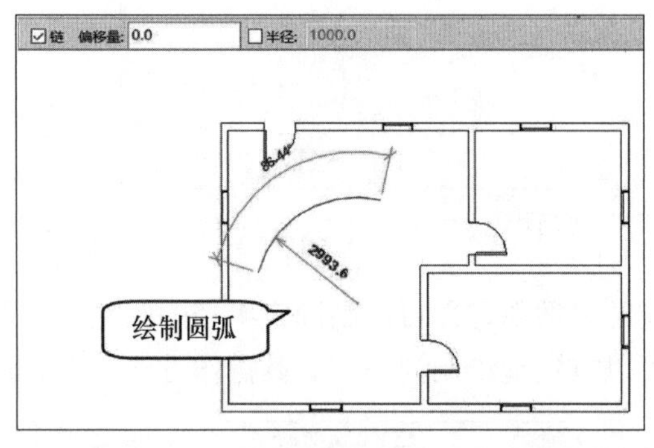

图 2-26　指定起点和终点绘制圆弧

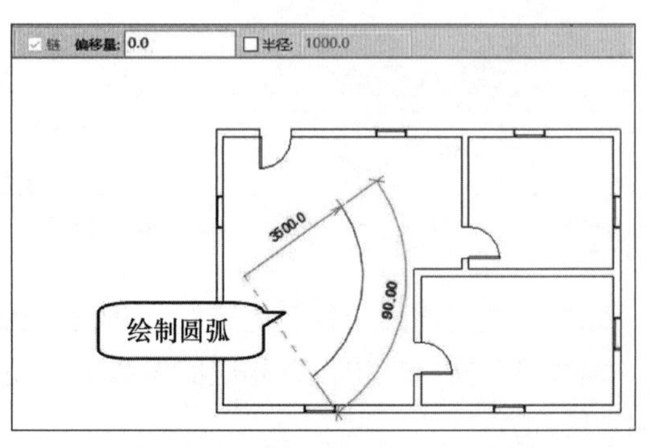

图 2-27　指定圆心和端点绘制圆弧

③ 相切-端点弧

在“绘制”面板中单击“相切-端点弧”工具，然后在平面图中单击捕捉与弧相切的现有墙或线的端点作为圆弧的起点，接着移动光标并捕捉弧的终点，即可绘制一段相切圆弧，如图 2-28 所示，该方式绘制的圆弧半径是由光标位置确定的。

用户还可以通过启用选项栏中的“半径”复选框，并设置相应的参数值来绘制固定半径的圆弧。

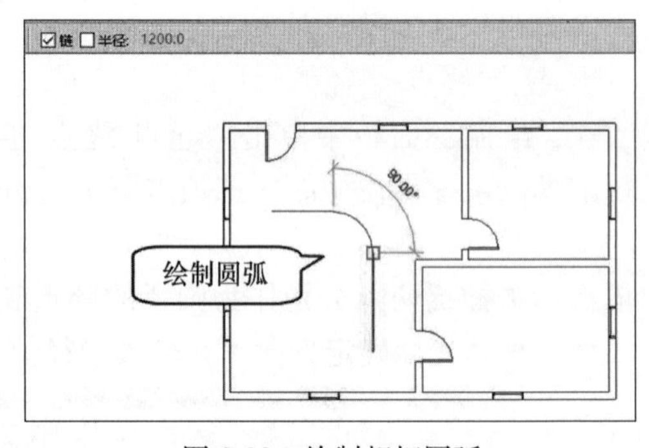

图 2-28　绘制相切圆弧

(7) 圆角

在“绘制”面板中单击“圆角弧”工具，系统将在功能区选项卡下方打开相应的选项栏，如图 2-29 所示。

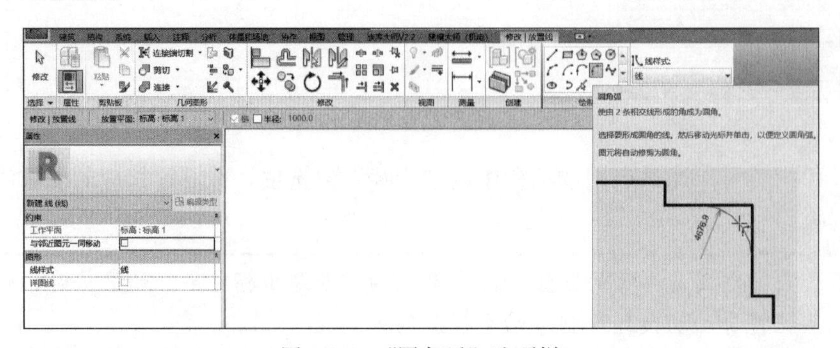

图 2-29　“圆角弧”选项栏

在平面图中依次单击选取要添加圆角特征的两段线，并移动光标确定圆角的半径尺寸，即可完成圆角的绘制。如想精确设置圆角的半径尺寸值，还可以在完成圆角特征的绘制后单击选取该弧，然后在打开的临时尺寸框中进行相关设置即可。

但是在实际设计过程中，往往需要直接添加精确尺寸的圆角特征。此时，用户可以在选项栏中启用“半径”复选框，并设置相应的尺寸值，然后在平面图中选取要添加圆角特征的两段线即可，如图 2-30 所示。

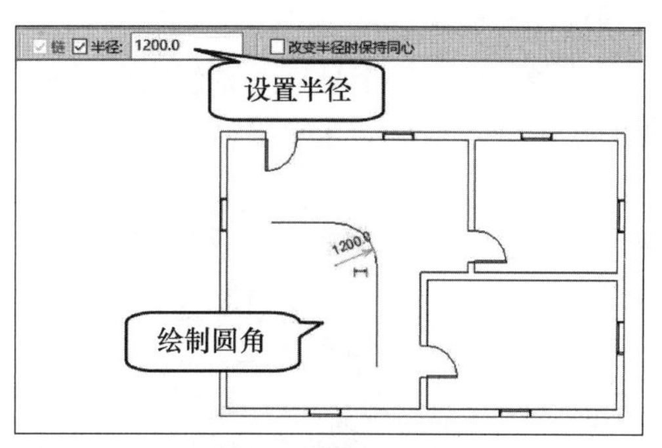

图 2-30　添加圆角特征

（8）其他线条

利用“绘制”面板中的其余工具还可以绘制其他模型线。这些工具在创建族构件的过程中起到非常重要的作用。

① 样条曲线。在“绘制”面板中单击“样条曲线”工具，然后在平面图中依次单击捕捉相应的点作为控制点即可。

② 椭圆。在“绘制”面板中单击“椭圆”工具，然后在平面图中依次单击捕捉所绘椭圆的中心点和两轴方向的半径端点即可。

③ 半椭圆。在“绘制”面板中单击“半椭圆”工具，然后在平面图中依次单击捕捉所绘半椭圆的起点、终点和轴半径端点即可。

④ 拾取线。在“绘制”面板中单击“拾取线”工具，然后在平面图中单击选取现有的墙或楼板等各种已有图元的边，即可快速创建生成相应的线。

2.4.3　基本编辑

在 Revit 中编辑图元时，除了墙、门、窗等各专业构件的专用编辑命令外，用户还可以使用“修改”选项卡中的常用工具对图元进行常规编辑操作。这些工具的使用方法和 AutoCAD 中的操作方法大致相同。

1. 调整图元（移动和旋转）

移动和旋转工具都是在不改变被编辑图元具体形状的基础上对图元的放置位置和角度进行重新调整，以满足最终的设计要求。

（1）移动

移动是图元的重定位操作，是对图元对象的位置进行调整，而方向和大小不变。该操作是图元编辑命令中使用最多的操作之一。用户可以通过以下几种方式对图元进行相应的移动操作。

① 单击拖曳

启用状态栏中的“选择时拖曳图元”功能，然后在平面视图上单击选取相应的图元，并按住鼠标左键不放，此时拖动光标即可移动该图元，如图 2-31 所示。

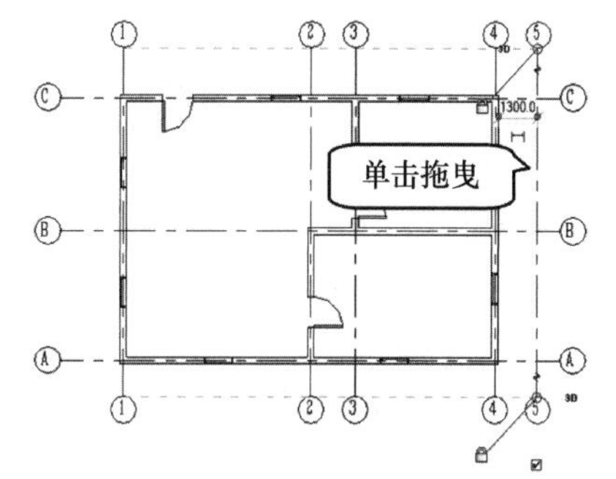

图 2-31　单击拖曳图元

② 箭头方向键

单击选取某图元后，用户可以通过按键盘的方向箭头键来移动该图元。

③ 移动工具

单击选取某图元后，在激活展开的相应选项卡中单击“移动”工具，然后在平面视图中选择一点作为移动的起点，并输入相应的距离参数，或者指定移动终点，即可完成该图元的移动操作，如图 2-32 所示。

选择“移动”工具后，系统将在功能区选项卡的下方打开“移动”选项栏。若启用“约束”复选框，则只能在水平或垂直方向进行移动。

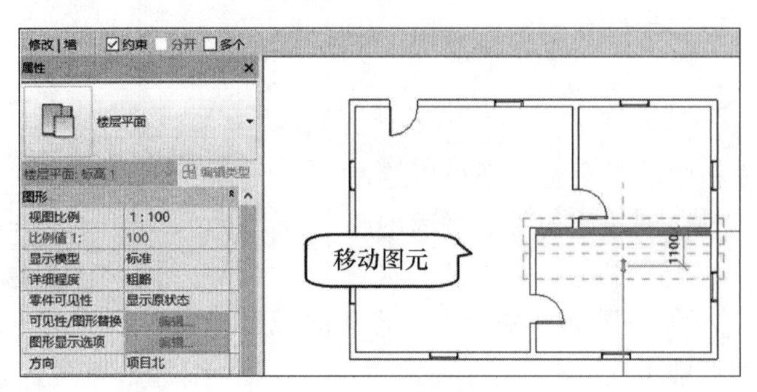

图 2-32　移动图元

④ 对齐工具

单击选取某图元后，在激活展开的相应选项卡中单击“对齐”工具，系统将展开“对齐”选项栏，如图 2-33 所示。在该选项栏的“首选”列表框中，用户可以选择相应的对齐参照方式。

例如，选择“参照墙中心线”选项，然后在平面视图中单击选取相应的墙轴线作为对齐的目标位置，并再次单击选取要对齐的图元的墙轴线，即可将该图元移动到指定位置，如图 2-33 所示。

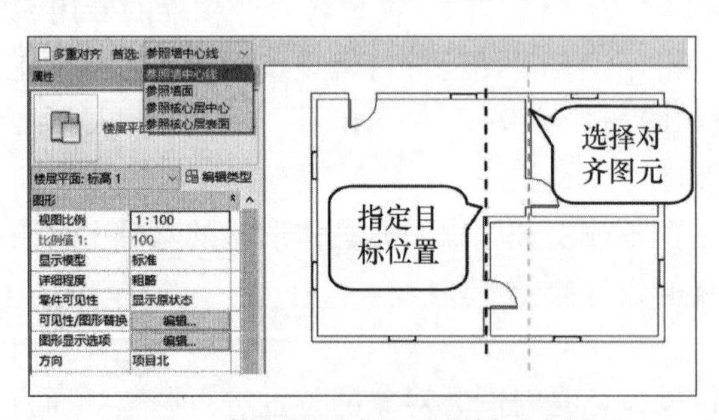

图 2-33　使用“对齐”选项栏对齐图元

提示：选取要移动的图元后，用户还可以通过激活选项卡中的“剪切板”选项板进行相应的移动操作。

（2）旋转

旋转同样是重定位操作，其是对图元对象的方向进行调整，而位置和大小不改变。该操作可以将对象绕指定点旋转任意角度。

选取平面视图中要旋转的图元后，在激活展开的相应选项卡中单击“旋转”按钮，在所选图元外围将出现一个虚线矩形框，且中心位置显示一个旋转中心符号。用户可以通过移动光标依次指定旋转的起始和终止位置来旋转该图元，如图 2-34 所示。

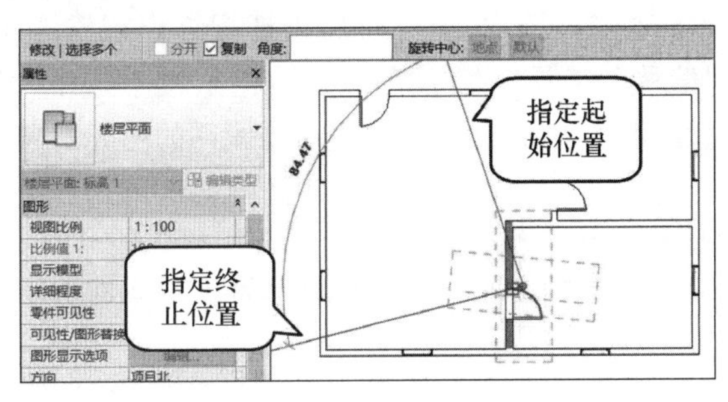

图 2-34　旋转图元

在旋转图元前，若在“旋转”选项栏中设置角度参数值，则按 Enter 键后可自动旋转到指定角度位置。输入的角度参数为正时，图元逆时针旋转；为负时，图元顺时针旋转。

提示：用户还可以单击选取旋转中心符号，并按住鼠标左键不放，然后拖曳光标到指定位置，即可修改旋转中心的位置。

2. 复制图元（复制、偏移、镜像和阵列）

在 Revit 中，用户可以利用相关的复制类工具，以现有图元对象为源对象，绘制出与源对象相同或相似的图元，从而简化绘制具有重复性或近似性特点图元的绘图步骤，以达到提高绘图效率和绘图精度的目的。

（1）复制

复制工具是 Revit 绘图中的常用工具，其主要用于绘制具有两个或两个以上的重复性图元，且各重复图元的相对位置不存在一定的规律性。复制操作可以省去重复绘制相同图元的步骤，大大提高了绘图效率。

单击选取某图元后，在激活展开的相应选项卡中单击“复制”按钮，然后在平面视图上单击捕捉一点作为参考点，并移动光标至目标点，或者输入指定距离参数，即可完成该图元的复制操作。详见操作演示 2-3。

在打开的“复制”选项栏中启用“约束”复选框，则光标只能在水平或垂直方向移动；若启用“多个”复选框，则可以连续复制多个副本。

（2）偏移

利用该工具可以创建出与源对象成一定距离，且形状相同或相似的新图元对象。对于直线来说，可以绘制出与其平行的多个相同副本对象；对于圆、椭圆、矩形以及由多段线围成的图元来说，可以绘制出成一定偏移距离的同心圆或近似图形。

在 Revit 中，用户可以通过以下两种方式偏移相应的图元对象。

① 数值方式

该方式是指先设置偏移距离，然后再选取要偏移的图元对象。在“修改”选项卡中单击“偏移”工具，然后在打开的选项栏中选中“数值方式”单选按钮，设置偏移的距离参数，并启用“复制”复选框。此时，移动光标到要偏移的图元对象两侧，系统将在要偏移的方向上预显一条偏移的虚线。确认相应的方向后单击，即可完成偏移操作。详见操作演示 2-3。

② 图形方式

该方式是指先选择偏移的图元和起点，然后再捕捉终点或输入偏移距离进行偏移。在“修改”选项卡中单击“偏移”工具，然后在打开的选项栏中选中“图形方式”单选按钮，并启用“复制”复选框。此时，在平面视图中选取要偏移的图元对象，并指定一点作为偏移起点。然后移动光标捕捉目标点，或者直接输入距离参数即可，详见操作演示 2-3。

提示：若偏移前禁用“复制”复选框，则系统将要偏移的图元对象移动到新的目标位置。

(3) 镜像

该工具常用于绘制结构规则，且具有对称性特点的图元。绘制这类对称图元时，只需绘制对象的一半或几分之一，然后将图元对象的其他部分对称复制即可。在 Revit 中，用户可以通过以下两种方式镜像生成相应的图元对象。

① 镜像-拾取轴

单击选取要镜像的某图元后，在激活展开的相应选项卡中单击“镜像-拾取轴”工具，然后在平面视图中选取相应的轴线作为镜像轴即可。详见操作演示 2-3。

② 镜像-绘制轴

单击选取要镜像的某图元后，在激活展开的相应选项卡中单击“镜像-绘制轴”工具，然后在平面视图中的相应位置依次单击捕捉两点绘制一轴线作为镜像轴即可。详见操作演示 2-3。

提示：若镜像前禁用“复制”复选框，则系统将在镜像操作完成后，删除原始图元。

(4) 阵列

利用该工具可以按照线性或径向的方式，以定义的距离或角度复制出源对象的多个对象副本。在 Revit 中，利用该工具可以大量减少重复性图元的绘图步骤，提高绘图效率和准确性。

单击选取要阵列的图元后，在激活展开的相应选项卡中单击“阵列”按钮，系统将展开“阵列”选项栏。此时，用户即可通过以下两种方式进行相应的阵列操作。

① 线性阵列

线性阵列是以控制项目数，以及项目图元之间的距离，或添加倾斜角度的方式，使选取的阵列对象成线性的方式进行阵列复制，从而创建出源对象的多个副本对象。

在展开的“阵列”选项栏中单击“线性”按钮，并启用“成组并关联”和“约束”复选框。然后，设置相应的项目数，并在“移动到”选项组中选中“第二个”单选按钮。此时，在平面视图中依次单击捕捉阵列的起点和终点，或者在指定阵列起点后直接输入阵列参数，即可完成线性阵列操作。详见操作演示 2-3。

其中，若启用“成组并关联”复选框，则在完成线性阵列操作后，单击选取任一阵列图元，系统都将在图元外围显示相应的虚线框和项目参数，用户可以实时更新阵列数量。详见操作演示 2-3。若禁用该复选框，则选取阵列后的图元，系统将不显示项目参数。

此外，若在“移动到”选项组中选中“第二个”单选按钮，则指定的阵列距离是指源图元到第一个图元之间的距离；若选中“最后一个”单选按钮，则指定的阵列距离是指源图元到最后一个图元之间的总距离。

② 径向阵列

径向阵列能够以任一点为阵列中心点，将阵列源对象按圆周或扇形的方向，以指定的阵列填充角度、项目数目或项目之间夹角为阵列值进行源图形的阵列复制。该阵列方法经常用于绘制具有圆周均布特征的图元。

在展开的“阵列”选项栏中单击“径向”按钮，并启用“成组并关联”复选框。此时，在平面视图中拖动旋转中心符号到指定位置确定阵列中心。然后，设置阵列项目数，在“移动到”选项组中选中“最后一个”单选按钮，并设置阵列角度参数。接着按下回车键，即可完成阵列图元的径向阵列操作。详见操作演示 2-3。

3. 修剪图元（修剪/延伸和拆分）

在完成图元对象的基本绘制后，往往需要对相关对象进行编辑修改的操作，使之达到预期的设计要求。用户可以通过修剪、延伸和拆分等操作来完成对图元对象的编辑工作。

（1）修剪/延伸

修剪/延伸工具的共同点都是以视图中现有的图元对象为参照，以两图元对象间的交点为切割点或延伸终点，对与其相交或成一定角度的对象进行去除或延长操作。

在 Revit 中，用户可以通过以下三种工具修剪或延伸相应的图元对象。

① 修剪/延伸为角部

在“修改”选项卡中单击“修剪/延伸为角部”工具，然后在平面视图中依次单击选取要延伸的图元即可。详见操作演示 2-4。

此外，在利用该工具修剪图元时，用户可以通过系统提供的预览效果确定修剪方向。详见操作演示 2-4。

② 修剪/延伸单个图元

利用该工具可以通过选择相应的边界修剪或延伸单个图元。在“修改”选项卡中单击“修剪/延伸单个图元”按钮，然后在平面视图中依次单击选择取剪边界和要修剪的图元即可。详见操作演示 2-4。

③ 修剪/延伸多个图元

利用该工具可以通过选择相应的边界修剪或延伸多个图元。在“修改”选项卡中单击“修剪/延伸多个图元”按钮，然后在平面视图中选取相应的边界图元，并依次单击选取要修剪和延伸的图元即可。详见操作演示 2-4。

（2）拆分

在 Revit 中，利用拆分工具可以将图元分割为两个单独的部分，可以删除两个点之间的线段，还可以在两面墙之间创建定义的间隙。

① 拆分图元

在“修改”选项卡中单击“拆分图元”按钮，并禁用选项栏中的“删除内部线段”复选框，然后在平面视图中的相应图元上单击，即可将其拆分为两部分。

此外，若启用“删除内部线段”复选框，然后在平面视图中要拆分去除的位置依次单击选择两点即可。详见操作演示 2-4。

② 用间隙拆分

在“修改”选项卡中单击“用间隙拆分”工具，并在选项栏中的“连接间隙”文本框中设置相应的参数，然后在平面视图中的相应图元上单击选择拆分位置，即可为设置的间隙距离创建一个缺口。详见操作演示 2-4。

提示：在利用间隙拆分图元时，系统默认的间隙参数为 1.6～304.8mm。

2.4.4 辅助操作

在利用 Revit 软件进行建筑建模时，还经常用到参照平面辅助模型建模，且在绘制相应的图元时，临时尺寸标注起到重要的定位参考作用。

1. 参照平面

参照平面是一个平面，在某些方向的视图中显示为线。在 Revit 建筑设计过程中，参照平面除了可以作为定位线外，还可以作为工作平面。用户可以在其上绘制模型线等图元。

（1）创建参照平面

切换至“建筑”选项卡，在“工作平面”选项板中单击“参照平面”工具，系统将展开相应的选项卡，并打开“参照平面”选项栏。用户可以通过以下两种方式创建相应的参照平面。

① 绘制线

在展开的选项卡中单击“直线”工具，然后在平面视图中的相应位置依次单击捕捉两点，即可完成参照平面的创建。详见操作演示 2-5。

② 拾取线

在展开的选项卡中单击“拾取线”工具，然后在平面视图中单击选取已有的线或模型图元的边，即可完成参照平面的创建。详见操作演示 2-5。

（2）命名参照平面

在建模过程中，对于一些重要的参照平面，用户可以进行相应的命名，以便以后通过名称来方便地选取该平面作为设计的工作平面。

在平面视图中选取创建的参照平面，在激活的相应选项卡中单击“属性”按钮，系统将打开“属性”对话框。此时，用户即可在该对话框中的“名称”文本框中输入相应的名称。

2. 使用临时尺寸标注

当在 Revit 中选择构件图元时，系统会自动捕捉该图元周围的参照图元，显示相应的蓝色尺寸标注，这就是临时尺寸。一般情况下，在进行建模时，用户都将使用临时尺寸标注来精确定位图元。

在平面视图中选取任一图元，系统将在该图元周围显示定位尺寸参数。此时，用户可以单击选择相应的尺寸参数进行修改，对该图元进行重新定位。

此外，在创建图元或选取图元时，用户还可以为图元的临时尺寸标注添加相应的公式计算，且公式都是以等号开始，然后使用常规的数学算法即可。详见操作演示 2-5。

提示：每个临时尺寸两侧都有拖曳操作夹点，用户可以拖曳改变临时尺寸线的测量位置。

单元2小结

练习题2

1. 建模的基本技能包括哪些内容？
2. 绘制的基本技能包括哪些内容？
3. 项目基本设置包括哪些内容？怎样进行设置？
4. 如何操作全导航控制盘？
5. 什么是图元的选择？包括哪些操作？
6. 根据宿舍楼.rvt 文件，熟悉宿舍楼的项目基本设置、全导航控制盘及图元选择等。

宿舍楼.rvt 文件

学习单元3　创建标高、轴网及参照平面

知识目标：

掌握标高的创建及编辑方法。

掌握轴网的创建及编辑方法。

掌握参照平面的使用方法。

能力目标：

能创建和编辑标高。

能创建和编辑轴网。

会使用参照平面工具建模。

标高和轴网是建筑设计时立、剖面和平面视图中重要的定位标识信息，二者关系密切。在Revit中设计项目时，可以通过标高和轴网之间的间隔空间为依据，创建墙、门、窗、梁柱、楼梯、楼板屋顶等建筑模型构件。

任务3.1　创建和编辑标高

标高是用于定义建筑内的垂直高度或楼层高度，是设计建筑效果的第一步。标高的创建与编辑，必须在立面或剖面视图中才能够进行操作。因此，在建筑建模时必须首先进入立面视图。

在Revit中建模，建议先创建标高再创建轴网，这样是为了在各层平面图中正确显示轴网。只有这样，在立剖面视图中，创建的轴线标头才能在顶层标高线之上。若先创建轴网再创建标高，需要在两个不平行的立面视图（如南、东立面）中分别手动将轴线的标头拖拽到顶部标高之上，在后创建的标高楼层平面视图中才能正确显示轴网。

3.1.1　创建标高

使用“标高”工具，可定义垂直高度或建筑内的楼层标高，可为每个已知楼层或其他必需的建筑参照（如第二层、墙顶或基础底端）创建标高。要添加标高，必须处于剖面视图或立面视图中。添加标高时，可以创建一个关联的平面视图。

在Revit中，创建标高的方法有三种：绘制标高、复制标高和阵列标高。用户可以通过不同情况选择使用不同的创建标高的方法。

1. 绘制标高

绘制标高是基本的创建方法之一，对于低层或尺寸变化差异过大的建筑构件，使用该方法可直接绘制标高。

打开程序自带的样板文件“DefaultCHSCHS. rte”，如图 3-1 所示。打开立面图，在绘图区域内的“标高 1”处双击，将“标高 1”名称修改为“Fl”，按 Enter 键，打开 Revit 提示框，询问“是否希望重用名相应视图?”对话框，单击“是”按钮，如图 3-2 所示。同理，将“标高 2”名称修改为“F2”，如图 3-3 所示。

图 3-1　打开样板文件

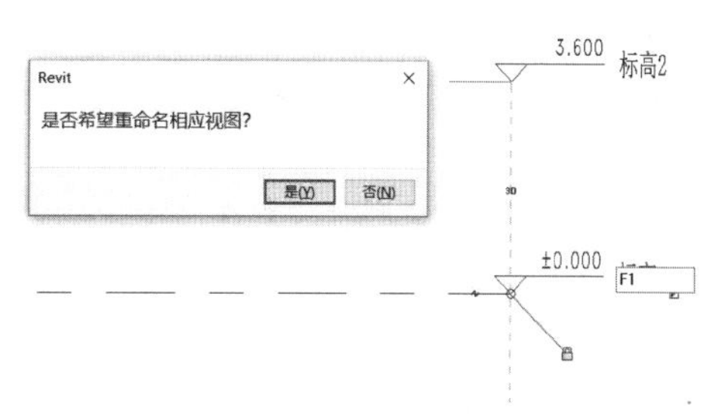

图 3-2　修改 F1 视图名称

默认情况下，绘图区域中显示的为“南”立面视图效果。在该视图中，蓝色倒三角为标高图标；图标上方的数值为标高值；红色虚线为标高线；标高线上方的为标高名称，如图 3-4 所示。

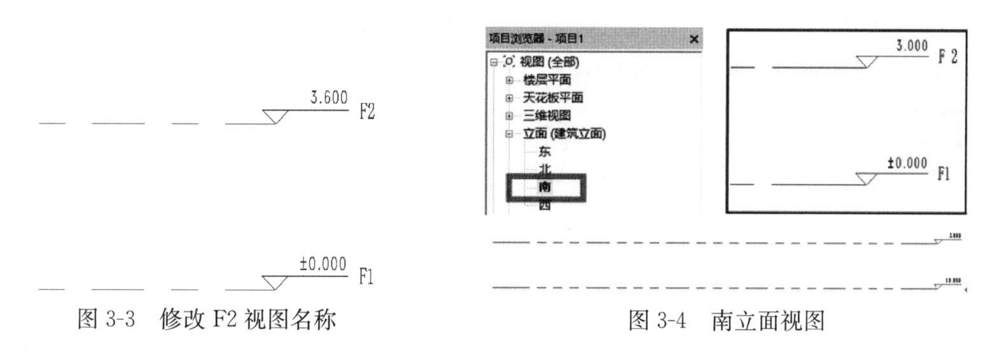

图 3-3　修改 F2 视图名称　　图 3-4　南立面视图

将光标指向 F2 标高一端，并滚动鼠标滑轮放大该区域。双击标高值，在文本框中输入“5. 6”，按 Enter 键完成标高值的更改，如图 3-5 所示。

> **注意：**该项目样板的标高值是以米为单位的，标高值并不是任意设置的，而是根据建筑设计图中的建筑尺寸来设置的层高。

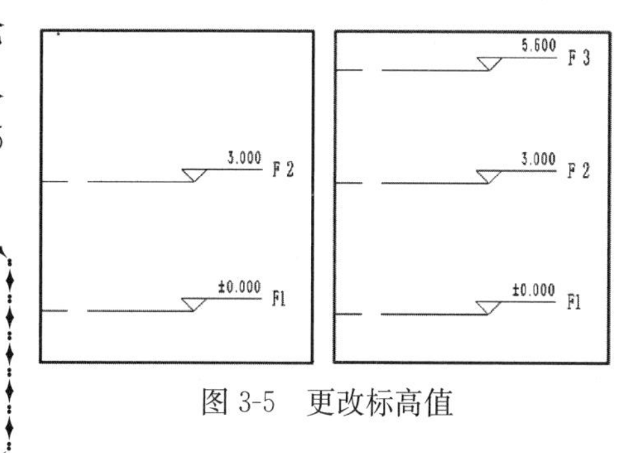

图 3-5　更改标高值

切换到“建筑”选项卡，在“基准”面板中单击“标高”工具，进入“修改 | 放置标高”上下文选项卡。单击“绘制”面板中的“直线”工具，确定绘制标高的工具，如图 3-6 所示。

当选择标高绘制方法后，选项栏中会显示“创建平面视图”复选框。当启用该复选框后，所创建的每个标高都是一个楼层。单击“平面视图类型”选项后，在弹出的“平面视图类型”对话框中，除了“楼层平面”选项外，还包括“天花板平面”与“结构平面”选项，如图 3-7 所示。如果禁用“创建平面视图”复选框，则认为标高是非楼层的标高，并且不创建关联的平面视图。

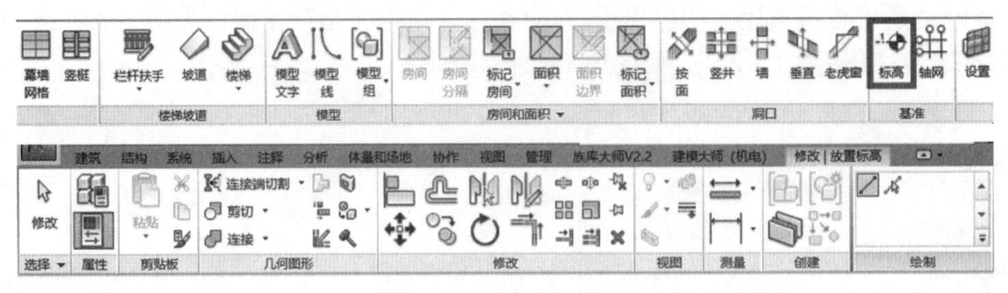

图 3-6　选择标高工具

提示：“偏移量”选项则是控制标高值的偏移范围，可以是正数，也可以是负数。通常情况下，“偏移量”的选项值为 0。

这时，单击并拖动鼠标滚轮向左移动绘图区域中的视图，显示标高左侧。将光标指向 F2 标高左侧时，光标与现有标高之间会显示一个临时尺寸标注。当光标指向现有标高标头时，Revit 会自动捕捉端点。单击确定标高端点后，配合鼠标滚轮向右移动视图，确定右侧的标高端点后单击，完成标高的绘制，如图 3-8 所示。

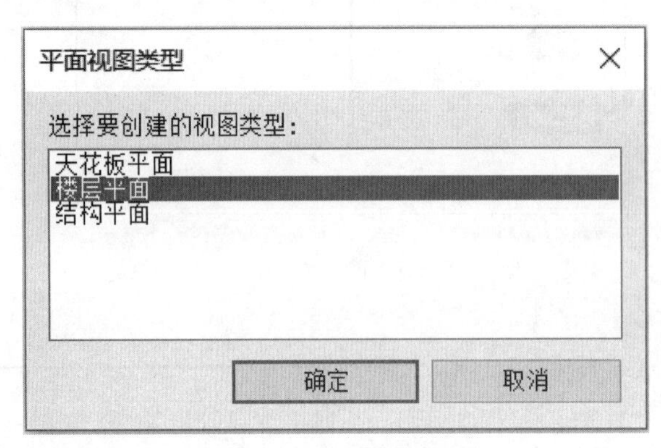

图 3-7　平面视图类型

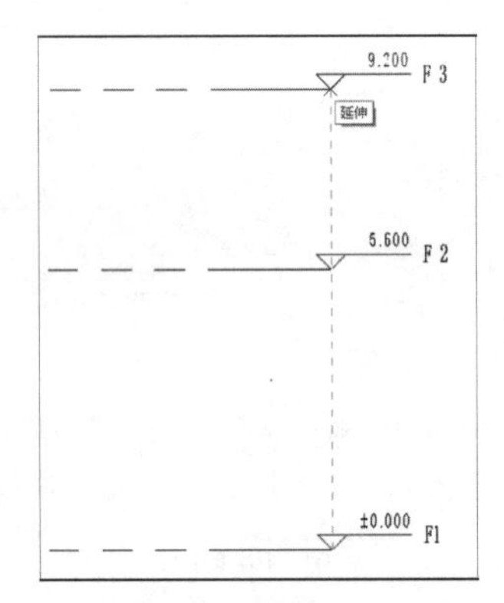

图 3-8　创建标高

技巧：当捕捉标高端点后，既可以通过移动光标来确定标高尺寸，也可以通过键盘中的数字键来输入精确标高尺寸。

选择“标高”工具后，“属性”面板中将显示与标高有关的选项。其中在类型选择器中，可以选择项目样本中提供的标高类型。选择“下标头”类型，按照上述方法，在 F1 标高的下方绘制 F4 标高，如图 3-9 所示。

注意：在标高绘制中，除了直接绘制外，还有一种方法是拾取线方法。该方法必须是在现有参考线的基础上才能够使用，所以目前该方法不可用。

2. 复制标高

标高创建除了可以通过绘制方法外，还可以通过复制的方法。具体操作如下：首先选取将要复制的标高，这时功能区切换到“修改｜标高”上下文选项卡。单击“修改”面板中的“复制”工具，在选项栏中启用“约束”和“多个”两个复选框，然后在F3标高的任意位置单击，作为复制的基点。接着向上移动光标，并显示临时尺寸标注。当临时尺寸标注显示为3200时单击，即可复制标高，如图3-10所示。

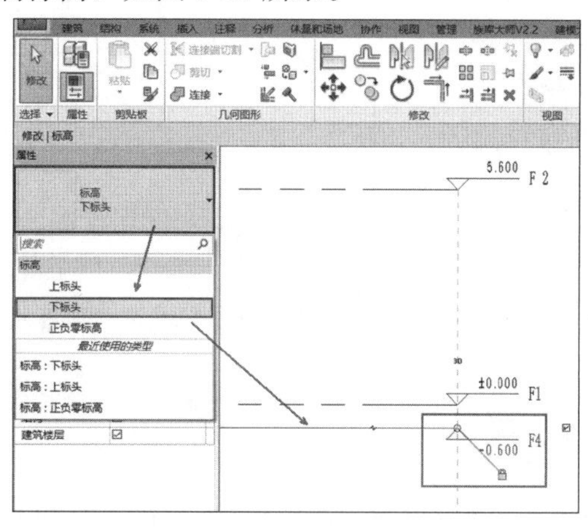

图3-9　绘制下标头标高

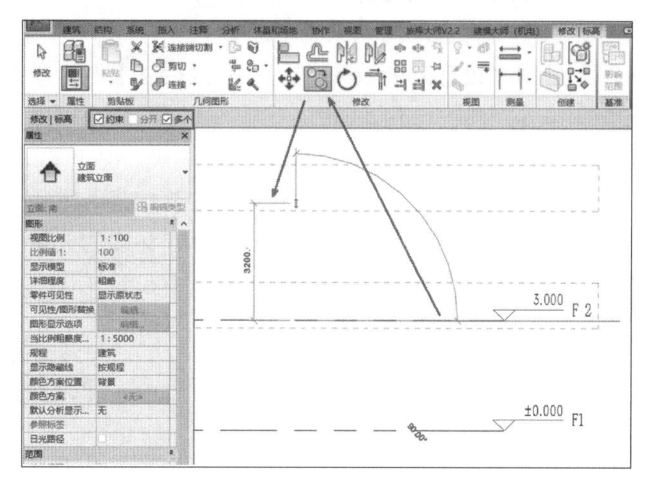

图3-10　复制标高

技巧：由于启用了“约束”复选框，所以在复制过程中只能够垂直或者水平移动光标；而启用“多个”复选框，则可以连续复制多个标高。要想取消复制，只需要连续按两次Esc键即可。

3. 阵列标高

除了复制标高外，还能够通过阵列创建标高。操作方法是，同样选取要阵列的标高后，在“修改｜标高”上下文选项卡中单击“修改”面板中的“阵列”工具，并且在选项栏中单击“线性”按钮，设置“项目数”为4，单击标高任意位置确定基，如图3-11所示。

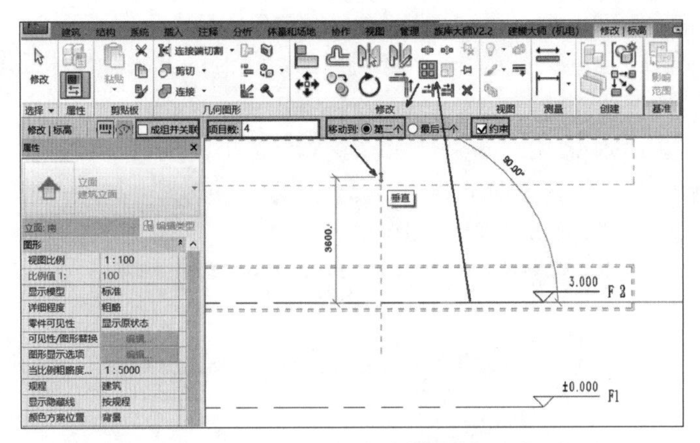

图 3-11　选择及创建整列

当选择“阵列”工具后，通过设置选项栏中的选项可以创建线性阵列或者半径阵列。下面为各个选项及其相关作用。

（1）线性：单击该按钮，将创建线性阵列。

（2）径向：单击该按钮，将创建半径阵列。

（3）成组并关联：将阵列的每个成员包括在一个组中。如果禁用该复选框，Revit 将会创建指定数量的副本，而不会使它们成组。在放置后，每个副本都独立于其他副本。

（4）项目数：指定阵列中所有选定图元的副本总数。

（5）移动到：该选项是用来设置阵列效果的，其中包括以下两个单选按钮：

① 第二个：指定阵列中每个成员间的间距。其他阵列成员出现在第二个成员之后。

② 最后一个：指定阵列的整个跨度。阵列成员会在第一个成员和最后一个成员之间以相等间隔分布。

（6）约束：用于限制阵列成员沿着与所选的图元垂直或共线的矢量方向移动。

这里选中的是“第二个”复选按钮，所以在阵列过程中，只要设置第一个阵列标高与原有标高之间的临时尺寸标注，然后按 Enter 键，即可完成阵列。

技巧： 选项栏中的“项目数”选项值是包括原有图元的，即当创建 3 个标高时，该选项必须设置为 4。

3.1.2　编辑标高

建筑效果图中的标高显示并不是一成不变的，在 Revit 中既可以通过“类型属性”对话框统一设置标高图形中的各种显示效果，还能够通过手动方式重命名标高名称，以及独立设置标高名称的显示与否和显示位置。

1. 批量设置

在 Revit 中，通过“建筑样板”选项创建的项目，在南视图中显示的标高名称为“标高 1”、标高线为虚线、颜色为“灰色”，并且只有一端显示标高名称，如图 3-12 所示。

选取某个标高后，单击“属性”面板中的“编辑类型”选项，打开“类型属性”对话框，如图 3-13 所示。

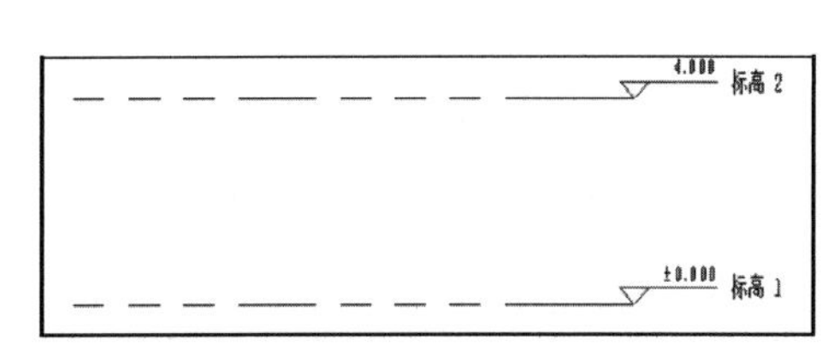

图 3-12　样板标高显示效果

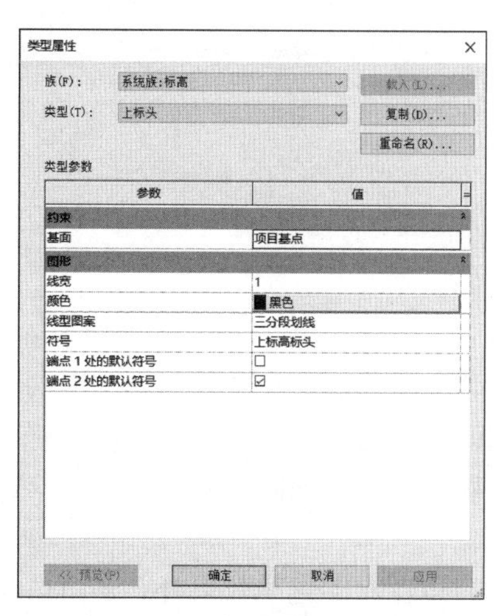

图 3-13　“类型属性”对话框

在该对话框中，不仅能够设置标高显示的颜色、样式、粗细，还能够设置端点符号的显示与否。其中，各个参数以及相应的值设置见表 3-1。

表 3-1　“类型属性”对话框中的各个参数以及相应的值设置

参数	值
约束	
基面	如果该选项设置为“项目基点”，则在某一标高上报告的高程基于项目原点；如果该选项设置为“测量点”，则报告的高程基于固定测量点
图形	
线宽	设置标高类型的线宽。可以使用“线宽”工具来修改线宽编号的定义
颜色	设置标高线的颜色。可以从 Revit 定义的颜色列表中选择颜色，或自定义颜色
线型图案	设置标高线的线型图案。线型图案可以为实线或虚线和圆点的组合，可以从 Revit 定义的值列表中选择线型图案，或自定义线型图案
符号	确定标高线的标头是否显示编号中的标高号（标高标头－圆圈）、显示标高号但不显示编号（标高标头，无编号）或不显示标高号（＜无＞）
端点 1 处的默认符号	默认情况下，在标高线的左端点放置编号。选择标高线时，标高编号旁边将显示复选框，禁用该复选框以隐藏编号，启用该复选框以显示编号
端点 2 处的默认符号	默认情况下，在标高线的右端点放置编号

在“类型属性”面板中设置需要的标高各种图形选项，即可得到相应的标高。

2. 手动设置

标高除了能够在“类型属性”对话框中进行统一设置外，还可以通过手动方式来设置标高的名称、显示位置以及是否显示等操作。

标高的名称是可以重命名的，只要单击标高名称，即可在文本框中更改标高名称。按下 Enter 键后，打开 Revit 提示框，询问“是否希望重命名相应视图?”，单击“是”按钮，即可在更改标高名称的同时更改相应视图的名称，如图 3-14 所示。

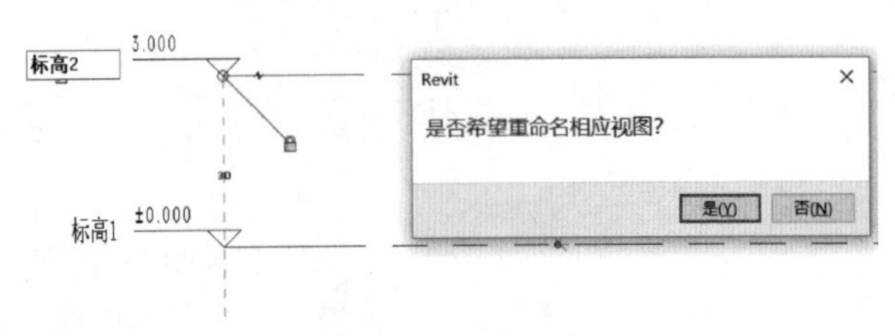

图 3-14　重命名标高

标高名称除了能够在“类型属性”对话框中统一设置显示与否外，还可以单独设置某个标高名称的显示与否。方法是，选中该标高，单击其左侧的“隐藏编号”选项，即可隐藏该标高的名称与参数，如图 3-15 所示。要想重新显示名称与参数，只要再次单击“隐藏编号”选项即可。

标高的显示除了直线效果外，还可以是折线效果，只要为标高添加弯头即可。方法是，单击选中标高，在参数右侧标高线上显示“添加弯头”图标，如图 3-16 所示。

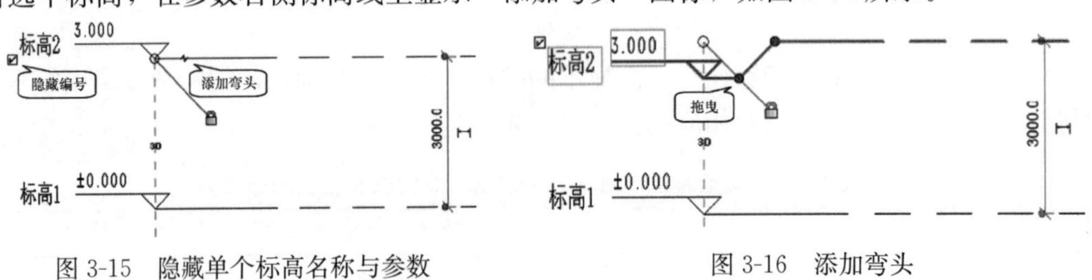

图 3-15　隐藏单个标高名称与参数　　　　图 3-16　添加弯头

单击标高线中的“添加弯头”图标，即可改变标高参数和标高图标的显示位置，当添加弯头后，还可以手动继续改变标高参数和标高图标的显示位置。方法是，单击并拖曳圆点向上或向下，释放鼠标即可。

> **提示：** 当拖动两个圆点重叠时，标高就会返回到添加弯头的显示状态。

在 Revit 中，当标高端点对齐时，会显示对齐符号。当单击并拖动标高端点改变其位置时，发现所有对齐的标高会同时移动，如图 3-17 所示。当单击对齐符号进行解锁后，再次单击标高端点并拖动，发现只有该标高被移动，其他标高不会随之移动，如图 3-18 所示。

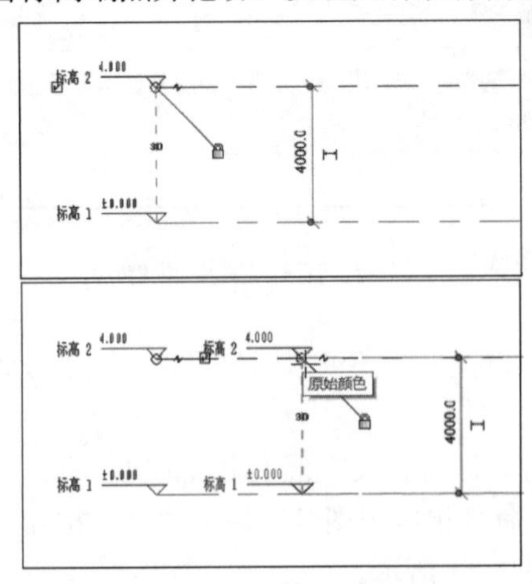

图 3-17　同时移动标高端点

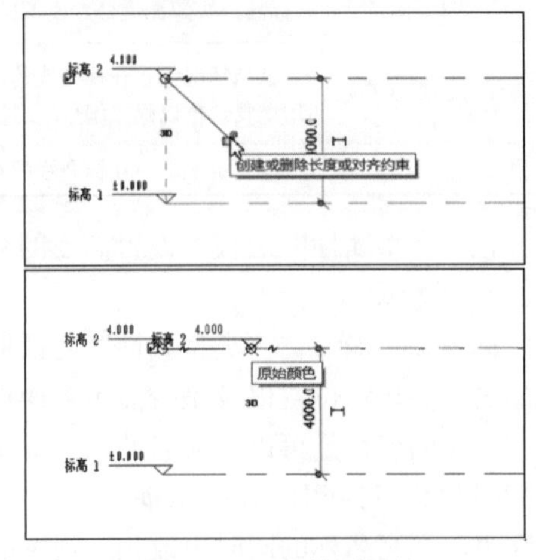

图 3-18　对齐符号解锁

任务 3.2　创建和编辑轴网

轴网是由建筑轴线组成的网，是人为地在建筑图纸中为了标示构件的详细尺寸，按照一般的习惯标准虚设的，标注在对称界面或截面构件的中心线上。通过学习轴网的创建与编辑，可以更加精确地设计与放置建筑物构件。

3.2.1　创建轴网

轴网由定位轴线、标志尺寸和轴号组成。轴网是建筑制图的主题框架，建筑物的主要支承构件按照轴网定位排列，达到井然有序的效果。轴网的创建方式，除了与标高创建方式相似的之外，还增加了弧形轴线的绘制方法。

1. 绘制直线轴网

绘制轴线是最基本的创建轴网的方法，轴网是在楼层平面视图中创建的。打开创建标高的项目文件，在“项目浏览器”面板中双击“视图”→“楼层平面”→“F1 视图”，进入 F1 平面视图，如图 3-19 所示。

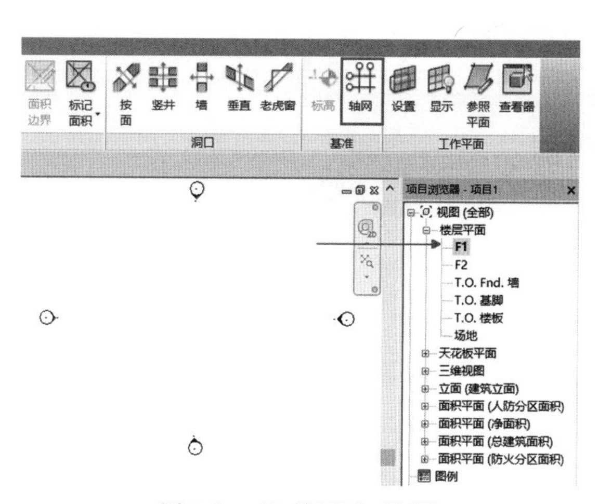

图 3-19　F1 楼层平面视图

切换到“建筑”选项卡，在“基准”面板中单击“轴网”工具，进入“修改 | 放置轴网”上下文选项卡。单击“绘制”面板中的“直线”工具，如图 3-20 所示。

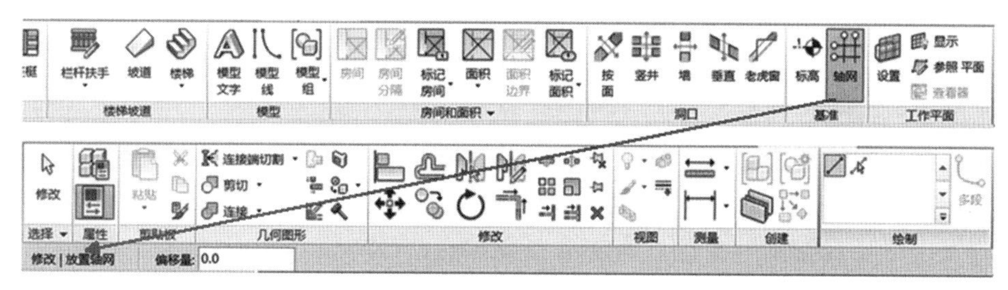

图 3-20　选择轴网工具

在绘图区域左下角适当位置，单击并结合 Shift 键垂直向上移动光标，在适合位置再次单击完成第一条轴线的创建。第二条轴线的绘制方法与标高绘制方法相似，只要将光标指向轴线端点，光标与现有轴线之间会显示一个临时尺寸标注。当光标指向现有轴线端点时，Revit 会自动捕捉端点。当确定尺寸值后单击确定轴线端点，并配合鼠标滚轮向上移动视图，确定上方的轴线端点后再次单击，完成轴线的绘制，如图 3-21 所示。完成绘制后，连续按两次 Esc 键，退出轴网绘制。

2. 绘制弧形轴网

在轴网绘制方式中，除了能够绘制直线轴线外，还能够绘制弧形轴线。而绘制弧形轴线包括两种绘制方法：一种是“起点-终点-半径弧”工具；另一种是“圆心-端点弧”工具。虽然两种工具均可以绘制出弧形轴线，但是绘制方法略有不同。

(1) 起点-终点-半径弧

切换至“修改 | 放置轴网”上下文选项卡，单击“绘制”面板中的“起点-终点-半径弧”工具。在绘制区域空白处，单击确定弧形轴线一端的端点后，移动光标显示两个端点之间的尺寸值以及弧形轴线角度。根据临时尺寸标注中的参数值单击确定第二个端点位置，同时移动光标显示弧形轴线半径的临时尺寸标注。当确定半径参数值后，再次单击完成弧形轴线的绘制，如图 3-22 所示。

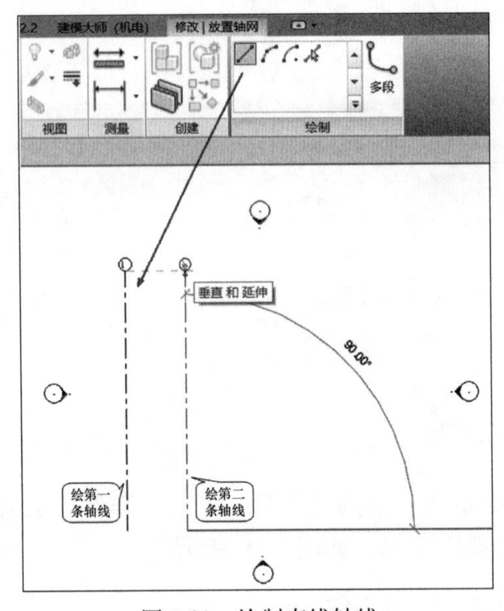

图 3-21　绘制直线轴线

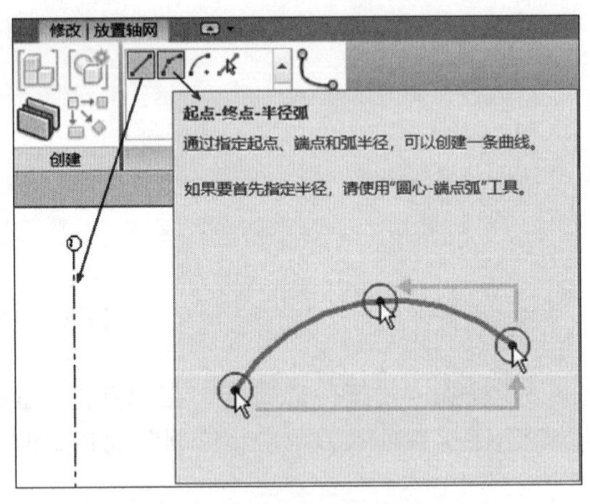

图 3-22　“起点-终点-半径弧”工具

(2) 圆心-端点弧

如果选择使用的是“绘制”面板中的“圆心-端点弧”工具，那么在绘图区域中单击并移动光标，确定的是弧形轴线中的半径以及某个端点的位置。单击确定第一个端点位置后，移动光标发现半径没有发生变化。确定第二个端点继续单击，完成弧形轴线的绘制，如图 3-23 所示。

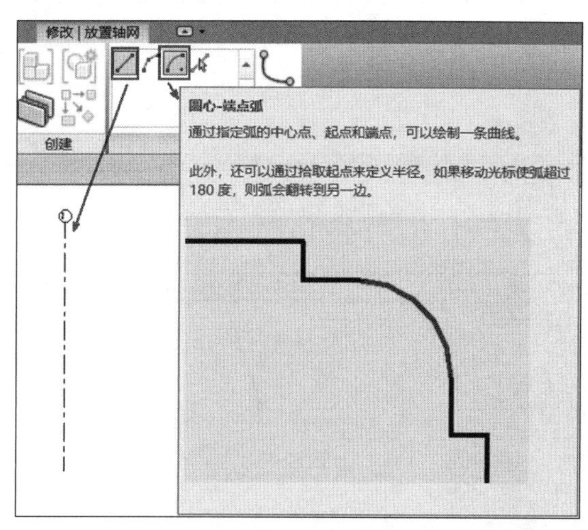

图 3-23　“圆心-端点弧”工具

3. 其他生成轴网方式

轴线的创建方法与标高相似，都可以通过复制或者阵列的方法进行创建。要复制轴线，首先选择将要复制的轴线，切换至“修改 | 轴网”上下文选项卡，单击“修改”面板中的“复制”工具，分别启用“约束”和“多个”两个复选框，单击轴线 2 的任意位置作为复制的基点。接着向右移动光标，并显示临时尺寸标注。当临时尺寸标注显示为 3600 时单击，即可复制轴线 3。继续向右移动光标，确定临时尺寸标注显示为 3600 时单击，复制轴线 4，如图 3-24 所示。

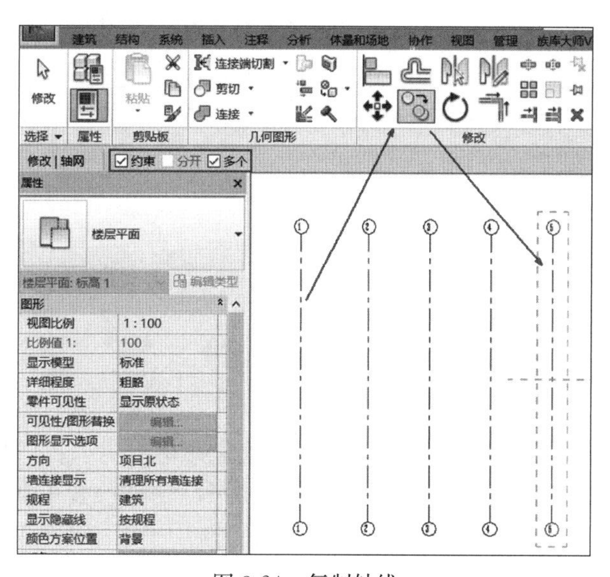

图 3-24　复制轴线

阵列的使用能够同时创建多个图元，但是这些图元之间的间距必须相等。选择轴线后，切换到“修改 | 轴网”上下文选项卡，单击“修改”面板中的“阵列”工具。在选项栏中单

击“线性”按钮，设置“项目数”为 5，单击轴线任意位置确定基点。将光标向右移动，直接通过键盘输入 7200 设置临时尺寸标注，按 Enter 键完成阵列操作，首接创建 4 条轴线，如图 3-25 所示。

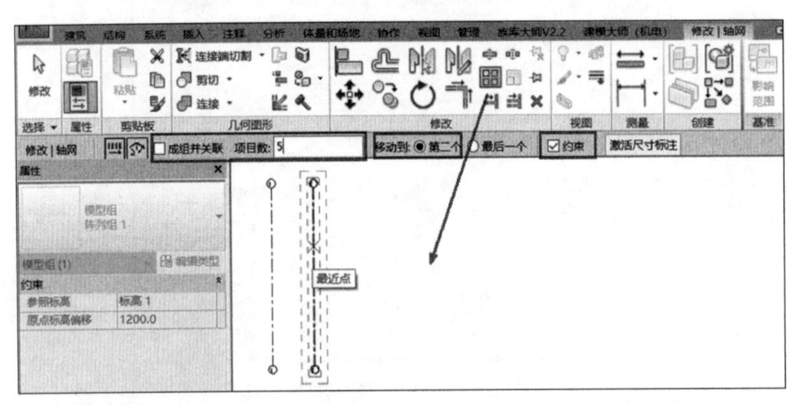

图 3-25　阵列工具

按照上述轴线的绘制方法，在绘图区域适当位置绘制水平直线轴线，然后双击轴线一侧轴线名称，设置该轴线名称为 A，如图 3-26 所示。

按照阵列操作方法，由下至上创建 4 条水平轴线，其轴线之间的间距均为 5000。其轴线名称依次自动设置为 B、C 和 D，如图 3-27 所示。

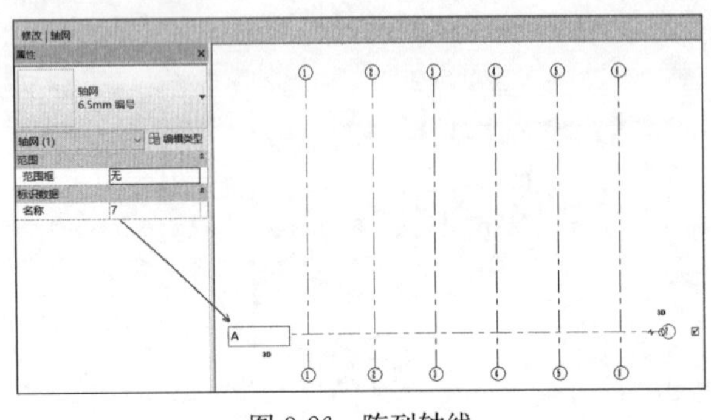

图 3-26　阵列轴线

图 3-27　绘制水平轴线

3.2.2　编辑轴网

建筑设计图中的轴网与标高相同，均是可以改变显示效果的。同样，既可以在轴网的“类型属性”对话框中统一设置轴网的显示效果，还可以手动设置单个轴线的显示方式。唯一不同的是，轴网为楼层平面中的图元，可以在各个楼层平面中查看轴网效果。

1. 批量编辑轴网

在 Revit 中打开项目文件“轴网 . rvt”，绘图区域中默认显示的是 F1 楼层平面视图。发现其中的轴线只显示了轴线两端的线条以及一端的轴线名称。选取某个轴线后，单击“属性”面板中的“编辑类型”按钮，打开“类型属性”对话框，如图 3-28 所示。

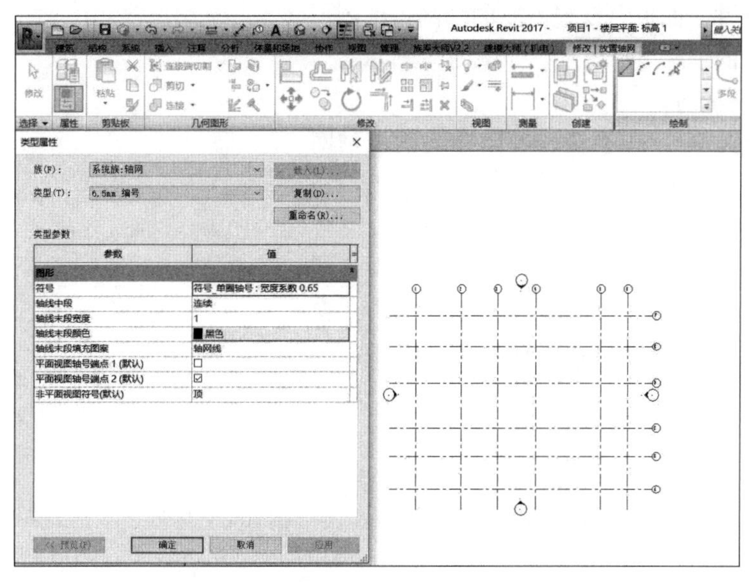

图 3-28 轴网显示及“类型属性”对话框

在对话框中能够设置轴网的轴线颜色和粗细、轴线中段显示与否和长度，以及轴号端点显示与否等选项，各个号数及相应的值设置见表 3-2。

表 3-2 “类型属性”对话框中的各个参数以及相应的值设置

参数	值
图形	
符号	用于轴线端点的符号。该符号可以在编号中显示轴网号（轴网标头-圆）、显示轴网号但不显示编号（轴网标头一无编号）、无轴网编号或轴网号（无）
轴线中段	在轴线中显示的轴线中段的类型。可选择“无”、“连续”或“自定义”
轴线中段宽度	如果“轴线中段”参数为“自定义”，则使用线宽来表示轴线中段的宽度
轴线中段颜色	如果“轴线中段”参数为“自定义”，则使用线颜色来表示轴线中段的颜色。选择 Revit 中定义的颜色，或自定义颜色
轴线中段填充图案	如果“轴线中段”参数为“自定义”，则使用填充图案来表示轴线中段的填充图案。线型图案可以为实线或虚线和圆点的组合
轴线末段宽度	表示连续轴线的线宽，或者在“轴线中段”为“无”或“自定义”的情况下表示轴线末段的线宽
轴线末段颜色	表示连续轴线的线颜色，或者在“轴线中段”为“无”或“自定义”的情况下表示轴线末段的线颜色
轴线末段填充图案	表示连续轴线的线样式，或者在“轴线中段”为“无”或“自定义”的情况下表示轴线末段的线样式
轴线末段长度	在“轴线中段”参数为“无”或“自定义”的情况下表示轴线末段的长度（图纸空间）
平面视图轴号端点 1（默认）	在平面视图中，在轴线的起点处显示编号的默认设置（也就是说，在绘制轴线时，编号在其起点处显示）。如果需要，可以显示或隐藏视图中各轴线的编号
平面视图轴号端点 2（默认）	在平面视图中，在轴线的终点处显示编号的默认设置（也就是说，在绘制轴线时，编号在其终点处显示）。如果需要，可以显示或隐藏视图中各轴线的编号
非平面视图符号（默认）	在非平面视图的项目视图（如立面视图和剖面视图）中，轴线上显示编号的默认位置：“顶”、“底”、“两者”（顶和底）或“无”。如果需要，可以显示或隐藏视图中各轴线的编号

在“类型属性”面板中设置需要的轴网各种图形选项，得到相应的轴网显示效果，如图 3-29 所示。

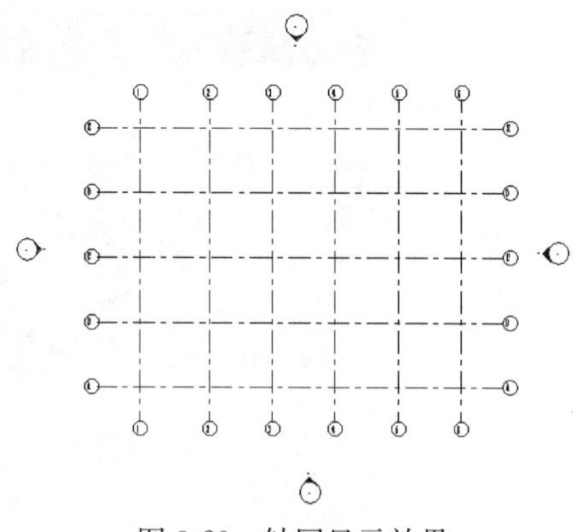

图 3-29　轴网显示效果

2. 手动编辑轴网

建筑设计图中的标高手动设置同样适用于轴网手动设置，而由于轴网在平面视图中的共享性，还具有其特有的操作方式。

在绘图区域中同时打开 F1 和 F2 楼层平面视图并缩小视图框，切换至“视图”选项卡，单击“窗口”面板中的“平铺”工具，将窗口进行平铺，然后将同一个区域方法显示在窗口中，如图 3-30 所示。

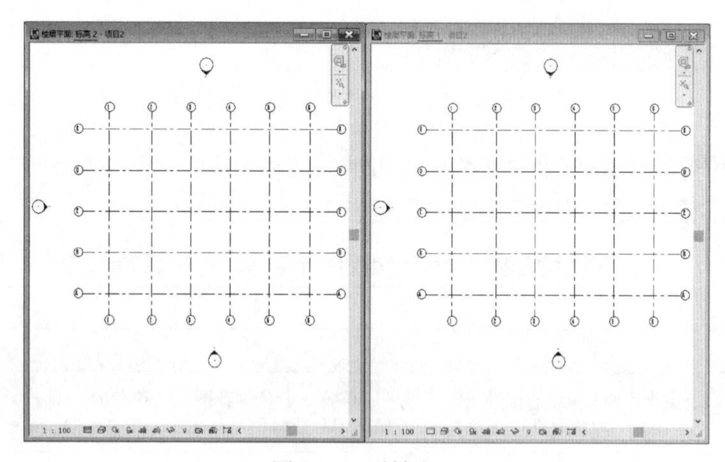

图 3-30　平铺窗口

单击选中“楼层平面：F1”窗口中的轴线 2，轴线名称下方显示 3D 视图图标。在该视图下，单独移动该轴线左侧端点的位置，发现“楼层平面：F2”窗口中轴线 2 随之移动，如图 3-31 所示。

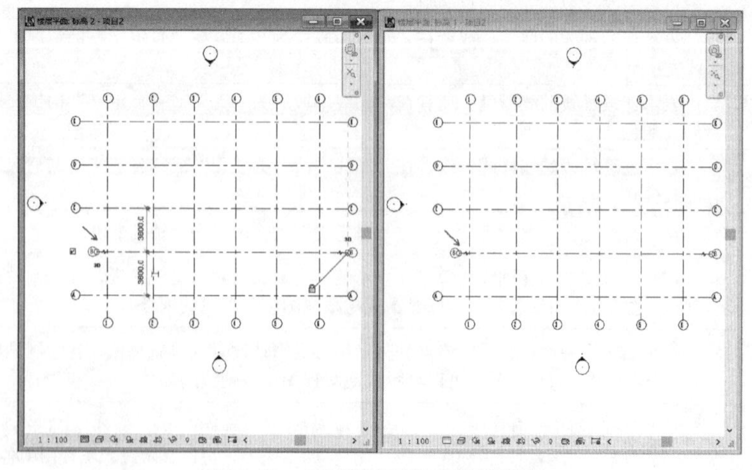

图 3-31　3D 视图下移动轴线端点

如果单击 3D 视图图标切换至 2D，那么移动“楼层平面：F1”窗口中的轴线 2 端点位置，发现“楼层平面：F2”窗口中轴线 2 保持不变，如图 3-32 所示。这是因为在 2D 模式下修改轴网的长度等于修改了轴网在当前视图中的投影长度，并没有影响轴网的实际长度。

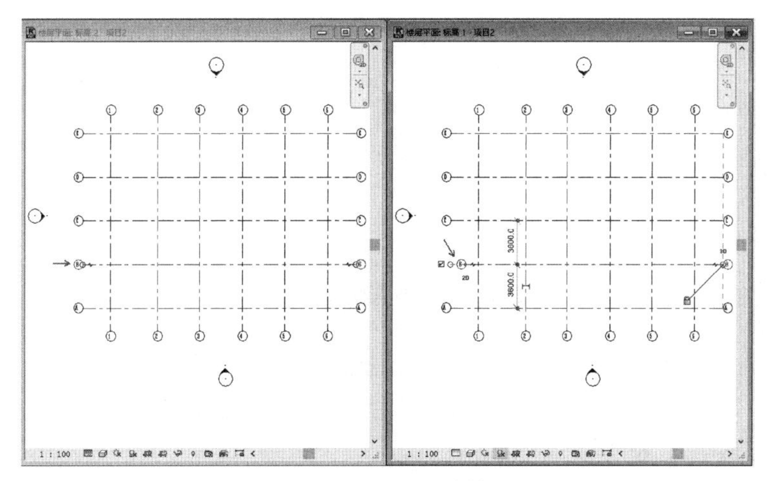

图 3-32　2D 视图下移动轴线端点

要想将 2D 状态下的轴网长度影响到其他视图中，保持该轴网处于选取状态，单击“基准”面板中的“影响范围”工具，在打开的“影响基准范围”对话框中，启用“楼层平面：F2”和“楼层平面：F1”复选框，如图 3-33 所示。

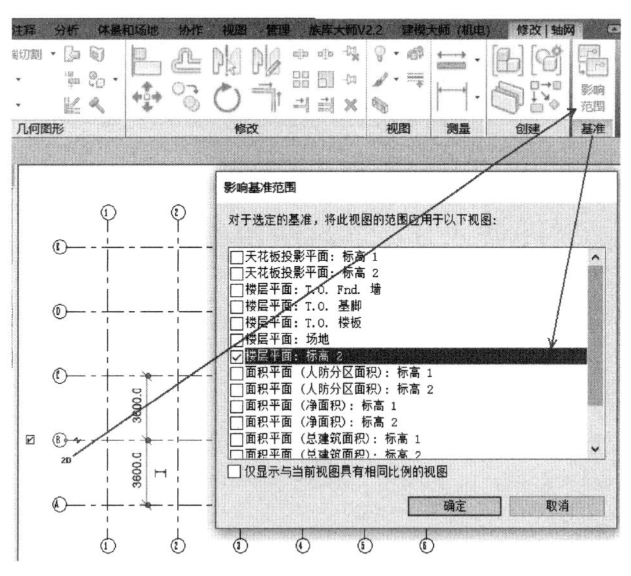

图 3-33　“影响基准范围”对话框

单击“确定”按钮，关闭该对话框，发现“楼层平面：F2”窗口中轴线 2 发生变换，如图 3-34 所示。

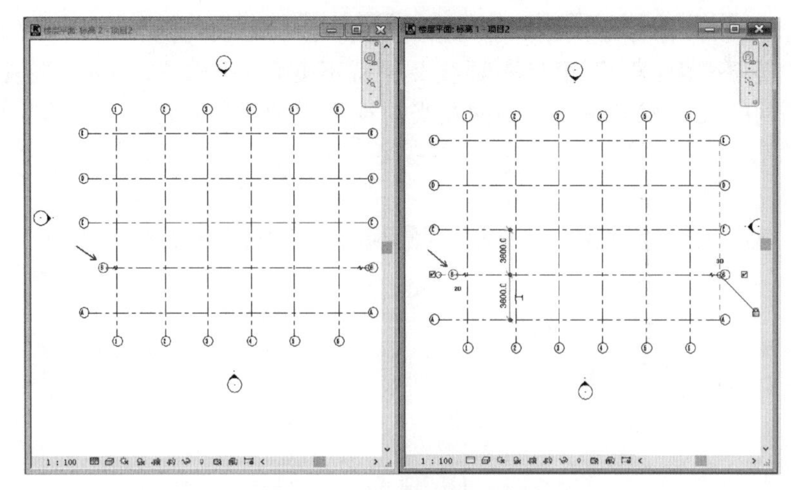

图 3-34　更改影响视图效果

如果希望将二维的投影长度修改为实际的三维长度，右击该轴网，在弹出的快捷菜单中选择“重设为三维范围”选项即可，如图 3-35 所示。需要注意的是，二维的修改只会针对当前视图，不会影响其他的视图。

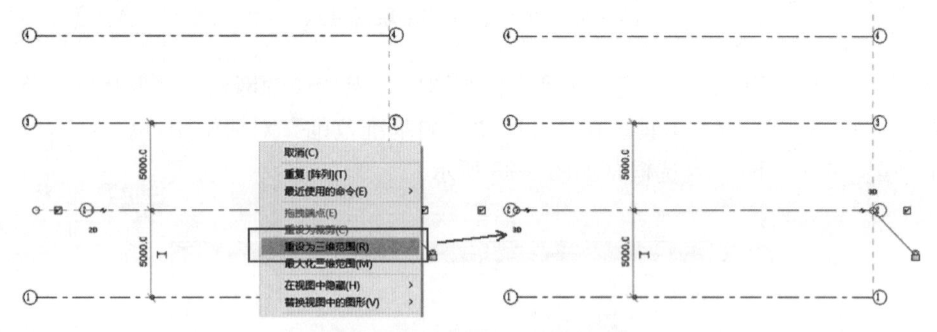

图 3-35　重设为三维范围

任务 3.3　学习使用参照平面

可以使用“参照平面”工具来绘制参照平面，以用作设计辅助面。参照平面在创建族时是一个非常重要的部分。参照平面会出现在为项目所创建的每个平面视图中。

（1）添加参照平面

点击“建筑”选项卡下“工作平面”面板中的“参照平面”按钮，如图 3-36 所示，根据状态栏提示，点击参照平面起点、终点，绘制参照平面。

（2）命名参照平面

在绘图区域中，选择参照平面。在“属性”选项板中，“名称”文本框中输入参照平面的名称。

（3）在视图中隐藏参照平面

选取一个或多个要隐藏的参照平面，右击，在弹出的快捷菜单中单击“在视图中隐藏”

→“图元”命令，如图3-37所示。要隐藏选定的参照平面和当前视图中相同类别的参照平面，单击“在视图中隐藏”→“类别”命令。

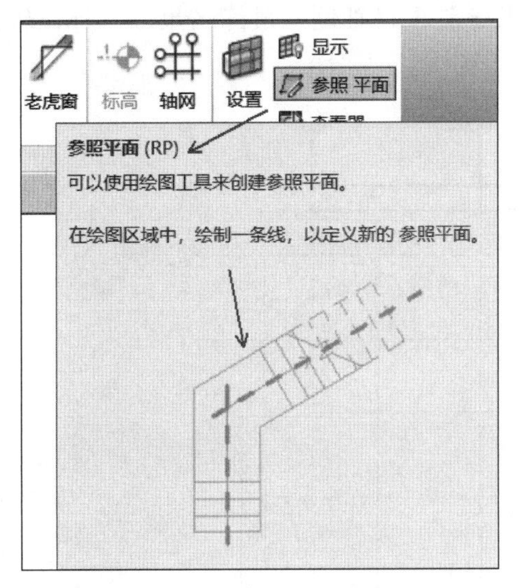

图3-36　参照平面工具

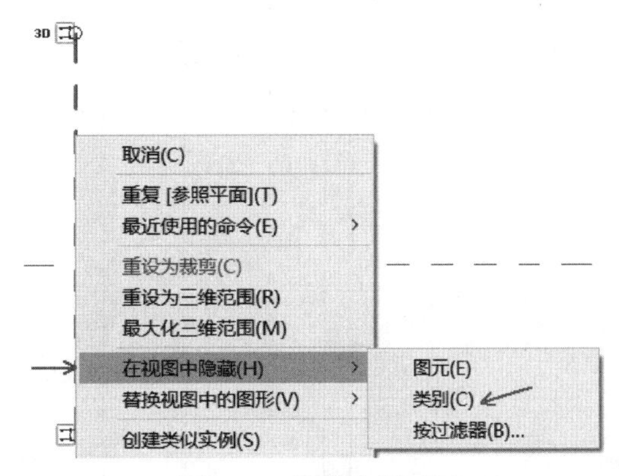

图3-37　隐藏参照平面

说明：参照平面是个平面，只是在某些方向的视图中显示为线而已（如在平面视图上绘制参考平面，参考平面垂直于水平面，故在平面视图上显示为线）。

单元3小结

练习题3

1. 根据图3-38中给定的尺寸绘制标高轴网。某建筑共三层，首层地面标高为±0.000，层高为3m，要求两侧标头都显示，将轴网颜色设置为红色并进行尺寸标注。请将模型以“轴网”为文件名进行保存。

2. 某建筑共 50 层，其中首层地面标高为±0.000，首层层高 6.0m，第二至第四层层高 4.8m，第五层及以上均层高 4.2m。请按要求建立项目标高，并建立每个标高的楼层平面视图。并且按照图 3-39 所示的平面图中的轴网要求绘制项目轴网。最终结果以“标高轴网”为文件名保存为样板文件。

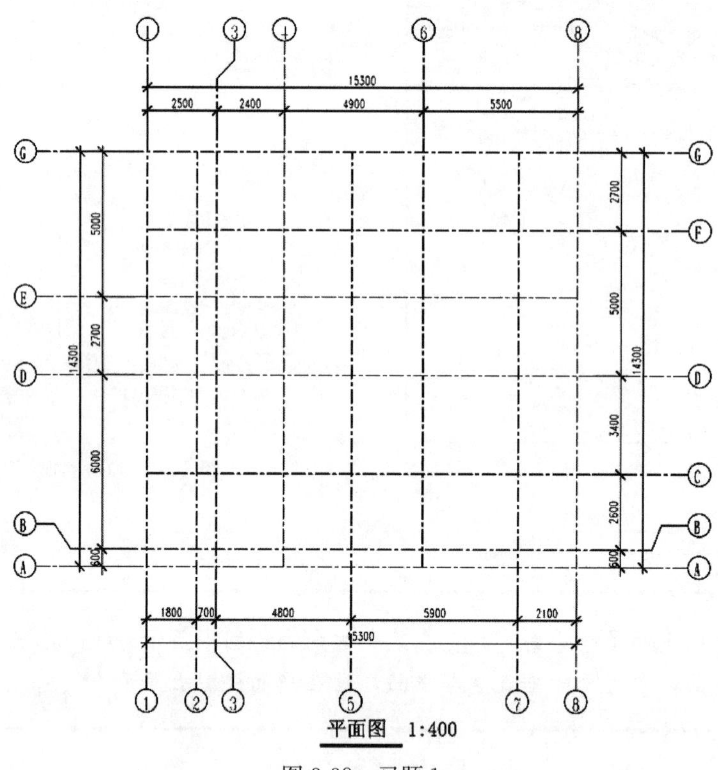

图 3-38　习题 1

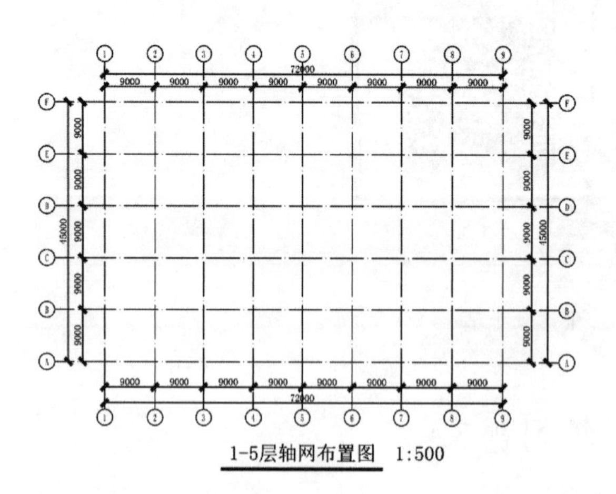

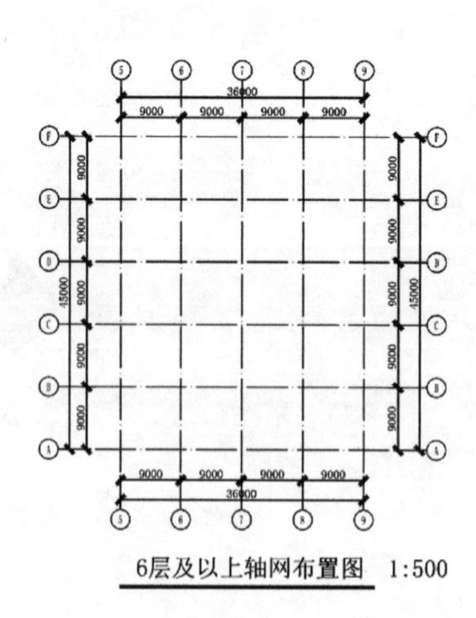

图 3-39　习题 2

3. 根据图 3-40 给定数据创建标高与轴网，以及显示方式。请将模型以“标高轴网”为文件名进行保存。

4. 根据图 3-41 给定标高轴网创建项目样板，无需创建尺寸标注，标头和轴头表示方式图为准。请将模型以“标高轴网”为文件名进行保存。

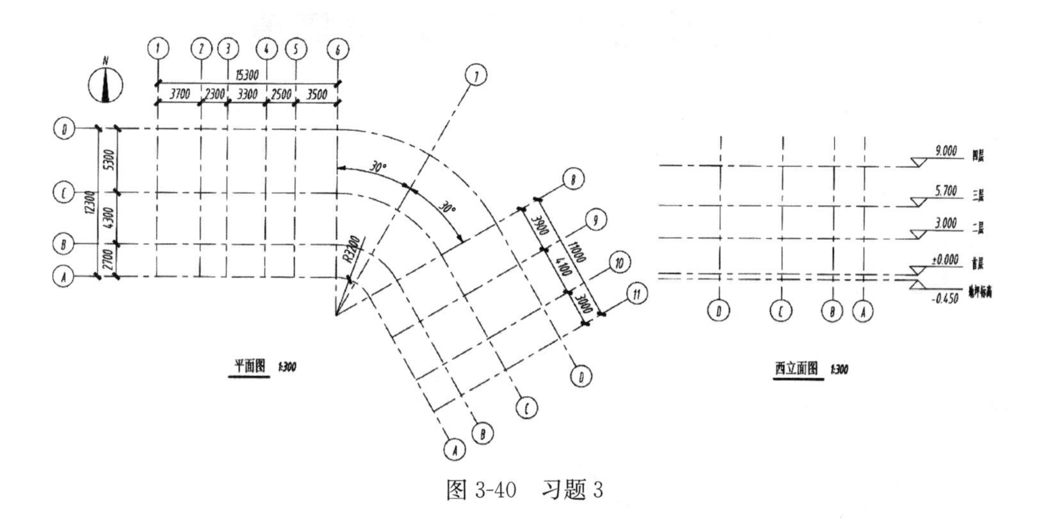

图 3-40　习题 3

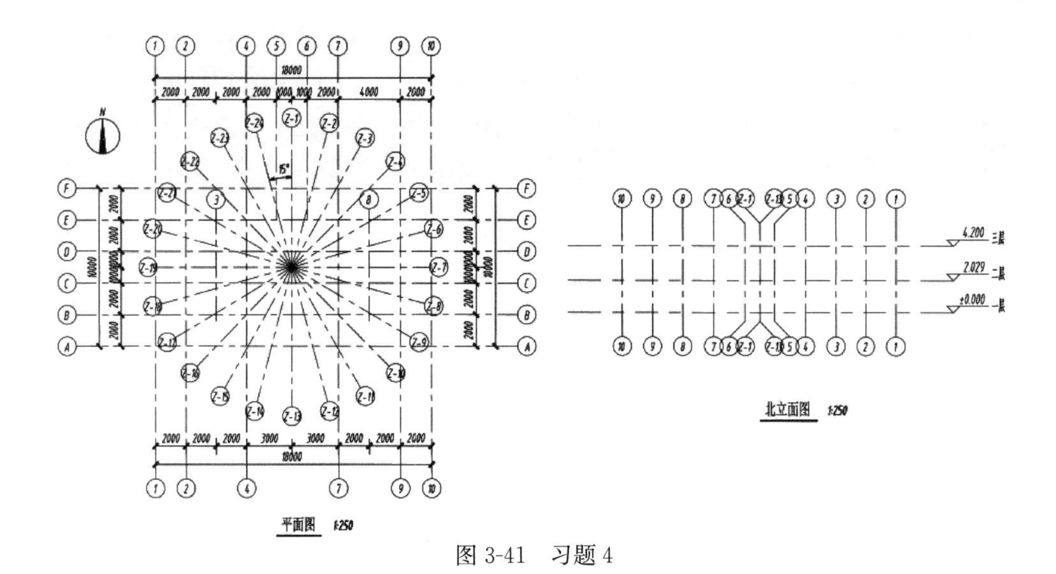

图 3-41　习题 4

学习单元 4　创建墙与幕墙

知识目标：

了解墙体的概念。

掌握各种墙体的绘制方法。

掌握幕墙的绘制方法。

掌握墙体的编辑方法。

能力目标：

能利用 Revit 软件绘制和编辑各种墙体。

能利用 Revit 软件绘制和编辑幕墙。

在 Revit 中，墙是三维建筑设计的基础，它不仅是建筑空间的分隔主体，而且也是门、窗、墙饰条与分割缝、卫浴灯具等设备模型构件的承载主体。同时，墙体构造层设置及其材质设置，不仅影响着墙体在三维、透视和立面视图中的外观表现，更直接影响着后期施工图设计中墙身大样、节点详图等视图中墙体截面的显示。在创建门、窗等构件之前需要先创建墙体。

任务 4.1　墙体类型设置

在创建与编辑墙体之前，首先要了解墙体的分类、尺度以及设计要求，这样才能够在创建过程中，根据不同建筑类型来创建不同的墙体，并在创建过程中减少出错频率。建筑中的墙体多种多样，而墙体的分类方式也存在多样性，按照不同的情况可以分为不同的类型。

(1) 按墙所处位置及方向分类

墙体按所处位置可以分为外墙和内墙。外墙位于房屋的四周，故又称为外围护墙；内墙位于房屋内部，主要起分隔内部空间的作用。墙体按布置方向又可以分为纵墙和横墙。沿建筑物长轴方向布置的墙称为纵墙，沿建筑物短轴方向布置的墙称为横墙，外横墙俗称山墙。

(2) 按受力情况分类

墙按结构竖向的受力情况分为承重墙和非承重墙两种。承重墙直接承受楼板及屋顶传下来的荷载。在砖混结构中，非承重墙可以分为自承重墙和隔墙。自承重墙仅承受自身重量，并把自重传给基础。隔墙则把自重传给楼板层或者附加的小梁。在框架结构中，非承重墙可以分为填充墙和幕墙。填充墙是位于框架梁柱之间的墙体。当墙体悬挂于框架梁柱的外侧起围护作用时，称为幕墙，幕墙的自重由其连接固定部位的梁柱承担。

(3) 按材料及构造方式分类

墙体按构造方式可以分为实体墙、空体墙和组合墙三种。实体墙由单一材料组成，如普通砖墙、实心砌块墙、混凝土墙、钢筋混凝土墙等。空体墙是由单一材料组成，即由单一材料砌成内部空的墙。组合墙由两种以上材料组合而成，如钢筋混凝土和加气混凝土构成的复合板材墙，其中钢筋混凝土起承重作用，加气混凝土起保温隔热作用。

（4）按施工方法分类

墙体按施工方法可分为块材墙、板筑墙及板材墙三种。块材墙是用砂浆等胶结材料将砖石块材等组砌而成，如砖墙、石墙及各种砌块墙等。板筑墙是在现场立模板，现浇而成的墙体，如现浇混凝土墙等。板材墙是预先制成墙板，施工时安装而成的墙，如预制混凝土大板墙、各种轻质条板内隔墙等。

任务 4.2　墙体的绘制和编辑

4.2.1　一般墙体

1. 绘制墙体

选择“建筑”选项卡，单击“构建”面板下的“墙”下拉按钮，可以看到有建筑墙、结构墙、面墙、墙饰条、分隔缝共五种类型可供选择。结构墙为创建承重墙和框剪墙时使用；在使用体量面或常规模型时选择面墙；墙饰条和分隔缝的设置原理相同。

从类型选择器中选择“建筑墙”类型，必要时可单击“图元属性”按钮，在弹出的对话框中编辑墙属性，使用复制的方式创建新的墙类型。

设置墙高度、定位线、偏移值、半径、墙链，选择直线、矩形、多边形、弧形墙体等绘制方法进行墙体的绘制。在视图中拾取两点，直接绘制墙线，如图 4-1 所示。

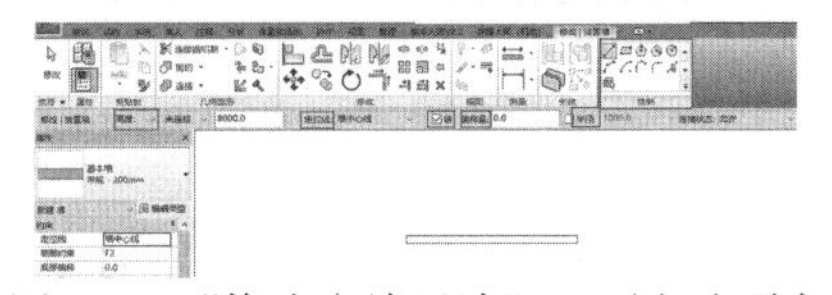

图 4-1　“修改｜放置墙”上下文选项卡

注意：顺时针绘制墙体，因为在 Revit 中有内墙面和外墙面的区别。

“定位线”指的是在绘制墙体过程中，绘制路径与墙体的哪个面进行重合。有“墙中心线”、“核心层中心线”、“面层面：外部”、“面层面：内部”、“核心面：外部”、“核心面：内部”六个选项，如图 4-2 所示。默认值为“墙中心线”，即在绘制墙体时，墙体中心线与绘制路径重合。

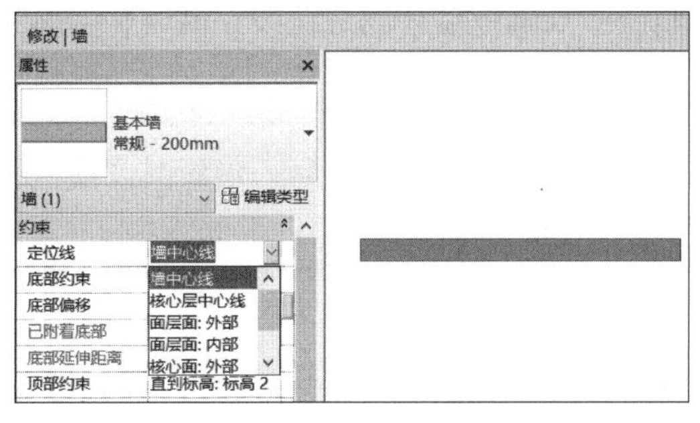

图 4-2　定位线设置

选取单个墙，蓝色圆点指示其定位线。“定位线”为“面层面：外部”、且墙是从左到右绘制的结果，如图 4-3 所示。

墙的高度/深度设置在选项栏中，图 4-4 显示了“底部限制条件”为“L-1”，使用不同“高度/深度”设置创建的四面墙的剖视图，表 4-1 显示了每面墙的属性。

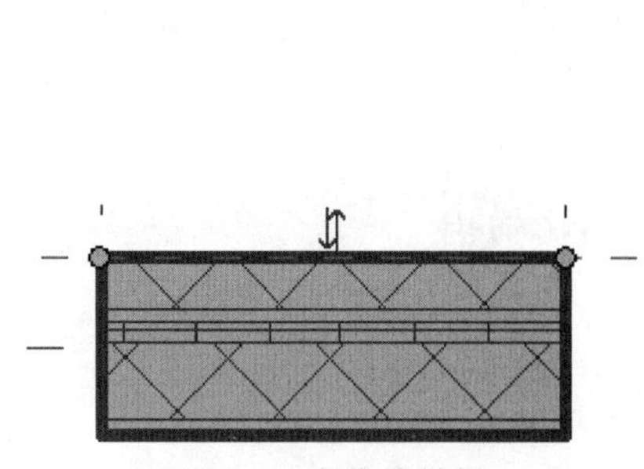

图 4-3　定位线结果

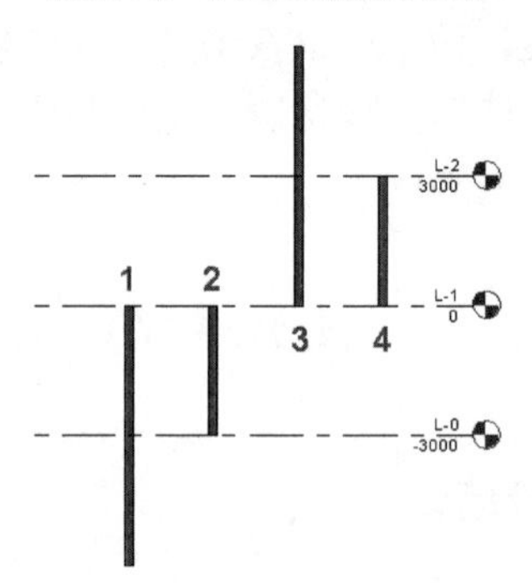

图 4-4　不同高度/深度下的剖视图

表 4-1　墙的属性

属性	墙 1	墙 2	墙 3	墙 4
底部限制条件	L-1	L-1	L-1	L-1
深度/高度	深度	深度	高度	高度
底部偏移	－6000	－3000	0	0
墙顶定位标高	直到标高：L-1	直到标高：L-1	无连接	直到标高：L-2
无连接高度			6000	

2. 拾取命令生成墙体

如果有导入的二维“. dwg”平面图作为底图，可以先选择墙类型，设置好墙的高度、定位线链、偏移量、半径等参数后，选择“拾取线/边”命令，拾取“. dwg”平面图的墙线，自动生成 Revit 墙体。也可以通过拾取面生成墙体。其主要应用在体量的面墙生成中。

3. 编辑墙体

① 墙体图元属性的修改

选取墙体，自动激活“修改墙”选项卡，单击“图元”面板下的“图元属性”工具，弹出墙体“属性”对话框，在该对话框中可对墙体图元属性进行修改。

② 修改墙的实例参数

通过墙的实例参数可以设置所选取墙体的定位线、高度、基面和顶面的位置及偏移、结构用途等特性，如图 4-5 所示。

技巧： 墙体与楼板屋顶附着时设置顶部偏移，偏移值为楼板厚度，可以解决楼面三维显示时看到墙体与楼板交线的问题。

4. 设置墙的类型参数

(1) 通过墙的类型参数可以设置不同类型墙的粗略比例、填充样式、墙的结构、材质等，如图 4-6 所示。

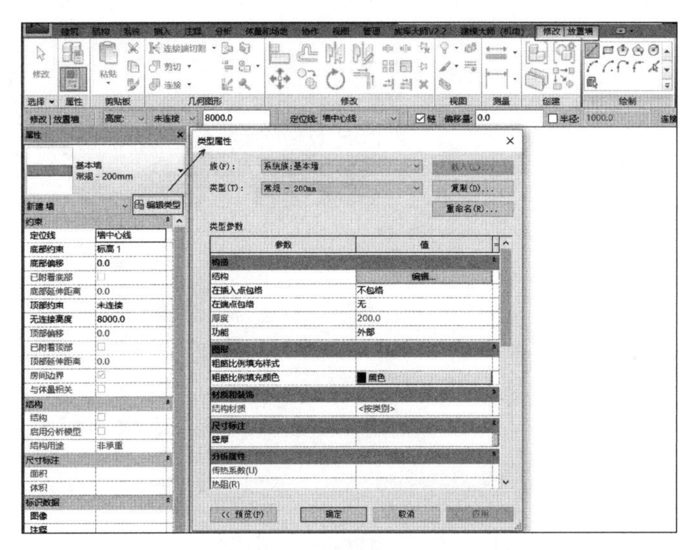

图 4-5　墙的实例参数

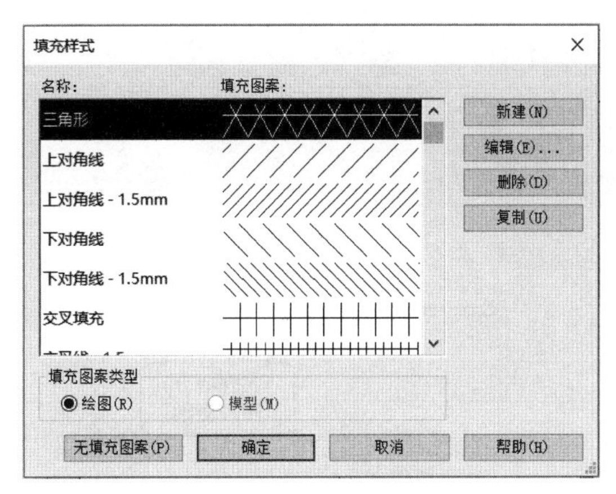

图 4-6　墙的类型参数

单击图元在“属性”面板中“结构”对应的“编辑”按钮，弹出“编辑部件”对话框，如图 4-7 所示。墙体构造层厚度及位置关系（可利用“向上”、“向下”按钮调整）可以由用户自行定义。注意，绘制墙体的定位有“核心面：外部/核心面：内部”的选项。

系统对视图详细程度的设置：在绘图区域右击，在弹出的快捷菜单中选择“视图属性”命令，弹出“属性”对话框，如图 4-8 所示。

（2）利用临时尺寸驱动，鼠标拖曳控制柄修改墙体位置、长度、高度、内外墙面等，如图 4-9 所示。

（3）移动、复制、旋转、阵列、镜像、对齐、拆分、修剪、偏移等，所有常规的编辑命令同样适用于墙体的编辑。选取墙体，在“修改 | 墙”上下文选项卡的“修改”面板中选择命令进行编辑。

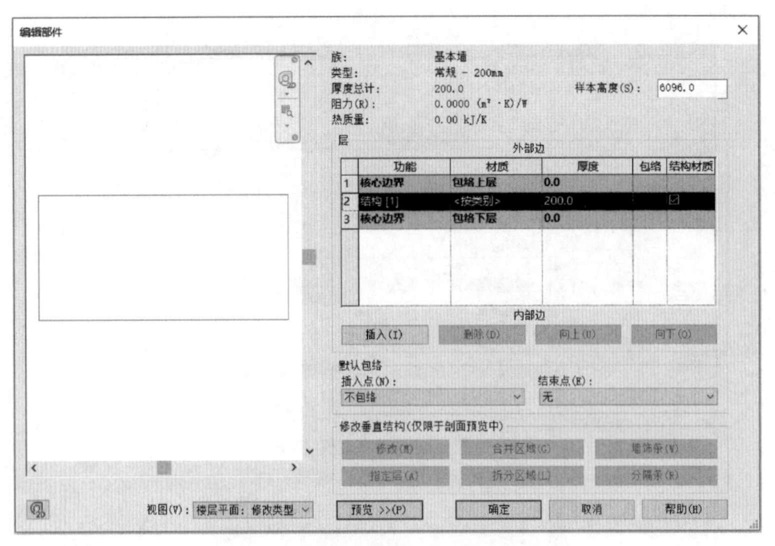

图 4-7 “编辑部件”对话框

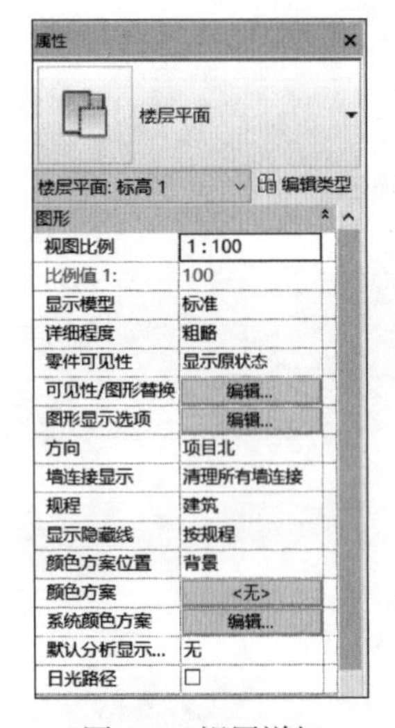

图 4-8 视图详细程度的设置

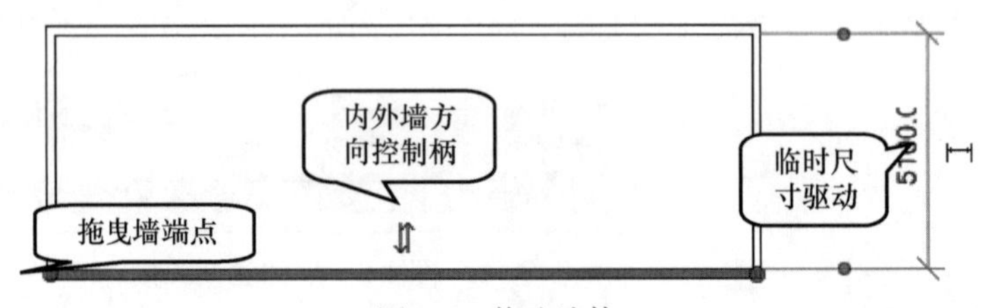

图 4-9 修改墙体

（4）编辑立面轮廓。选取墙体，自动激活“修改｜墙”上下文选项卡，单击“修改｜墙”上下文选项卡下的“编辑轮廓”按钮。如在平面视图进行此操作，此时弹出“转到视图”对话框，选择任意立面进行操作，进入绘制轮廓草图模式。在立面上用“线”绘制工具绘制封闭轮廓，单击“完成绘制”按钮，即可生成任意形状的墙体，如图 4-10 所示。

如需一次性还原已编辑过轮廓的墙体，则选取墙体，单击“重设轮廓”按钮，即可实现。

（5）附着/分离。选取墙体，自动激活“修改｜墙”上下文选项卡，单击“修改｜墙”上下文选项卡下的“附着”工具，如图 4-11 所示，然后拾取屋顶、楼板、顶棚或参照平面，可将墙连接到屋顶、楼板、顶棚、参照平面上，墙体形状自动发生变化。单击“分离”工具，可将墙从屋顶、楼板、顶棚、参照平面上分离开，墙体形状恢复原状。

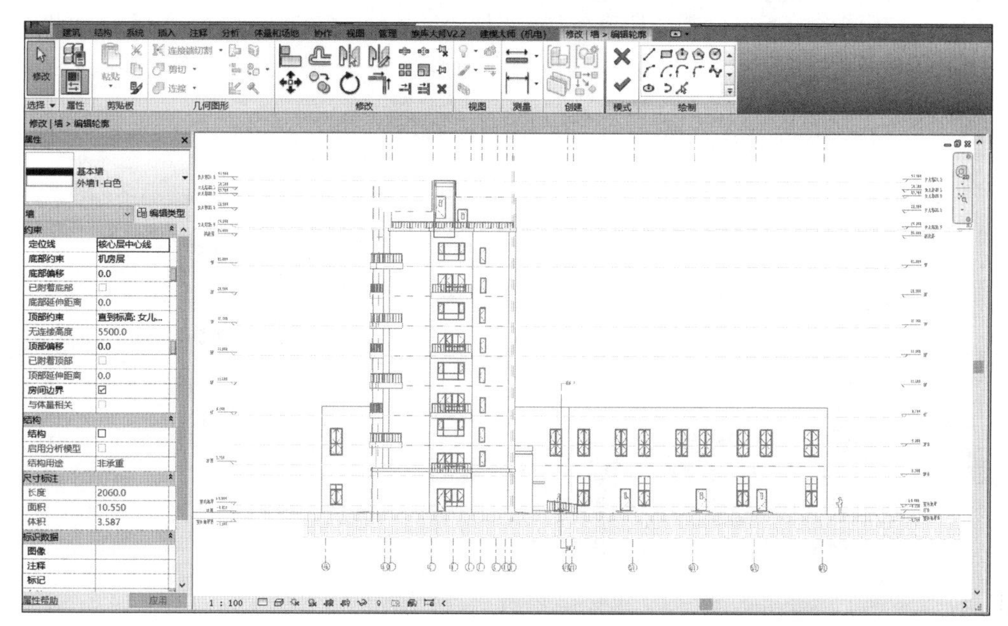

图 4-10　编辑立面轮廓

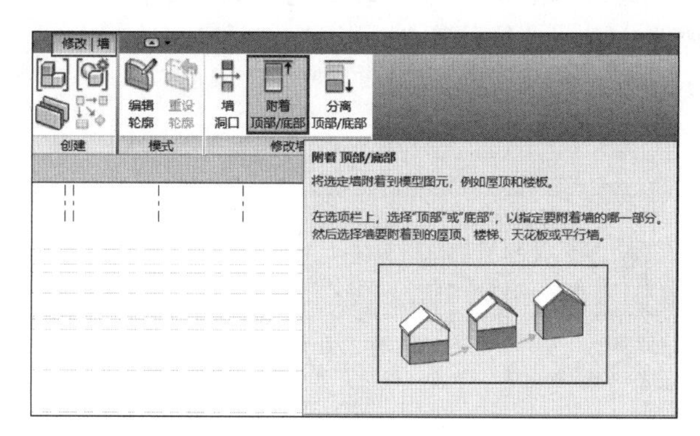

图 4-11　附着/分离

4.2.2　复合墙的设置

（1）选择“建筑”选项卡，单击“构建”面板下的“墙”工具。

（2）从类型选择器中选择墙的类型，在“属性”选项中，单击“编辑类型”按钮，弹出“类型属性”对话框，再单击“结构”参数后面的“编辑”按钮，弹出“编辑部件”对话框，如图 4-12 所示。

（3）单击“插入”按钮，添加一个构造层，并为其指定功能、材质、厚度，单击“向上”、“向下”按钮调整其上、下位置。

（4）单击“修改垂直结构”选项区域的“拆分区域”按钮，将一个构造层拆为上下 n 个部分，用“修改”按钮修改尺寸及调整拆分边界位置，原始的构造层厚度值变为“可变”。

（5）在“图层”中插入 $n-1$ 个构造层，指定不同的材质，厚度为 0。

（6）单击其中一个构造层，用“指定层”按钮在左侧预览框中单击拆分开的某个部分指定给该图层。用同样的操作设置完所有图层，即可实现一面墙在不同的高度有几个材质的要求，如图 4-13 所示。

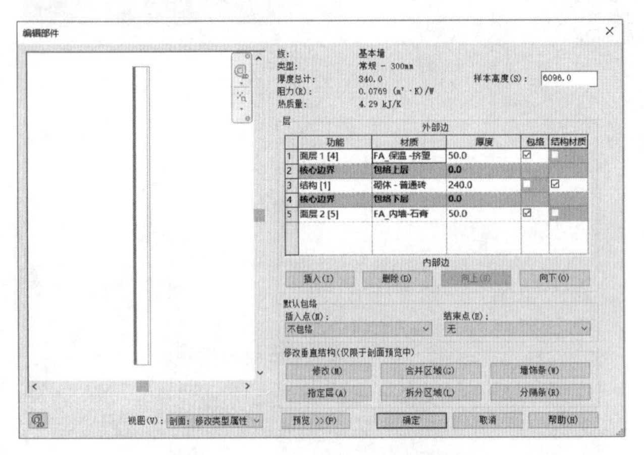

图 4-12　“编辑部件”对话框

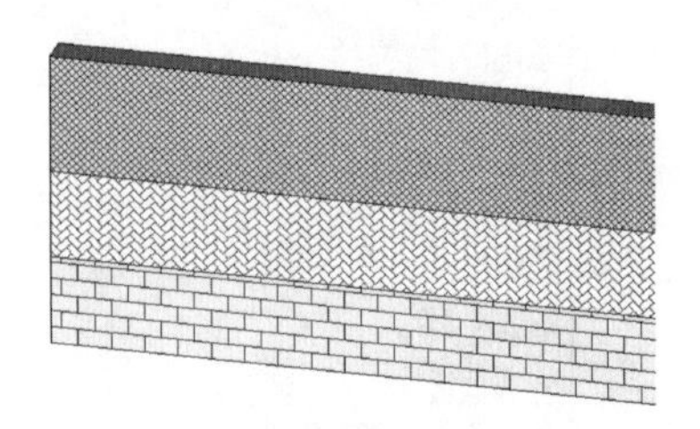

图 4-13　不同材质复合墙

（7）单击“墙饰条”按钮，弹出“墙饰条”对话框，添加并设置墙饰条的轮廓。如需新的轮廓，可单击“载入轮廓”按钮，从库中载入轮廓族，单击“添加”按钮添加墙饰条轮廓，并设置其高度、放置位置（墙体的顶部、底部，内部、外部）、与墙体的偏移值、材质及是否剪切等，如图 4-14 所示。

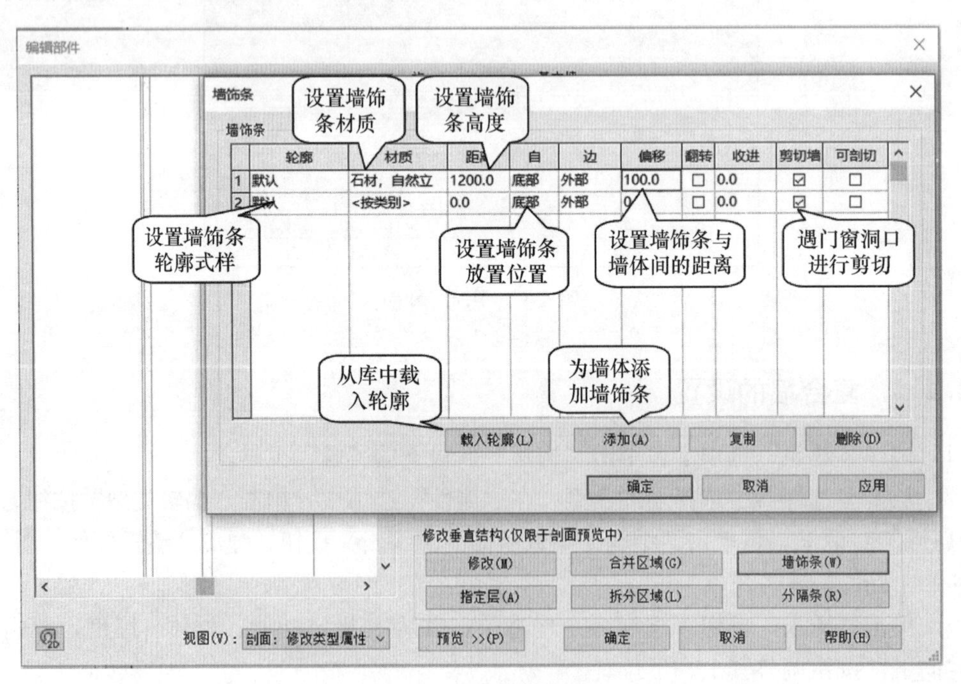

图 4-14　墙饰条设置

4.2.3　叠层墙的设置

选择“建筑”选项卡，单击“构建”面板下的“墙”工具，从类型选择器中选择。例如，选择“叠层墙：外部-砌块勒脚砖墙”类型，单击“图元”面板下的“图元属性”按钮，弹出“实例属性”对话框，单击“编辑类型”按钮，弹出“类型属性”对话框，再单击“结构”后的“编辑”按钮，弹出“编辑部件”对话框，如图 4-15 所示。

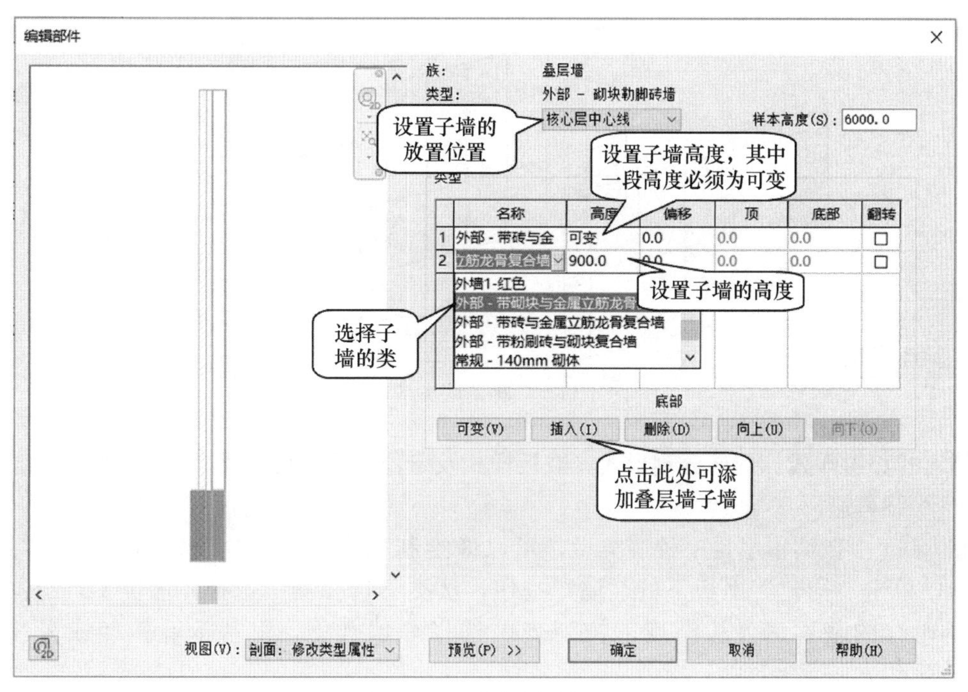

图 4-15　叠层墙的设置

叠层墙是一种由若干个不同子墙（基本墙类型）相互堆叠在一起而组成的主墙，可以在不同的高度定义不同的墙厚、复合层和材质，如图 4-16 所示。

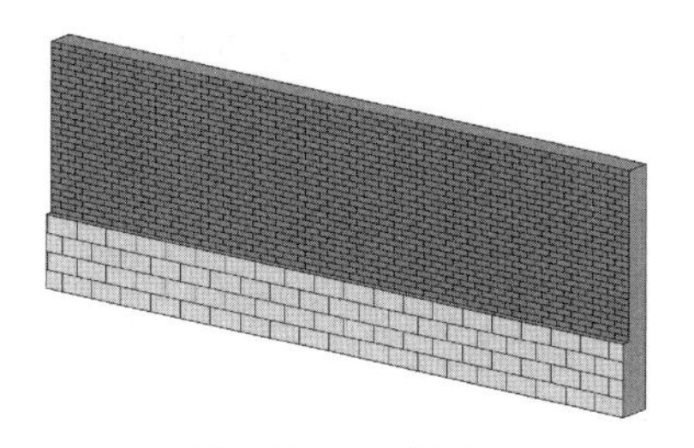

图 4-16　三维图形

任务 4.3　幕墙和幕墙系统

在 Revit 软件中，幕墙属于墙的一种类型，由于幕墙和幕墙系统在设置上有相同之处，所以将它们合并讲解。

4.3.1 幕墙

幕墙默认有店面、外部玻璃、幕墙三种类型，如图 4-17 所示。

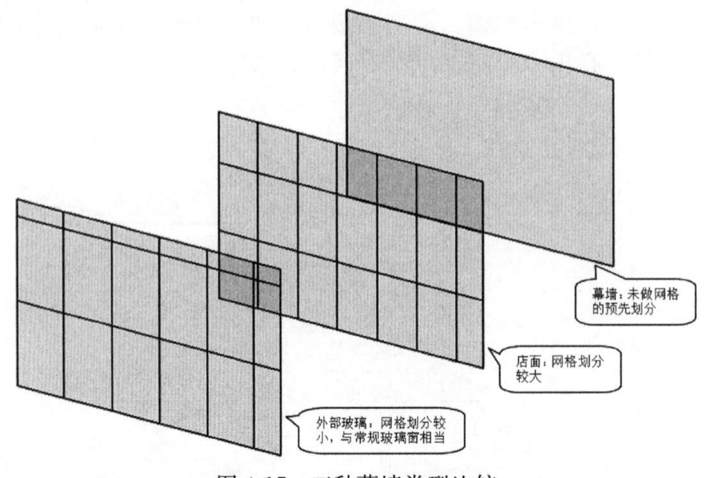

图 4-17　三种幕墙类型比较

幕墙的竖梃样式、网格分割形式、嵌板样式及定位关系皆可修改。

1. 绘制幕墙

在 Revit 中玻璃幕墙是一种墙类型，可以像绘制基本墙一样绘制幕墙。选择“建筑”选项卡，单击“构建”面板下的“墙”按钮，从类型选择器中选择幕墙类型，绘制幕墙或选择现有的基本墙，从类型下拉列表中选择幕墙类型，将基本墙转换成幕墙，如图 4-18所示。

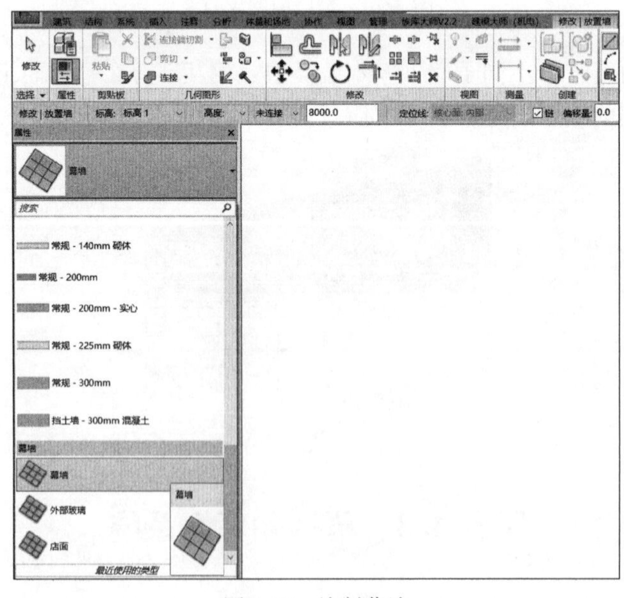

图 4-18　绘制幕墙

2. 图元属性修改

对于外部玻璃和店面类型幕墙，可用参数控制幕墙网格的布局模式、网格的间距值及对齐、旋转角度和偏移值。选取幕墙，自动激活“修改｜放置墙”选项卡，在“属性”选项板中可以编辑该幕墙的实例参数，单击“编辑类型”按钮，弹出幕墙的“类型属性”对话框，在该对话框中编辑幕墙的类型参数，如图 4-19 所示。

3. 手工修改

也可手动调整幕墙网格间距：选取幕墙网格（按“Tab”键切换选取），单击开锁标记即可修改网格临时尺寸，如图 4-20 所示。

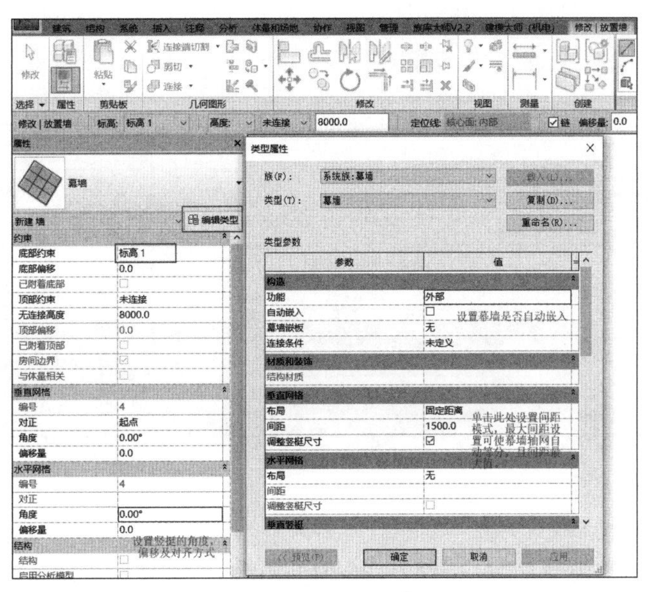

图 4-19　图元属性修改

4. 编辑立面轮廓

选取幕墙，自动激活“修改｜墙”上下文选项卡，单击“修改｜墙”上下文选项卡下的“编辑轮廓”工具，即可像基本墙一样任意编辑其立面轮廓。

5. 幕墙网格与竖梃

选择“建筑”选项卡，单击“构建”面板下的“幕墙网格”工具，可以整体分割或局部细分幕墙嵌板。

①“全部分段”按钮：单击该按钮添加整条网格线。

②“一段”按钮：单击该按钮添加一段网格线细分嵌板。

③“除拾取外的全部”按钮：单击该按钮，先添加一条红色的整条网格线，再单击某段，删除，其余的嵌板添加网格线，如图 4-21 所示。

在“构建”面板的“竖梃”中选择竖梃类型，从右边选择合适的创建命令，拾取网格线添加竖梃，如图 4-22 所示。

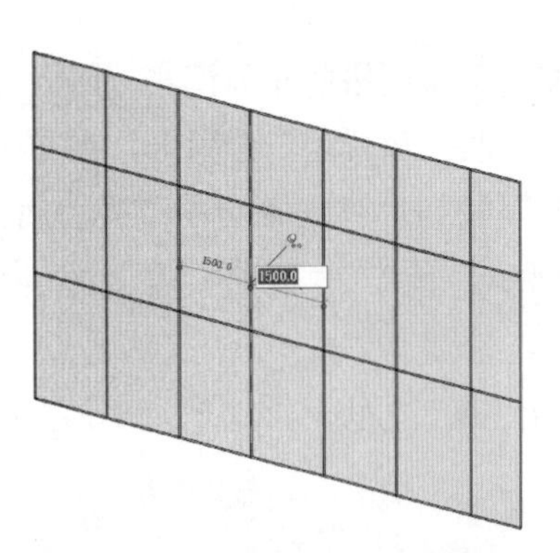

图 4-20　手动调整幕墙网格间距

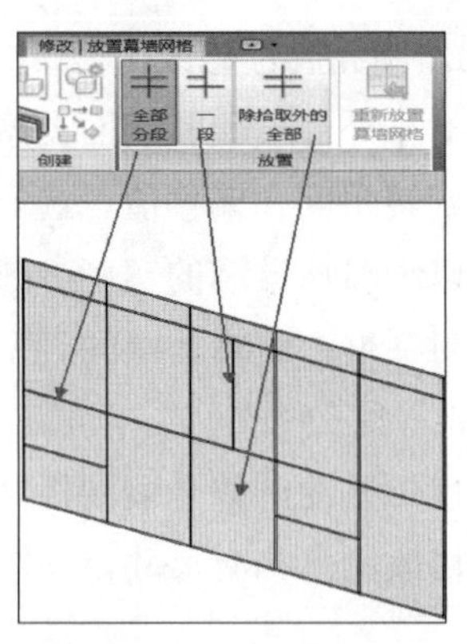

图 4-21　设置幕墙网格

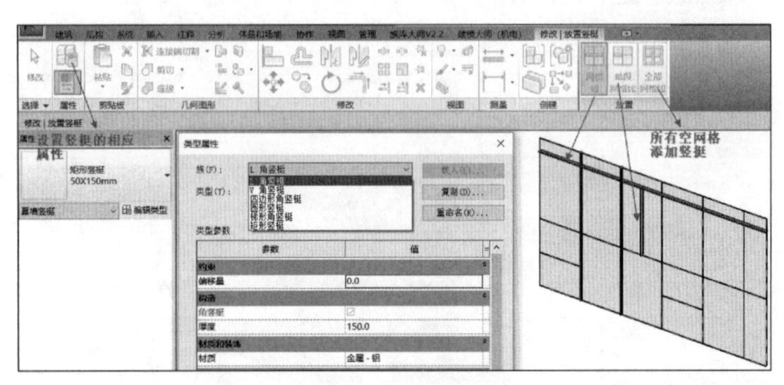

图 4-22　设置竖梃

6. 替换门窗

可以将幕墙玻璃嵌板替换为门或窗（必须使用带有“幕墙”字样的门窗族来替换，此类门窗族是使用幕墙嵌板的族样板来制作的，与常规门窗族不同）。将鼠标放在要替换的幕墙嵌板边沿，使用 Tab 键切换选择至幕墙嵌板（注意看屏幕下方的状态栏），选中幕墙嵌板后，自动激活“修改 | 墙”上下文选项卡，单击“图元”面板下的“图元属性”工具，单击“编辑类型”按钮，弹出嵌板的“类型属性”对话框，可在“族”下拉列表中直接替换现有幕墙窗或门，如图 4-23 所示。如果没有，可单击“载入”按钮从库中载入。

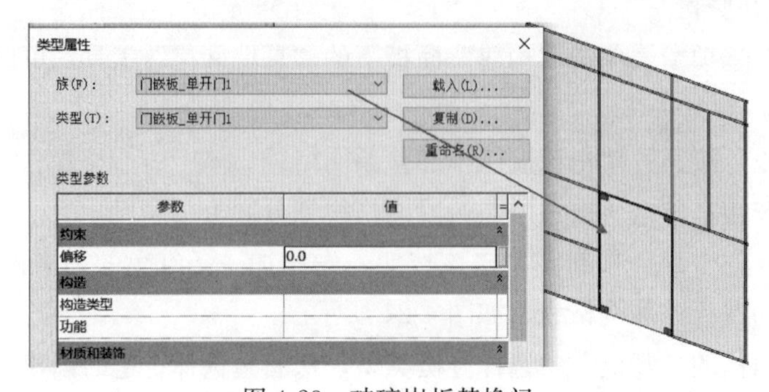

图 4-23　玻璃嵌板替换门

注意：幕墙嵌板可以用 Tab 键切换选择，幕墙嵌板可替换为门窗、百叶、墙体、空。

7. 嵌入墙

基本墙和常规幕墙可以互相嵌入（当幕墙“属性”对话框中“自动嵌入”为启用状态时）。用墙命令在墙体中绘制幕墙，幕墙会自动剪切墙，像插入门、窗一样。选择幕墙嵌板方法同上，从类型选择器中选择基本墙类型，可将幕墙嵌板替换成基本墙，如图 4-24所示。

也可以将嵌板替换为“空”或“实体”。

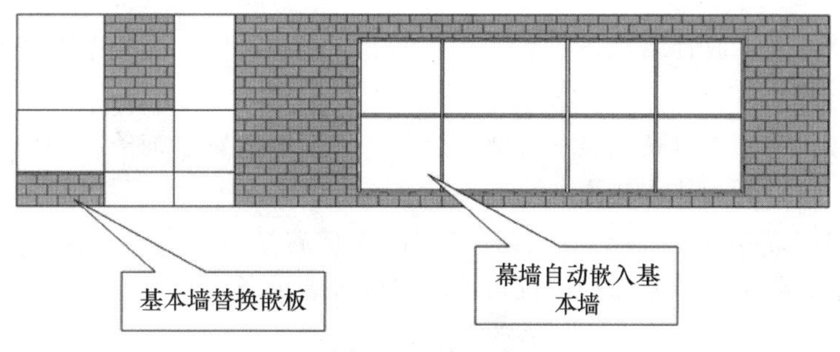

图 4-24　嵌入墙

4.3.2　幕墙系统

幕墙系统是一种构件，由嵌板、幕墙网格和竖梃组成，通过选择体量图元面，可以创建幕墙系统。在创建幕墙系统后，可以使用与幕墙相同的方法添加幕墙网格和竖梃。

对于一些异形幕墙，选择“建筑”选项卡，然后单击“构建”面板下的“幕墙系统”工具，如图 4-25 所示，拾取体量图元的面及常规模型可创建幕墙系统，然后用“幕墙网格”工具细分后添加竖梃。

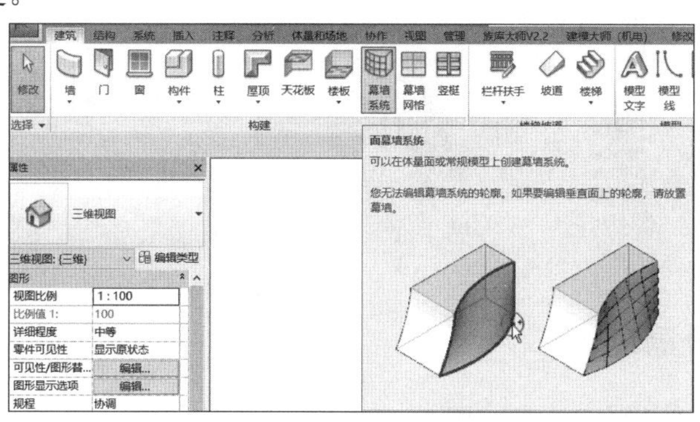

图 4-25　幕墙系统

注意：拾取常规模型的面生成幕墙系统，指的是内建族中的族类别为常规模型的内建模型。其创建方法为：在“构建”面板中选择“构件”→“内建模型”命令，设置族类别为“常规模型”，即可创建模型。

任务 4.4 墙 饰 条

4.4.1 创建墙饰条

在已经建好的墙体上添加墙饰条，可以在三维视图或立面视图中为墙添加墙饰条。要为某种类型的所有墙添加墙饰条，可以在墙的类型属性中修改墙结构。

（1）单击“建筑”选项卡，在“构建”面板中的“墙”下拉列表内的“墙饰条”命令，如图 4-26 所示。

（2）选择“修改 | 放置墙饰条”上下文选项卡，在“放置”面板中选择墙饰条的方向为“水平”或“垂直”。

（3）将鼠标放在墙上以高亮显示墙饰条位置，单击以放置墙饰条。

如果需要，可以为相邻墙体添加墙饰条。

要在不同的位置放置墙饰条，可选择“修改 | 放置墙饰条”上下文选项卡，单击“放置”工具。将鼠标移到墙上所需的位置，单击以放置墙饰条。

要完成墙饰条的放置，可单击“修改”按钮。

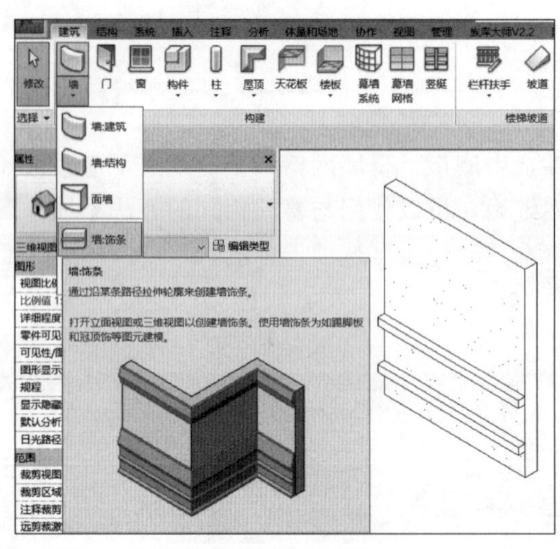

图 4-26 创建墙饰条

4.4.2 添加分隔缝

（1）打开三视图或不平行立面视图。

（2）选择“建筑”选项卡，单击“构建”面板中的“墙”下拉列表内“分隔缝”命令，如图 4-27 所示。

（3）在类型选择器（位于“属性”选项板顶部）中选择所需的墙分隔缝的类型。

（4）单击“修改 | 放置墙分隔缝”上下文选项卡下的“放置”工具，并选择墙分隔缝的方向为“水平”或“垂直”。

（5）将鼠标放在墙上以高亮显示墙分隔缝位置，单击以放置分隔缝。

Revit 会在各相邻墙体上预选分隔缝的位置。

要完成对墙分隔缝的放置，单击视图中墙以外的位置。

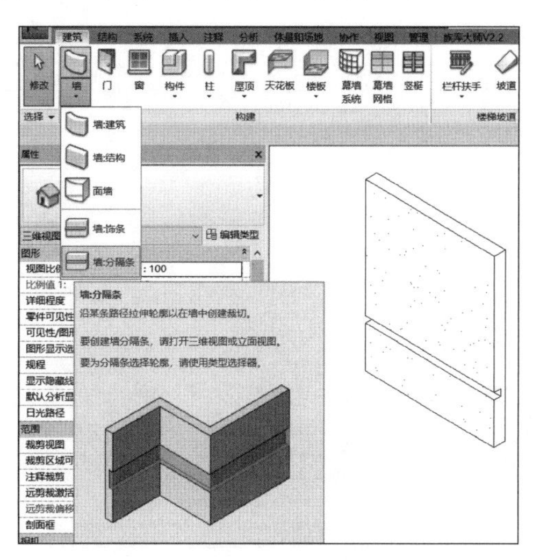

图 4-27　添加分隔缝

4.4.3　墙的属性设置

1. 墙的实例属性

更改墙实例属性来修改其定位线、底部限制条件和顶部限制条件、高度和其他属性。若要修改实例属性，在“属性”选项板上选择图元并修改其属性，见表 4-2。

表 4-2　墙的实例属性各项名称及说明

名称	说　　明
限制条件	
定位线	墙在指定平面上的定位线。即使类型发生变化，墙的定位线也会保持相同
定位线偏移（仅限于用作嵌板的墙）	将墙嵌板沿垂直于幕墙面的方向，以指定的距离偏移
墙底定位标高	墙的底部标高。例如，标高 1
底部偏移	墙距墙底定位标高的高度，仅当“墙底定位标高”被设置为标高时，此属性才可用
已附着底部	指示墙底部是否附着到另一个模型构件，如楼板（只读）
底部延伸距离	墙层底部移动的距离，当墙层可以延伸时，会启用此参数
墙顶定位标高	墙高度延伸到在“无连接高度”中指定的值
无连接高度	绘制墙的高度时，从其底部向上测量
顶部偏移	墙距顶部标高的偏移，将“墙顶定位标高”设置为标高时，才启用此参数
已附着顶部	指示墙顶部是否附着到另一个模型构件，如屋顶或天花板（只读）
顶部延伸距离	墙层顶部移动的距离，当墙层可以延伸时，会启用此参数
房间边界	如果选中，则墙将成为房间边界的一部分；如果未选中，则墙不是房间边界的一部分。此属性在创建墙之前为只读；在绘制墙之后，可以选择并随后修改此属性
与体量相关	指示此图元是从体量图元创建的，该值为只读

续表

名称	说　　明
结构	
结构用途	墙的结构用途，此属性在创建墙之前为只读；在绘制墙之后，可以选择并随后修改此属性
尺寸标注	
长度	墙的长度（只读）
面积	墙的面积（只读）
体积	墙的体积（只读）
标识数据	
注释	添加用于描述墙的特定注释
标记	应用于墙的标签。通常是数值。对于项目中各墙，此值都必须是唯一的。如果此值已被使用，Revit 会发出警告信息，但允许继续使用它。可以使用“查阅警告信息”工具查看警告信息
分类方式	指示墙嵌板是应作为幕墙嵌板还是墙记入明细表
阶段化	
创建的阶段	创建墙的阶段
拆除的阶段	拆除墙的阶段

2. 墙的类型属性

更改墙的类型属性来修改其结构，换行行为、功能和其他属性。若要修改类型属性，请选择一个图元，然后单击“修改”选项卡“属性”面板（类型属性）。对类型属性的更改将应用于项目中的所有实例，见表 4-3。

表 4-3　墙的类型属性各项名称及说明

名称	说　　明
构造	
结构	单击“编辑”按钮可创建复合墙
在插入点包络	设置位于插入点墙的层包络
在端点包络	设置墙端点的层包络
宽度	设置墙的宽度
功能	可将墙设置为“外墙”、“内墙”、“挡土墙”、“基础墙”、“檐底板”或“核心竖井”类别。功能可用于创建明细表以及针对可见性简化模型的过滤，或在进行导出时使用。创建 gbXML 导出时也会使用墙功能
图形	
粗略比例填充样式	设置粗略比例视图中墙的填充图案
粗略比例填充颜色	将颜色应用于粗略比例视图中墙的填充图案
标识数据	
模型	通常，这不是可应用于墙的属性
制造商	通常，这不是可应用于墙的属性
类型注释	此字段用于放置有关墙类型的常规注释
URL	指向网页的链接
说明	墙的说明
部件说明	基于所选部件代码的部件说明

续表

名称	说　　　　明
部件代码	从层级列表中选择的统一格式部件代码
类型标记	此值指定特定墙。通常，这不是可应用于墙的属性。对于项目中各墙，此值都必须是唯一的。如果此值已被使用，Revit 会发出警告信息，但允许继续使用它。可以使用“查阅警告信息”工具查看警告信息
防火等级	墙的防火等级
成本	建造墙的材料成本
分析属性	
传热系数（U）	用于计算热传导，通常通过流体和实体之间的对流和阶段变化
热阻（R）	用于测量对象或材质抵抗热流量（每时间单位的热量或热阻）的温度差
吸收率	用于测量对象吸收辐射的能力，等于吸收的辐射通量与入射通量的比率
粗糙度	用于测量表面的纹理

4.4.4　绘制墙体的小技巧

CAD 图纸导入进来了，现在要按照 CAD 图纸应如何绘制墙体？有人认为按着轴网画就好，但是有些墙如果没有在轴网之上呢？若可以按着墙边缘绘制然后对齐就好了。在实际操作中可能会有些许的误差，这些小错误往往会导致严重后果。在此先讲解墙体构造，如图 4-28 所示。

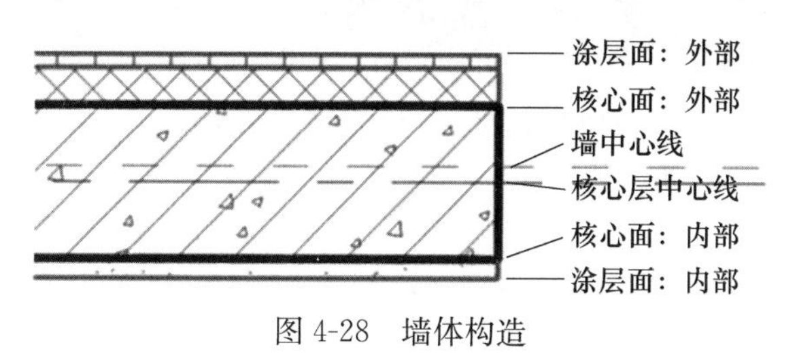

图 4-28　墙体构造

在绘制 Revit 墙体时，一般默认为墙中心线，而系统有六种绘制方法，如图 4-29 所示。

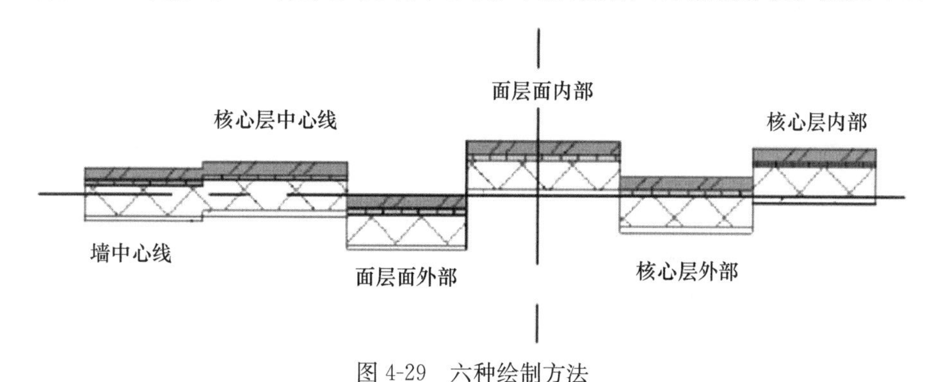

图 4-29　六种绘制方法

由于上述原因，如果在绘制完墙体再编辑好核心层厚度与墙体总厚度，有可能会导致墙体发生移动，为了防止出现这种现象，应先设置好核心层厚度与墙体总厚度，并且在绘制过程中选择“面层：面外部”或者“面层：面内部”来绘制。为了防止出现误差，最好使用“修改”选项卡中“绘制”面板中的“拾取线”命令，或者在如图 4-30 所示“定位线”中选择“墙中心线”，并设置好偏移量后再选择“拾取线”命令。这样也能达到效果。

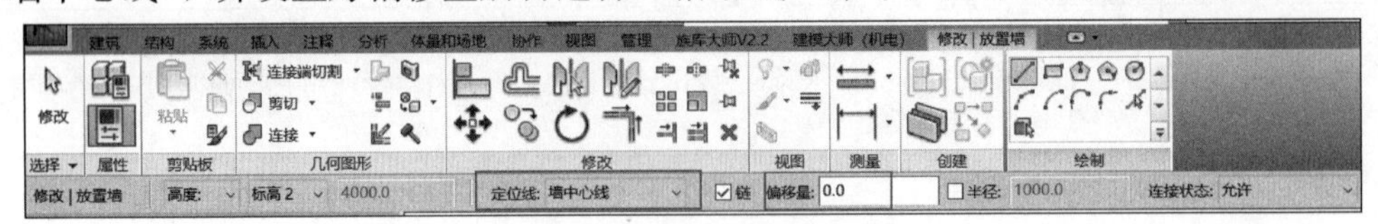

图 4-30　墙中心线设置偏移量

单元 4 小结

练习题 4

1. 根据图 4-31 给定的北立面和东立面，创建玻璃幕墙及其水平竖梃模型。请将模型文件以“幕墙 . rvt”为文件名进行保存。

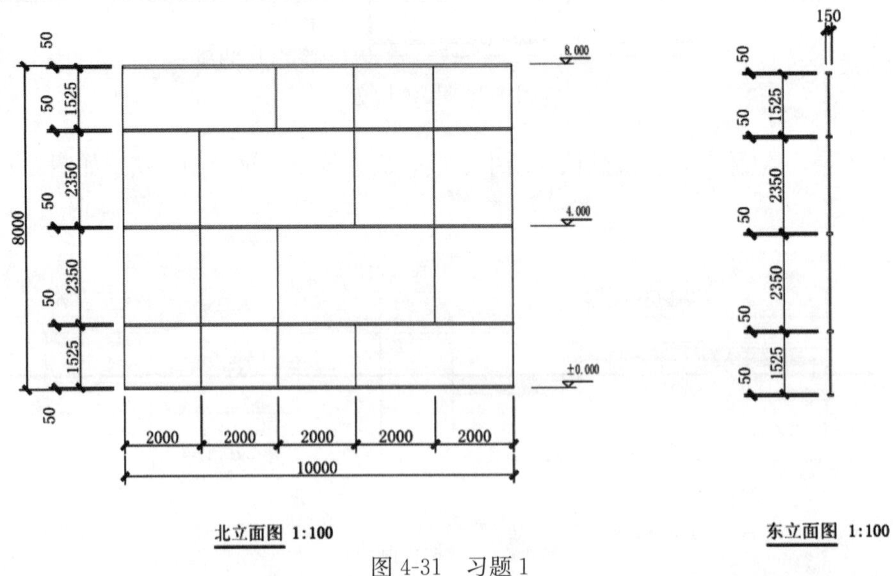

图 4-31　习题 1

2. 按照图 4-32 所示，新建项目文件，创建如下墙类型，并将其命名为“外墙”。之后，以标高 1 到标高 2 为墙高，创建半径为 5000mm（以墙核心层内侧为基准）的圆形墙体。最终结果以“墙体”为文件名进行保存。

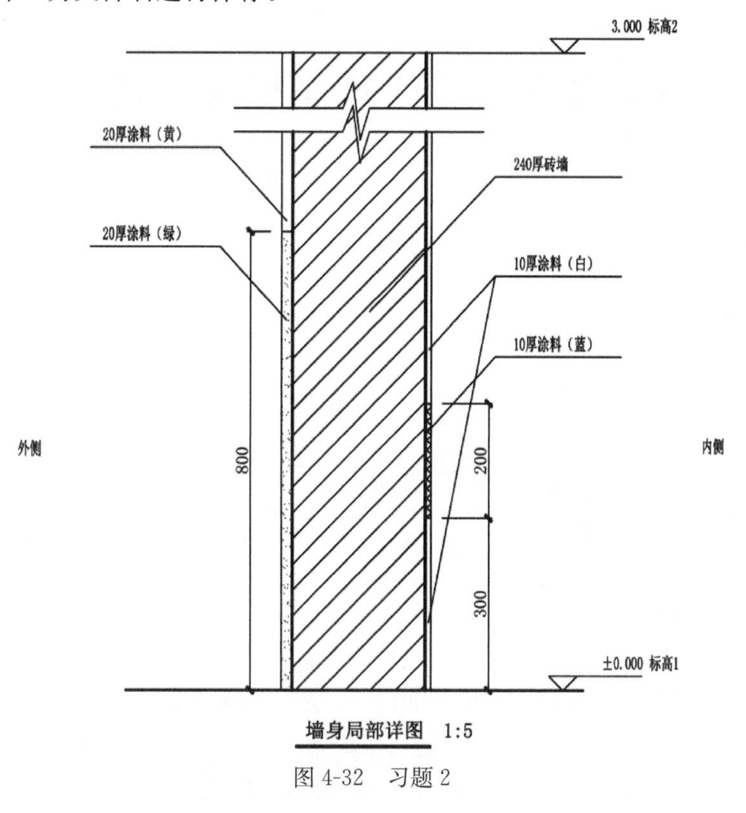

图 4-32　习题 2

3. 根据图 4-33，创建墙体与幕墙，墙体构造与幕墙竖梃连续方式如图 4-33 所示，竖梃尺寸为 100mm×50mm。请将模型以“幕墙”为文件名进行保存。

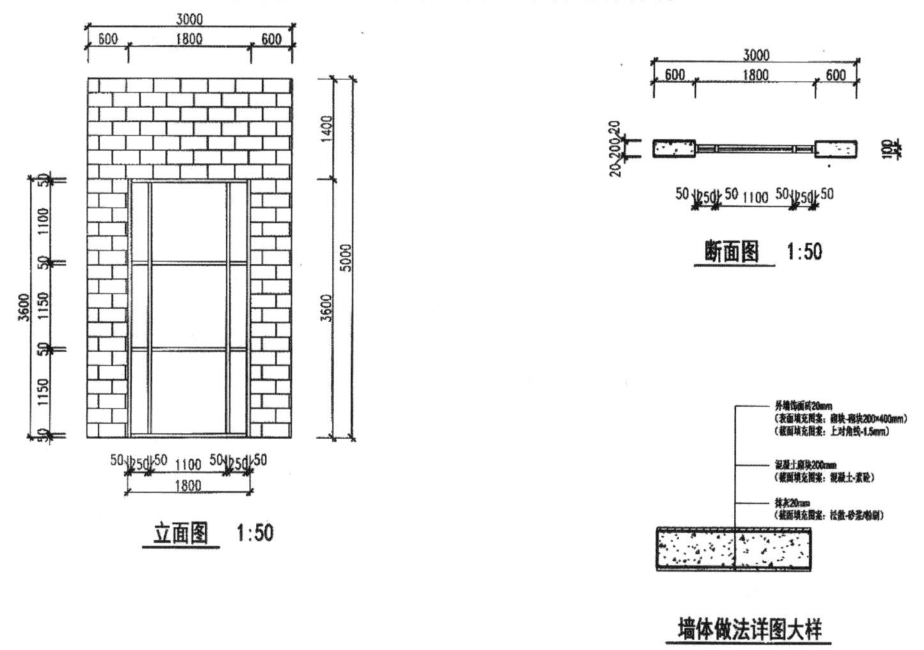

图 4-33　习题 3

学习单元5　创建楼板和天花板

知识目标：

了解楼地层专业知识。

掌握楼板的建立方法。

掌握天花板的建立方法。

能力目标：

能够用 Revit 软件建立楼板。

能够用 Revit 软件建立天花板。

Revit 提供了灵活的楼板、屋顶和天花板工具，可以在项目中建立生成任意形式的楼板、屋顶和天花板。与墙类似，楼板、屋顶和天花板都属于系统族，可以根据草图轮廓及类型属性中定义的结构生成任意结构和形状的楼板、屋顶和天花板。

任务5.1　楼地层概述

楼地层包括楼盖层和地坪层，是水平方向分隔房屋空间的承重构件，楼盖层分隔上下楼层空间、地坪层分隔大地与底层空间。由于它们均是供人们在上面活动的，因而有相同的面层，但由于它们所处位置和受力不同，因而结构层有所不同。楼盖层的结构层为楼板，楼板将所承受的上部荷载及自重传递给墙或柱，并由墙柱传给基础。楼盖层有隔声等功能要求。地坪层的结构层为垫层，垫层将所承受的荷载及自重均匀地传给夯实的地基。

5.1.1　楼盖层的基本组成与类型

为了满足使用要求，楼盖层通常由面层、楼板、顶棚三部分组成。多层建筑中楼盖层往往还需设置管道敷设、防水隔声、保温等各种附加层。

（1）面层又称楼面或地面，起着保护楼板、承受并传递荷载的作用，同时对室内有很重要的清洁及装饰作用。

（2）楼板是楼盖层的结构层，一般包括梁和板，主要功能在于承受楼盖层上的全部静、活荷载，并将这些荷载传给墙或柱，同时还对墙身起水平支撑的作用，增强房屋刚度和整体性。

根据使用的材料不同，楼板分为木楼板、钢筋混凝土楼板、压型钢板组合楼板等。

（1）木楼板是在由墙或梁支承的木搁栅上铺钉木板，木搁栅间是由设置增强稳定性的剪刀撑构成的。木楼板具有自重轻、保温性能好、舒适、有弹性、节约钢材和水泥等优点。但其易燃、易腐蚀、易被虫蛀、耐久性差，特别是需耗用大量木材。所以，此种楼板仅在木材采区使用。

（2）钢筋混凝土楼板具有强度高、防火性能好、耐久、便于工业化生产等优点。此种楼板形式多样，是我国应用最广泛的一种楼板。

（3）压型钢板组合楼板。该楼板的做法是用截面为凹凸形压型钢板与现浇混凝土面层组合形成整体性很强的一种楼板结构。压型钢板的作用既为面层混凝土的模板，又起结构作用，从而增加楼板的侧向和竖向刚度，使结构的跨度加大、梁的数量藏少、楼板自重减轻、加快施工进度，在高层建筑中得到广泛的应用。

（4）顶棚是楼盖层的下面部分。根据其构造不同，分为抹灰顶棚、粘贴类顶棚和吊顶棚三种。

5.1.2　地坪层构造

地坪层是建筑物底层与土壤相接的构件，并将荷载均匀地传给地基。地坪层由面层、垫层和素土夯实层构成。和楼板层一样，它承受着底层地面上的荷载，根据需要还可以设置各种附加构造层，如找平层、结合层、防潮层、保温层、管道敷设层等。

（1）面层。地平面层与楼盖面层一样，是人们日常生活、工作、生产直接接触的地方，根据不同房间对面层有不同的要求。面层应坚固耐磨、表面平整、光洁、易清洁、不起尘。对于居住和人们长时间停留的房间，要求有较好的蓄热性和弹性；浴室、厕所则要求耐潮湿、不透水；厨房、锅炉房要求地面防水、耐火；实验室则要求耐酸碱、耐腐蚀等。

（2）垫层。是承受并传递荷载给地基的结构层，垫层有刚性垫层和非刚性垫层之分。刚性垫层用于地面要求较高及薄而性脆的面层，如水磨石地面、瓷砖地面、大理石地面等；非刚性垫层常用于厚而不易断裂的面层，如混凝土地面、水泥制品块地面等。对某些室内荷载大且地基又较差的并且有保温等特殊要求的地方，或面层装修标准较高的地面，可在地基上先做非刚性垫层，再做一层刚性垫层，即复式垫层。

（3）素土夯实层。是地坪的基层，也称地基。素土即为不含杂质的砂质黏土，经夯实后，才能承受垫层传下来的地面荷载。通常是填300mm厚的土夯实成200mm厚，使之能均匀承受荷载。

任务5.2　创建楼板

楼板是建筑设计中常用的建筑构件，用于分隔建筑各层空间。Revit提供了三种楼板：“楼板：建筑”、“楼板：结构”和“面楼板”。其中，面楼板是用于将概念体量模型的楼层面转换为楼板模型图元，该方式适合从体量创建楼板模型时使用。

5.2.1　平楼板

1. 创建平楼板

（1）在平面视图中，单击“建筑”选项卡“构建”面板中“楼板”下拉列表内的“楼板：建筑”命令。

（2）在“属性”选项板中选择或新建。

可使用以下几种方法绘制楼板边界：

① 拾取墙。默认情况下，“拾取墙”处于活动状态，在绘图区域中选取要用作楼板边界

的墙。

② 绘制边界。选取“绘制”面板中的“直线”、“矩形”、“多边形”、“圆形”、“弧形”等方式，根据状态栏提示绘制边界。

(3) 在选项栏上，输入楼板边缘的偏移值，如图 5-1 所示。在使用“拾取墙”时，可启用“延伸到墙中（至核心层）”复选框，输入楼板边缘到墙核心层之间的偏移。

(4) 将楼层边界绘制成闭合轮廓后，单击工具栏中的“√”按钮。完成编辑模式，如图 5-1 所示。

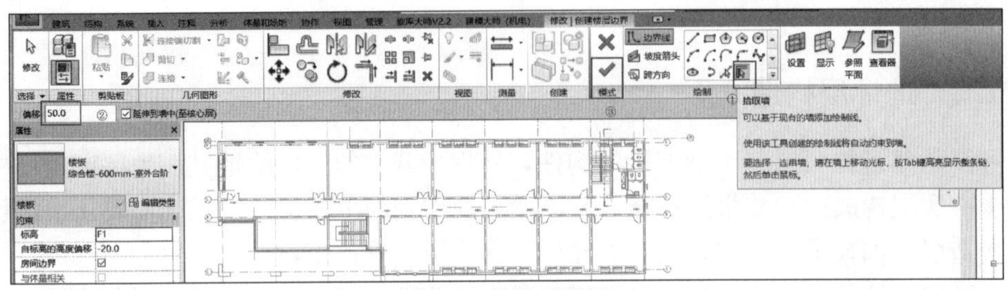

图 5-1 拾取墙工具

2. 修改楼板

(1) 选取楼板。在“属性”选项板上修改楼板的类型、标高等值。

注意：可使用筛选器选取楼板。

(2) 编辑楼板草图。在平面视图中，选取楼板，然后单击“修改 | 楼板”选项卡，点击“模式”面板“编辑边界”命令。

可用“修改”面板中的“偏移”、“移动”、“删除”等命令对楼板边界进行编辑，或用“绘制”面板中的“直线”、“矩形”、“弧形”等命令绘制楼板边界，如图 5-2 所示。

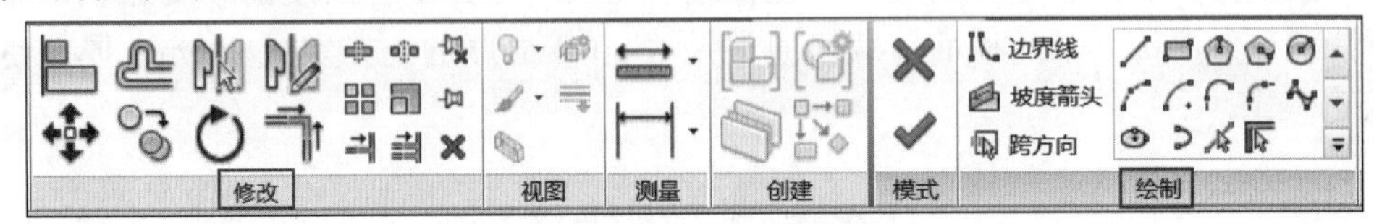

图 5-2 编辑绘制工具

(3) 修改完毕，单击“模式”面板中的“√”按钮，完成编辑模式。

5.2.2 斜楼板

要创建斜楼板，有以下两种方法：

1. 方法一

在绘制或编辑楼层边界时，单击“绘制”面板中的“坡度箭头”工具，如图 5-3 所示，根据状态栏提示，“单击一次指定其起点（尾）”，“再次单击指定其终点（头）”。箭头“属性”选项板的“指定”下拉菜单有两种选择“坡度”、“尾高”。

若选择“坡度”选项，如图 5-4 所示。各参数的定位如图 5-5 所示：①“最低处标高”，楼板坡度起点所处的楼层，一般为“默认”，即楼板所在楼层；②“尾高度偏移”，楼板坡度起点标高距所在楼层标高的差值；③“坡度”，楼板倾斜坡度。单击“√”按钮完成编辑模式。

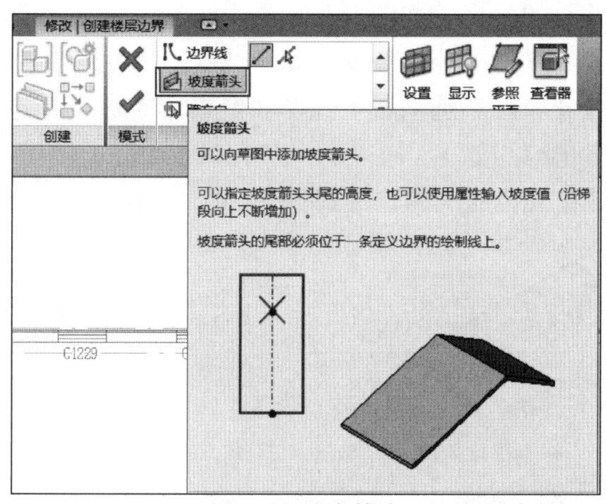

图5-3　坡度箭头

注意：坡度箭头的起点（尾部）必须位于一条定义边界的绘制线上。

若选择“尾高”选项，各参数的定位如图5-6所示：①—最低处标高”；②—“尾高度偏移”；③—“最高处标高”，楼板坡度终点所处的楼层；④—“头高度偏移”，楼板坡度终点标高距所在楼层标高的差值。单击“√”按钮完成编辑模式。

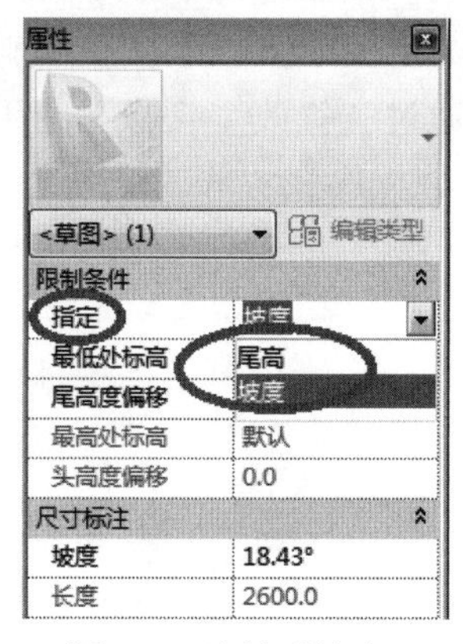

图5-4　选择“坡度”

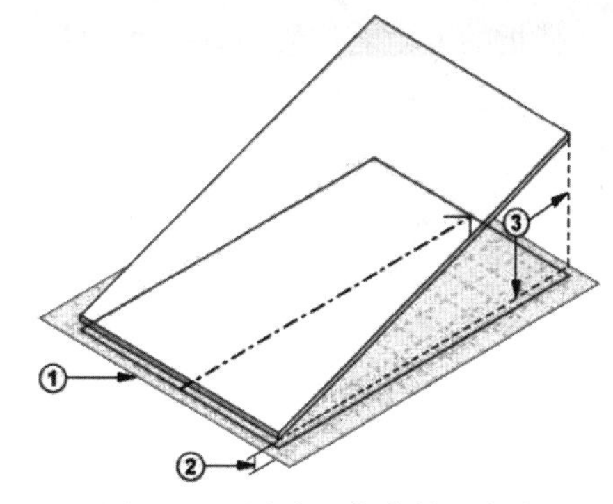

图5-5　“坡度”各参数的定位

2. 方法二

（1）指定平行楼板绘制线的“相对基准的偏移”属性值。

在草图模式中，选择一条边界线，在“属性”选项板上可以选择“定义固定高度”，或指定单条楼板绘制线的“定义坡度”和“坡度”属性值。

若选择“定义固定高度”选项。输入①—“标高”和②—“相对基准的偏移”的值，如图5-7所示。

选择平行边界线，用相同的方法指定③—“标高”

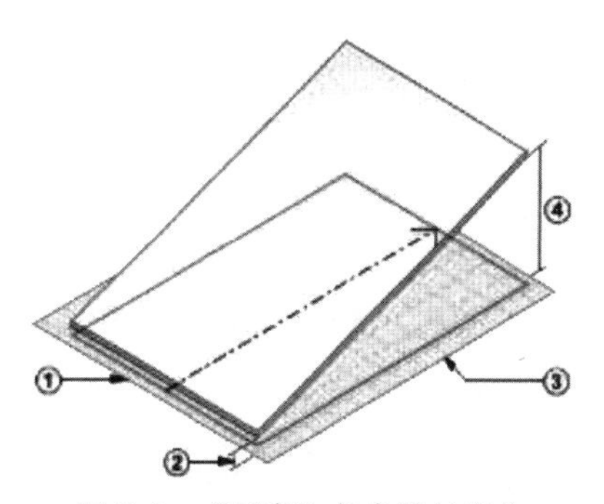

图5-6　“尾高”各参数的定位

和④—“相对基准的偏移”的属性，如图 5-7 所示。单击“√”按钮完成编辑模式。

(2) 指定单条楼板绘制线的“定义坡度”和“坡度”属性值。

选择一条边界线，在“属性”选项板上选择“定义固定高度”选项，选择“定义坡度”选项，输入③—“坡度”值（可选），输入①—“标高”和②—“相对基准的偏移”的值，如图 5-8 所示。单击“√”按钮完成编辑模式。

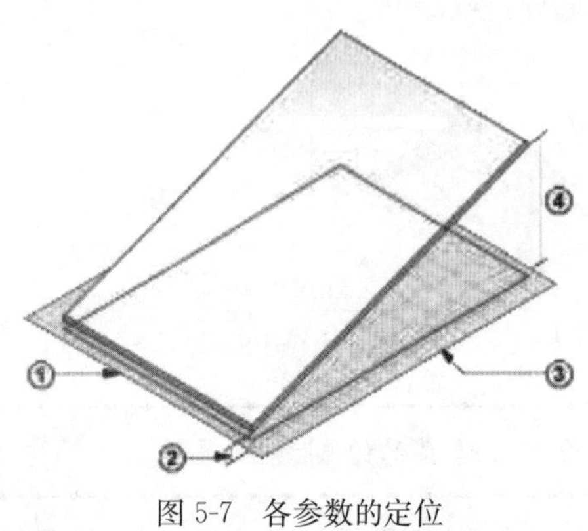

图 5-7 各参数的定位

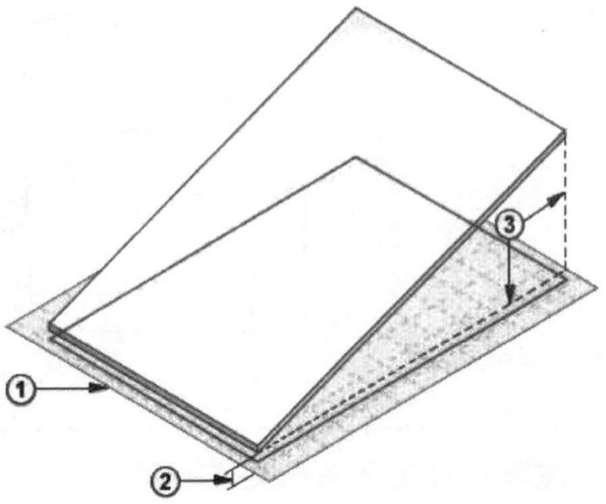

图 5-8 参数的定位

5.2.3 异形楼板与平楼板汇水

有一些特殊的楼板设计（如错层连廊楼板需要在一块楼板中实现平楼板和斜楼板的组合，在一块平楼板的卫生间位置实现汇水设计等），可以通过“修改｜楼板”上下文选项卡下“形状编辑”面板中的“添加点”、“添加分割线”、“拾取支座”、“修改子图元”命令快速实现。“形状编辑”面板，如图 5-9 所示，各命令功能如下：

① 添加点。给平楼板添加高度可偏移的高程点。

② 添加分割线。给平楼板添加高度可偏移的分割线。

③ 拾取支座。拾取梁，在梁中线位置给平楼板添加分割线，且自动将分割线向梁方向抬高或降低一个楼板厚度。

④ 修改子图元。单击该工具，可以选择前面添加的点、分割线，然后编辑其偏移高度。

图 5-9 “形状编辑”面板

(1) 异形楼板

① 在平面视图中绘制一个楼板，如图 5-10 所示，选取这个楼板，单击“修改｜楼板”上下文选项卡下“形状编辑”面板中的“添加分割线”工具，楼板四周边线变为绿色虚线，角点处有绿色程点，如图 5-11 所示。

② 移动光标在矩形内部左右两侧捕捉参照平面和矩形上下边界交点各绘制一条分割线，分割线蓝色显示，如图 5-12 所示。

③ 单击“形状编辑”面板中的“修改子图元”工具，自左上到右下框选右侧小矩形，如图 5-13 所示。在选项栏“立面”参数栏中输入 600 后按 Enter 键（这一步操作使框选的四个角点抬高 600mm）。按 Esc 键结束命令，楼板的立面图、三维视图如图 5-14 所示。

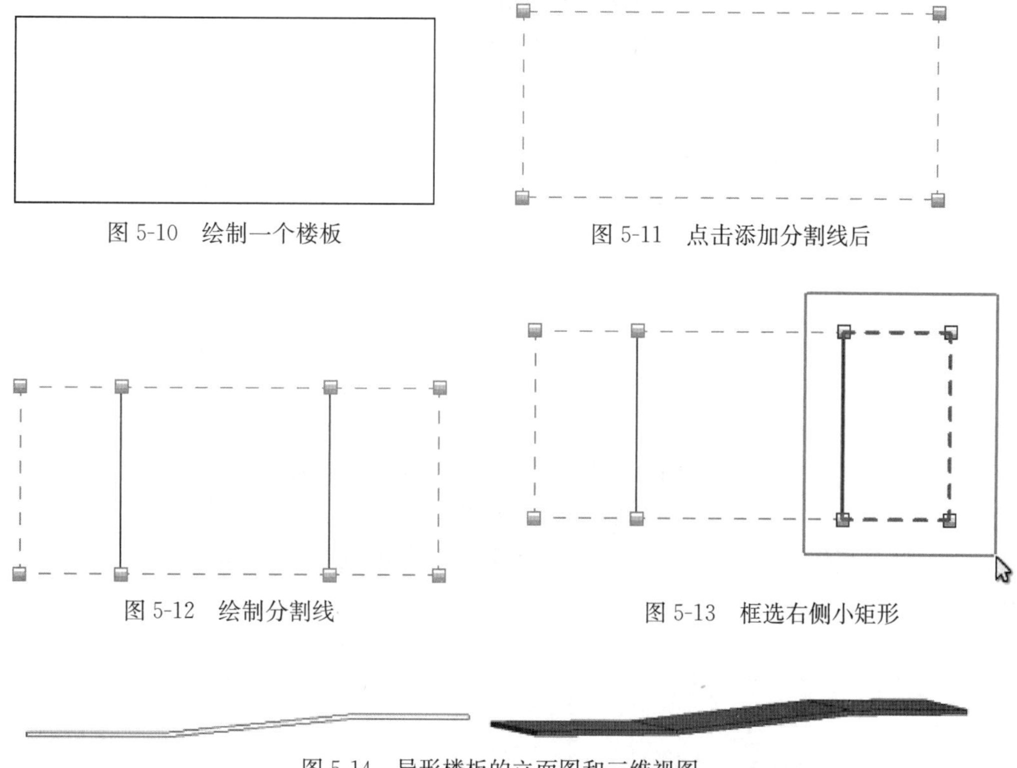

图 5-10　绘制一个楼板

图 5-11　点击添加分割线后

图 5-12　绘制分割线

图 5-13　框选右侧小矩形

图 5-14　异形楼板的立面图和三维视图

（2）平楼板汇水设计

卫生间平楼板汇水设计方法同上，不同之处在于要在卫生间边界和地漏边界上分别添加几条分割线，并设置其相对高度，同时要设置楼板构造层，保证楼板结构层不变，面层厚度随相对高度变化，具体操作如下：

① 先绘制一个面层为 20mm 厚的卫生间楼板，选取这个楼板，单击“修改｜楼板”上下文选项卡下“形状编辑”面板中的“添加分割线”工具，楼板四周边线变为绿色虚线，角点处有绿色高程点，如图 5-15（a）所示。

② 再通过“添加分割线”命令在卫生间内绘制 4 条短分割线（地漏边界线），如图 5-15（b）所示，分割线蓝色显示。

③ 单击“形状编辑”面板中的“修改子图元”工具，窗选 4 条短分割线，在选项栏“立面”参数栏中输入“−15”后按 Enter 键，将地漏边线降低 15mm。“回”字形分割线角角相连，出现 4 条灰色的连接线，如图 5-15（c）所示。按 Esc 键结束命令，楼板如图 5-15（d）所示。

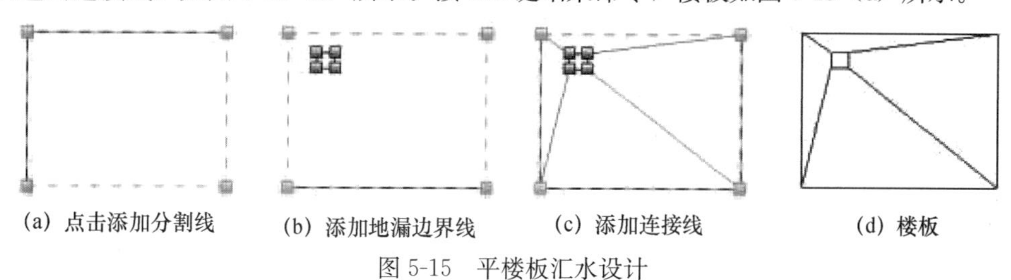

(a) 点击添加分割线　(b) 添加地漏边界线　(c) 添加连接线　(d) 楼板

图 5-15　平楼板汇水设计

④ 点击“视图”选项卡下“创建”面板中的“剖面”工具，如图 5-16 所示，按图 5-17 所示设置剖断线。展开“项目浏览器”面板中的“剖面”，双击打开刚生成的剖面。从剖面图中，发现楼板的结构层和面层都向下偏移了 15mm，如图 5-18 所示。

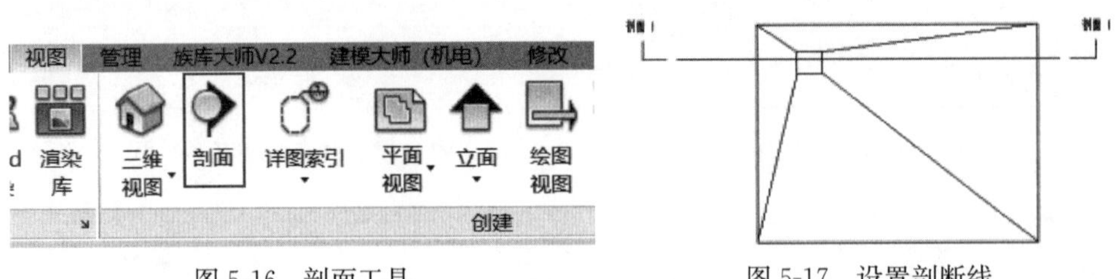

图 5-16　剖面工具　　　　图 5-17　设置剖断线

⑤ 单击选取楼板，在“属性”选项板中单击“编辑类型”按钮，打开“类型属性”对话框。单击“复制”输入“汇水楼板”，确定后，单击“结构”参数后的“编辑”按钮打开“编辑部件”对话框，选中第 1 行“面层”后面的“可变”复选项，点击“确定”按钮关闭所有对话框。这一步使楼板结构层保持水平不变，面层厚度地漏处降低了 15mm，如图 5-19 所示。

图 5-18　楼板结构层下移 15mm 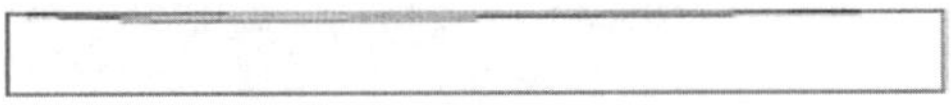　　　　图 5-19　楼板结构层保持水平不变

5.2.4　楼板边缘

1. 创建楼板边缘

单击“建筑”选项卡下“构建”面板中“楼板”下拉列表内“楼板：楼板边缘”工具。高亮显示楼板水平边缘，单击以放置楼板边缘，也可以单击模型线。单击边缘时，Revit 会将其作为一个连续的楼板边缘。如果楼板边缘的线段在角部相遇，它们会相互斜接。要完成当前的楼板边缘，单击“修改｜放置楼板边缘”上下文选项卡下“放置”面板中的“重新放置楼板边缘”工具。

要开始其他楼板边缘，将光标移动到新的边缘并单击以放置。

要完成楼板边缘的放置，单击“修改｜放置楼板边缘”上下文选项卡下“选择”面板中的“修改”工具。创建的楼板边缘如图 5-20 所示。

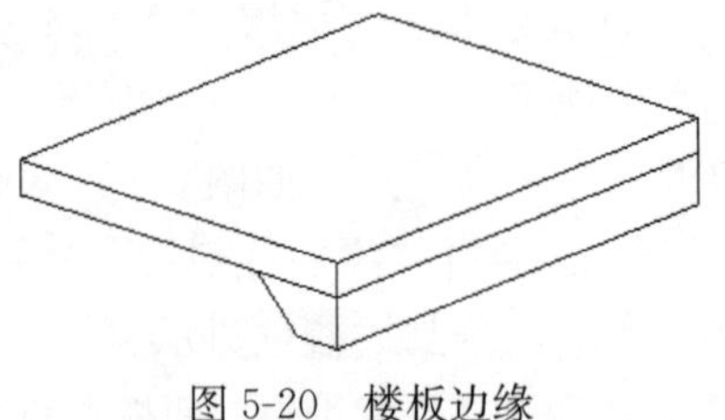

图 5-20　楼板边缘

提示：可以将楼板边缘放置在二维视图（如平面或剖面视图）中，也可以放置在三维视图中。观察状态栏以寻找有效参照。例如，如果将楼板边缘放置在楼板上，“状态栏”可能显示“楼板：基本楼板：参照”。在剖面中放置楼板边缘时，将光标靠近楼板的角部以高亮显示其参照。

2. 修改楼板边缘

可以通过修改楼板边缘的属性或以图形方式移动楼板边缘来改变其水平或垂直偏移。

(1) 水平移动

要移动单段楼板边缘，选取此楼板边缘并水平拖动它。要移动多段楼板边缘，选取此楼板边缘的造型操纵柄。将光标放在楼板边缘上，并按 Tab 键高亮显示造型操纵柄。观察状态栏以确保高亮显示的是造型操纵柄，单击以选取该造型操纵柄。向左或向右移动光标以改变水平偏移。这会影响此楼板边缘所有线段的水平偏移，因为线段是对称的，如图 5-21 所示。移动左边的楼板边缘也会移动右边的楼板边缘。

(2) 垂直移动

选取楼板边缘并上下拖曳它。如果楼板边缘是多段的，那么所有段都会上下移动相同的距离，如图 5-22 所示。

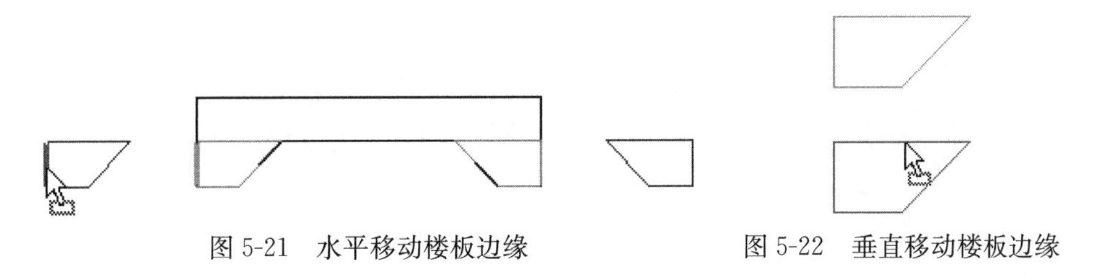

图 5-21　水平移动楼板边缘　　　　图 5-22　垂直移动楼板边缘

任务 5.3　创建天花板

创建天花板是在其所在标高以上指定距离处进行的。例如，如果在标高 1 上创建天花板，则可将天花板放置在标高 1 上方 3 米的位置。可以使用天花板类型属性指定该偏移量。

在 Revit 中，创建天花板的过程与楼板、屋顶的绘制过程相似，但 Revit 为"天花板"工具提供了更为智能的自动查找房间边界功能。

5.3.1　创建平天花板

由于天花板的建立与楼板相似，所以当选择"构建"面板中的"天花板"工具后，在"属性"面板类型选择器中选择"复合天花板"族类型，如图 5-23 所示。

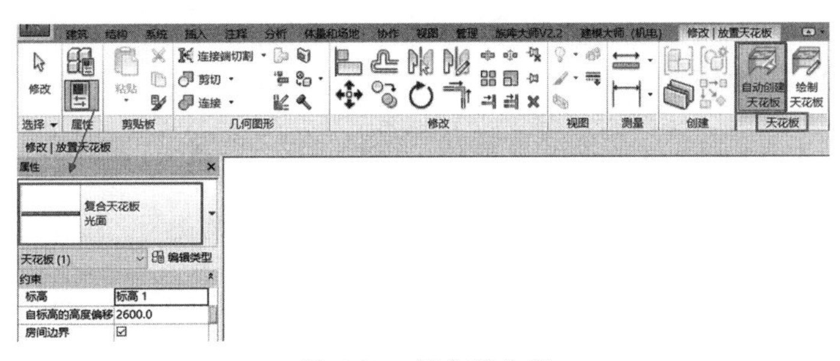

图 5-23　复合天花板

(1) 打开天花板平面视图。

(2) 单击"建筑"选项卡下"构建"面板中的"天花板"工具。

（3）在类型选择器中，选择一种天花板类型。

（4）可使用两种工具放置天花板：一种是“自动创建天花板”工具，如图 5-24 所示；另一种是“绘制天花板”工具，如图 5-25 所示。

默认情况下，“自动创建天花板”工具处于活动状态。在单击构成闭合环的内墙时，该工具会在这些边界内部放置一个天花板，而忽略房间分隔线。

提示：当自动创建天花板后，Revit 弹出“警告”提示框，提示“所创建的图元在视图楼层平面：F1 中不可见。需要检查活动视图及其参数、可见性设置以及所有平面区域及其设置”，说明当前视图无法查看创建的天花板。

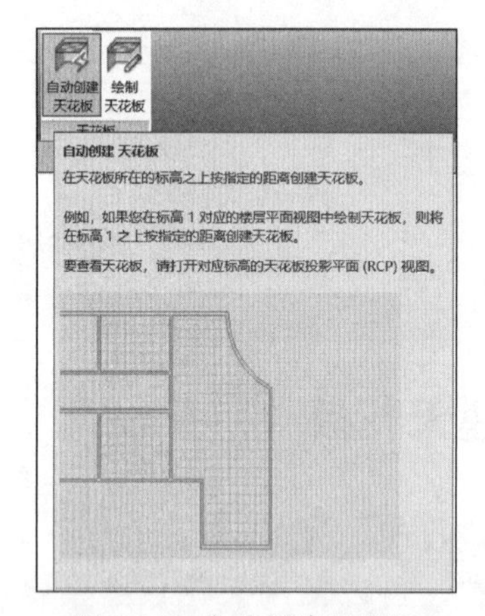

图 5-24　自动创建天花板

图 5-25　绘制天花板

5.3.2　创建斜天花板

可使用以下几种方法创建斜天花板：

（1）在绘制或编辑天花板边界时，绘制坡度箭头。

（2）为平行的天花板绘制线指定“相对基准的偏移”属性值。

（3）为单条天花板绘制线指定“定义坡度”和“坡度”属性值。

5.3.3　修改天花板

可以用以下几种方式修改天花板：

（1）修改天花板类型。选择天花板，然后从“类型选择器”中选择另一种天花板类型。

（2）修改天花板边界。选择天花板，点击“编辑边界”。

（3）向天花板应用材质和表面填充图案。选择天花板，单击“编辑类型”，在“类型属性”对话框中，对“结构”进行编辑。

（4）移动天花板网格。采用“对齐”命令对天花板进行移动。

单元 5 小结

练习题 5

根据图 5-26 中给定的尺寸及详图大样新建楼板，顶部所在标高为±0.000，命名为“卫生间楼板”，构造层保持不变，水泥砂浆层进行放坡，并创建洞口。请将模型以“楼板”为文件名进行保存。

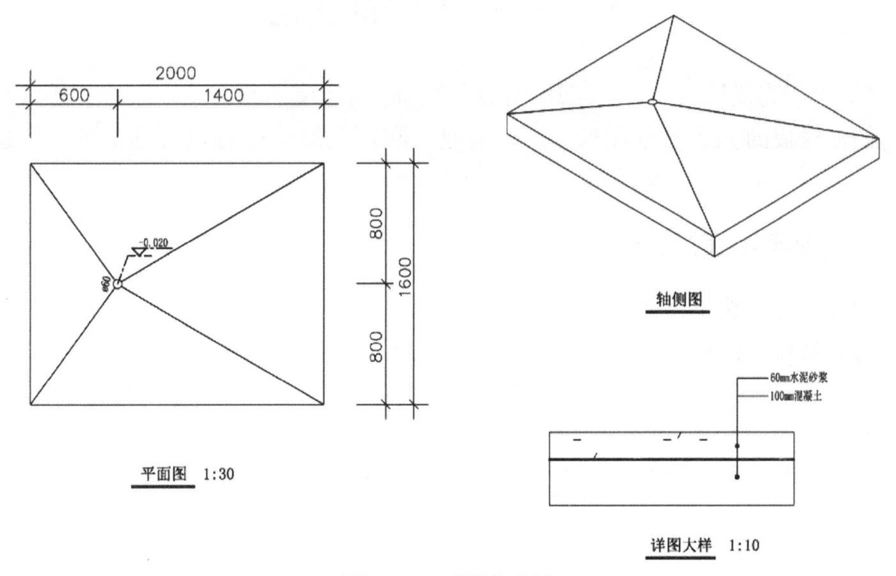

图 5-26　习题参考图

学习单元 6　创建屋顶

知识目标：

掌握屋顶的创建方法。

掌握屋顶其他构件的创建方法。

能力目标：

会创建迹线屋顶及拉伸屋顶。

会创建屋顶其他构件。

任务 6.1　屋顶的创建

Revit 提供了迹线屋顶、拉伸屋顶和面屋顶三种创建屋顶的方式。其中，迹线屋顶的创建方式与创建楼板的方式非常类似。不同的是，在迹线屋顶中可以灵活地为屋顶定义多个坡度。

6.1.1　创建迹线屋顶

创建屋顶时使用建筑迹线定义其边界。

（1）打开楼层平面视图或天花板投影平面视图。

（2）单击“建筑”选项卡下“构建”面板中“屋顶”下拉列表内“迹线屋顶”命令，如图 6-1 所示。

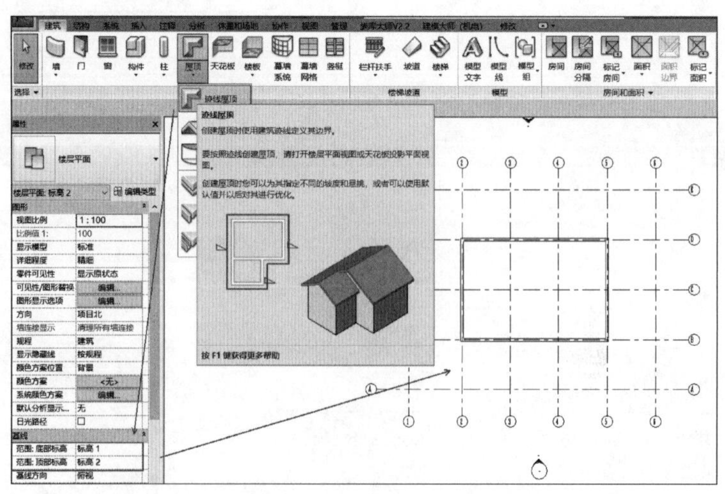

图 6-1　使用建筑迹线定义边界

> **注**：如果在最低楼层标高上单击“迹线屋顶”，则会出现一个对话框，提示将屋顶移动到更高的标高上。如果选择不将屋顶移动到其他标高上，Revit 会随后提示屋顶是否过低。

(3) 在“绘制”面板上，选择某一绘制或拾取工具。默认选项是绘制面板中的“边界线”→“拾取墙”命令，在状态栏亦可看到“拾取墙以创建线”提示。

可以在“属性”选项板中编辑屋顶属性。

> **提示**：使用“拾取墙”命令可在绘制屋顶之前指定悬挑。在选项栏上，如果希望从墙核心处测量悬挑，启用“延伸到墙中（至核心层）”复选框，然后为“悬挑”指定一个值。

(4) 在绘图区域为屋顶绘制或拾取一个闭合环。

要修改某一线的坡度定义，选取该线，在“属性”选项板上单击“坡度”数值，修改坡度值。有坡度的屋顶线旁边便会出现符号，如图 6-2 所示。

(5) 单击“√”按钮完成编辑模式，然后打开三维视图，如图 6-3 所示。

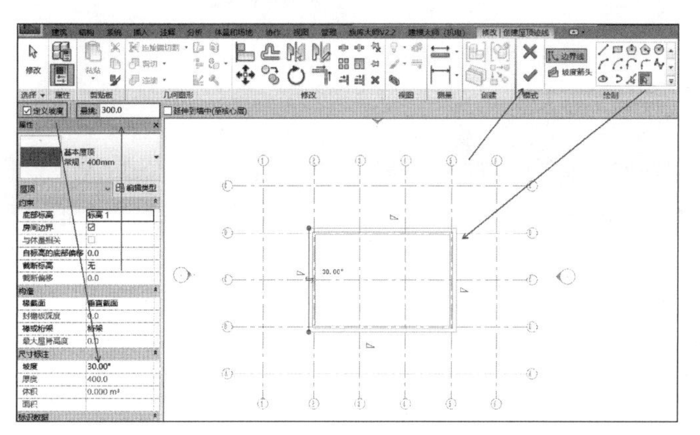

图 6-2　坡度显示

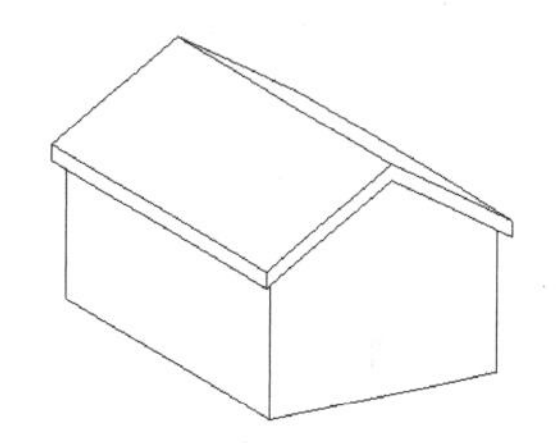

图 6-3　有悬挑的双坡屋顶

6.1.2　拉伸屋顶

1. 拉伸屋顶的起点和终点

拉伸屋顶的起点和终点可以沿着与实心构件（如墙）表面垂直的平面在正方向或负方向上延伸屋顶拉伸。可以使用屋顶实例属性编辑起点和终点，如图 6-4 所示。

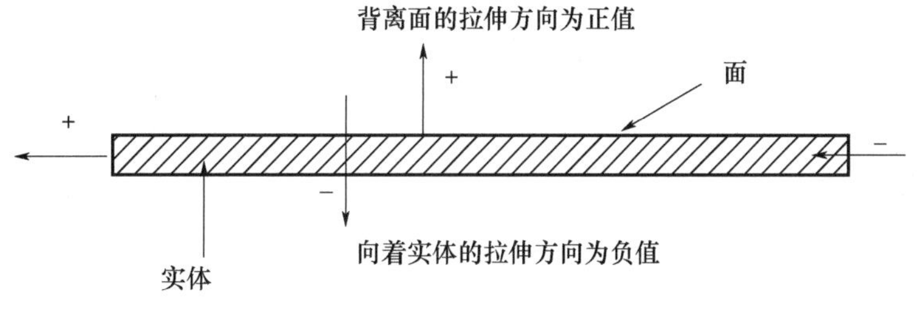

图 6-4　拉伸屋顶的起点和终点

2. 创建拉伸屋顶

（1）打开立面视图或三维视图、剖面视图。

（2）单击“建筑”选项卡下“构建”面板中的“屋顶”下拉列表内“拉伸屋顶”命令，如图 6-5 所示。

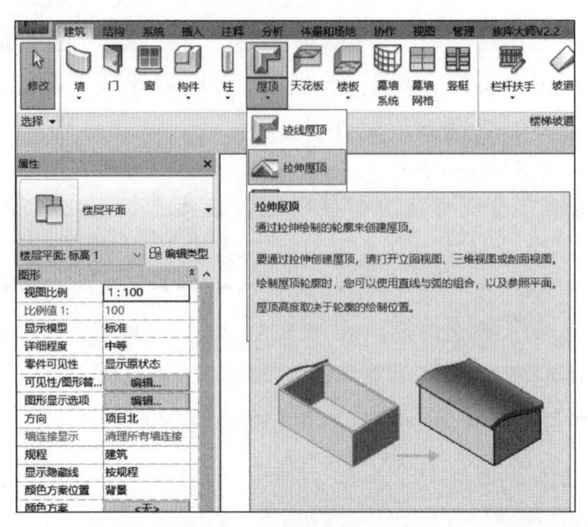

图 6-5　创建拉伸屋顶

（3）拾取一个参照平面。

（4）在“屋顶参照标高和偏移”对话框中，为“标高”选择一个值。默认情况下，将选择项目中最高的标高。要相对于参照标高提升或降低屋顶，可为“偏移”指定一个值（单位为 mm）。

（5）用绘制面板的一种绘制工具，绘制开放环形式的屋顶轮廓，如图 6-6 所示。

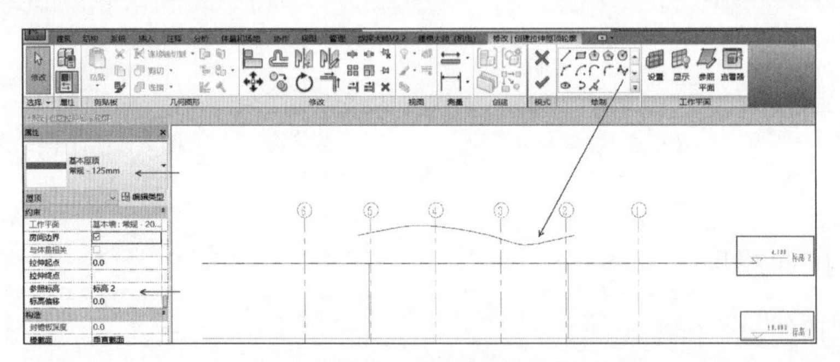

图 6-6　使用样条曲线工具绘制屋顶轮廓

（6）单击“√”按钮完成编辑模式，然后打开三维视图。根据需要将墙附着到屋顶，如图 6-7 所示。

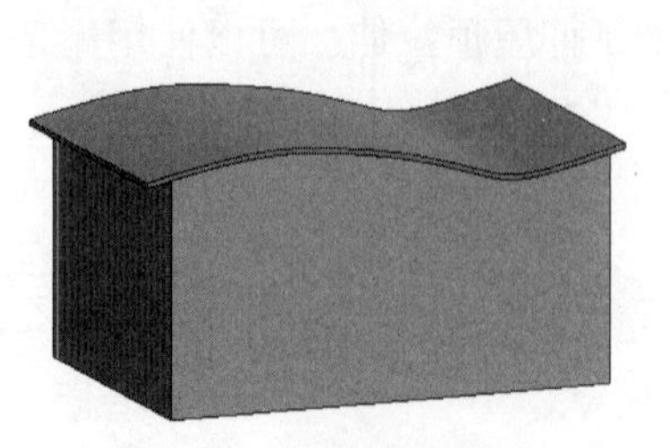

图 6-7　完成的拉伸屋顶

3. 屋顶的修改

（1）编辑屋顶草图

选取屋顶，单击“修改 | 屋顶”上下文选项卡下“模式”面板中的“编辑迹线”或“编辑轮廓”命令，以进行必要的修改。

如果要修改屋顶的位置，可用“属性”选项板来编辑“底部标高”和“自标高的底部偏移”属性，以修改参照平面的位置。若弹出屋顶几何图形无法移动的警告，需编辑屋顶草图，并检查有关草图的限制条件。

（2）使用造型操纵柄调整屋顶的大小

在立面视图或三维视图中，选取屋顶。根据需要，拖曳造型操纵柄。使用该方法可以调整按迹线或按面创建的屋顶的大小。

（3）修改屋顶悬挑

在编辑屋顶的迹线时，可以使用屋顶边界线的属性来修改屋顶悬挑。

在草图模式下，选取屋顶的一条边界线。在“属性”选项板上，为“悬挑”输入一个值。单击“√”按钮完成编辑模式，如图 6-8 所示。

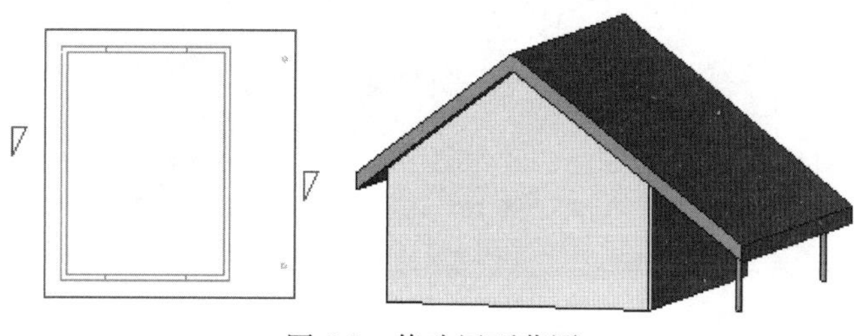

图 6-8　修改屋顶草图

（4）在拉伸屋顶中剪切洞口

选择拉伸的屋顶，然后单击“修改 | 屋顶”上下文选项卡下“洞口”面板中的“垂直”工具，将显示屋顶的平面视图形式。绘制闭合环洞口，如图 6-9 所示。单击“√”按钮完成编辑模式。创建的屋顶如图 6-10 所示。

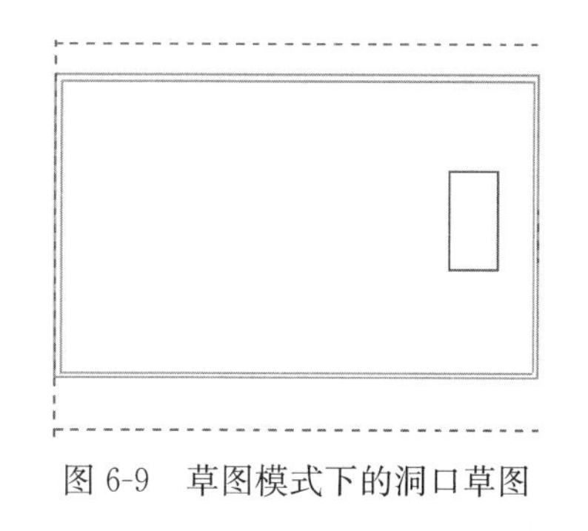

图 6-9　草图模式下的洞口草图

图 6-10　创建的屋顶

6.1.3　面屋顶

与斜墙及异形墙相同，先创建内建模型，再创建面屋顶。

（1）创建内建模型

同斜墙及异形墙，单击“建筑”选项卡下“构建”面板中“构件”下拉列表内的“内建模型”命令。在弹出的“族类型和族参数”对话框中选择“常规模型”，单击“确定”按钮。在弹出的“名称”对话框中输入自定义的屋顶名称。

采用拉伸、融合、旋转、放样、放样融合、空心形状等工具，创建常规模型。

(2) 创建面屋顶

单击“建筑”选项卡下“构建”面板中“屋顶”工具的下拉列表内的“面屋顶”命令。

从类型选择器中选择屋顶类型，移动光标到模型顶部弧面上，当面亮显时单击拾取面，再单击“创建屋顶”工具，如图 6-11 所示。按 Esc 键结束“面屋顶”命令。最后将常规模型删除。

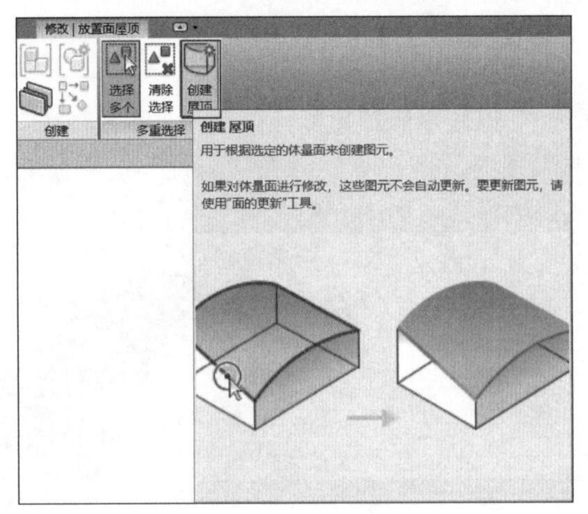

图 6-11　创建屋顶工具

6.1.4　玻璃斜窗

1. 创建玻璃斜窗

(1) 创建“迹线屋顶”或“拉伸屋顶”。

(2) 选取屋顶，并在类型选择器中选择“玻璃斜窗”选项，如图 6-12 所示。

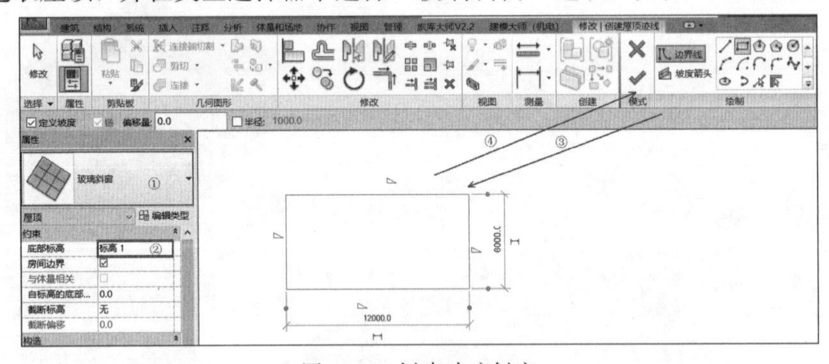

图 6-12　创建玻璃斜窗

可以在玻璃斜窗的幕墙嵌板上放置幕墙网格。按 Tab 键可在水平和垂直网格之间切换，如图 6-13 所示。

2. 编辑玻璃斜窗

玻璃斜窗同时具有屋顶和幕墙的功能，因此也同样可以用屋顶和幕墙的编辑方法编辑玻璃斜窗。

玻璃斜窗本质上是迹线屋顶的一种类型，因此选择玻璃斜窗后，功能区显示“修改 | 屋

顶”上下文选项卡，可以用图元属性、类型选择器、编辑迹线、移动复制镜像等编辑命令进行编辑，并可以将墙等附着到玻璃斜窗下方。

同时，玻璃斜窗可以用幕墙网格、竖梃等编辑命令进行编辑，并且当选取玻璃斜窗后，会出现“配置轴网布局”符号，单击即可显示各项设置参数。

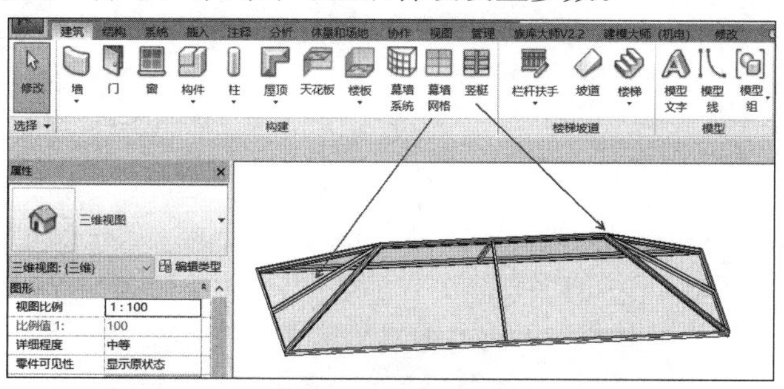

图 6-13　带有竖梃和网格线的玻璃斜窗

任务 6.2　屋顶其他构件的创建

6.2.1　屋顶封檐带

(1) 单击“建筑”选项卡下“构建”面板中“屋顶”下拉列表内“屋顶：封檐带”命令，如图 6-14 所示。

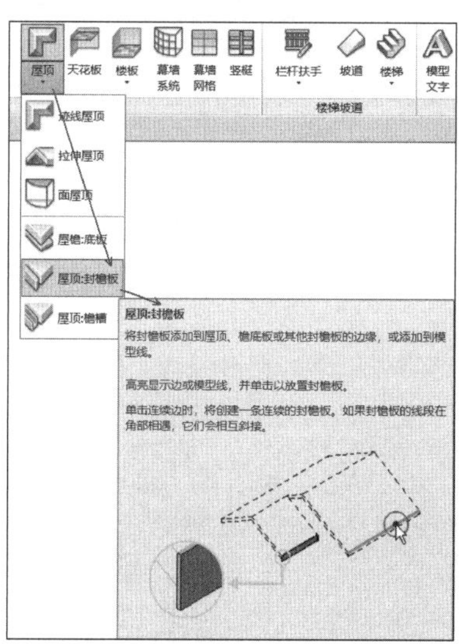

图 6-14　构建“屋顶：封檐带”

(2) 高亮显示屋顶、檐底板、其他封檐带或模型线的边缘，然后点击以放置此封檐带，如图 6-15 所示。点击边缘时，Revit 会将其作为一个连续的封檐带。如果封檐带的线段在角部相遇，它们会相互斜接，如图 6-16 所示。

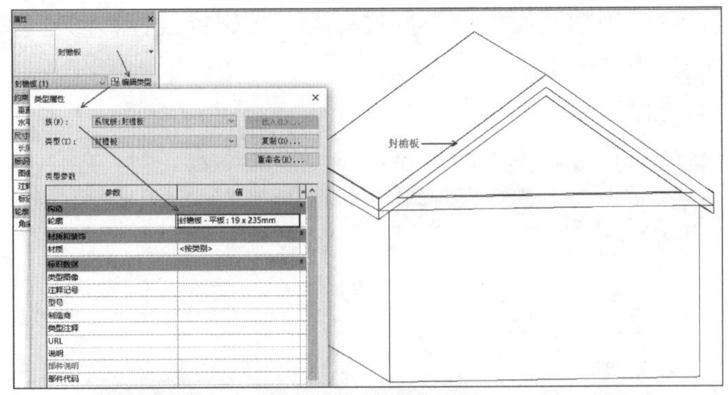

图 6-15　放置封檐带

图 6-16　冠状封檐带

注：封檐带轮廓仅在围绕正方形截面屋顶时正确斜接。

6.2.2　檐槽

（1）单击“建筑”选项卡下“构建”面板中“屋顶”下拉列表内的“屋顶：檐槽”命令，如图 6-17 所示。

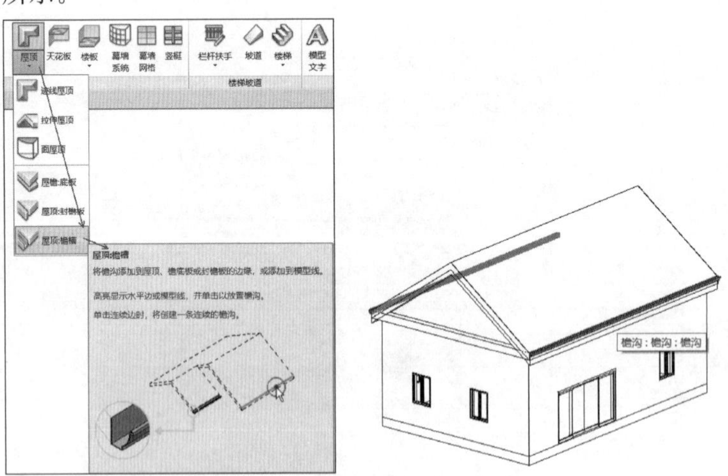

图 6-17　构建“屋顶：檐槽”

（2）高亮显示屋顶、层檐底板、封檐带或模型线的水平边缘，点击以放置檐沟。单击边缘时，Revit 会将其视为一条连续的檐沟。

（3）单击“修改 | 放置檐沟”上下文选项卡下“放置”面板中的“重新放置檐沟”工具，完

成当前檐沟，如图 6-18 所示。要继续放置不同的檐沟，将光标移到新边缘并单击放置。

6.2.3　屋檐底板

（1）在平面视图中，单击“建筑”选项卡下“构建”面板中“屋顶”下拉列表内的“屋顶：底板”命令，如图 6-19 所示。

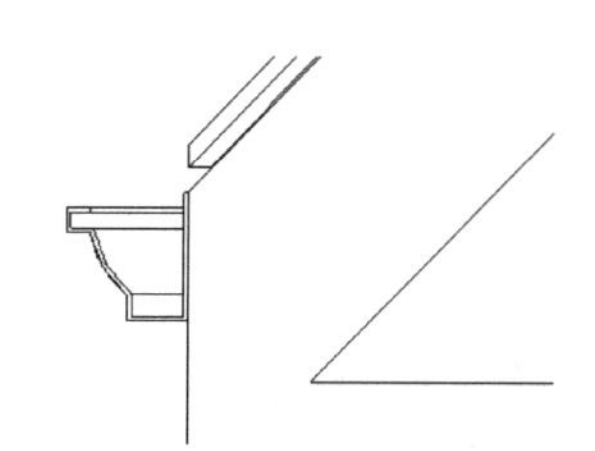

图 6-18　剖面图中显示的檐沟

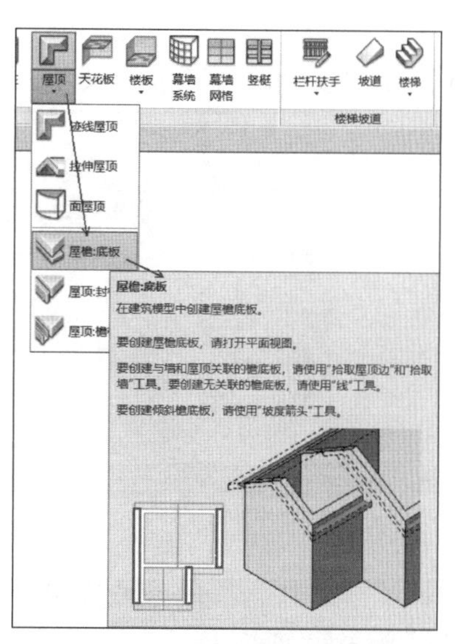

图 6-19　构建“屋顶：底板”

（2）单击“修改｜创建屋檐底板边界”上下文选项卡下“绘制”面板中的“拾取屋顶边”工具。

（3）高亮显示屋顶并单击选取它。

（4）单击“修改｜创建屋檐底板边界”选项卡下“绘制”面板中的“拾取墙”工具，高亮显示屋顶下的墙的外面，并单击进行选取。

（5）修剪超出的绘制线，形成闭合环，如图 6-20 所示。

（6）单击“√”按钮完成编辑模式。

通过“三维视图”观察设置的屋檐底板的位置，可以通过“移动”命令对屋檐底板进行移动以放置至合适位置。通过使用“连接几何图形”命令，将檐底板连接到墙，然后将墙连接到屋顶，如图 6-21 所示。

可以通过绘制坡度箭头或修改边界线的属性来创建倾斜檐底板。

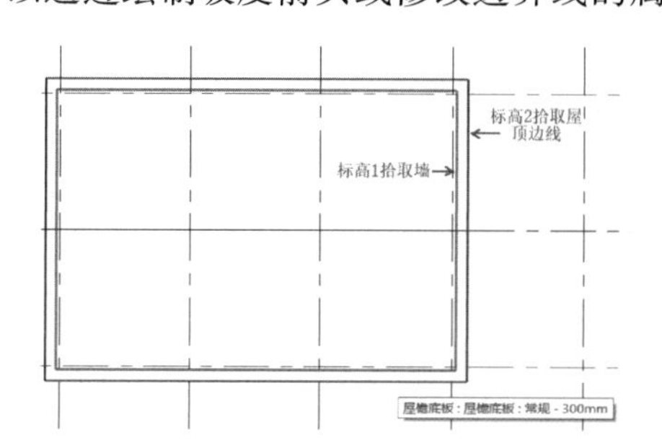

图 6-20　使用“拾取屋顶边”工具选取的屋顶

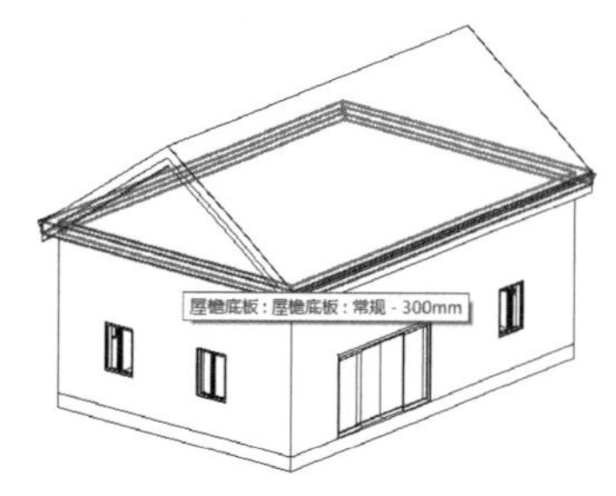

图 6-21　拾取墙后的檐底板

6.2.4　老虎窗

使用坡度箭头创建老虎窗，具体操作如下：

（1）绘制迹线屋顶，包括坡度定义线。

（2）在草图模式中，单击“修改 | 创建迹线屋顶”文下文选项卡下“修改”面板中的“拆分图元”工具。

（3）在迹线中的两点处拆分其中一条线，创建一条中间线段（老虎窗线段），如图 6-22 所示。

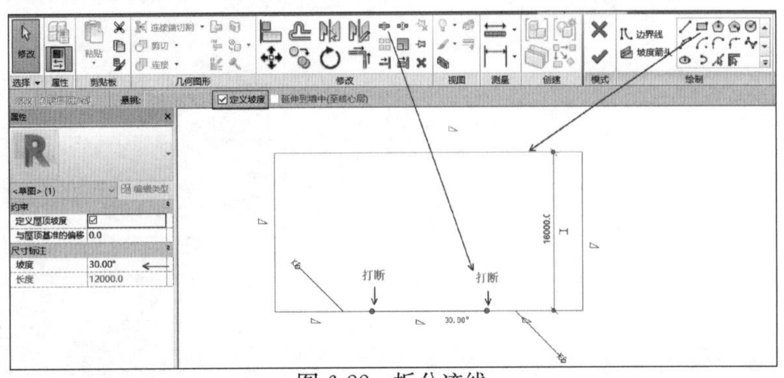

图 6-22　拆分迹线

（4）如果老虎窗线段是坡度定义（◺），请选取该线，然后禁用“属性”选项板上的“定义屋顶坡度”复选框。

（5）单击“修改 | 创建迹线屋顶”上下选项卡下“绘制”面板中的“坡度箭头”工具，在属性选项板设置“头高度偏移值”，然后从老虎窗线段的一端到中点绘制坡度箭头。

（6）再次单击“坡度箭头”工具，设置“头高度偏移值”，并从老虎窗线段的另一端到中点绘制第二个坡度箭头，如图 6-23 所示。

（7）单击“√”按钮完成编辑模式，然后打开三维视图查看效果，如图 6-24 所示。

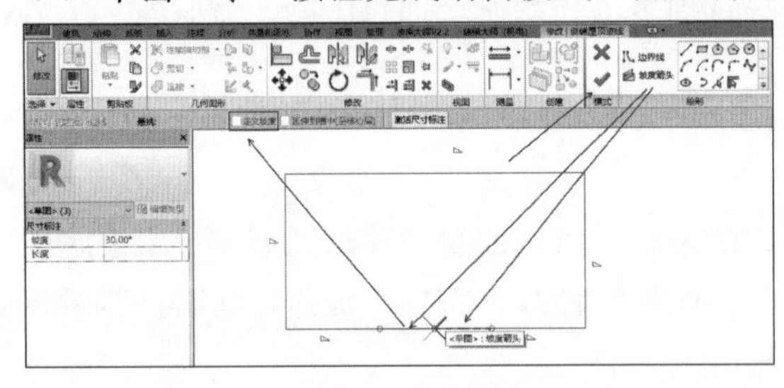

图 6-23　坡度箭头

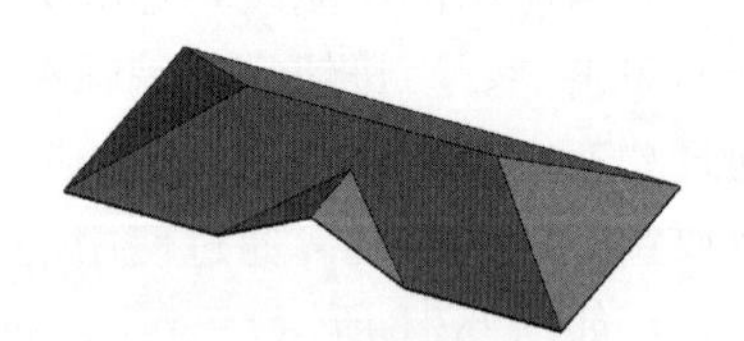

图 6-24　老虎窗

单元 6 小结

练习题 6

1. 按照图 6-25 所示的平、立面绘制屋顶，屋顶板厚均为 400，其他建模所需尺寸可参考平、立面图自定。结果以“屋顶”为文件名进行保存。

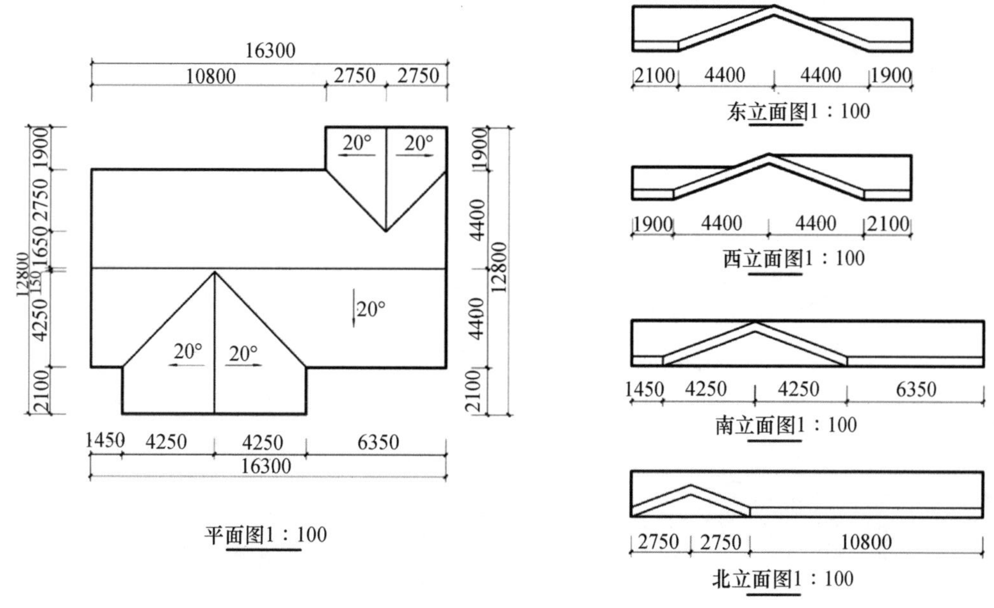

图 6-25　习题 1

2. 根据图 6-26 中给定的尺寸，创建屋顶模型并设置其材质，屋顶坡度为 30°。请将模型以“屋顶”为文件名进行保存。

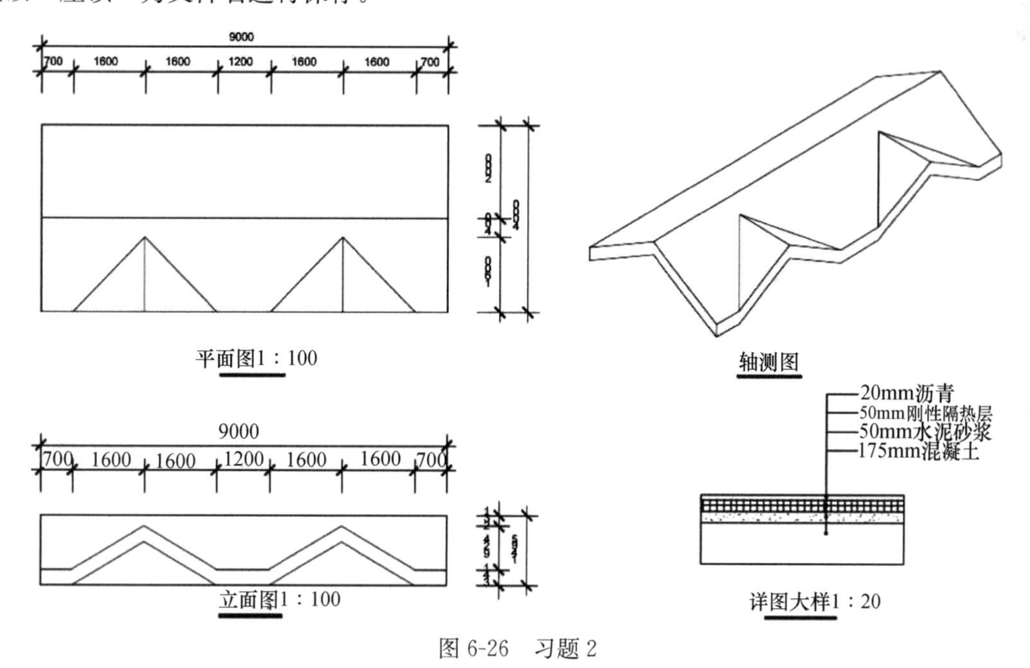

图 6-26　习题 2

3. 根据图 6-27 给定数据创建屋顶，i 表示屋面坡度，请将模型以“圆形屋顶”为文件名进行保存。

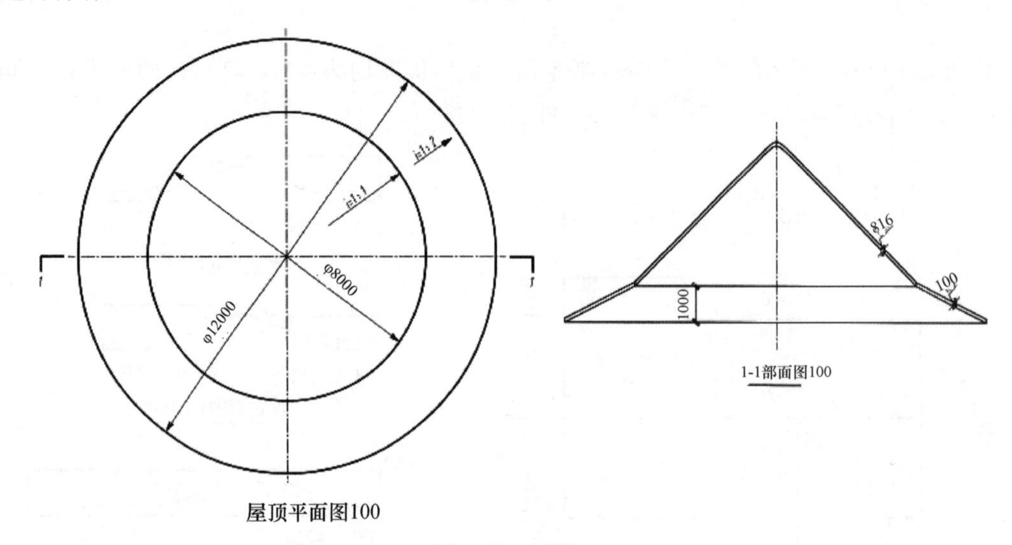

图 6-27　习题 3

学习单元 7　创建柱和梁

知识目标：

熟悉建筑结构概念。

掌握柱的创建及编辑方法。

掌握梁的创建及编辑方法。

能力目标：

能够创建建筑柱及结构柱。

能够创建和编辑梁。

大量的震害表明，建筑物会否倒塌在很大程度上取决于柱的设计，特别是随着高层建筑和大跨结构的发展，柱的轴力越来越大，柱不但需要很高的承载力，而且需要较好的延性，以防止建筑在大地震情况下倒塌。

任务 7.1　建筑结构的概念

随着建筑结构向更高、跨度更大、荷载更重的方向发展，建筑物中的柱子承受越来越大的荷载。通过对地震灾害的调查，人们认识到建筑物承重柱的设计是关系到建筑物在大地震下能否倒塌的关键，特别是在高轴压力作用下，柱子不但要有足够的强度，而且应有较好的延性。

7.1.1　钢筋混凝土构件

在砌体结构中的钢筋混凝土构件中，包括圈梁、过梁、墙梁与挑梁。不同类型、不同作用、不同尺寸的建筑应采用相应的构件，这样才能够使建筑保持更好的稳定性。

1. 圈梁

在房屋的檐口、窗顶、楼层、吊车梁顶或基础面标高处，沿砌体墙水平方向设置封闭状的按构造配筋的混凝土梁构件称为圈梁。由于地基的不均匀沉降或较大振动荷载对房屋引起的不利影响，为增强房屋的整体刚度，在墙中设置现浇钢筋混凝土圈梁。

2. 过梁

过梁多用于跨度不大的门、窗等洞口处，其中有砖砌过梁和钢筋混凝土过梁等。而对于有较大振动荷载或可能产生不均匀沉降的房屋，应采用钢筋混凝土过梁。

3. 墙梁

墙梁包括简支墙梁、连续墙梁和框支墙梁，可划分为承重墙梁和自承重墙梁。采用烧结普通砖和烧结多孔砖砌体和配筋砌体的墙梁设计应符合相关规定。墙梁介绍高度范围内每跨允许设置的一个洞口；洞口边至支座中心的距离距边支座不应小于 0.151_{oi}，距中支座不应小于 0.071_{oi}；对多层房屋的墙梁，各层洞口宜设置在相同位置，并宜上、下对齐。

4. 挑梁

嵌固在砌体中的悬挑式钢筋混凝土梁称为挑梁。一般指房屋中的阳台挑梁、雨篷挑梁或外廊挑梁。砌体墙中钢筋混凝土挑梁应满足抗倾覆验算及砌体的局部受压承载力验算。

7.1.2 柱

框架柱按结构形式的不同，通常分为等截面柱、阶形柱和分离式柱三大类；按柱截面类型不同又可分为实腹式柱及格构式柱两类。

1. 按结构形式的不同划分

（1）等截面柱

有实腹式和格构式两种。等截面柱构造简单，一般适于用作工作平台柱，无吊车或吊车起重量的轻型厂房中的框架柱等。

（2）阶形柱

有实腹式柱和格构式柱两种。阶形柱用于吊车梁或吊车桁架支承在柱截面变化的肩梁处。荷载偏心小，构造合理，其用钢量比等截面柱节省，在厂房中广泛应用。

（3）分离式柱

由支承屋盖结构的屋盖和支承吊车梁或吊车桁架的吊车肢所组成，两肢之间以水平板相连接。分离式柱构造简单，制作和安装比较方便，但用钢量比阶形柱多，且刚度较差。

2. 按截面形式的不同划分

（1）实腹式柱

实腹式柱的截面形式为焊接工字形钢截面，一般用于厂房等截面柱、阶形柱的上段。

（2）格构式柱

当柱承受较大弯矩作用，或要求较大刚度时，为了合理用材，宜采用格构式组合截面。格构式组合截面一般每肢由型钢截面的双肢组成，当采用钢管（包括钢管混凝土）组合柱时。也可采用三肢或四肢组合截面。格构柱的柱肢之间均由缀条或缀板相连，以保证组合截面整体工作。

7.1.3 梁

钢梁是一种应用广泛、承受横向荷载弯曲工作的受弯构件（梁必须具有足够的强度、刚度和稳定性）。在工业和民用建筑中最常见到的有工作平台梁、楼盖梁、墙架梁、吊车梁以及檩条等。

按钢梁制作方法的不同可分为型钢梁和组合梁两大类。型钢梁又可分为热轧型钢梁和冷弯薄壁钢梁两种。热轧型钢梁常用普通工字钢、槽钢或 H 形钢做成。由于型钢梁具有加工方便和成本较为低廉的优点，所以在结构设计中应该优先采用。

当荷载和跨度较大时，型钢梁受到尺寸和规格的限制，常不能满足承载能力或刚度的要求，此时应考虑使用组合梁。组合梁按其连接方法和使用材料的不同，可以分为焊接组合梁（简称焊接梁）、铆接组合梁（简称铆接梁）、异种钢组合梁和钢与混凝土组合梁等几种。组合梁截面的组成比较灵活，可使材料在截面上的分布更为合理。

任务7.2　创　建　柱

7.2.1　创建建筑柱

可以在平面视图和三维视图中添加柱。柱的高度由“底部标高”和“顶部标高”属性以及偏移值定义。

单击“建筑”选项卡下“构建”面板中“柱”下拉列表内的“柱：建筑”命令，如图7-1所示。在选项栏上指定下列内容：

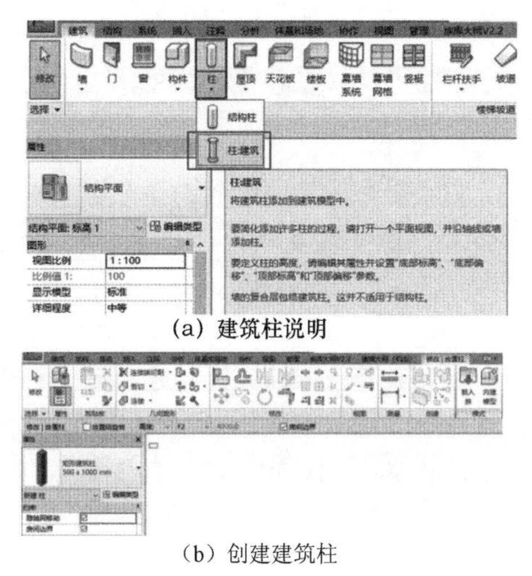

(a) 建筑柱说明

(b) 创建建筑柱

图7-1　创建建筑柱

① 放置后旋转。选择此选项可以在放置柱后立即将其旋转。

② 标高。(仅限三维视图) 为柱的底部选择标高。在平面视图中，该视图的标高即为柱的底部标高。

③ 高度。此设置从柱的底部向上绘制。要从柱的底部向下绘制，请选择“深度”。

④ 标高/未连接。选择柱的顶部标高，或者选择“未连接”，然后指定柱的高度。

⑤ 房间边界。选择此选项可以在放置柱之前将其指定为房间边界。

设置完成后，即可在绘图区域中单击以放置柱。

通常情况下，通过选择轴线或墙放置柱时将使柱对齐轴线或墙。如果在随意放置柱之后要将它们对齐，可单击“修改”选项卡下“修改”面板中的“对齐”工具，如图7-2所示。然后根据状态栏提示，选取要对齐的柱。在柱的中间是两个可选择用于对齐的垂直参照平面。

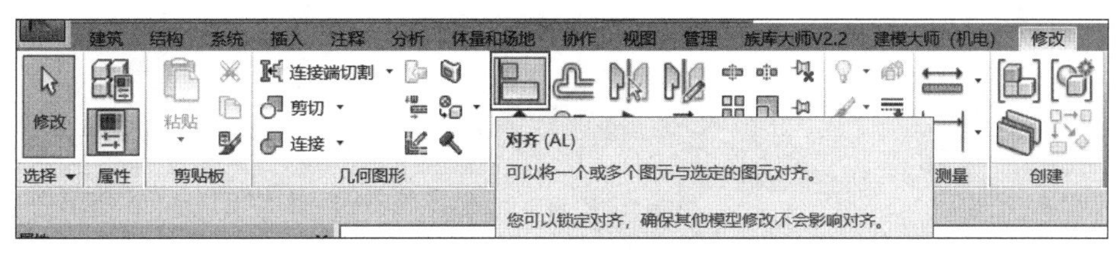

图7-2　“对齐”工具

7.2.2 编辑柱

与其他构件相同，选取柱子，可在“属性”选项板中对其类型、底部或顶部位置进行修改。同样，可以通过选取柱对其拖曳，以移动柱。

柱不会自动附着到其顶部的屋顶、楼板和天花板上，需要进行修改。

1. 附着柱

（1）选取一根柱（或多根柱）时，可以将其附着到屋顶、楼板、天花板、参照平面、结构框架构件，以及其他参照标高。具体操作步骤如下：

在绘图区域中，选取一个或多个柱。单击“修改｜柱”上下文选项卡下“修改｜柱”面板中的“附着顶部/底部”工具，如图 7-3 所示。

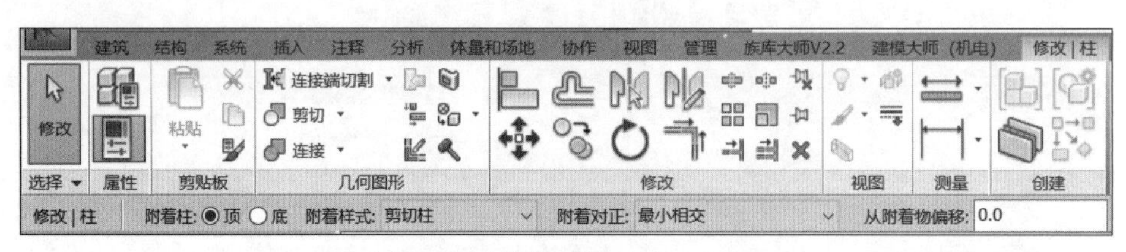

图 7-3 “附着顶部/底部”工具

① 选择“顶”或“底”作为“附着柱”值，以指定要附着柱的哪一部分。

② 选择“剪切柱”、“剪切目标”或“不剪切”作为“附着样式”值。

“目标”指的是柱要附着上的构件，如屋顶、楼板、天花板等。“目标”可以被柱剪切，柱可以被“目标”剪切，或者两者都不可以被剪切。

③ 选择“最小相交”、“相交柱中线”或“最大相交”作为“附着对正”值。

④ 指定“从附着物偏移”。“从附着物偏移”用于设置要从目标偏移的一个值。

注：如果柱和目标都是结构混凝土，则将清理它们而不是剪切。如果柱是结构混凝土，目标是非结构混凝土，则将显示一条警告消息。

（2）在绘图区域中，选择要将柱附着到的目标，如屋顶或楼板。

注：通过这种方式，倾斜结构柱不会附着到结构框架，因为它们会连接结构图元，而不是附着到结构图元。

将结构柱的底部附着到独立基础时，柱附着到基础顶部曲面每个图元几何形状相交的地方。例如，柱延长以调整到以下层列式基脚和阶梯式基脚。在支座基脚示例中，柱按预期延伸到基脚底部，如图 7-4 所示。

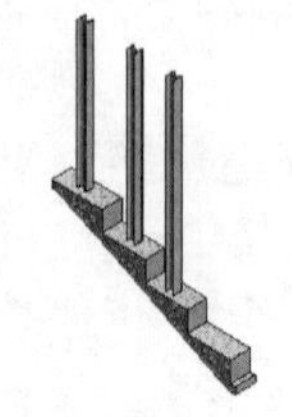
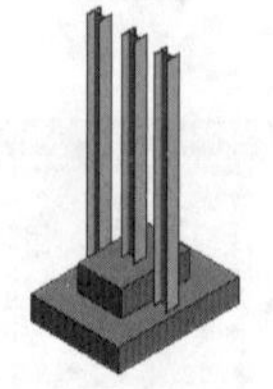

图 7-4 柱的底部附着

2. 分离柱

在绘图区域中，选取一个或多个柱。单击“修改｜柱”上下文选项卡下“修改柱”面板中的“分离顶部/底部”命令。单击要从中分离柱的目标。

如果将柱的顶部和底部均与目标分离，则点击选项栏上的“全部分离”命令。

7.2.3　结构柱

(1) 结构柱的放置。

进入“标高 2”平面视图→结构柱→“属性”中选择结构柱类型→选项栏中选择“深度”或“高度”→绘制结构柱，如图 7-5 所示。

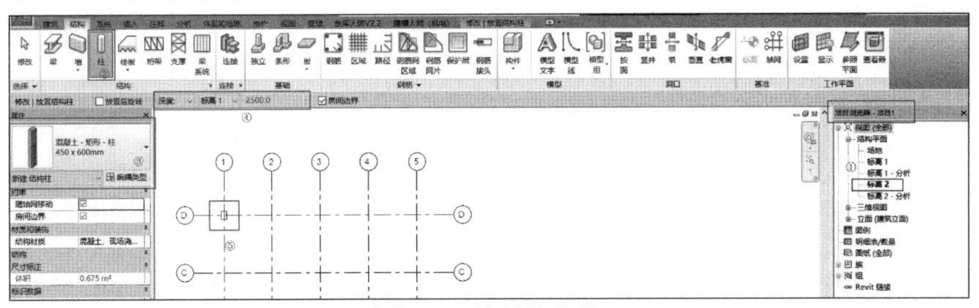

图 7-5　绘制结构柱

方法一，直接点取轴线交点；方法二，在轴网的交叉点处放置，如图 7-6 所示。

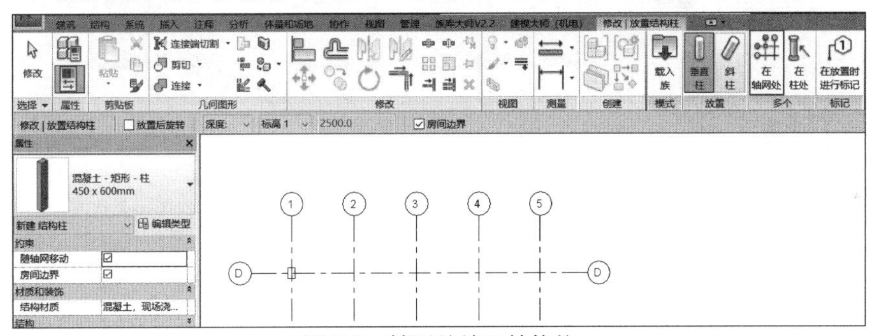

图 7-6　轴网处放置结构柱

(2) 修改结构柱定位参数，如图 7-7 所示。

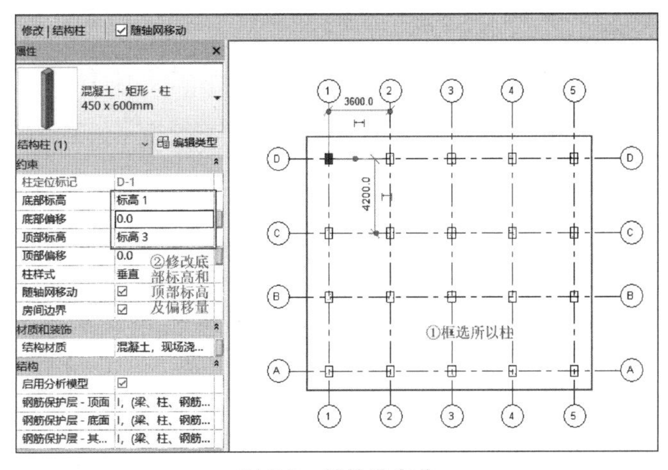

图 7-7　结构柱定位

任务 7.3　创　建　梁

7.3.1　梁的创建

进入“标高 1”平面视图→单击“梁”命令→选取梁的类型→设置梁的属性，如图 7-8 所示。

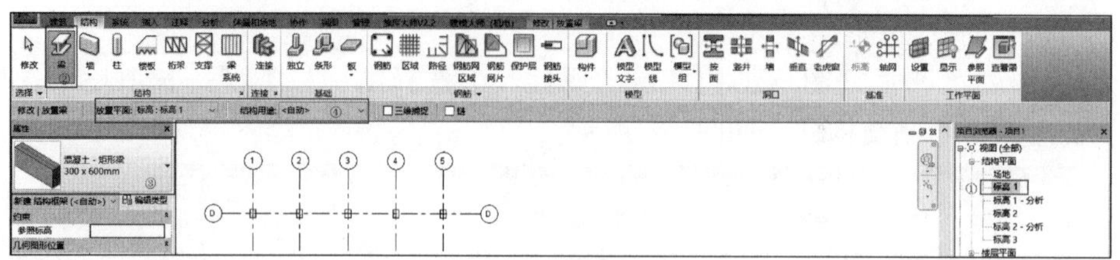

图 7-8　创建梁

7.3.2　梁的编辑

在“属性”面板中设置“起点标高偏移”、“终标高偏移”，如图 7-9 所示。

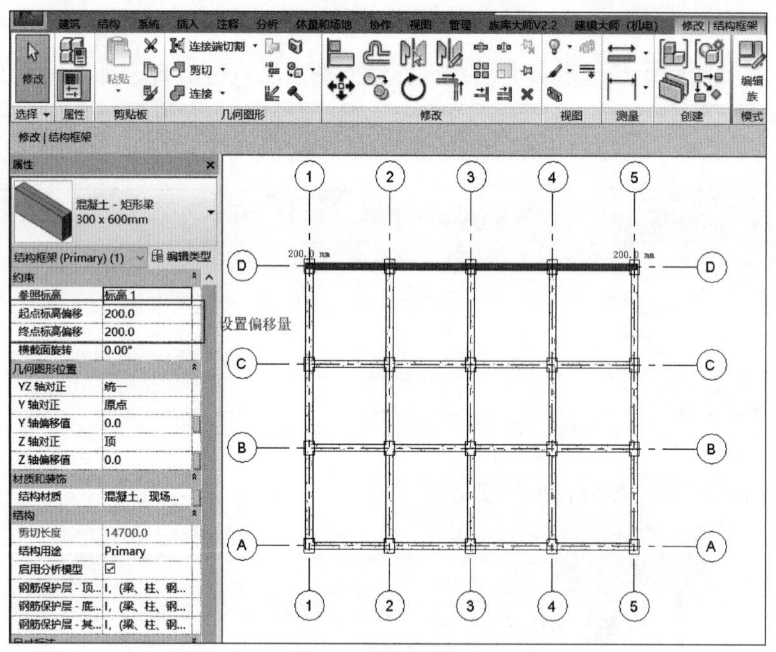

图 7-9　设置偏移量

7.3.3　各参数及相应值的作用

梁的属性各参数、选项及其设置见表 7-1、表 7-2。

表 7-1　“类型属性”对话框中的各个参数以及相应值的作用

参数	值
图形	
粗略比例填充颜色	指定在任一粗略平面视图中，粗略比例填充样式的颜色

续表

参数	值
粗略比例填充样式	指定在任一粗略平面视图中，柱内显示的截面填充图案
材质和装饰	
材质	柱的材质
尺寸标注	
深	放置时设置柱的深度
偏移基准	设置柱基准的偏移
偏移顶部	设置柱顶部的偏移
宽	放置时设置柱的宽度
标识数据	
注释记号	添加或编辑柱注释记号。在数值框中点击，打开“注释记号”对话框
型号	柱的模型类型
制造商	柱材质的制造商
类型注释	指定柱的建筑或设计注释
URL	设置对网页的链接。例如，制造商的网页
说明	提供柱的说明
部件说明	基于所选部件代码的部件说明
部件代码	从层级列表中选择的统一格式部件代码
类型标记	此值指定特定柱。对于项目中的每个柱，此值必须唯一。如果此值已被使用，Revit 会发出警告信息，但允许继续使用它
成本	建造柱的材质成本。此信息可包含于明细表中
OmniClass 编号	OmniClass 构造分类系统（能最好地肘族类型进行分类）中的编号
OmniClass 标题	OmniClass 构造分类系统（能最好地对族类型进行分类）中的名称

表 7-2　梁“属性”面板中的各个选项及参数设置

选项	参数值
限制条件	
参照标高	标高限制。这是一个只读的值，取决于放置梁的工作平面
工作平面	放置了图元的当前平面。该值为只读
起点标高偏移	梁起点与参照标高间的距离。当锁定构件时，会重设此处输入的值，锁定时只读
终点标高偏移	梁端点与参照标高间的距离。当锁定构件时，会重设此处输入的值，锁定时只读
方向	梁相对于图元所在的当前平面的方向。该值为只读
横截面旋转	控制旋转梁和支撑。从梁的工作平面和中心参照平面方向测量旋转角度
几何图形位置	
YZ 轴对正	只适用于钢梁。“统一”或“独立”，使用“统一”可为梁的起点和终点设置相同的参数；使用“独立”可为梁的起点和终点设置不同的参数
Y 轴对正	只适用于“统一”对齐钢梁。指定物理几何图形相对于定位线的位置是“原点”、“左侧”、“中心”或“右侧”

续表

选项	参数值
Y 轴偏移值	只适用于“统一”对齐钢梁。几何图形偏移的数值。在“Y 轴对正”参数中设置的定位线与特性点之间的距离
Z 轴对正	只适用于“统一”对齐钢梁。指定物理几何图形相对于定位线的位置是“原点”、“顶部”、“中心”或“底部”
Z 轴偏移值	只适用于“统一”对齐钢梁。在“Z 轴对正”参数中设置的定位线与特性点之间的距离
材质和装饰	
结构材质	控制结构图元的隐藏视图显示。“混凝土”或“预制”将显示为隐藏。如果其前面有另一个图元时，“钢”或“木材”会显示，如果被其他图元隐藏，将不会显示末指定的内容
结构	
剪切长度	梁的物理长度。该值为只读
结构用途	指定用途。可以是“大梁”、“水平支撑”、“托梁”、“其他”或“檩条”
起点附着类型	终点高程”或“距离”，指定梁的高程方向。“终点高程”用于保持放置标高，“距离”用于确定柱上的连接位置的方向
启用分析模型	显示分析模型，并将它包含在分析计算中。默认情况下处于选中状态
钢筋保护层-顶面	只适用于混凝土梁。与梁顶面之间的钢筋保护层距离
钢筋保护层-地面	只适用于混凝土梁。与梁底面之间的钢筋保护层距离
钢筋保护层-其他面	只适用于混凝土梁。从梁到邻近图元面之间的钢筋保护层距离
尺寸标注	
长度	梁操纵柄之间的长度，就是梁的分析长度，该值为只读
体积	所选梁的体积，该值为只读
标识数据	
注释	用户注释
标记	为梁创建的标签。可以用于施工标记。对于项目中的每个图元，此值都必须是唯一的，如果此数值已被使用，Revit 会发出警告信息，但允许继续使用它
阶段化	
创建的阶段	指明在哪一个阶段中创建了梁构件
拆除的阶段	指明在哪一个阶段中拆除了梁构件

单元 7 小结

练习题 7

根据浴池 CAD 图纸及浴池 . rvt 文件，对浴池结构柱、结构梁进行放置。

浴池 CAD 图纸

浴池 . rvt

学习单元 8　创建门窗和洞口

知识目标：

了解门和窗的基本概念。

掌握门和窗的载入及编辑方法。

掌握各种洞口的创建方法。

能力目标：

能够载入及编辑门和窗。

会创建各种洞口。

门和窗是房屋的重要组成部分，门的主要功能是交通联系，窗主要供采光和通风之用，它们均属建筑的围护构件。在 Revit 中，墙是门窗的承载主体，门窗可以自动识别墙，并且只能依附于墙存在。

在门窗构件的应用中，其插入点、门窗平立剖面的图纸表达、可见性控制等都和门窗族的参数设置有关。

任务 8.1　门和窗的基本概念

门和窗是除墙外另一种被大量使用的建筑构件，除常规门窗之外，通过在常规墙中嵌套玻璃幕墙的方式，也可以实现入口处玻璃门联窗、带形窗、落地窗等特殊的门窗形式。门窗的形式主要是取决于门窗的开启方式，不论其材质如何，开启方式均大致相同。

8.1.1　门形式与尺度

1. 门的形式

门按其开启方式通常分为平开门、弹簧门、推拉门、折叠门、转门等。

（1）平开门

平开门是水平开启的门，它的铰链装于门扇的一侧与门框相连，使门扇围绕铰链转动，如图 8-1 所示。其门扇有单扇、双扇，向内开和向外开之分。平开门构造简单，开启灵活，加工支座简便，易于维修，是建筑中最常见、使用最广泛的门。

（2）弹簧门

弹簧门的开启方式与普通平开门相同，所不同处是以弹簧铰链代替普通铰链，借助弹簧的力量使门扇能向内、向外开启并可经常保持关闭，如图 8-2 所示。它使用方便，美观大方，广泛用于商店、学校、医院、办公和商业大厦。为避免人流相撞，门扇或门扇上部应镶嵌安全玻璃。

（3）推拉门

推拉门开启时门扇沿轨道向左右滑行。通常为单扇和双扇，也可做成双轨多扇或多轨多扇，开启时，门扇可隐藏于墙内或悬于墙外，如图 8-3 所示。根据轨道的位置，推拉门可为上挂式和下滑式。当门扇高度大于 4m 时，一般作为上挂式推拉门，即在门扇的上部装置滑轮，滑轮吊在门过梁之预埋的导轨上；当门扇高度小于 4m 时，一般采用下滑式推拉门，即在门扇下部装滑轮，将滑轮置于预埋在地面的下导轨上。为使门保持垂直状态下稳定运行，导轨必须平直，并有一定刚度，下滑式推拉门的上部应设导向装置，较重型的上挂式推拉门则在门的下部设导向装置。

图 8-1　平开门　　图 8-2　弹簧门　　图 8-3　推拉门

（4）折叠门

折叠门可分为侧挂式折叠门和推拉式折叠门两种，如图 8-4 所示。由多扇门构成，每扇门宽度为 500～1000mm，一般以 600mm 为宜，适用于宽度较大的洞口。侧挂式折叠门与普通平开门相似，只是门扇之间用铰链相连而成。当用铰链时，一般只能挂两扇门，不适用于宽大洞口。

推拉式折叠门与推拉门构造相似，在门顶或门底装滑轮及导向装置，每扇门之间连以铰链，开启时门扇通过滑轮沿着导向装置移动。

折叠门开启时占空间少，但构造较复杂，一般用在公共建筑或住宅中起灵活分隔空间的作用。

（5）转门

转门是由两个固定的弧形门套和垂直旋转的门扇构成，如图 8-5 所示。门扇可分为三扇或四扇，绕竖轴旋转。转门对隔绝室外气流有一定作用，可作为寒冷地区公共建筑的外门，但不能作为疏散门。当设置在疏散口时，需在转门两旁另设疏散用门。

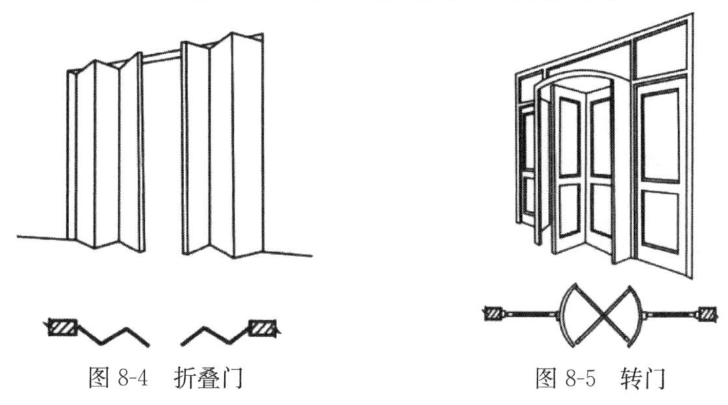

图 8-4　折叠门　　图 8-5　转门

2. 门的尺度

门的尺度通常是指门洞的高宽尺寸。门作为交通疏散，其尺度取决于人的通行要求、家具器械的搬运及建筑物的比例关系等。一般民用建筑门的高度不宜小于 2100mm。如门设有亮子时，亮子高度一般为 300～600mm，则门洞高度为门扇高加亮子高，再加门框及门框与墙间的缝隙尺寸，即门洞高度一般为 2400～3000mm。公共建筑大门高度可视需要适当提高。

门的宽度：单扇门为 700～1000mm，双扇门为 1200～1800mm。宽度在 2100mm 以上时，则多做成三扇、四扇门或双扇带固定扇的门，因为门扇过宽易产生翘曲变形，同时也不利于开启。辅助房间（如浴厕、贮藏室等）门的宽度可窄些，一般为 700～800mm。

8.1.2 窗形式与尺度

1. 窗的形式

窗的形式一般按开启方式定，窗的开启方式主要取决于窗扇铰链安装的位置和转动方式。通常窗的开启方式有以下几种：

（1）平开窗

铰链安装在窗扇一侧与窗框相连，向外或向内水平开启，如图 8-6 所示。平开窗有单扇、双扇、多扇及向内开与向外开之分。平开窗构造简单，开启灵活，制作维修均方便，是民用建筑中使用最广泛的窗。

（2）推拉窗

推拉窗有不占据室内空间的优点，外观美丽、价格经济、密封性较好，如图 8-7 所示。采用高档滑轨，轻轻一推，开启灵活。配上大块的玻璃，既增加室内的采光，又改善建筑物的整体形貌。窗扇的受力状态好、不易损坏，但通气面积受一定限制。

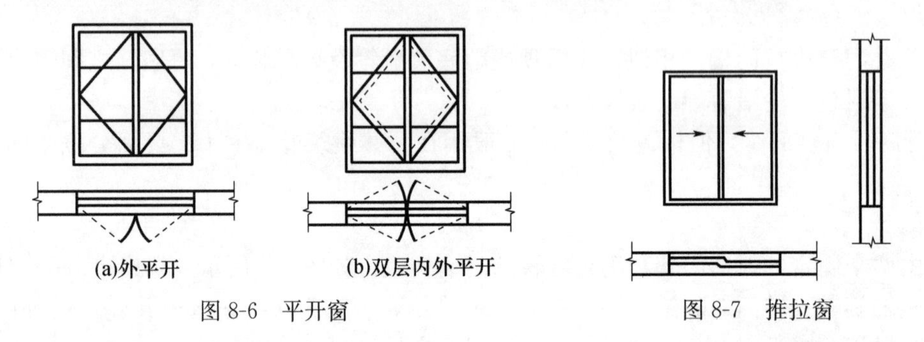

图 8-6　平开窗　　　图 8-7　推拉窗

（3）悬窗

根据铰链和转轴位置的不同，悬窗可分为上悬窗、中悬窗和下悬窗，如图 8-8 所示。上悬窗铰链安装在窗扇的上边，一般向外开，防雨好，多用作外门和门上的亮子。

下悬窗铰链安在窗扇的下边，一般向外开，通风较好，不防雨，不宜用作外窗，一般用于内门上的亮子。

中悬窗是窗扇两边中部装水平转轴，开启时窗扇绕水平轴旋转，开启时窗扇上部向内、下部向外，对挡雨、通风均有利，并且开启易于机械化，故常用作大空间建筑的高侧窗，也可用于外窗或用于靠外廊的窗。

此外，还有立转窗等。

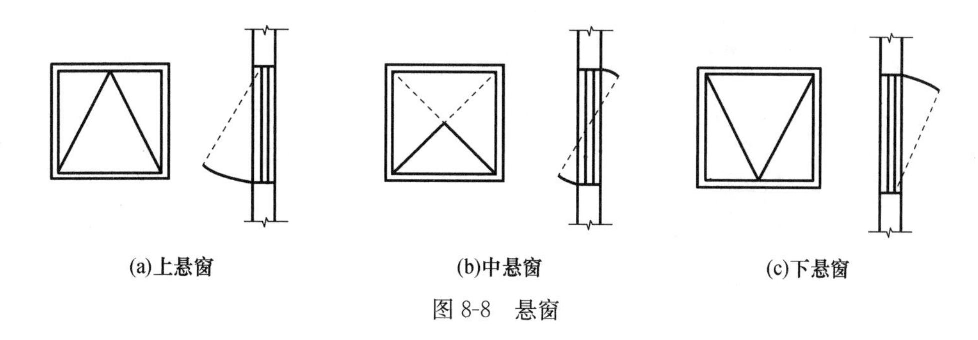

(a)上悬窗　　(b)中悬窗　　(c)下悬窗

图 8-8　悬窗

2. 窗的尺度

窗的尺度主要取决于房间的采光通风、构造做法和建筑造型等要求，并要符合现行《建筑模数协调统一标准》的规定。对一般民用建筑用窗，各地均有通用图，各类窗的高度和宽度尺寸通常采用扩大模数 3M 数列作为洞口的标志尺寸，需要时只要按所需类型及尺度大小直接选用。

任务 8.2　创建门窗

8.2.1　载入并放置门窗

1. 载入门窗

在“插入”选项卡里，如图 8-9 所示，单击“载入族”工具，弹出“载入族”对话框。选择“建筑”文件夹［图 8-10（a）］→“门”或“窗”文件夹［图 8-10（b）］→选择某一类型的窗载入到项目中［图 8-10（c）］。

图 8-9　载入门窗

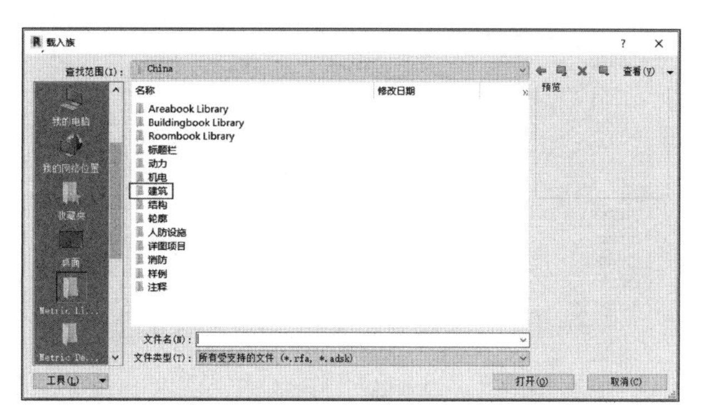

（a）选择“建筑”文件夹

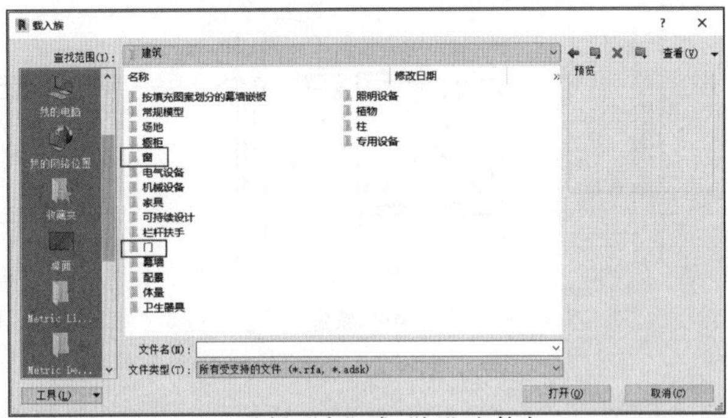

（b）选择“窗”或“门”文件夹

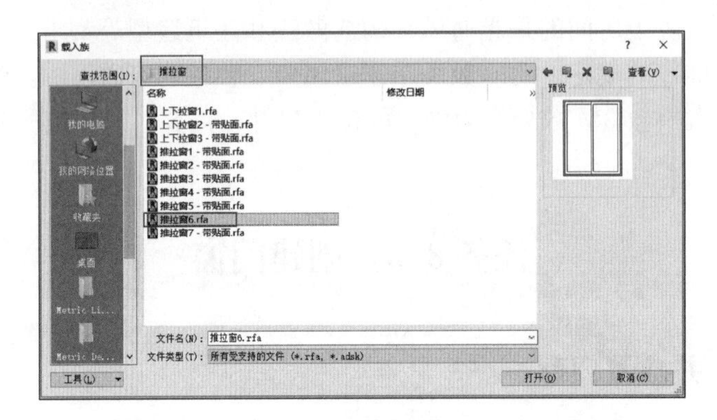

（c）选择某类型窗

图 8-10　“载入族”对话框

2. 放置门窗

打开一个平面、剖面、立面或三维视图，单击“建筑”选项卡下“构建”面板中的“门”或“窗”工具。从类型选择器（位于“属性”选项板顶部）下拉列表中选择门窗类型。将光标移到墙上以显示门窗的预览图像，点击放置门窗，如图 8-11 所示。

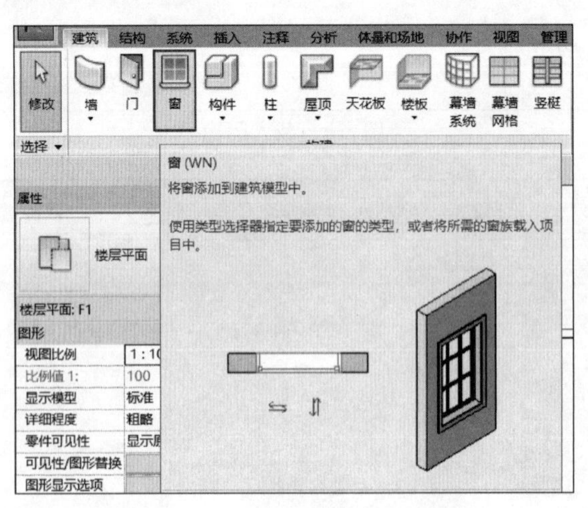

(a)点击“窗命令”

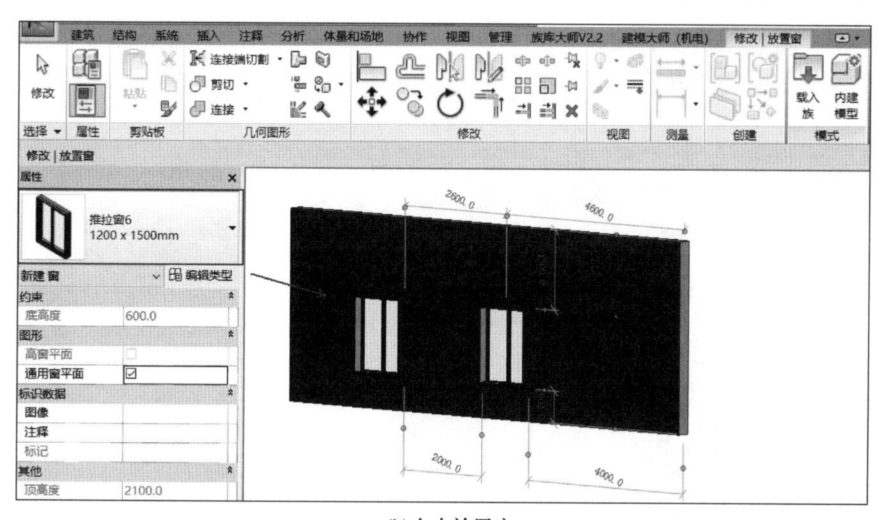

(b)点击放置窗

图 8-11　放置门窗

8.2.2　门窗编辑

1. 修改门窗

(1) 通过“属性”选项板修改门窗

选取门窗，在“类型选择器”中修改门窗类型；在“实例属性”中修改“限制条件”、“顶高度”等值；在“类型属性”中修改“构造”、“材质和装饰”、“尺寸标注”等值，如图 8-12 所示。

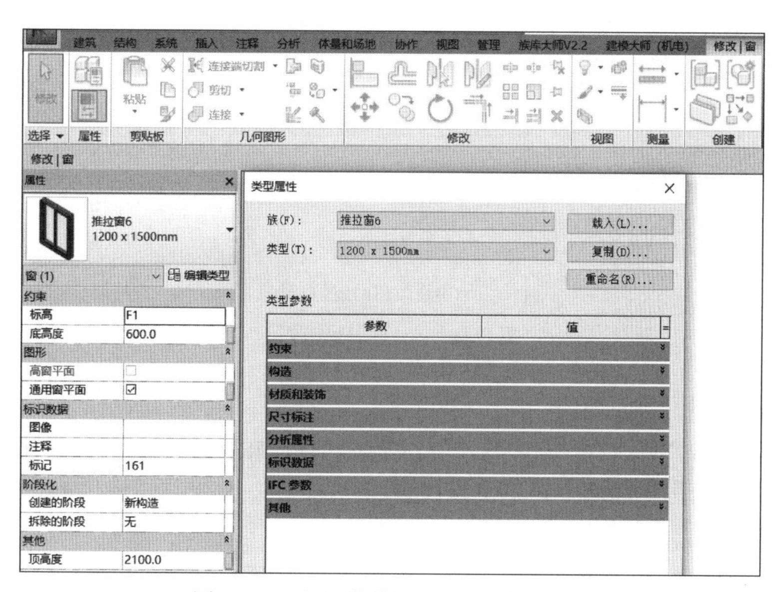

图 8-12　通过“属性”选项板修改门窗

(2) 在绘图区域内修改

选取门窗，通过单击左右箭头、上下箭头以修改门的方向，如图 8-13（a）所示；通过点击临时尺寸标注并输入新值，以修改门的定位，如图 8-13（b）所示。

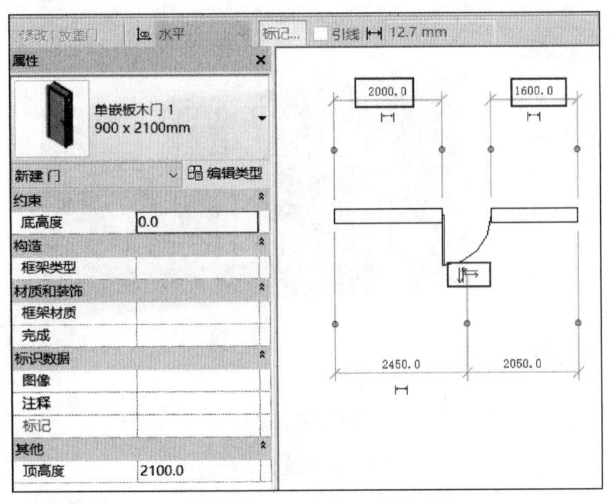

(a)修改门的方向

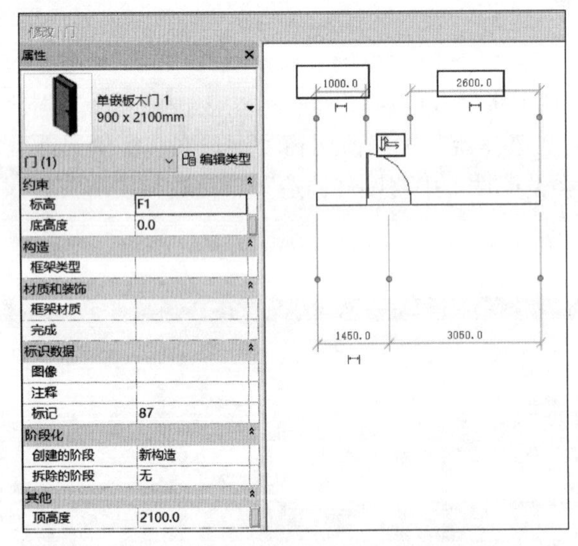

(b)修改门的定位

图 8-13 在绘图区修改门

(3) 将门窗移到另一面墙内

选取门窗，单击“修改门”选项卡下“主体”面板中的“拾取新主体”工具，根据状态栏提示，将光标移到另一面墙上，单击以放置门。

(4) 门窗标记

在放置门窗时，单击“修改 | 放置门”上下文选项卡下“标记”面板中的“在放置时进行标记”工具，可以指定在放置门窗时自动标记门窗。也可以在放置门窗后，单击“注释”选项卡下“标记”面板中的“按类别标记”命令，对门窗逐个标记；或单击“全部标记”命

令对门窗一次性全部标记。

2. 复制创建门窗类型

以复制创建一个 1600mm×2400mm 的双扇推拉门为例，具体操作如下：

（1）选中门之后，在“属性”面板中点击“编辑类型”按钮复制一个类型，命名为“1600mm×2400mm”，单击“确定”按钮，如图 8-14 所示。

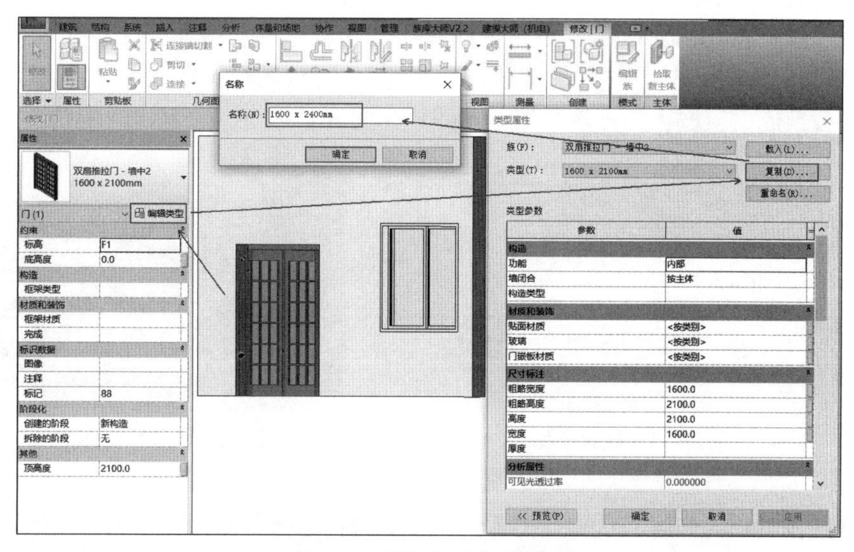

图 8-14　复制创建门窗类型

（2）将高度和粗略高度改为 2400，点击“确定”按钮即可完成 1600mm×2400mm 的双扇推拉门类型的创建，如图 8-15 所示。

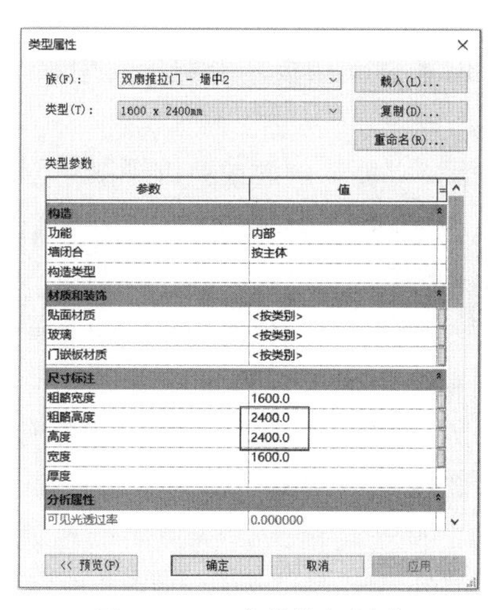

图 8-15　双扇推拉门创建

8.2.3 嵌套幕墙门窗

可以将幕墙嵌板的类型选为门窗嵌板类型，以将门窗添加到幕墙，具体操作步骤如下：

（1）打开幕墙的平面、立面或三维视图，将光标移到幕墙嵌板的边缘上，按 Tab 键直到嵌板高亮显示，单击以将其选中。

（2）在“属性”选项板顶部的类型选择器中，选择“门嵌板”或“窗嵌板”以替换该嵌板。若类型选择器中无门窗嵌板，单击“属性”选项板中的“编辑类型”按钮，在弹出的“类型属性”对话框内点击“载入”按钮，如图 8-16 所示，选择门窗嵌板类型，单击“确定”按钮，替换成门窗嵌板的玻璃幕墙示意图，如图 8-17 所示。

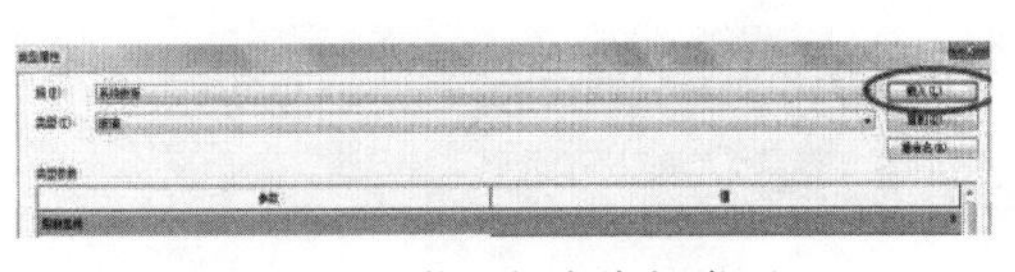

图 8-16　载入门窗嵌板类型

图 8-17　门窗嵌板

要删除门窗嵌板，先将其选中，然后使用类型选择器将其重新更改为幕墙嵌板即可。

任务 8.3　洞　　口

8.3.1 面洞口

使用“按面”洞口命令可以垂直于楼板、天花板、屋顶、梁、柱子、支架等构件的斜面、水平面或垂直面剪切洞口。

可以在能显示构件面的平面、立面、剖面或三维视图中创建面洞口。如在斜面上创建洞口，可以在三维视图中用导航“控制盘”菜单的“定向到一个平面”命令定向到该斜面的正交视图中绘制洞口草图。下面以坡屋顶为例，介绍“面洞口”的创建方法。

（1）创建一个迹线屋顶，旋转缩放三维视图到屋顶南立面坡面，点击功能区“常用”选项卡下“洞口”面板中的“按面”工具。移动光标到屋顶南立面坡面，当坡面亮显时单击拾取屋顶坡面，功能区显示“修改 | 创建洞口边界”上下文选项卡。

（2）定向到斜面。点击绘图区域右侧的“控制盘”（SteeringWheels）图标，显示全导航控制盘工具，单击右下角的下拉三角箭头，从弹出的控制盘菜单中选择“定向到一个平面”命令，如图 8-18 所示，在弹出的“选择方位平面”对话框中选择“拾取一个平面”，单击“确定”按钮后，单击选择屋顶南立面坡面，三维视图自动定位到该坡面的正交视图。

（3）绘制洞口边界。选择绘制工具绘制洞口。

（4）单击“√”按钮，创建了垂直于坡屋面的洞口，如图 8-19 所示。

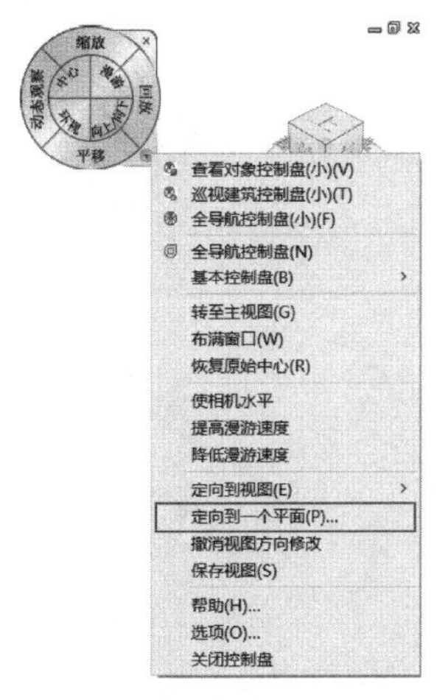

图 8-18　定向到斜面

图 8-19　坡屋顶洞口

8.3.2　墙洞口

(1) 创建洞口

打开墙的立面或剖面视图，单击“建筑”选项卡下“洞口”面板中的“墙洞口”工具。选取将作为洞口主体的墙，绘制一个矩形洞口，如图 8-20 所示。

(2) 修改洞口

选取要修改的洞口，可以使用拖曳控制柄修改洞口的尺寸和位置，如图 8-21 所示。

也可以将洞口拖曳到同一面墙上的新位置，然后为洞口添加尺寸标注。

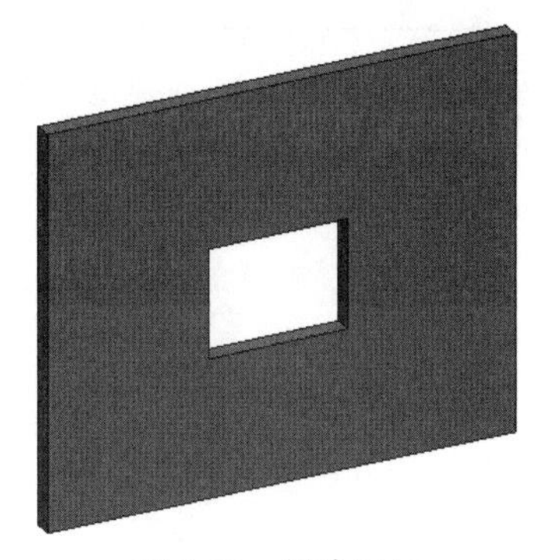

图 8-20　创建洞口

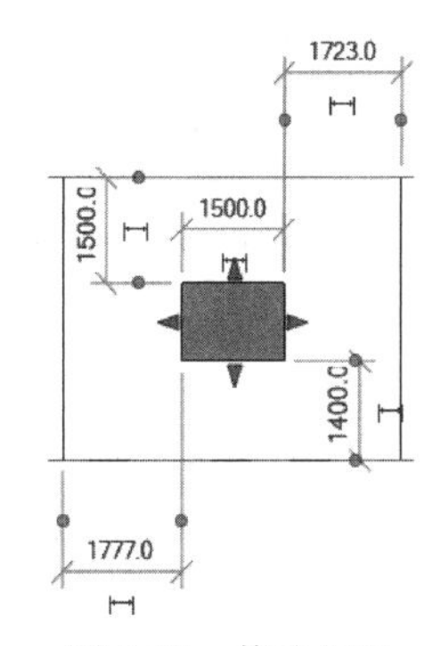

图 8-21　修改洞口

8.3.3　垂直洞口

可以设置一个贯穿屋顶、楼梯或天花板的垂直洞口。该垂直洞口垂直于标高，它不反射选定对象的角度。

单击“建筑”选项卡下“洞口”面板中的“垂直洞口”工具，根据状态栏提示，绘制垂直洞口，如图 8-22 所示。

8.3.4 竖井洞口

通过“竖井洞口”工具可以创建一个竖直的洞口，该洞口对屋顶、楼板和天花板进行剪切，如图 8-23 所示。

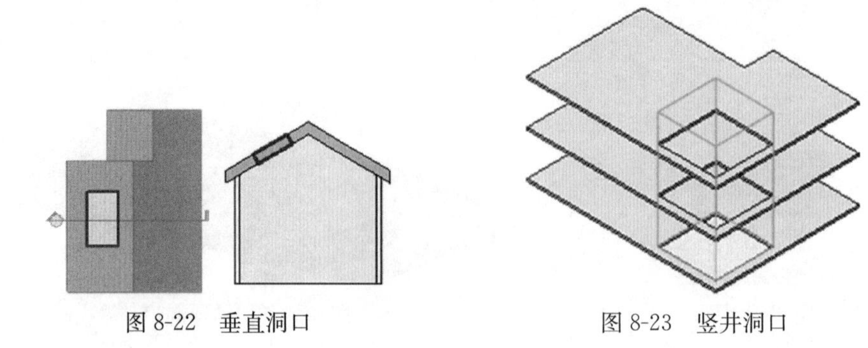

图 8-22 垂直洞口　　　　图 8-23 竖井洞口

单击“建筑”选项卡下“洞口”面板中的“竖井洞口”工具，根据状态栏提示绘制洞口轮廓，并在“属性”选项板上对洞口的“底部偏移”、“无连接高度”、“底部限制条件”、“顶部约束”赋值。绘制完毕，点击“√”按钮完成编辑模式，完成竖井洞口绘制。

8.3.5 老虎窗洞口

在屋顶上创建老虎窗洞口，具体操作步骤如下：

（1）老虎窗的墙和屋顶图元，如图 8-24 所示。

（2）使用“连接屋顶”工具将老虎窗屋顶连接到主屋顶。

注： 在此任务中，请勿使用“连接几何图形”屋顶工具，否则在创建老虎窗洞口时会遇到错误。

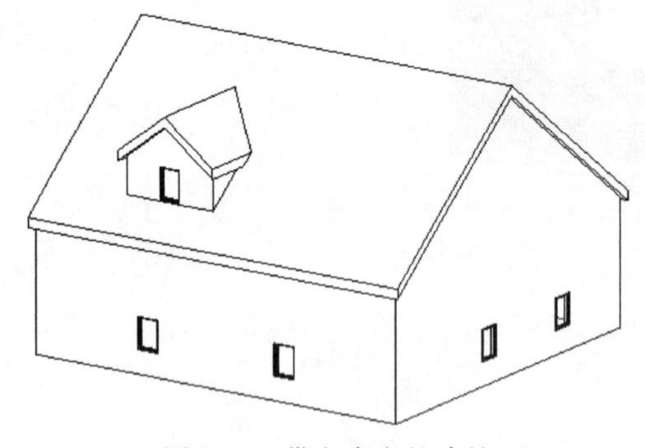

图 8-24 带老虎窗的建筑

（3）打开一个可在其中看到老虎窗屋顶及附着墙的平面视图或立面视图。如果此屋顶已拉伸，则打开立面视图，如图 8-25 所示。

（4）单击“建筑”选项卡下“洞口”面板中的“老虎窗洞口”工具。

（5）高亮显示建筑模型上的主屋顶，然后点击以选取它。

查看状态栏，确保高亮显示的是主屋顶。

“拾取屋顶/墙边缘”工具处于活动状态，可以拾取构成老虎窗洞口的边界。

(6) 将光标放置到绘图区域中。

高亮显示了有效边界。有效边界包括连接的屋顶或其底面、墙的侧面、楼板的底面、要剪切的屋顶边缘或要剪切的屋顶面上的模型线，如图 8-26 所示。

在此示例中，已选择墙的侧面和屋顶的连接面。注意，不必修剪绘制线即可拥有有效边界。

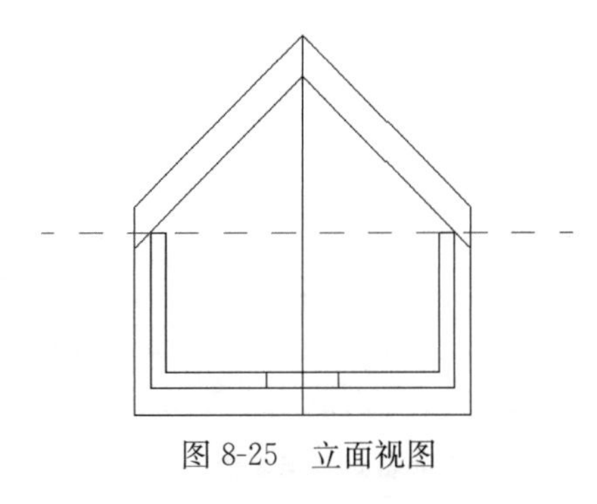

图 8-25　立面视图

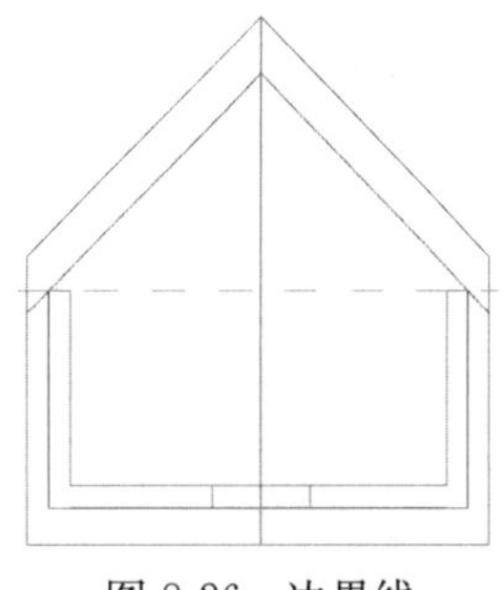

图 8-26　边界线

(7) 单击“√”按钮完成编辑模式。

(8) 创建穿过老虎窗的剖面视图，了解它如何剪切主屋顶，如图 8-27 和图 8-28 所示。

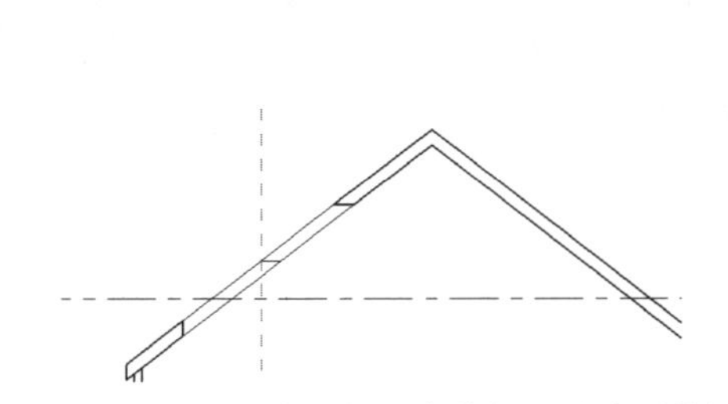

图 8-27　在屋顶中进行垂直剪切以及水平剪切

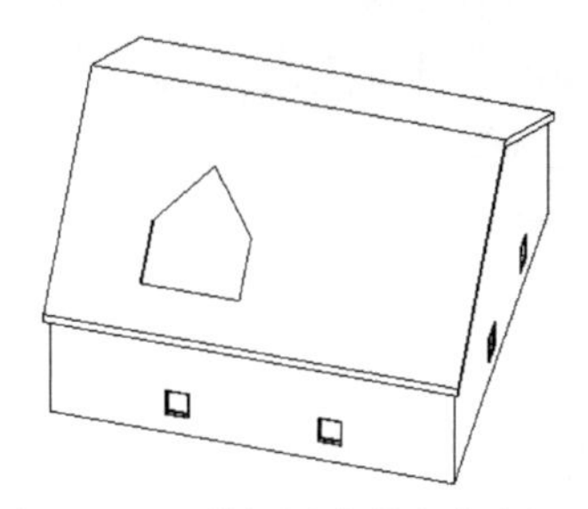

图 8-28　三维视图中的老虎窗洞口

8.3.6　参数及相关参数值的作用

各参数及相关参数值的作用分别见表 8-1～表 8-3。

表 8-1　门“属性”面板中的参数及相关值

参数	值
限制条件	
标高	指明放置此实例的标高
底高度	指定相对于放置此实例的标高的底高度，修改此值不会修改实例尺寸
构造	
框架类型	指定门框类型。可以输入值或从下拉列表中选择以前输入的值
材质和装饰	
框架材质	指定框架使用的材质。可以输入值或从下拉列表中选择以前输入的值
完成	指定应用于框架和门的面层。可以输入值或从下拉列表中选择以前输入的值

续表

参数	值
标识数据	
注释	显示输入或从下拉列表中选择的注释。输入注释后，便可以为同一类别中图元的其他实例选择该注释，无需考虑类型或族
标记	按照用户所指定的那样标识或枚举特定实例。对于门，该属性通过为放置的每个实例按 1 递增标记值，来枚举某个类别中的实例。例如，默认情况下在项目中放置的第一个门的“标记”值为 1。接下来放置的门“标记”值为 2，无需考虑门类型。如果将此值修改为另一个门已使用的值，则 Revit 将发出警告，但仍允许继续使用此值。接下来，将为所放置的下一个门的“标记”属性指定为下一个未使用的最大数值
阶段化	
创建的阶段	指定创建实例时的阶段
拆除的阶段	指定拆除实例时的阶段
其他	
顶高度	指定相对于放置此实例的标高的实例顶高度，修改此值不会修改实例尺寸

表 8-2　门“类型属性”对话框中的参数及相关值

参数	值
构造	
功能	指示门是内部的（默认值）还是外部的。功能可用在计划中并创建过滤器，以便在导出模型时对模型进行简化
墙闭合	门周围的层包络。此参数将替换主体中的任何设置
构造类型	门的构造类型
材质和装饰	
把手材质	门的材质（如金属或木质）
玻璃	门中的玻璃材质
门嵌板材质	门嵌板的材质
装饰材质	装饰的材质
尺寸标注	
厚度	门的厚度
粗略宽度	可以生成明细表或导出
粗略高度	可以生成明细表或导出
高度	门的高度
开启扇宽度	门最大可通风面积的宽度
宽度	门的宽度
标识数据	
注释记号	添加或编辑门注释记号，单击均值框，打开“注释记号”对话框
型号	门的模型类型的名称
制造商	门的制造商名称
类型注释	关于门类型的注释。此信息可显示在明细表中

续表

参数	值
URL	设置到制造商网页的链接
说明	提供门说明
部件说明	基于所选部件代码的部件说明
部件代码	从层级列表中选择的统一格式部件代码
防火等级	门的防火等级
成本	门的成本
OmniClass 编号	OmniClass 构造分类系统（能最好地对族类型进行分类）中的编号
OmniClass 标题	OmniClass 构造分类系统（能最好地对族类型进行分类）中的名称
IFC 参数	
操作	由当前 IFC 说明定义的门操作。这些值不区分大小写，而且下画线是可选的
分析属性	
分析构造	门结构与相关材质
传热系数（U）	用于计算热传导，通常通过流体和实体之间的对流和阶段变化
热阻（R）	用于测量对象或材质抵抗热流量（每时间单位的热量或热阻）的温度差
日光得热系数	阳光进入窗口的入射辐射部分，包括直接透射和吸收后在内部释放两部分
可见光透过率	穿过玻璃系统的可见光量，以百分比表示
其他	
开启扇半宽	门最大可通风面积的宽度

表 8-3　竖井洞口“属性”面板中的参数及相关值

选项	作用
限制条件	
顶部偏移	洞口距顶部标高的偏移。将“底部限制条件”设置为标高时，才启用此参数
底部偏移	洞口距洞底定位标高的高度。仅当“底部限制条件”被设置为标高时，此属性才可用
无连接高度	如果未定义“底部限制条件”，则会使用洞口的高度（从洞底向上测量）
底部限制条件	洞口的底部标高。例如，标高 1
阶段化	
创建的阶段	此只读字段指示主体图元的创建阶段
拆除的阶段	此只读字段指示主体图元的拆除阶段

单元 8 小结

练习题 8

根据浴池 CAD 图纸及浴池 . rvt 文件，对浴池门窗进行放置。

浴池 CAD 图纸

浴池 . rvt

学习单元9　创建楼梯扶手和坡道

知识目标：

掌握扶手的创建方法。
掌握楼梯的添加方法。
掌握坡道的添加方法。

能力目标：

会创建及添加楼梯、扶手。
会创建及添加坡道。

建筑空间的竖向组合交通联系，依托于楼梯、电梯、自动扶梯、台阶、坡道以及爬梯等竖向交通设施，而楼梯是建筑设计中一个非常重要的构件，且形式多样，造型复杂。

Revit 提供了楼梯（按草图）和楼梯（按构件）两种专用的创建工具，可以快速创建直跑、U 形楼梯、L 形楼梯和螺旋楼梯等各种常见楼梯。同时，还可以通过绘制楼梯踢面线和边界线，设置楼梯主体、踢面、踏板、梯边梁的尺寸和材质等参数的方式来自定义楼梯样式，从而衍生出各种各样的楼梯样式，以满足楼梯施工图的设计要求。

任务 9.1　楼梯的组成与尺度

楼梯作为建筑空间竖向联系的主要部件，其位置应明显，起到提示引导人流的作用，并要充分考虑其造型美观、人流通行顺畅、行走舒适、结构坚固及防火安全，同时还应满足施工和经济条件的要求。因此，需要合理地选择楼梯的形式、坡度、材料、构造做法，精心地处理好其细部构造。

9.1.1　楼梯组成

楼梯一般由梯段、平台，栏杆扶手三部分组成，如图 9-1 所示。

（1）梯段。俗称梯跑，是联系两个标高平台的倾斜构件，通常为板式梯段，也可以由踏步板和梯斜梁组成梁板式梯段。为了减轻疲劳，梯段的踏步步数一般不宜超过 18 级，但也不宜少于 3 级，因梯段步数太多使人连续疲劳，步数太少则不易被人察觉。

（2）平台。按平台所处位置和标高不同，有中间平台和楼层平台之分。两楼层之间的平台称为中间平台，用来供人们行走时调节体力和改变行进方向。与楼层地面标高齐平的平台称为楼层平台，除起着与中间平台相同的作用外，还用来分配从楼梯到达各楼层的人流。

（3）栏杆扶手。是设在梯段及平台边缘的安全保护构件。当梯段宽度不大时，可只在梯段临空设置；当梯段宽度较大时，非临空面也应加设靠墙扶手；当梯段宽度很大时，则需在梯段中间加设中间扶手。

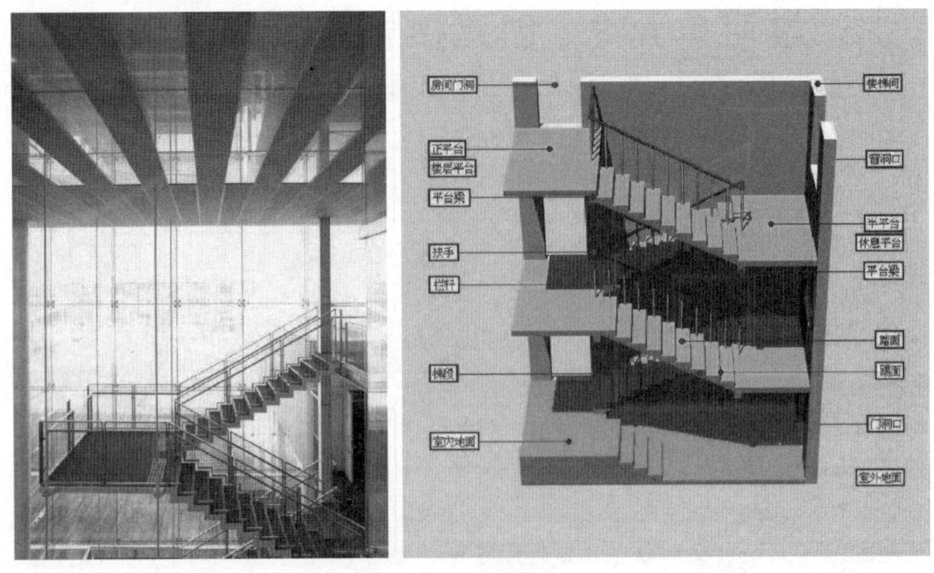

图 9-1　楼梯组成

9.1.2　楼梯形式

楼梯形式的选择取决于所处位置、楼梯间的平面形状与大小、楼层高低与层数、人流多少与缓急等因素，设计时需综合权衡这些因素。

（1）直行单跑楼梯。此种楼梯无中间平台，由于单跑楼段踏步数一般不超过 18 级，故仅用于层高不高的建筑，如图 9-2 所示。

（2）直行多跑楼梯。此种楼梯是直行单跑楼梯的延伸，仅增设了中间平台，将单梯段变为多梯段。一般为双跑梯段，适用于层高较大的建筑，如图 9-3 所示。

直行多跑楼梯给人以直接、顺畅的感觉，导向性强，在公共建筑中常用于人流较多的大厅。但是，由于其缺乏方位上回转上升的连续性，当用于需上下多层楼面的建筑，会增加交通面积并加长人流行走的距离。

（3）平行双跑楼梯。此种楼梯由于上完一层楼刚好回到直行多跑楼梯原起步方位，与楼梯上升的空间回转往复性吻合。当上下多层楼面时，比直跑楼梯节约交通面积并缩短人流行走距离，是常用的楼梯形式之一，如图 9-4 所示。

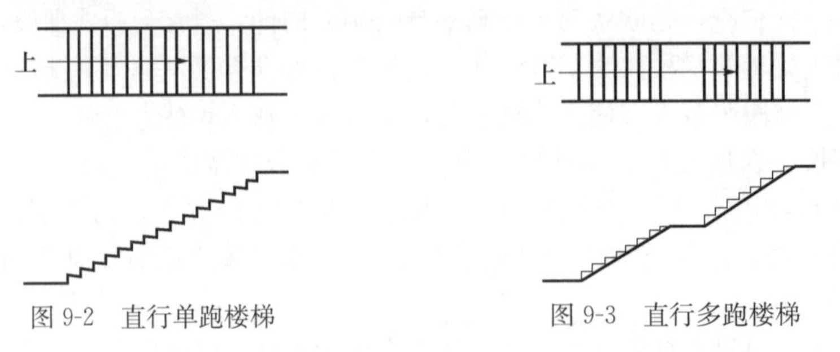

图 9-2　直行单跑楼梯　　　　图 9-3　直行多跑楼梯

(4) 平行双分双合楼梯。此种楼梯形式是在平行双跑楼梯基础上演变产生的，其梯段平行而行走方向相反，且第一跑在中部上行，然后其中间平台处往两边以第一跑的二分之一梯段宽，各上一跑到楼层面，如图 9-5 (a) 所示。通常在人流多、楼段宽度较大时采用。由于其造型的对称严谨性，常用作办公类建筑的主要楼梯。而平行双合楼梯与平行双分楼梯类似，区别仅在于楼层平台起步第一跑梯段前者在中而后者在两边，如图 9-5 (b) 所示。

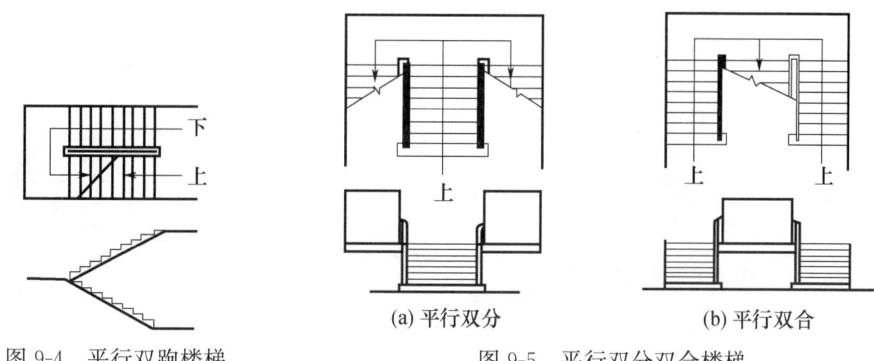

图 9-4　平行双跑楼梯

图 9-5　平行双分双合楼梯

(5) 折行多跑楼梯。此种楼梯人流导向较自由，折角可为 90°，也可大于或小于 90°，当折角大于 90°时，由于其行进方向性类似直行双跑楼，故常用于导向性强仅上一层楼的影剧院、体育馆等建筑的门厅；当折角小于 90°时，其行进方向回转延续性有所改观，形成三角形楼梯间，可用于上多层楼的建筑中，如图 9-6 所示。

折行三跑楼梯中部形成较大梯井。由于有三跑梯段，常用于层高较大的公共建筑中。因楼梯井较大，不安全，供少年儿童使用的建筑不宜采用此种楼梯。过去有在楼梯井中加电梯井的作法，但现在已不使用。

(6) 交叉跑（剪刀）楼梯。可认为是由两个直行单跑楼梯交叉并列布置而成，通行的人流量较大，且为上下楼层的人流提供了两个方向，对于空间开敞、楼层人流多方向进入有利，但仅适合层高小的建筑，如图 9-7 所示。

(7) 螺旋形楼梯。通常是围绕一根单柱布置，平面呈圆形。其平台和踏步均为扇形平面，踏步内侧宽度很小，并形成较陡的坡度，行走时不安全，且构造较复杂。这种楼梯不能作为主要人流交通和疏散楼梯，但由于其流线造型设计，常作为建筑小品布置在庭院或室内，如图 9-8 所示。

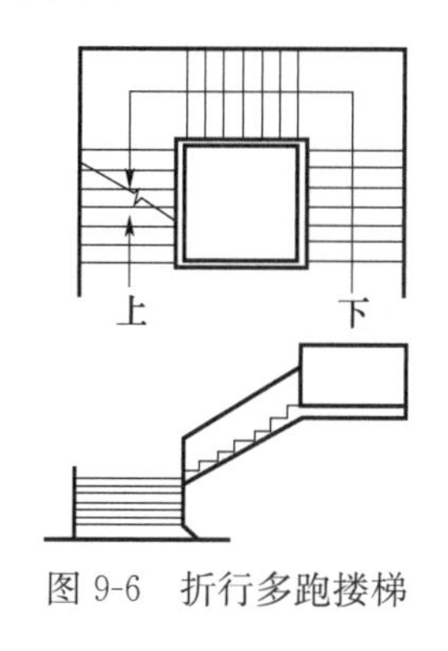

图 9-6　折行多跑楼梯

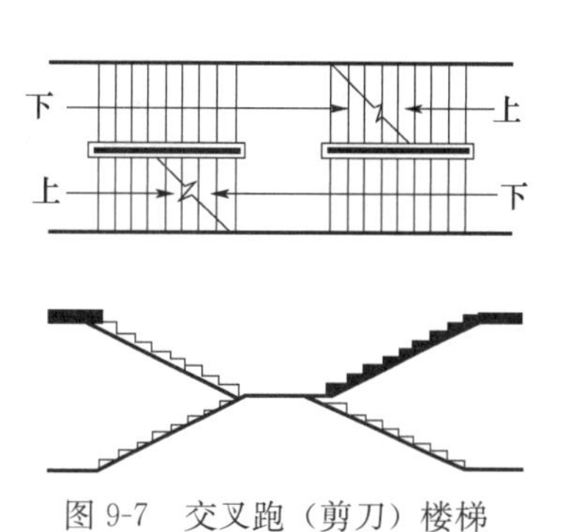

图 9-7　交叉跑（剪刀）楼梯

（8）弧形楼梯。该楼梯与螺旋形楼梯的不同之处在于它围绕一较大的轴心空间旋转，未构成水平投影圆，仅为一段弧环，并且曲率半径较大。其扇形踏步的内侧宽度也较大，使坡度不至于过陡，可以用来通行较多的人流。弧形楼梯多布置在公共建筑的门厅，具有明显的导向性和优美轻盈的造型，如图 9-9 所示。

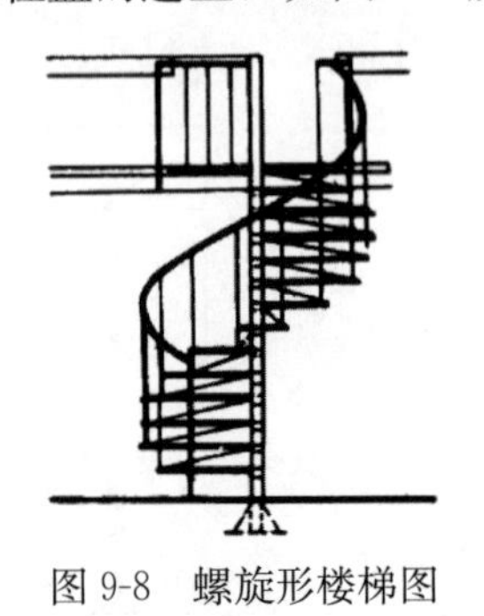

图 9-8　螺旋形楼梯图

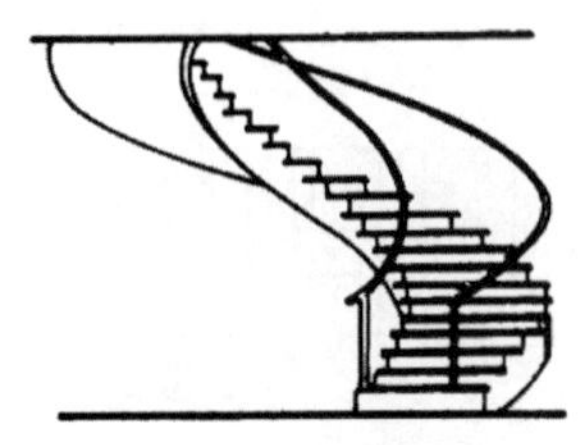

图 9-9　弧形楼梯

9.1.3　楼梯尺度

楼梯尺度包括踏步尺度、梯段尺度、平台宽度以及梯井宽度等。

1. 踏步尺度

楼梯的坡度在实际应用中均由踏步高宽比决定。踏步的高宽比需根据人流行走的舒适、安全和楼梯间的八度、面积等因素进行综合权衡。常用的坡度为 1∶2。

踏步的高度，成人以 150mm 左右较适宜，不应高于 175mm。踏步的宽度（水平投影宽度）以 300mm 左右为宜，不应窄于 260mm。为了在踏步宽度一定的情况下增加行走舒适度，常将踏步出挑 20～30mm，使踏步实际宽度大于其水平投影宽度。

2. 梯段尺度

梯段尺度分为梯段宽度和梯段长度。梯段宽度应根据紧急疏散时要求通过的人流股数多少确定。每股人流按 550～600mm 宽度考虑，双人通行时为 1100～1200mm，三人通行时为 1650～1800mm，以此类推。同时，需满足各类建筑设计规范中对梯段宽度的低限要求。

3. 平台宽度

平台宽度分为中间平台宽度 $D1$ 和楼层平台宽度 $D2$，对于平行和折行多跑等类型楼梯，其中间平台宽度应不小于梯段宽度，并不得小于 1200mm，以保证通行和梯段同股数人流。

4. 梯井宽度

所谓梯井，是指梯段之间形成的空档，此空档从顶层到底层贯通。在平行多跑楼梯中可无梯井，但为了梯段安装和平台转变缓冲可设梯井。为了安全，其宽度应以 60～200mm 为宜。

5. 栏杆扶手尺度

梯段栏杆扶手高度指踏步前缘线到扶手顶面的垂直距离，其高度根据人体重心高度和楼梯坡度大小等因素确定，一般不应低于 900mm。靠楼梯井一侧水平扶手超过 500mm 长度时，其扶手高度不应小于 1050mm；供儿童使用的楼梯应在 500～600mm 高度增设扶手。

6. 楼梯净空高度

楼梯各部位的净空高度应保证人流通行和家具搬运，一般要求不小于 2000mm，梯段范围内净空高度应大于 2200mm。

任务 9.2　创建楼梯

9.2.1　按构件创建楼梯

通过装配梯段、平台和支撑构件来创建楼梯。一个基于构件的楼梯包含梯段、平台、支撑和栏杆扶手。

- 梯段：直梯、螺旋梯段、U 形梯段、L 形梯段、自定义绘制的梯段。
- 平台：在梯段之间自动创建，通过拾取两个梯段，或通过创建自定义绘制的平台。
- 支撑（侧边和中心）：随梯段自动创建，或通过拾取梯段或平台边缘创建。
- 栏杆扶手：在创建期间自动生成，或稍后放置。

1. 创建楼梯梯段

可以使用单个梯段、平台和支撑构件组合楼梯。使用梯段构件工具可创建通用梯段，直梯、全踏步螺旋梯段、圆心一端点螺旋梯段、L 形斜踏步梯段、U 形斜踏步梯分别如图 9-10 所示。

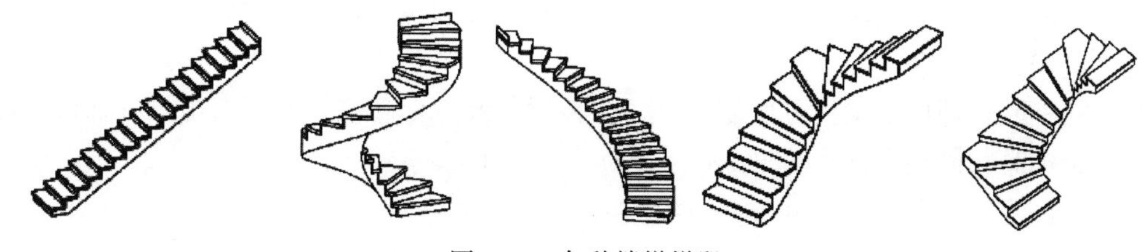

图 9-10　各种楼梯梯段

（1）单击“建筑”选项卡下“楼梯坡道”面板中“楼梯”下拉菜单内“楼梯（按构件）”命令。

（2）在“构件”面板上，确认“梯段”处于选中状态。

（3）在“绘制”面板中，选择一种绘制工具，默认绘制工具是“直梯”工具，还有全踏步螺旋、圆心-端点螺旋、L 形转角、U 形转角等工具。

（4）在选项栏上：

①“定位线”。为相对于向上方向的梯段选择创建路径：1—“梯边梁外侧：左”，2—“梯段：左”；3—“梯段：中心”，4—“梯段：右”，5—“梯边梁外侧：右”，如图 9-11 所示。

根据要创建的梯段类型，可以更改“定位线”选项。例如，如果要创建斜踏步梯段并想让左边缘与墙体衔接，请为“定位线”选择“梯边梁外侧：左”。

② 对于“偏移”，为创建路径指定一个可选偏移值。例如，如果为“偏移”输入 3，并且“定位线”为“梯段：中心”，则创建路径为向上楼梯中心线的右侧 3。负偏移在中心线的左侧。

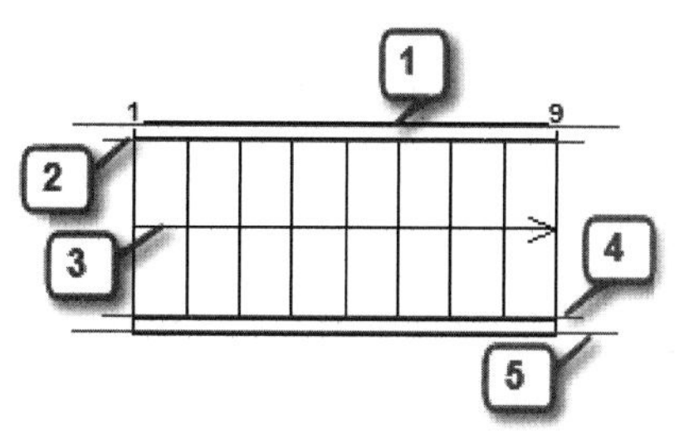

图 9-11　定位线

③ 为“实际梯段宽度”指定一个梯段宽度值。此为梯段值，且不包含支撑。

④ 默认情况下选中“自动平台”。如果创建到达下一楼层的两个单独梯段，Revit 会在这两个梯段之间自动创建平台。如果不需要自动创建平台，请禁用此选项。

(5) 在“属性”选项板中，根据设计要求修改相应参数。

(6) 在“工具”选项板上，点击“栏杆扶手”工具。

① 在“栏杆扶手”对话框中，选择栏杆扶手类型，如果不想自动创建栏杆扶手，则选择“无”，在以后根据需要添加栏杆扶手。

② 选择栏杆扶手所在的位置，有“踏板”和“梯边梁”选项，默认值是“踏板”。

③ 单击“确定”按钮。

注：在完成楼梯编辑部件模式之前，不会看到栏杆扶手。

(7) 根据所选的梯段类型（直梯、全踏步螺旋梯、圆心一端点螺旋梯等），按照状态栏提示，可创建各种类型的梯段。

(8) 在“模式”面板上，单击“√”按钮完成编辑模式。

2. 创建楼梯平台

在楼梯部件的两个梯段之间创建平台。可以在梯段创建期间启用“自动平台”选项以自动创建连接梯段的平台。如果不选择此选项，则可以在稍后连接两个相关梯段，条件是：两个梯段在同一楼梯部件编辑任务中创建；一个梯段的起点标高或终点标高与另一梯段的起点标高或终点标高相同，如图 9-12 所示。

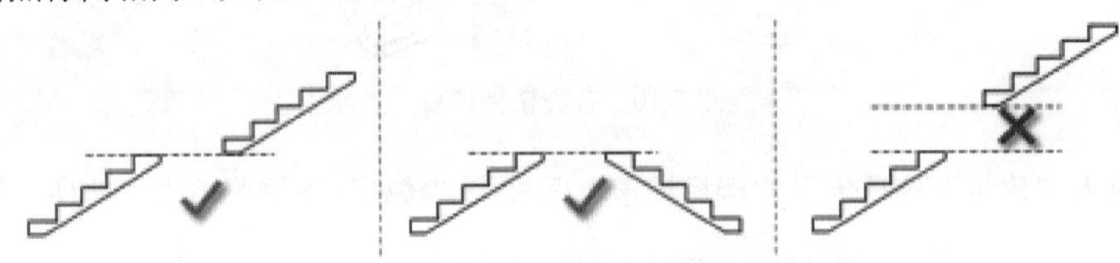

图 9-12　三种条件下创建楼梯平台的可能性

(1) 确认在楼梯部件编辑模式下。如果需要，选取楼梯，然后单击“编辑”面板上的“编辑楼梯”工具。

(2) 在“构件”面板上，单击“平台”工具。

(3) 在“绘制”库中，单击“拾取两个梯段”命令。

(4) 选取第一个梯段。

(5) 选取第二个梯段，将自动创建平台以连接这两个梯段。

(6) 在“模式”面板上，单击“√”按钮完成编辑模式。

3. 创建支撑构件

通过拾取梯段或平台边缘创建侧支撑。使用“支撑”工具可以将侧支撑添加到基于构件的楼梯。可以选择各个梯段或平台边缘，或使用 Tab 键以高亮显示连续楼梯边界。

(1) 打开平面视图或三维视图。

(2) 要为现有梯段或平台创建支撑构件，选取楼梯，并单击“编辑”面板上的“编辑楼梯”工具。

(3) 楼梯部件编辑模式将处于活动状态。

（4）单击“修改｜创建楼梯”上下文选项卡下“构件”面板中的“支座”工具。

（5）在绘制库中，单击“拾取边缘”工具。

（6）将光标移动到要添加支撑的梯段或平台边缘上，并单击以选取边缘。

支撑不能重复添加。若已经在楼梯的类型属性中定义了相应的“右侧支撑”、“左侧支撑”和“支撑类型”属性，则只能先删除该支撑，再通过“拾取边缘”添加支撑。

（7）（可选）选取其他边缘以创建另一个侧支撑，连续支撑将通过斜接连接自动连接在一起。

要选取楼梯的整个外部或内部边界，将光标移到边缘上，按 Tab 键，直到整个边界被高亮显示，然后单击以将其选中。在这种情况下，将通过斜接连接创建平滑支撑。

（8）单击“√”按钮完成编辑模式。

9.2.2　按草图创建楼梯

可通过定义楼梯梯段或绘制踢面线和边界线，在平面视图中创建楼梯。

1. 通过绘制梯段创建楼梯

（1）绘制单跑楼梯

① 打开平面视图或三维视图。

② 单击“建筑”选项卡下“楼梯坡道”面板中“楼梯”下拉列表内的“楼梯（按草图）”命令。

默认情况下，“修改｜创建楼梯草图”上下文选项卡下“绘制”面板中的“梯段”工具处于选中状态，“线”工具也处于选中状态。如果需要，在“绘制”面板上选择其他工具。

③ 根据状态栏提示，点击以开始绘制梯段，如图 9-13 所示。点击以结束绘制梯段，如图 9-14 所示。

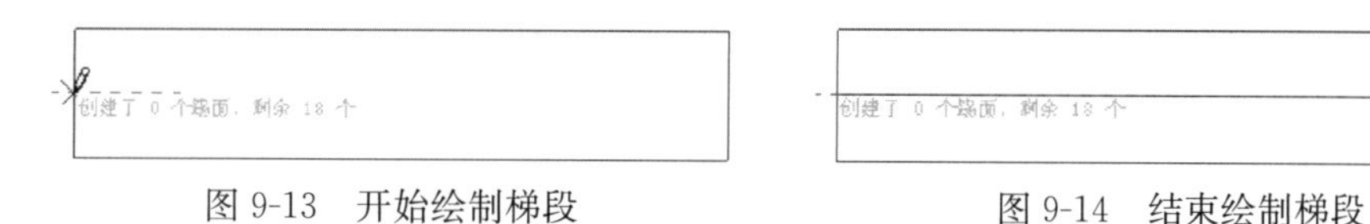

图 9-13　开始绘制梯段　　　图 9-14　结束绘制梯段

④（可选）指定楼梯的栏杆扶手类型。

⑤ 单击“√”按钮完成编辑模式。

（2）创建带平台的多跑楼梯

① 单击“建筑”选项卡下“楼梯坡道”面板中“楼梯”下拉列表内的“楼梯（按草图）”命令。默认情况下，“修改｜创建楼梯草图”上下文选项卡中的“线”工具处于选中状态。

② 点击“绘制”面板中的“梯段”命令。如果需要，请在“绘制”面板上选择其他工具。

③ 单击以开始绘制梯段。

④ 在达到所需的踢面数后，单击以定位平台。

⑤ 沿延伸线拖曳光标，然后单击以开始绘制剩下的踢面。

⑥ 单击“√”按钮完成编辑模式。

绘制样例如图 9-15 所示。

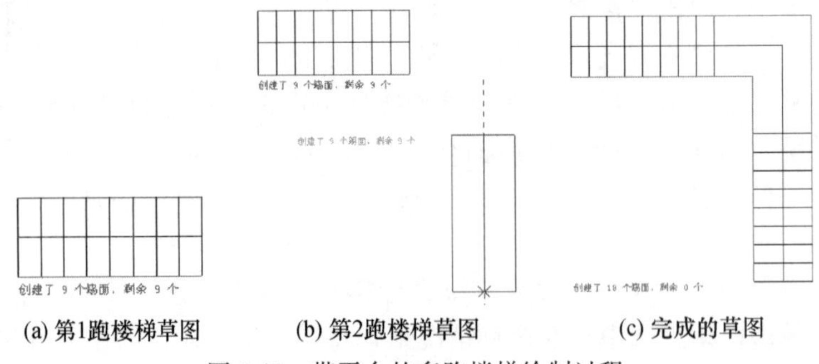

(a) 第1跑楼梯草图　(b) 第2跑楼梯草图　(c) 完成的草图

图 9-15　带平台的多跑楼梯绘制过程

2. 通过绘制边界和踢面线创建楼梯

可以通过绘制边界和踢面来定义楼梯，而不是让 Revit 自动计算楼梯梯段。绘制边界线和踢面线的具体操作步骤如下：

① 打开平面视图或三维视图。

② 单击“建筑”选项卡下“楼梯坡道”面板中“楼梯”下拉列表内的“楼梯（按草图)”命令。

③ 单击“修改 | 创建楼梯草图”上下文选项卡下“绘制”面板中的“边界”工具。

④ 使用其中一种绘制工具绘制边界。

⑤ 单击“踢面”工具。

⑥ 使用其中一种绘制工具绘制踢面。

⑦（可选）指定楼梯的栏杆扶手类型。

⑧ 单击“√”按钮完成编辑模式。楼梯绘制完毕，Revit 将生成楼梯，并自动应用栏杆扶手。

绘制样例如图 9-16 所示。

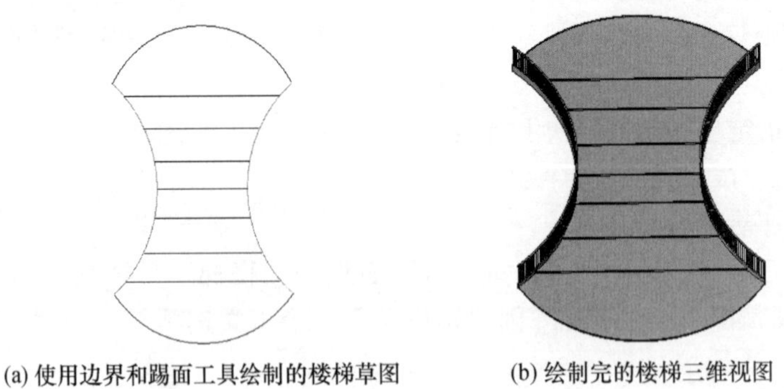

(a) 使用边界和踢面工具绘制的楼梯草图　(b) 绘制完的楼梯三维视图

图 9-16　使用边界和踢面工具绘制楼梯

3. 创建螺旋楼梯

创建螺旋楼梯的具体操作步骤如下：

① 打开平面视图或三维视图。

② 单击“建筑”选项卡下“楼梯坡道”面板中“楼梯”下拉列表内的“楼梯（按草

图）”命令。

③ 单击“修改｜创建楼梯草图”选项卡下“绘制”面板中的“圆心-端点弧”工具。

④ 在绘图区域中，单击以选择螺旋楼梯的中心点。

⑤ 单击起点。

⑥ 单击终点以完成螺旋楼梯。

⑦ 单击“√”按钮完成编辑模式。

绘制样例如图9-17所示。

图9-17　螺旋楼梯

4. 创建弧形楼梯平台

如果绘制了具有相同中心和半径值的弧形梯段，可以创建弧形楼梯平台。绘制样例如图9-18所示。

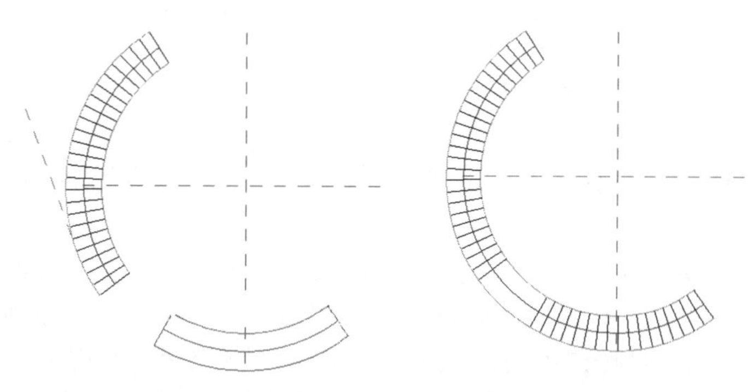

(a) 已创建25个踢面，剩余18个　　(b) 已创建43个踢面，剩余0个

图9-18　创建弧形楼梯

9.2.3　编辑楼梯

1. 边界以及踢面线和梯段线

可以修改楼梯的边界、踢面线和梯段线，从而将楼梯修改为所需的形状。例如，可选择梯段线并拖曳此梯段线，以添加或删除踢面。

（1）修改一段楼梯

① 选取楼梯。

② 单击“修改｜楼梯”上下文选项卡下“模式”面板中的“编辑草图”工具。

③ 在“修改｜楼梯｜编辑草图”上下文选项卡下“绘制”面板中，选择适当的绘制工具进行修改。

（2）修改使用边界线和踢面线绘制的楼梯

选取楼梯，然后使用绘制工具更改迹线。修改楼梯的实例和类型参数以更改其属性。

（3）带有平台的楼梯栏杆扶手

如果通过绘制边界线和踢面线创建的楼梯包含平台，在边界线与平台的交汇处应拆分边界线，以便栏杆扶手准确地沿着平台和楼梯坡度。

选取楼梯，然后单击“修改｜创建楼梯草图”上下文选项卡下“修改”面板中的“拆分”工具。在与平台交汇处拆分边界线，如图9-19所示。

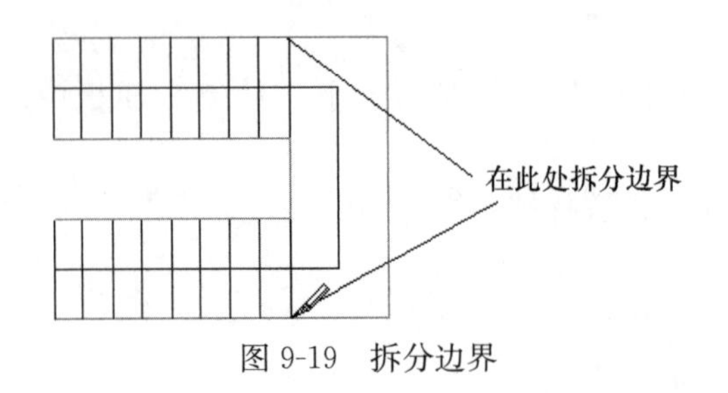

图 9-19　拆分边界

2. 修改楼梯栏杆扶手

（1）修改栏杆扶手

① 选取栏杆扶手。如果处于平面视图中，则使用 Tab 键有助于选择栏杆扶手。

提示：在三维视图中修改栏杆扶手，可以使选择更容易，且能更好地查看所做的修改。

② 在“属性”选项板上根据需要修改栏杆扶手的实例属性，或者单击“编辑类型”按钮以修改类型属性。

要修改栏杆扶手的绘制线，单击“修改｜栏杆扶手”上下文选项卡下“模式”面板中的“编辑路径”工具。

③ 按照需要编辑所选线。由于正处于草图模式，因此可以修改所选线的形状以符合设计要求。栏杆扶手线可由连接直线和弧段组成，但无法形成闭合环。通过拖曳蓝色控制柄可以调整线的尺寸。可以将栏杆扶手线移动到新位置，如楼梯中央。无法在同一个草图任务中绘制多个栏杆扶手。对于所绘制的每个栏杆扶手，必须首先完成草图，然后才能绘制另一个栏杆扶手。

（2）延伸楼梯栏杆扶手

如果要延伸楼梯栏杆扶手（例如，从梯段延伸至楼板），则需要拆分栏杆扶手线，如图 9-20 所示，从而使栏杆扶手改变其坡度并与楼板正确相交，如图 9-21 所示。

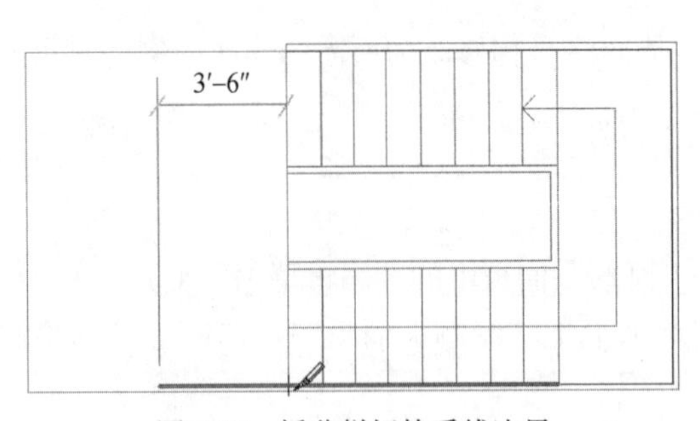

图 9-20　拆分栏杆扶手线边界

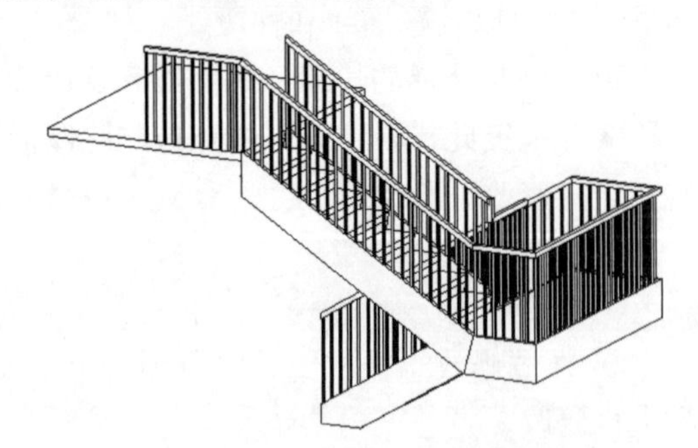

图 9-21　延伸栏杆扶手的完成效果图

3. 移动楼梯标签

使用以下三种方法中的任何一种，可以拖曳在含有一段楼梯的平面视图中显示的“向上”或“向下”标签。

（1）方法一：将光标放在楼梯文字标签上。此时标签旁边会显示拖曳控制柄。拖曳此控制柄以移动标签。

（2）方法二：选取楼梯梯段。此时会显示蓝色的拖曳控制柄。拖曳此控制柄以移动标签。

（3）方法三：高亮显示整个楼梯梯段，并按 Tab 键选择造型操纵柄。按 Tab 键时观察状态栏，直至状态栏指示造型操纵柄已高亮显示为止。拖曳标签到一个新位置。

4. 修改楼梯方向

可以在完成楼梯草图后，修改楼梯的方向。在项目视图中选取楼梯，单击蓝色翻转控制箭头。

任务 9.3　创建栏杆和扶手

9.3.1　栏杆和扶手

（1）点击“建筑”选项卡下“楼梯坡道”面板中的“栏杆扶手”工具。

若不在绘制扶手的视图中，将提示拾取视图，从列表中选择一个视图，并单击“打开视图”命令。

（2）要设置扶手的主体，可单击“修改｜创建扶手路径”选项卡下“工具”面板中的“拾取新主体”工具，并将光标放在主体（如楼板或楼梯）附近，在主体上单击以选取它。

（3）在“绘制面板”绘制扶手。

如果在将扶手添加到一段楼梯上，则必须沿着楼梯的内线绘制扶手，以使扶手可以正确承载和倾斜。

（4）在“属性”选项板上根据需要对实例属性进行修改，或者单击“编辑类型”按钮以访问并修改类型属性。

（5）单击“√”按钮完成编辑模式。

9.3.2　编辑扶手

1. 修改扶手结构

（1）在“属性”选项板上，单击“编辑类型”按钮。

（2）在“类型属性”对话框中，单击与“扶手结构”对应的“编辑”按钮。在“编辑扶手”对话框中，能为每个扶手指定的属性有高度、偏移、轮廓和材质。

（3）要另外创建扶手，可单击“插入”命令。输入新扶手的名称、高度、偏移、轮廓和材质属性。

（4）单击“向上”或“向下”按钮以调整扶手位置。

（5）完成后，单击“确定”按钮。

2. 修改扶手连接

（1）打开扶手所在的平面视图或三维视图。

（2）选取扶手，然后点击“修改｜扶手”上下文选项卡下“模式”面板中的“编辑路径”工具。

（3）单击“修改｜扶手｜编辑路径”上下文选项卡下“工具”面板中的“编辑连接”工具。

（4）沿扶手的路径移动光标。当光标沿路径移动到连接上时，此连接的周围将出现一个框。

（5）单击以选择此连接。选择此连接后，此连接上会显示 X。

（6）在选项栏上，为“扶栏连接”选择一个连接方法。有“延伸扶手使其相交”、“插入垂直/水平线段”、“无连接件”等选项，如图 9-22 所示。

（7）单击“√”按钮完成编辑模式。

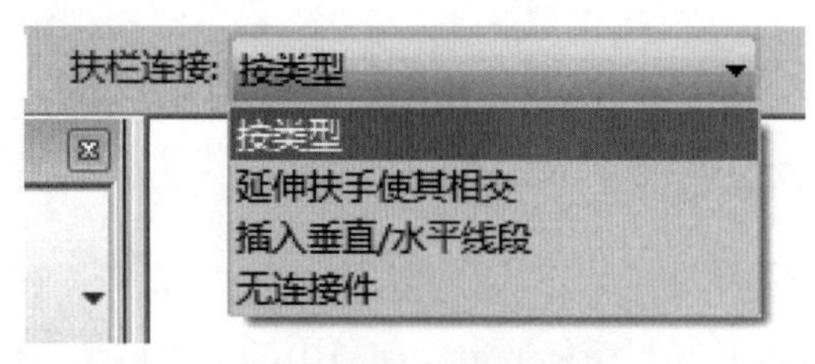

图 9-22　扶栏连接类型

3. 修改扶手高度和坡度

（1）选取扶手，然后单击“修改｜扶手”上下文选项卡下“模式”面板中的“编辑路径”工具。

（2）选取扶手绘制线。

在选项栏上，“高度校正”的默认值为“按类型”，这表示高度调整受扶手类型控制；也可选择“自定义”作为“高度校正”，在旁边的文本框中输入值。

（3）在选项栏的“坡度”中，有“按主体”、“水平”、“带坡度”三种选项。

① 按主体。扶手段的坡度与其主体（如楼梯或坡道）相同，如图 9-23（a）所示。

② 水平。扶手段始终呈水平状。对于图 9-23（b）中类似的扶手，需要进行高度校正或编辑扶手连接，从而在楼梯拐弯处连接扶手。

③ 倾斜。扶手段呈倾斜状，以便与相邻扶手段实现不间断的连接，如图 9-23（c）所示。

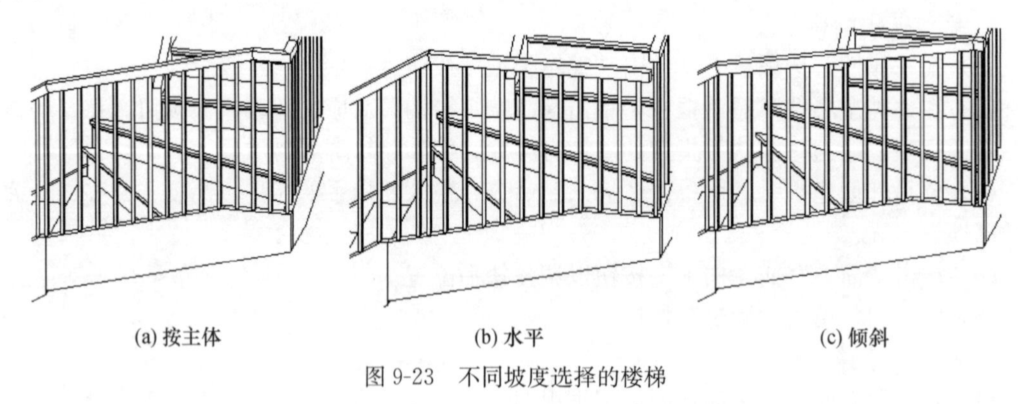

(a) 按主体　　(b) 水平　　(c) 倾斜

图 9-23　不同坡度选择的楼梯

9.3.3　编辑栏杆

（1）在平面视图中，选取一个扶手。

（2）在“属性”选项板上，单击“编辑类型”按钮。

（3）在“类型属性”对话框中，单击“栏杆位置”对应的“编辑”按钮。

注意：对类型属性所做的修改会影响项目中同一类型的所有扶手。可以单击“复制”按钮以创建新的扶手类型。

（4）在弹出的“编辑栏杆位置”对话框中，上部为“主样式”框，如图9-24所示。

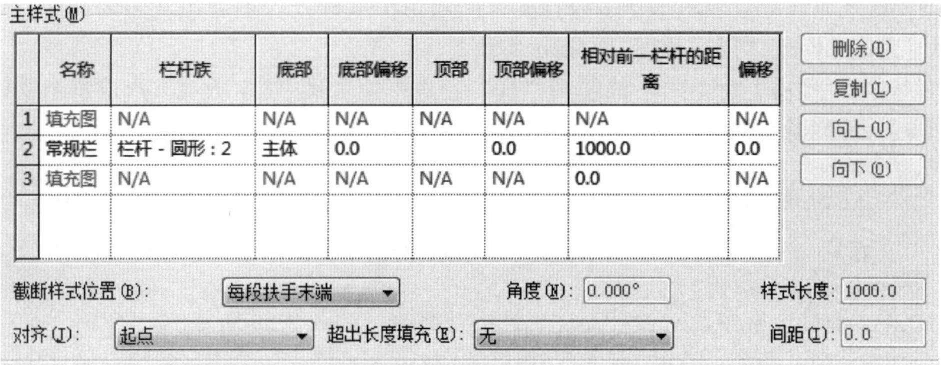

主样式(M)

	名称	栏杆族	底部	底部偏移	顶部	顶部偏移	相对前一栏杆的距离	偏移
1	填充图	N/A	N/A	N/A	N/A	N/A	N/A	N/A
2	常规栏	栏杆 - 圆形 : 2	主体	0.0		0.0	1000.0	0.0
3	填充图	N/A	N/A	N/A	N/A	N/A	0.0	N/A

删除(D)　复制(L)　向上(U)　向下(O)

截断样式位置(B)：每段扶手末端　角度(N)：0.000°　样式长度：1000.0

对齐(J)：起点　超出长度填充(E)：无　间距(I)：0.0

图9-24　栏杆主样式

“主样式”框内的参数如下：

①“栏杆族”。选择“无”（N/A），显示扶手和支柱，但不显示栏杆；在列表中选择一种栏杆；使用图纸中的现有栏杆族。

②“底部”。指定栏杆底端的位置：扶于顶端、扶手底端或主体顶端。主体可以是楼层、楼板、楼梯或坡道。

③“底部偏移”。栏杆的底端与“底部”之间的垂直距离负值或正值。

④“顶部”（参见“底部”选项）。指定栏杆顶端的位置（常为“顶部栏杆图元”）。

⑤“顶部偏移”。栏杆的顶端与“顶部”之间的垂直距离负值或正值。

⑥“相对前一栏杆的距离”。样式起点到第一个栏杆的距离，或（对于后续栏杆）相对于样式中前一栏杆的距离。

⑦“偏移”。栏杆相对于扶手绘制路径内侧或外侧的距离。

⑧“截断样式位置”选项。扶手段上的栏杆样式中断点。

选择“每段扶手末端”选项，栏杆沿各扶手段长度展开。

选择“角度大于”选项，然后输入一个“角度”值。如果扶手转角（转角是在平面视图中进行测量的）等于或大于此值，则会截断样式并添加支柱。一般情况下，此值保持为0。在扶手转角处截断，并放置支柱。

选择“从不”选项栏杆分布于整个扶手长度。无论扶手有任何分离或转角，始终保持不发生截断。

⑨ 指定“对齐”方式。

“起点”表示该样式始自扶手段的始端。如果样式长度不是恰为扶手长度的倍数，则最后一个样式实例和扶手段末端之间则会出现多余间隙。

“终点”表示该样式始自扶手段的末端。如果样式长度不是恰为扶手长度的倍数，则最后一个样式实例和扶手段始端之间则会出现多余间隙。

“中心”表示第一个栏杆样式位于扶手段中心，所有多余间隙均匀分布于扶手段的始端和末端。

注意：如果选择了“起点”、“终点”或“中心”，则需在“超出长度填充”栏中选择栏杆类型。

“展开样式以匹配”表示沿扶手段长度方向均匀扩展样式。不会出现多余间隙，且样式的实际位置值不同于“样式长度”中指示的值。

（5）启用“楼梯上每个踏板都使用栏杆”复选框，如图 9-25 所示，指定每个踏板的栏杆数，指定楼梯的栏杆族。

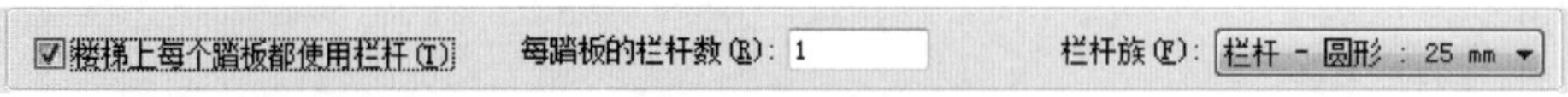

☑楼梯上每个踏板都使用栏杆(T)　每踏板的栏杆数(R): 1　栏杆族(F): 栏杆 - 圆形 : 25 mm

图 9-25　栏杆数

（6）在“支柱”框中，对栏杆支柱属性进行修改，如图 9-26 所示。

支柱(S)

	名称	栏杆族	底部	底部偏移	顶部	顶部偏移	空间	偏移
1	起点支柱	栏杆 - 圆形 : 25	主体	0.0		0.0	12.5	0.0
2	转角支柱	栏杆 - 圆形 : 25	主体	0.0		0.0	0.0	0.0
3	终点支柱	栏杆 - 圆形 : 25	主体	0.0		0.0	-12.5	0.0

转角支柱位置(C): 每段扶手末端　角度(G): 0.000°

图 9-26　支柱参数

“支柱”框内的参数如下：

①“名称”。栏杆内特定主体的名称。

②“栏杆族”。指定起点支柱族、转角支柱族和终点支柱族。如果不希望在扶手起点、转角或终点处出现支柱，选择“无”。

③“底部”。指定支柱底端的位置：扶手顶端、扶手底端或主体顶端。主体可以是楼层、楼板、楼梯或坡道。

④“底部偏移”。支柱底端与基面之间的垂直距离负值或正值。

⑤“顶部”。指定支柱顶端的位置（常为扶手）。各值与基面各值相同。

⑥“顶部偏移”。支柱顶端与顶之间的垂直距离负值或正值。

⑦“空间”。需要相对于指定位置向左或向右移动支柱的距离。例如，对于起始支柱，可能需要将其向左移动 0.1m，以使其与扶手对齐。在这种情况下，可以将间距设置为 0.1m。

⑧“偏移”：栏杆相对于扶手路径内侧或外侧的距离。

⑨“转角支柱位置”选项（参见“截断样式位置”选项）：指定扶手段上转角支柱的位置。

⑩“角度”：此值指定添加支柱的角度。如果“转角支柱位置”的选择值是“角度大于”，则使用此属性。

（7）修改完上述内容后，单击“确定”按钮。

9.3.4　参数及值的作用

具体各参数及值的作用分别见表 9-1～表 9-4。

表 9-1　栏杆扶手“类型属性”对话框中的各个参数以及值作用

参数	值
构造	
栏杆扶手高度	设置栏杆扶手系统中最高扶栏的高度
扶栏结构（非连续）	打开一个独立对话框，在此对话框中可以设置每个扶栏的扶栏编号、高度、偏移、材质和轮廓族（形状）
栏杆位置	单独打开一个对话框，在其中定义栏杆样式
栏杆偏移	距扶栏绘制线的栏杆偏移。通过设置此属性和扶栏偏移的值，可以创建扶栏和栏杆的不同组合
使用平台高度调整	控制平台栏杆扶手的高度。选择“否”选项，栏杆扶手和平台像在楼梯梯段上一样使用相同的高度；选择“是”选项，栏杆扶手高度会根据“平台高度调整”设置值进行向上或向下调整。要实现光滑的栏杆扶手连接，将“切线连接”参数设置为“延伸扶栏使其相交”
平台高度调整	基于中间平台或顶部平台“栏杆扶手高度”参数的指示值提高或降低栏杆扶手高度
斜接	如果两段栏杆扶手在平面内相交成一定角度，但没有垂直连接，则可以从以下选项中选择“添加垂直”、“水平线段”为创建连接，“不添加连接件”为留下间隙
切线连接	如果两段相切栏杆扶手在平面中共线或相切，但没有垂直连接，则可以从以下选项中选择“添加垂直”、“水平线段”为创建连接；“不添加连接件”为留下间隙；“延伸扶栏使其相交”为创建平滑连接
扶栏连接	如果 Revit 无法在栏杆扶手段之间进行连接时创建斜接连接，可以选择下列选项之一：“修剪”为使用垂直平面剪切分段；“焊接”为尽可能接近斜接的方式连接分段，接合连接最适合于圆形扶栏轮廓
顶部扶栏	
高度	设置栏杆扶手系统中顶部扶栏的高度
类型	指定顶部扶栏的类型
扶手 1	
侧向偏移	报告上述栏杆偏移值（只读）
高度	扶手类型属性中指定的扶手高度（只读）
位置	指定扶手相对于栏杆扶手系统的位置：“左”、“右”、“左侧和右侧”
类型	指定扶手类型
扶手 2	
参见扶手 1 的属性定义	

表 9-2　扶手类型“类型属性”对话框中的各个参数以及值作用

参数	值
构造	
默认连接	将扶手或顶部扶栏的连接类型指定为“斜接”或“圆角”
圆角半径	如果指定“圆角”连接，则此值设置圆角半径
手间隙	指定从扶手的外部边缘到扶手附着到的墙、支柱或柱的距离

续表

参数	值
高度	指定扶手顶部距离楼板、踏板、梯边梁、坡道或其他主体表面的高度
轮廓	指定连续扶栏形状的轮廓
投影	指定从扶手的内部边缘到扶手附着到的墙、支柱或柱的距离
过渡件	指定在扶手或顶部扶栏中使用的过渡件的类型。“无”为在包含平台的楼梯系统中，内部扶栏将终止于平台上的第一个或最后一个踏板的梯缘；“鹅颈式”用于存在过渡件密集和复杂扶栏轮廓的情况；“普通”用于存在过渡件密集与圆形扶栏轮廓的情况
材质和装饰	
材质	指定扶手或顶部扶栏的材质。点击该值，然后点击“浏览”按钮，打开“材质浏览器”对话框
延伸（起始/底部）	
延伸样式	指定扶栏延伸的附着系统配置（如果有）分别为“无”、“墙”、“楼板”、“支柱”
长度	指定延伸的长度
加上踏板深度	选择此选项可将一个踏板深度添加到延伸长度
延伸（结束/顶部）	
延伸样式	参见“起始/底部延伸”
长度	参见“起始/底部延伸”
终端	
起始/底部终端	指定顶部扶栏或扶手的起始/底部的终端类型
结束/底部中段	指定顶部扶栏或扶手的结束/底部的终端类型
支座	
族	指定扶手支撑的类型
布局	指定扶手支撑的放置：“无”可以手动放置支撑；“固定距离”为使用下面定义的“间距”属性指定距离；“与支柱对齐”将支撑自动放置在栏杆扶手系统中的每个支柱上并水平居中；“固定数量”为使用下面定义的“数量”属性指定支撑数；“最大间距”为沿栏杆扶手系统放置最大数量的支撑，不超过“间距”值；“最小间距”为沿扶栏路径适当放置最大数量的支撑，不小于“间距”值
间距	指定用于关联的“布局”系统配置的间距值
对正	指定支撑位置的对正选项：“起点”为扶栏的下端（如果自动将扶栏放置在楼梯上），或第一个点击位置（如果手动放置扶栏）；“中心”为沿整个扶手路径居中放置；“终点”为扶栏的上端（如果自动将扶栏放置在楼梯上），或最后一个点击位置（如果手动放置扶栏）
编号	如果将“布局”设置为“固定数量”，该值将指定使用的支撑数

表 9-3　楼梯“类型属性”对话框中的各个参数以及值作用

选项	作　　用
计算规则	
计算规则	点击“编辑”按钮以设置楼梯计算规则
最小踏板深度	设置“实际踏板深度”实例参数的初始值。如果“实际踏板深度”值超出此值，Revit 会发出警告
最大踢面高度	设置楼梯上每个踢面的最大高度

续表

选项	作　　用
构造	
延伸到基准之下	将梯边梁延伸到楼梯底部标高之下。对于梯边梁附着至楼板洞口表面而不是放置在楼板表面的情况，可以使用此属性；要将梯边梁延伸到楼板之下，需输入负值
整体浇筑楼梯	指定楼梯将由一种材质构造
平台重叠	将楼梯设置为整体浇筑楼梯时启用。如果某个整体浇筑楼梯拥有螺旋形楼梯，此楼梯底端则可以是平滑式或阶梯式底面；如果是阶梯式底面，则此参数可控制踢面表面到底面上相应阶梯的垂直表面的距离
螺旋形楼梯地面	将楼梯设置为整体浇筑楼梯时启用。如果某个整体浇筑楼梯拥有螺旋形楼梯，此楼梯底端则可以是光滑式或阶梯式底面
功能	指示楼梯是内部的（默认值）还是外部的。功能可用在计划中并创建过滤器，以便在导出模型时对模型进行简化
图形	
平面中的波折符号	指定平面视图中的楼梯图例是否具有截断线
文字大小	修改平面视图中 UP-DN 符号的尺寸
文字字体	设置 UP-DN 符号的字体
材质和装饰	
踏板材质	点击该按钮以打开材质浏览器
踢面材质	参见“踏板材质”说明
梯边梁材质	参见“踏板材质”说明
整体式材质	参见“踏板材质”说明
踏板	
踏板厚度	设置踏板的厚度
楼梯前缘长度	指定相对于下一个踏板的踏板深度悬挑量
楼梯前缘轮廓	添加到踏板前侧的放样轮廓
应用楼梯全员轮廓	指定单边、双边或三边踏板前缘
踢面	
开始于踢面	如果启用，Revit 将向楼梯开始部分添加踢面。如果禁用此复选框，Revit 则会删除起始踢面。需注意，如果禁用此复选框，则可能会出现有关实际踢面数超出所需踢面数的警告。要解决此问题，需启用“结束于踢面”复选框或修改所需的踢面数量
结束于踢面	如果启用此复选框，Revit 将向楼梯末端部分添加踢面；如果禁用此复选框，Revit 则会删除末端踢面
踢面类型	创建直线型或倾斜型踢面或不创建踢面
踢面厚度	设置踢面厚度
踢面至踏板连接	切换踢面与踏板的相互连接关系。踢面可延伸至踏板之后，或踏板可延伸至踢面之下
梯边梁	
在顶部修剪梯边梁	会影响楼梯梯段上梯边梁的顶端。如果选择“不修剪”选项，则会对梯边梁进行单一垂直剪切，生成一个顶点；如果选择“匹配标高”选项，则会对梯边梁进行水平剪切，使梯边梁顶端与顶部标高等高；如果选择“匹配平台梯边梁”选项，则会在平台上的梯边梁顶端的高度进行水平剪切。为了清楚地查看此参数的效果，可能需要禁用“结束于踢面”复选框

续表

选项	作　　　　用
右侧梯边梁	设置楼梯右侧的梯边梁类型。“无”表示没有梯边梁，“闭合梯边梁”将踏板和踢面围住，“开放梯边梁”没有围住踏板和踢面
左侧梯边梁	参见“右侧梯边梁”的说明
中间梯边梁	设置楼梯左右侧之间的楼梯下方出现的梯边梁数量
梯边梁厚度	设置梯边梁的厚度
梯边梁高度	设置梯边梁的高度
开放梯边梁偏移	楼梯拥有开放梯边梁时启用。从一侧向另一侧移动开放梯边梁。例如，如果对开放的右侧梯边梁进行偏移处理，此梯边梁则会向左侧梯边梁移动
楼梯踏步梁高度	控制侧梯边梁和踏板之间的关系。如果增大此数值，梯边梁则会从踏板向下移动，而踏板不会移动，栏杆扶手不会修改相对于踏板的高度，但栏杆会向下延伸直至梯边梁顶端。此高度是从踏板末端（较低的角部）测量到梯边梁底侧的距离（垂直于梯边梁）
平台斜梁高度	允许梯边梁与平台的高度关系不同于梯边梁与倾斜梯段的高度关系。例如，此属性可将水平梯边梁降低至U形楼梯上的平台

表 9-4　楼梯“属性”面板中的各个选项及作用

参数	值
限制条件	
底部标高	设置楼梯的基面
底部偏移	设置楼梯相对于底部标高的高度
顶部标高	设置楼梯的顶部
顶部偏移	设置楼梯相对于顶部标高的偏移量
多层顶部标高	设置多层建筑中楼梯的顶部。相对于绘制单个梯段，使用此参数的优势是，如果修改一个梯段上的栏杆扶手，则会在所有梯段上修改此栏杆扶手；如果使用此参数，Revit 项目文件的大小变化也不如绘制单个梯段时那么明显
图形	
文字（向上）	设置平面中“向上”符号的文字，默认值为 UP
文字（向下）	设置平面中“向下”符号的文字，默认值为 DN
向上标签	显示或隐藏平面中的“向上”标签
向上箭头	显示或隐藏平面中的“向上”箭头
向下标签	显示或隐藏平面中的“向下”标签
向下箭头	显示或隐藏平面中的“向下”箭头
在所有视图中显示向上箭头	在所有项目视图中显示向上箭头
结构	
钢筋保护层	设置楼梯结构材质
尺寸标注	
宽度	楼梯的宽度
所需踢面数	踢面数是基于标高间的高度计算得出的

续表

参数	值
实际踢面数	通常此值与所需踢面数相同，但如果未向给定梯段完整添加正确的踢面数，则这两个值也可能不同。该值为只读
实际踢面高度	显示实际踢面高度。此值小于或等于在“最大踢面高度”中指定的值。该值为只读
实际踏板深度	可设置此值以修改踏板深度，而不必创建新的楼梯类型。另外，楼梯计算器也可修改此值，以实现楼梯平衡

任务9.4　创建坡道

9.4.1　直坡道

（1）打开平面视图或三维视图

（2）单击“建筑”选项卡下“楼梯坡道”面板中的“坡道”工具，进入草图绘制模式。

（3）在“属性”选项板中修改坡道属性。

（4）单击“修改｜创建坡道草图”上下文选项卡下“绘制”面板中的“梯段”工具，默认值是通过“直线”命令，绘制“梯段”，如图9-27所示。

（5）将光标放置在绘图区域中，并拖曳光标绘制坡道梯段。

（6）单击“√”按钮完成编辑模式。

创建的坡道样例如图9-28所示。

提示：①绘制坡道前，可先绘制以参考平面对坡道的起跑点、休息平台位置、坡道宽度位置等进行定位；②可将坡道属性选项板中的“顶部标高”设置为当前的标高，并将“顶部偏移”设置为坡道的高度。

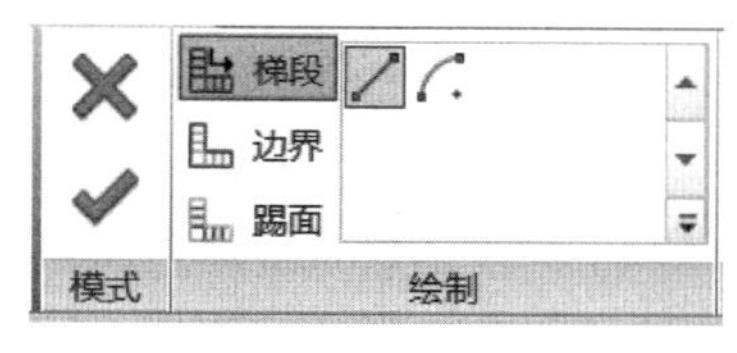

图9-27　绘制面板

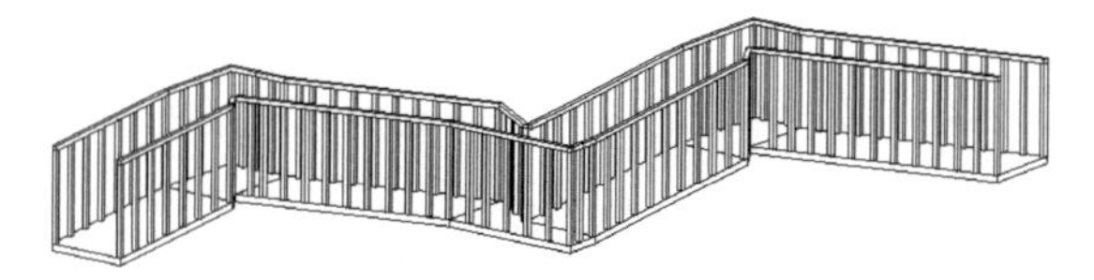

图9-28　创建的坡道

9.4.2　螺旋坡道与自定义坡道

（1）单击“建筑”选项卡下“楼梯坡道”面板中的“坡道”工具，进入草图绘制模式。

（2）在“属性”选项板中修改坡道属性。

（3）单击“修改｜创建坡道草图”上下文选项卡下“绘制”面板中的“梯段”工具，选择“圆心-端点弧”工具，绘制梯段，如图9-29所示。

（4）在绘图区域，根据状态栏提示绘制弧形坡道。

（5）单击“√”按钮完成编辑模式。

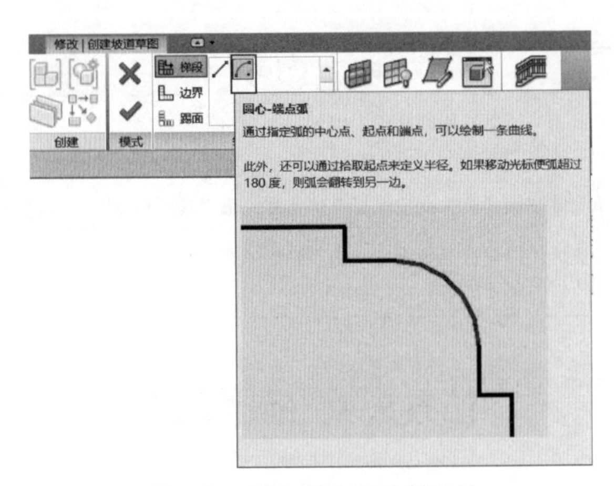

图 9-29　圆心-端点弧绘制工具

9.4.3　编辑坡道

1. 编辑坡道

在平面或三维视图中选取坡道，单击“修改 | 坡道”上下文选项卡下“模式”面板中的“编辑草图”工具，对坡道进行编辑。

2. 修改坡度类型

(1) 在草图模式中修改坡道类型：点击“属性”选项板上的“编辑类型”按钮，在弹出的“类型属性”对话框中，选择不同的坡道类型作为“类型”。

(2) 在项目视图中修改坡道类型：在平面或三维视图中选取坡道，在类型选择器中，从下拉列表中选择所需的坡道类型。

3. 修改坡道属性

在“属性”选项板上修改相应参数的值，修改坡道的“实例属性”。单击“编辑类型”按钮，修改坡道的“类型属性”。

4. 扶手类型

在草图模式，单击“工具”面板中的“栏杆扶手”工具。在“扶手类型”对话框中，选择项目中现有扶手类型之一；或者选择“默认”选项来添加默认扶手类型；或者选择“无”选项来指定不添加任何扶手。如果选择“默认”选项，则 Revit 激活“扶手”工具，选择“扶手属性”显示扶手类型。通过在“类型属性”对话框中选择新的类型，可以修改默认的扶手。

单元 9 小结

练习题 9

1. 按照图 9-30 所示的弧形楼梯平面图和立面图，创建楼梯模型，其中楼梯宽度为 1200mm，所需踢面数为 21，实际踏板深度为 260mm，扶手高度为 1100mm，楼梯高度参考给定标高，其他建模所需尺寸可参考平、立面图自定。结果以“弧形楼梯 . rvt”为文件名进行保存。

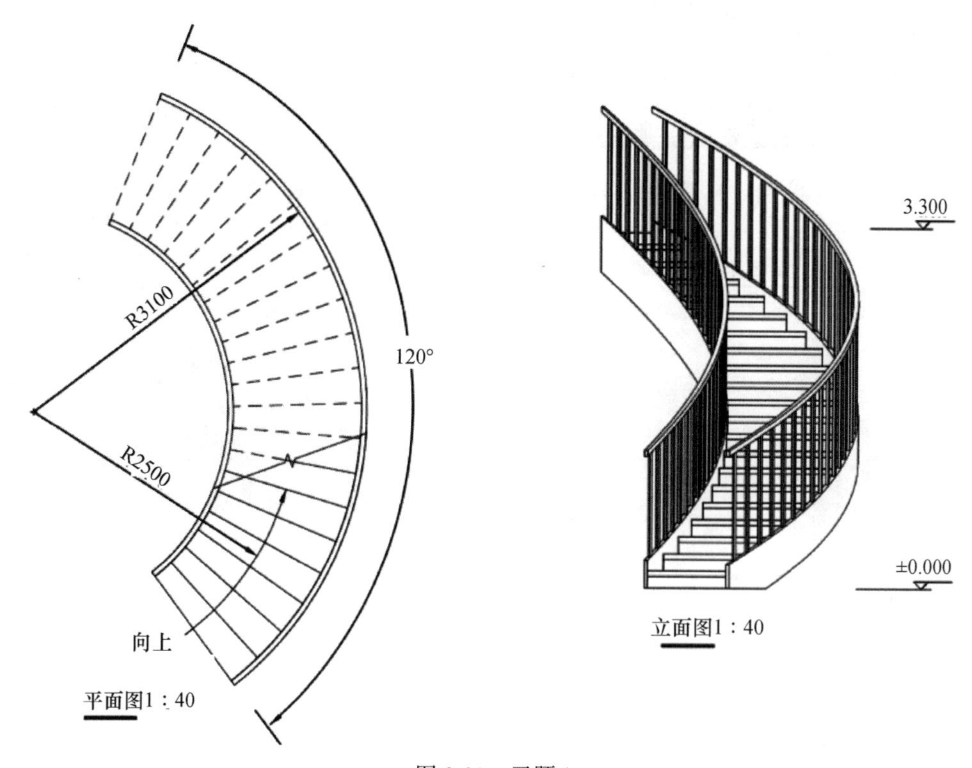

图 9-30　习题 1

2. 按照图 9-31 所示的楼梯平、剖面图，创建楼梯模型，并参照题中平面图所示位置建立楼梯剖面模型，栏杆高度为 1100mm，栏杆样式不限。结果以“楼梯”为文件名进行保存。其他建模所需尺寸可参考给定的平、剖面图自定。

3. 请根据图 9-32 创建楼梯与扶手，顶部扶手为直径 40mm 圆管，其余扶栏为直径 30mm 圆管，栏杆扶手的标注均为中心间距。请将模型以“楼梯扶手”为文件名进行保存。

4. 根据图 9-33 所示创建楼梯与扶手，扶手截面为 50mm×50mm，高度为 900mm，栏杆截面为 20mm×20mm，栏杆间距为 280mm，未标明尺寸不作要求，楼梯整体材质为混凝土。请将模型以“楼梯扶手”为文件名进行保存。

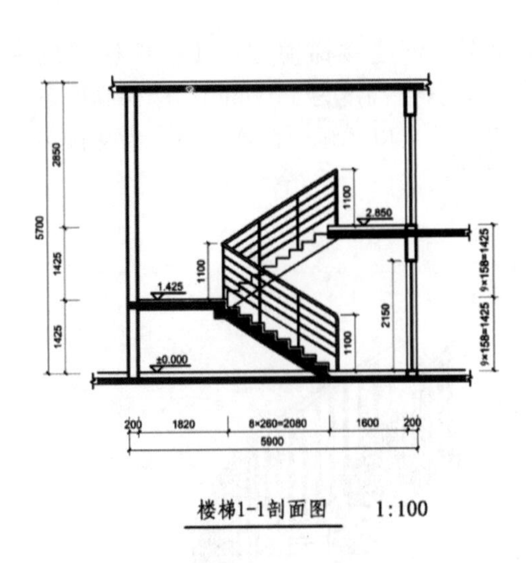

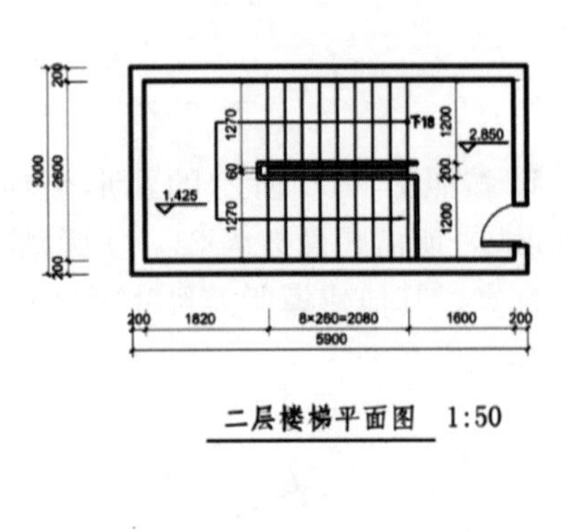

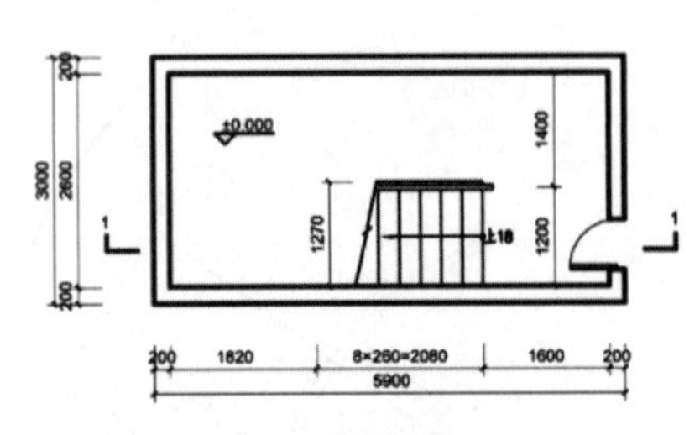

图 9-31　习题 2

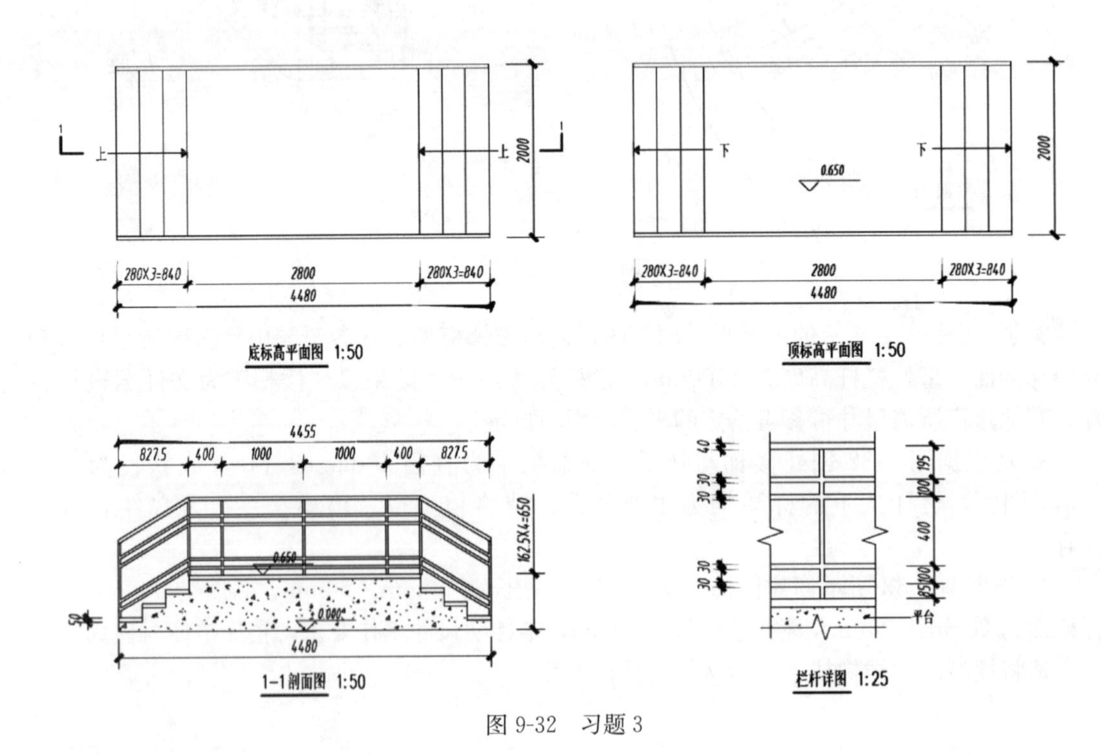

图 9-32　习题 3

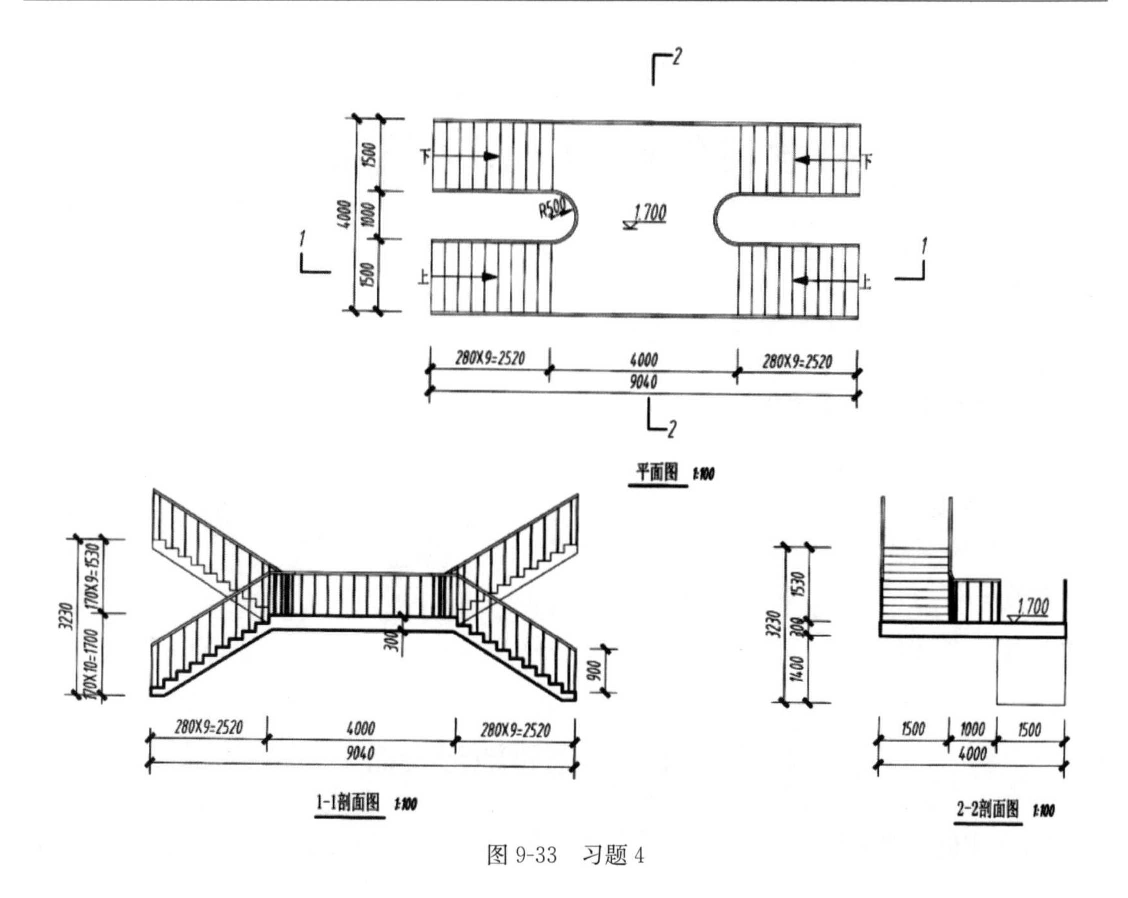
2
1500
1000
1500
4000
下
上
R500
1.700
1
280X9=2520
4000
280X9=2520
9040
平面图 1:100
3230
170X9=1530
170X10=1700
300
900
1-1剖面图 1:100
1530
300
1400
1.700
1500
1000
1500
4000
2-2剖面图 1:100

图 9-33　习题 4

学习单元 10　创建场地

知识目标：

掌握地形表面及建筑地坪的添加方法。
掌握场地道路的创建方法。
熟悉场地构件的添加方法。

能力目标：

能利用 Revit 软件添加地形表面及建筑地坪。
会创建场地道路。
会添加场地构件。

任务 10.1　创建地形表面

Revit 中的场地工具用于创建项目的场地，而地形表面的创建方法包括两种：一种是通过放置点方式生成地形表面；一种是通过导入数据的方式创建地形表面。

10.1.1　放置点创建地形表面

（1）进入“场地”楼层平面，单击“体量和场地”选项卡下面“场地建模”面板中的“地形表面”工具，如图 10-1 所示。

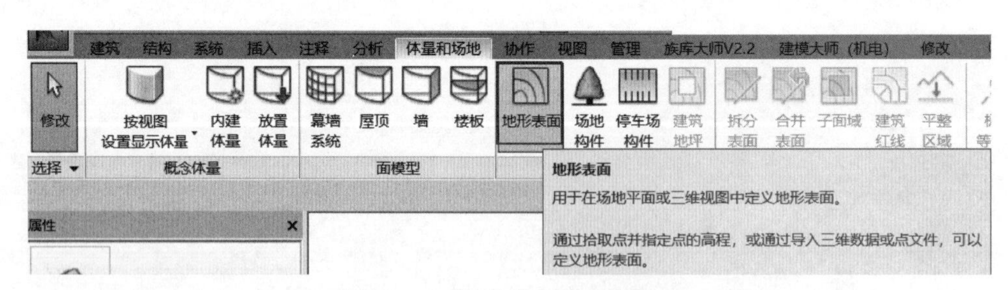

图 10-1　“体量和场地”选项卡

（2）选择放置点，然后设置高程，放置高程点，如图 10-2 所示。建筑物区域高程点统一高程为-300，周围高程点高程可随意设置。场地材质设为“场地-草地”，如图 10-3 所示。

（3）设置等高线显示。“在场地建模”面板中单击下拉箭头，在弹出的“场地设置”对话框中设置显示等高线，如图 10-4 所示。

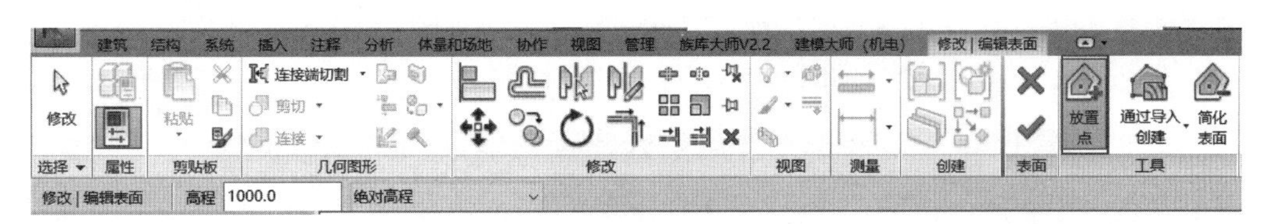

图 10-2　选择放置点设置高程

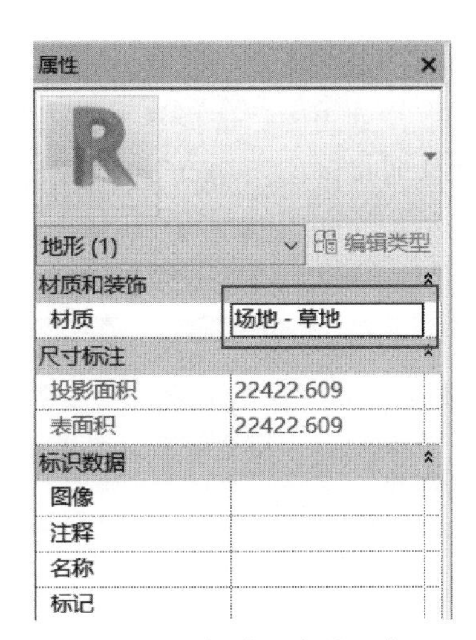

图 10-3　选择放置点设置高程

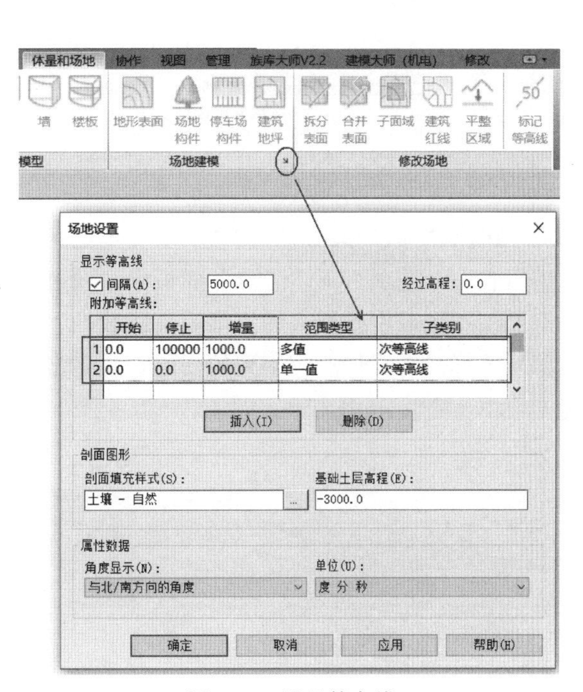

图 10-4　设置等高线

10.1.2　通过导入创建地形表面

通过导入数据的方式创建地形表面，同样包括能够通过不同的数据进行导入，一种是 .dwg 格式的 CAD 文件，一种是 .txt 格式的记事本文件，如图 10-5 所示。

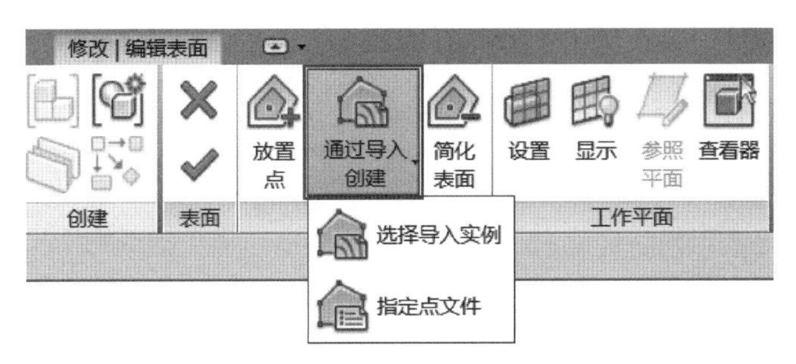

图 10-5　导入数据创建地形表面

1. 选择导入实例

可以根据以 DWG、DXF 或 DGN 格式导入的三维等高线数据自动生成地形表面。Revit

会分析数据并沿等高线放置一系列高程点。此过程在三维视图中进行。

（1）导入 CAD 地形数据，如图 10-6、图 10-7 所示。

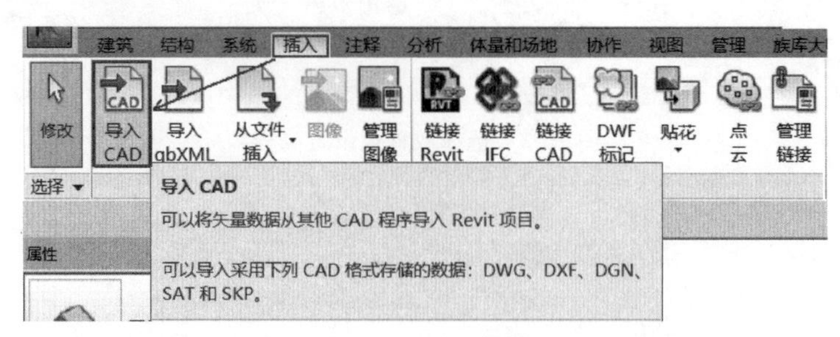

图 10-6　“导入 CAD”工具

（2）单击“体量和场地”选项卡下“场地建模”面板中的“地形表面”工具，单击“修改｜编辑表面”选项卡下“工具”面板中“通过导入创建”下拉列表内“选择导入实例”命令。选取绘图区域中已导入的三维等高线数据，此时出现“从所选图层添加点”对话框。

（3）选择要将高程点应用到的图层，并单击“确定”按钮，如图 10-8 所示。

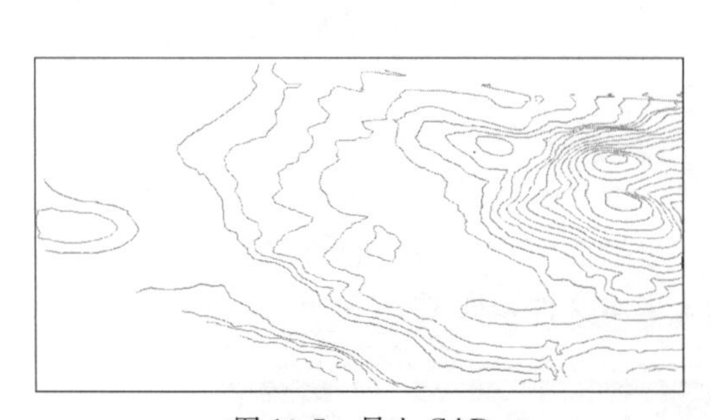

图 10-7　导入 CAD

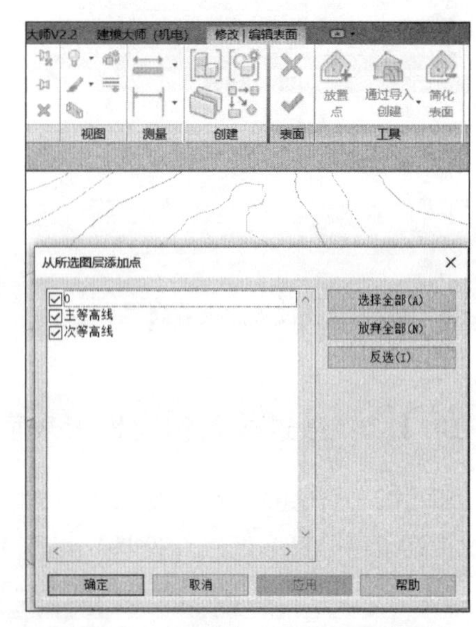

图 10-8　选择高程点应用到图层

2. 指定点文件

点文件通常由土木工程软件应用程序生成的。使用高程点的规则网格，该文件提供等高线数据。点文件中必须包含 x、y 和 z 坐标值作为文件的第一个数值。该文件必须使用逗号分隔的文件格式（可以是 .csv 或 .txt 文件）。忽略该文件的其他信息（如点名称）。点的任何其他数值信息必须显示在 x、y 和 z 坐标值之后。如果该文件中有两个点的 x 和 y 坐标值分别相等，Revit 会使用 z 坐标值最大的点。具体操作步骤如下：

（1）单击“修改｜编辑表面”选项卡下“工具”面板中“通过导入创建”下拉列表内的“指定点文件”命令，如图 10-9 所示。

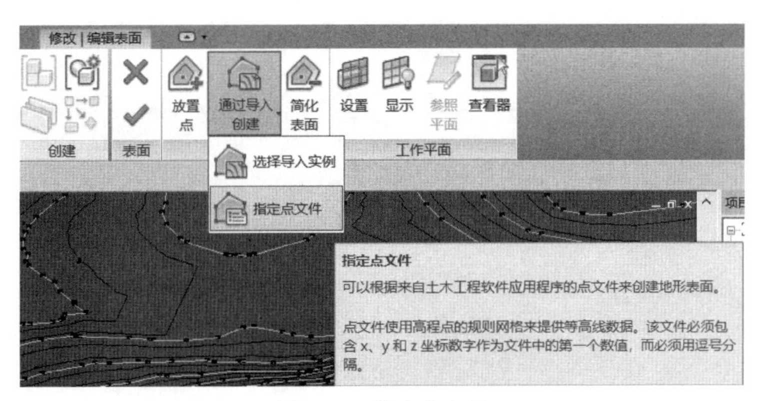

图 10-9　指定点文件

(2) 在弹出的“选择文件”对话框中，定位到点文件所在的位置，如图 10-10 所示。

(3) 在“格式”对话框中，指定用于测量点文件中的点的单位，如十进制英尺或米，如图 10-11 所示。然后单击“确定”按钮。

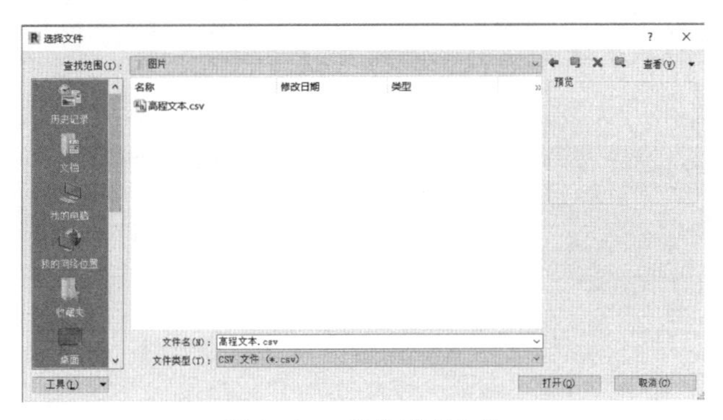

图 10-10　定位到点文件

Revit 将根据文件中的坐标信息生成点和地形表面，如图 10-12 所示。

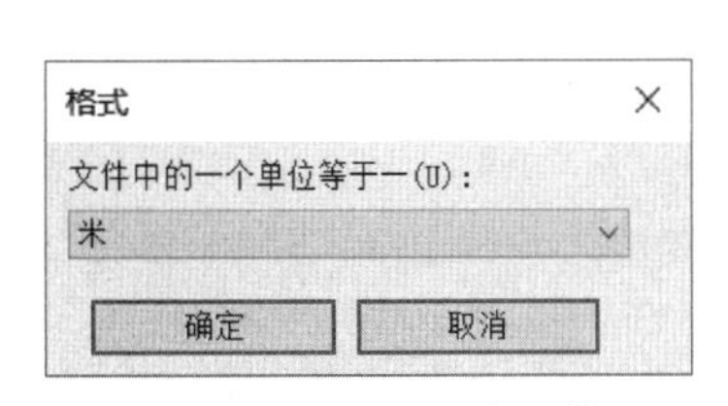

图 10-11　定位到点文件

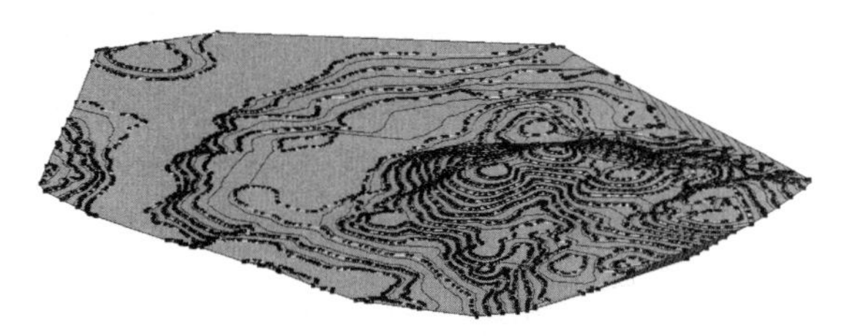

图 10-12　生成点和地形表面

任务 10.2　建筑地坪

通过在地形表面绘制闭合环添加建筑地坪。

(1) 打开一个场地平面视图或三维视图。

(2) 单击“体量和场地”选项卡下“场地建模”面板中的“建筑地坪”工具，如图 10-

13 所示。

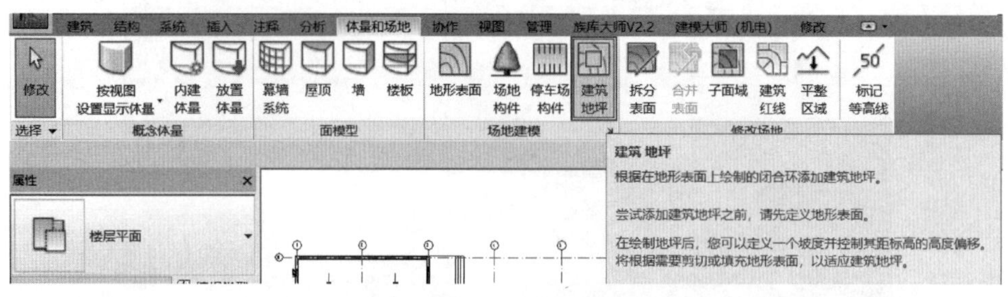

图 10-13　设置建筑地坪

(3) 使用绘制工具绘制闭合环形式的建筑地坪。

(4) 在“属性”选项板中，根据需要设置“标高”和其他建筑地坪属性，如图 10-14 所示。

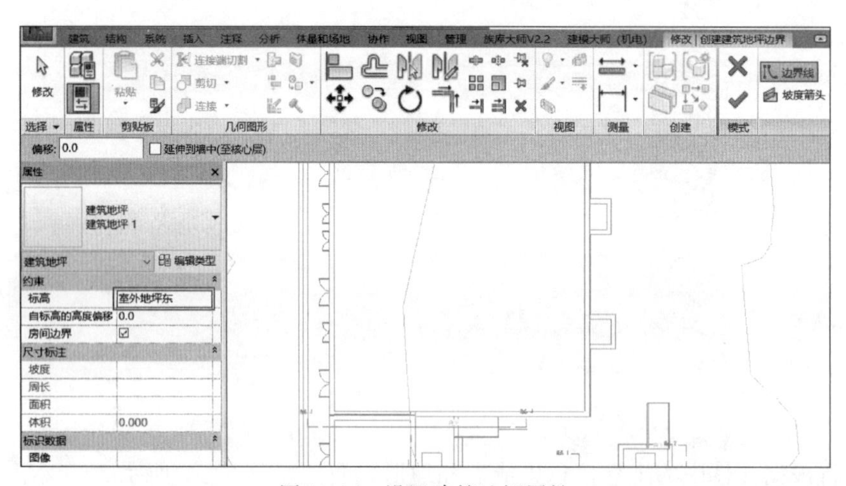

图 10-14　设置建筑地坪属性

(5) 地坪创建完毕，需要进行修改，则选中地坪，编辑边界，如图 10-15 所示。

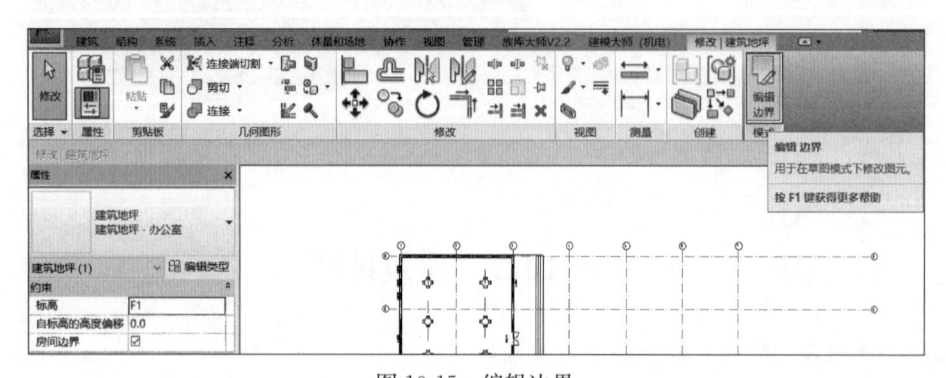

图 10-15　编辑边界

任务 10.3　道　　路

地形表面子面域是在现有地形表面中绘制的区域。例如，可以使用子面域在平整表面、道路或岛上绘制停车场。创建子面域不会生成单独的表面。它仅定义可应用不同属性集（如材质）的表面区域。创建子面域的具体操作步骤如下：

（1）打开一个显示地形表面的场地平面。

（2）单击“体量和场地”选项卡下“修改场地”面板中的“子面域”工具。Revit 将进入草图模式，如图 10-16 所示。

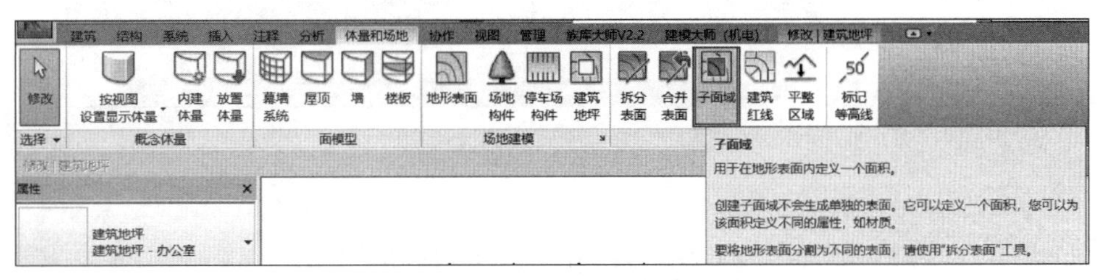

图 10-16　创建子面域

（3）单击拾取线或使用其他绘制工具在地形表面上创建一个子面域。绘制一条道路形状，材质设为“混凝土-素砼”，如图 10-17 所示。

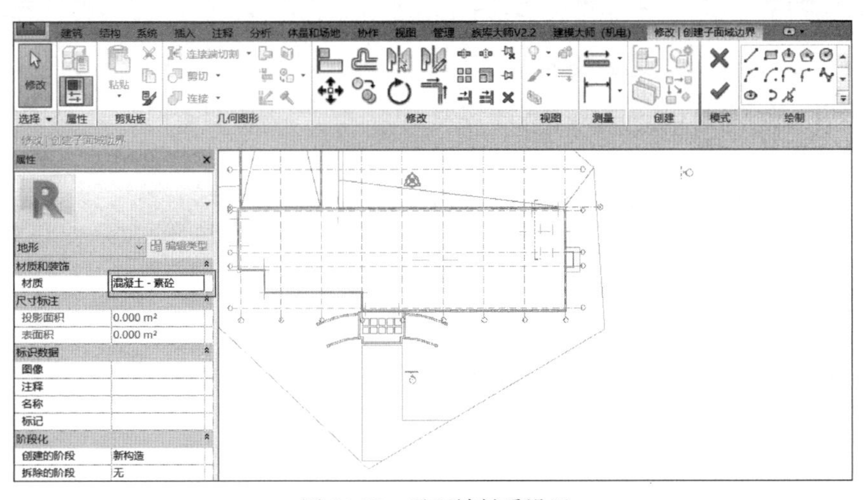

图 10-17　子面域材质设置

（4）进行子面域道路修改编辑，如图 10-18 所示。

> **注意：** 在使用单个闭合环创建地形表面子面域时，如果创建多个闭合环，则只有第一个环用于创建子面域，其余环将被忽略。

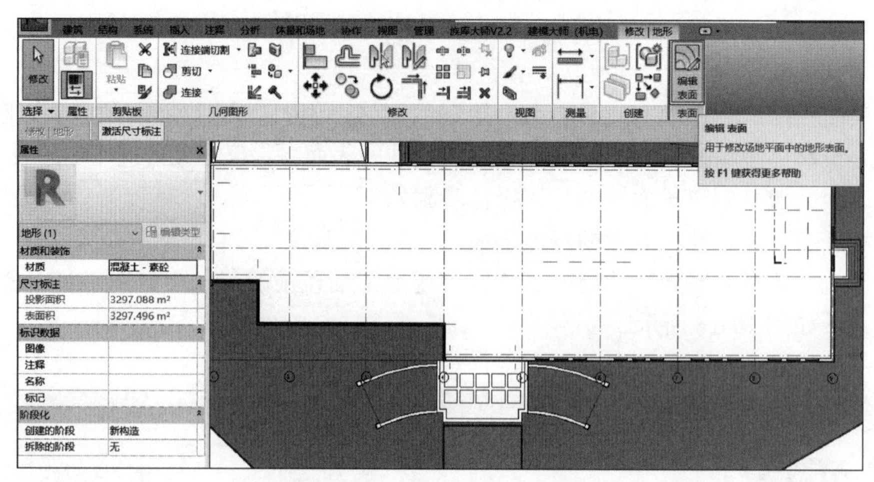

图 10-18　子面域修改编辑

任务 10.4　场地构件

10.4.1　放置场地构件

可在场地平面中放置场地专用构件（如树、电线杆和消防栓）。如果未在项目中载入场地构件，则会出现一条消息，指出尚未载入相应的族。放置场地构件的具体操作步骤如下：

（1）打开显示要修改的地形表面的视图。

（2）单击“体量和场地”选项卡下“场地建模”面板中的“场地构件”工具，如图 10-19 所示。

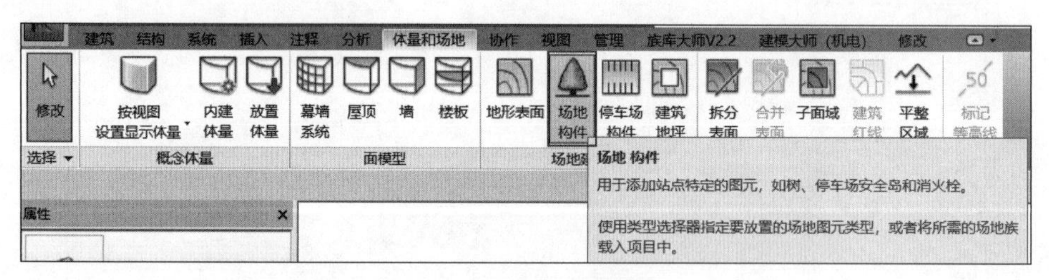

图 10-19　放置场地构件

（3）从类型选择器中选择所需的构件。

（4）在绘图区域中点击以添加一个或多个构件，如图 10-20 所示。

10.4.2　载入场地构件

单击“插入”选项卡下的“载入族”工具，弹出“载入族”对话框，选择“建筑”文件夹［图 10-21（a）］→“场地”文件夹［图 10-21（b）］，选择要载入场地构件，如体育设施、篮球场、公园长椅等［图 10-21（c）］。

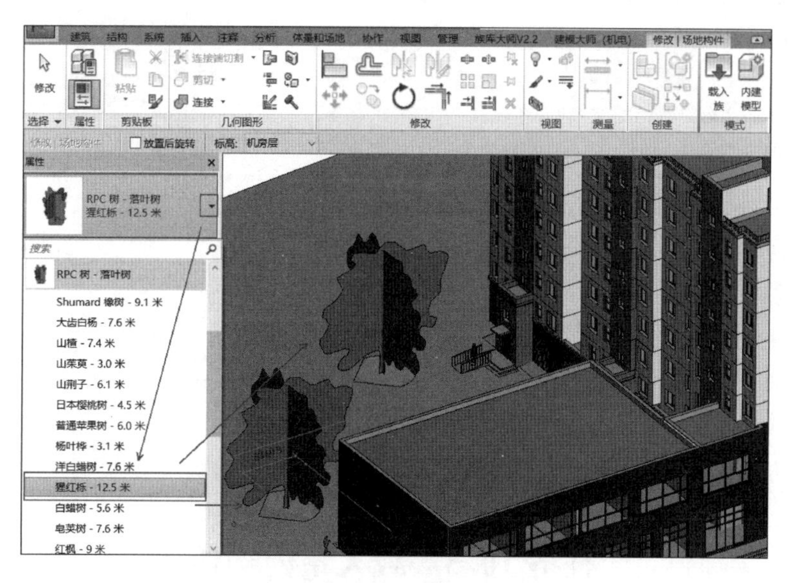

图 10-20　添加构件

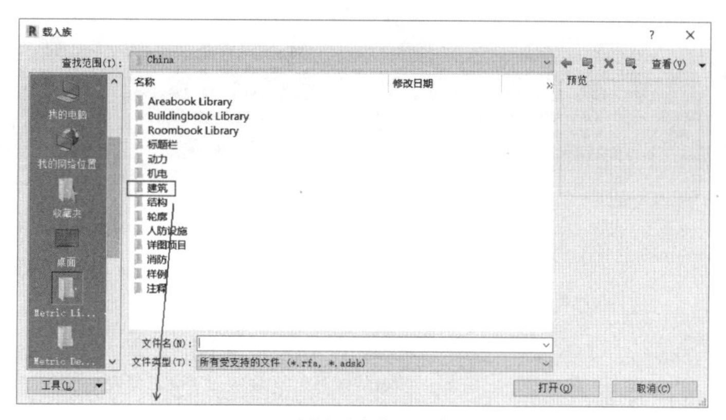

(a) 选择“建筑”文件夹

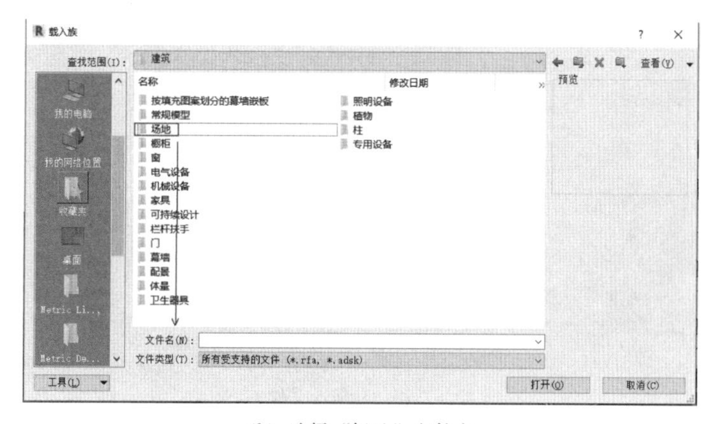

(b) 选择“场地”文件夹

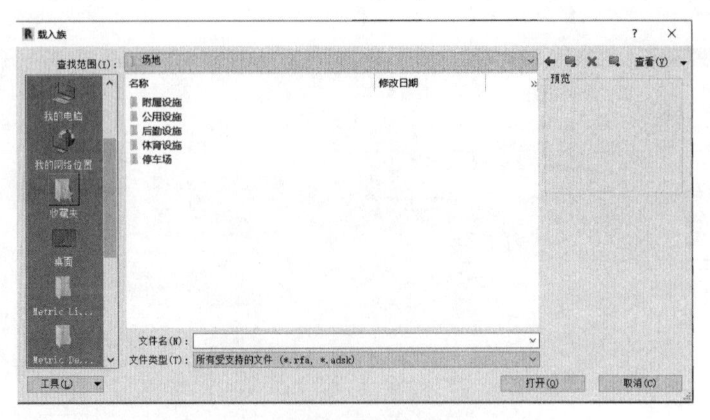

(c) 选择要载入的场地构件

图 10-21　载入场地构件

任务 10.5　载入室内构件

(1) 单击“插入”选项卡下的“载入族”工具，如图 10-22 所示。

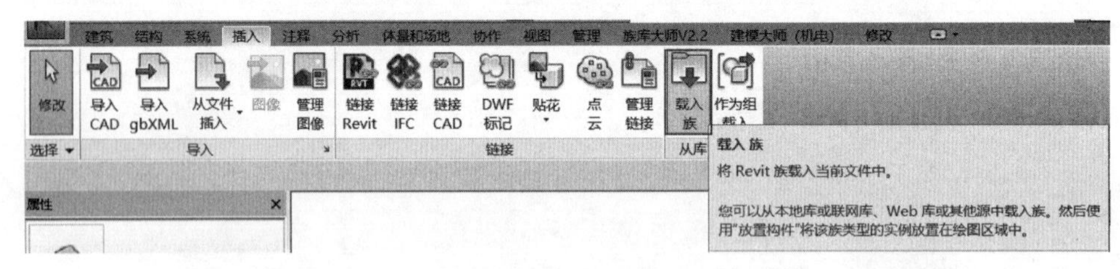

图 10-22　载入族

(2) 弹出“载入族”对话框，选择“建筑”文件夹［图 10-23 (a)］→“家具”文件夹［图 10-23 (b)］，选择要载入餐桌家具族［图 10-23 (c)］。

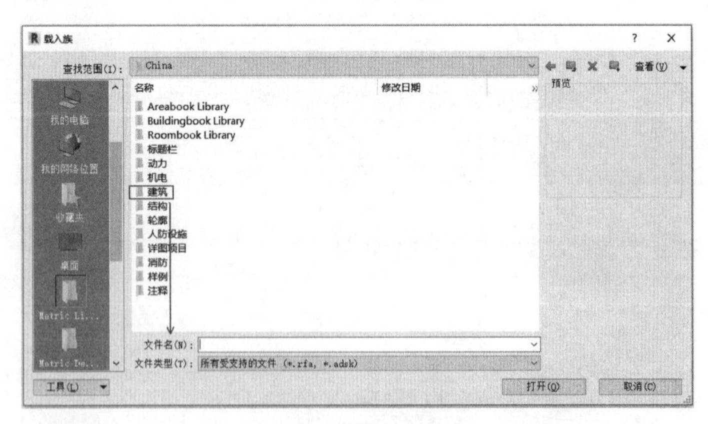

(a) 选择“建筑”文件夹

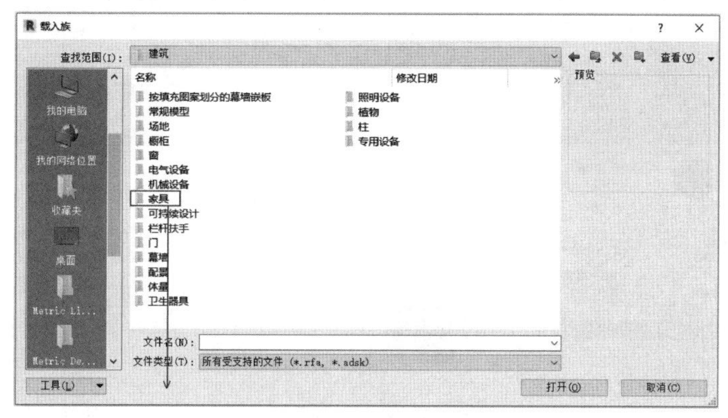

(b) 选择“场地”文件夹

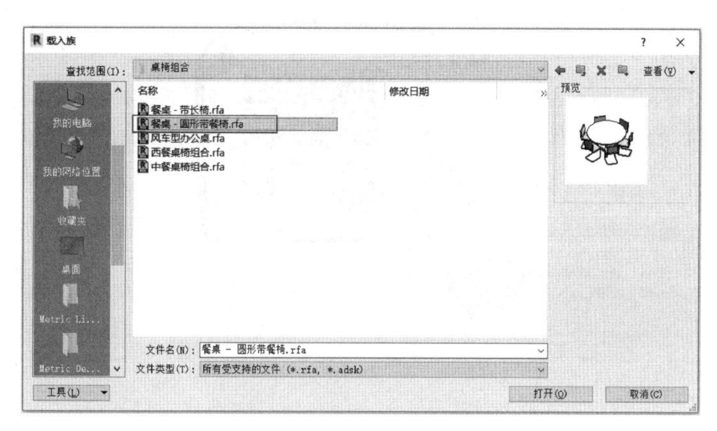

(c) 选择某中文餐桌家具族

图 10-23　载入家具族

(3) 单击“建筑”选项卡下“构建”面板中的“构件”，即可放置室内构件，如图 10-24 和图 10-25 所示。

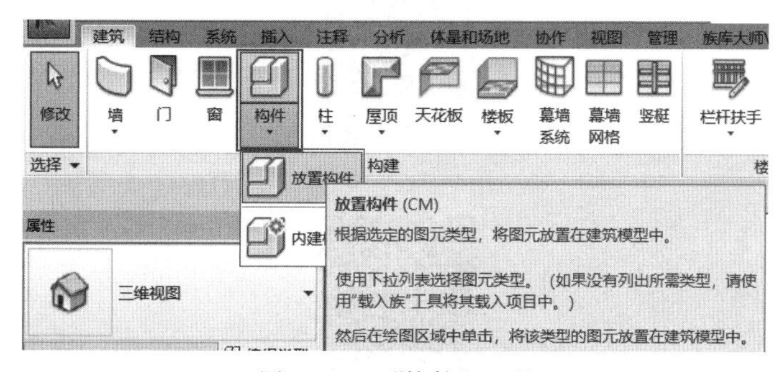

图 10-24　“构件”工具

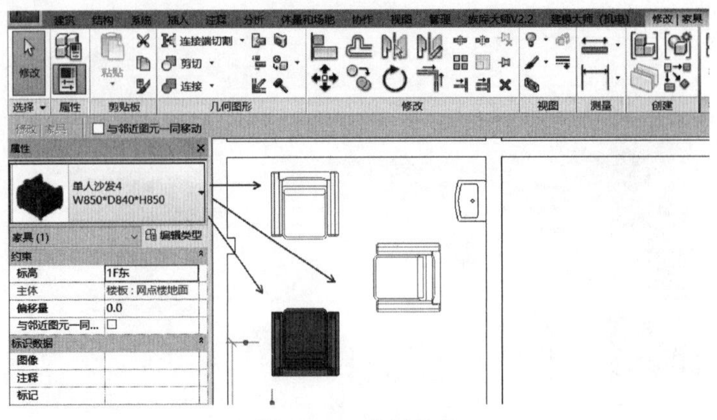

图 10-25　放置构件

单元 10 小结

练习题 10

根据浴池 CAD 图纸及浴池 . rvt 文件，对浴池场地进行创建。

浴池 CAD 图纸

浴池 . rvt

学习单元 11　房间标记和创建面积

知识目标：

掌握房间及房间图例的创建方法。
熟悉房间边界的包含内容。
掌握面积平面的创建方法。

能力目标：

能够使用 Revit 软件创建房间及房间图例。
会创建面积平面。

房间是基于图元（例如，墙、楼板、屋顶和顶棚）对建筑模型中的空间进行细分的部分，只可在平面视图中放置房间。

任务 11.1　房间和房间标记

11.1.1　创建房间和房间标记

（1）打开平面视图。

（2）单击“建筑”选项卡下“房间和面积”面板中的“房间”工具，如图 11-1 所示。

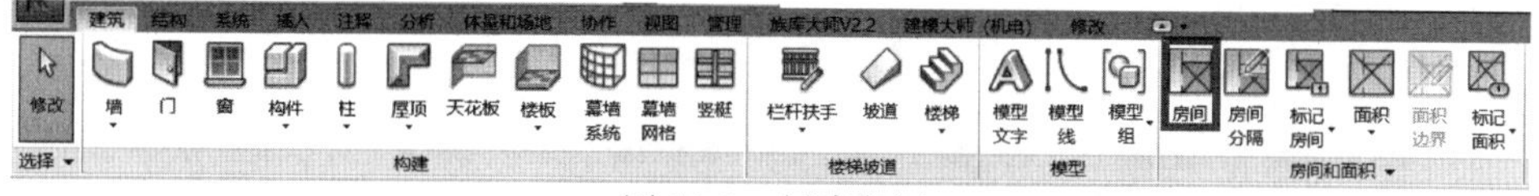

图 11-1　创建房间

（3）要随房间显示房间标记，需确保选中“在放置时进行标记”。单击“修改 | 放置房间”上下文选项卡下“标记”面板中的“在放置时进行标记”工具，如图 11-2 所示。

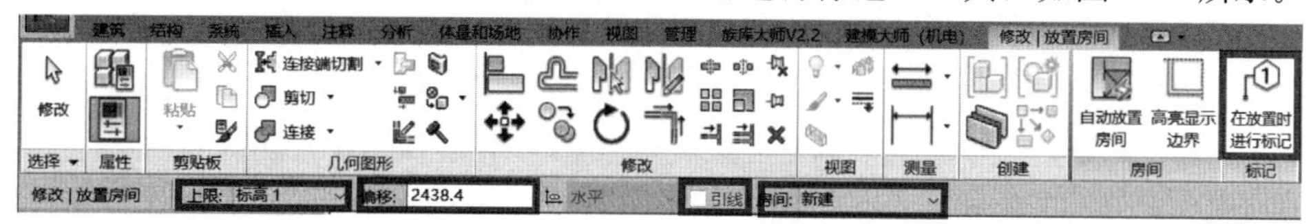

图 11-2　在放置时进行标记

要在放置房间时忽略房间标记，需关闭此工具选项。

（4）在选项栏上执行下列操作：

①“上限”。指定将从其测量房间上边界的标高。例如，如果要向标高 1 楼层平面添加

一个房间，并希望该房间从标高 1 扩展到标高 2 或标高 2 上方的某个点，则可将“上限”指定为“标高 2”。

②“偏移”。房间上边界距该标高的距离。输入正值表示向“上限”标高上方偏移，输入负值表示向其下方偏移。默认值为 10′（4000mm），并指明房间标记方向。

③“引线”。要使房间标记带有引线，需启用该复选框。

④“房间”。选择“新建”创建新房间，或者从列表中选择一个现有房间。

（5）要查看房间边界图元，点击“修改 | 放置房间”选项卡下“房间”面板中“高亮显示边界”工具。

（6）在绘图区域中点击以放置房间，如图 11-3 所示。

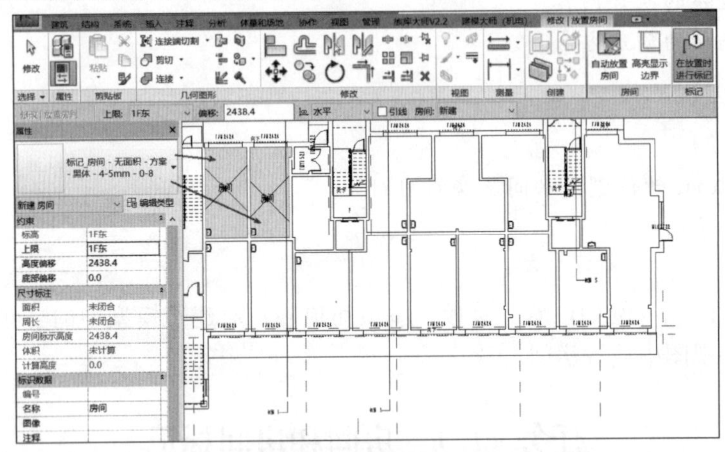

图 11-3　放置房间

根据具体情况利用“房间分隔”工具进行房间分割，如图 11-4 和图 11-5 所示。

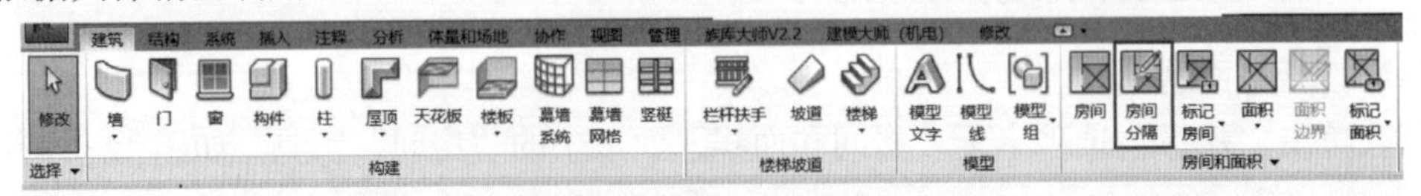

图 11-4　“房间分隔”工具

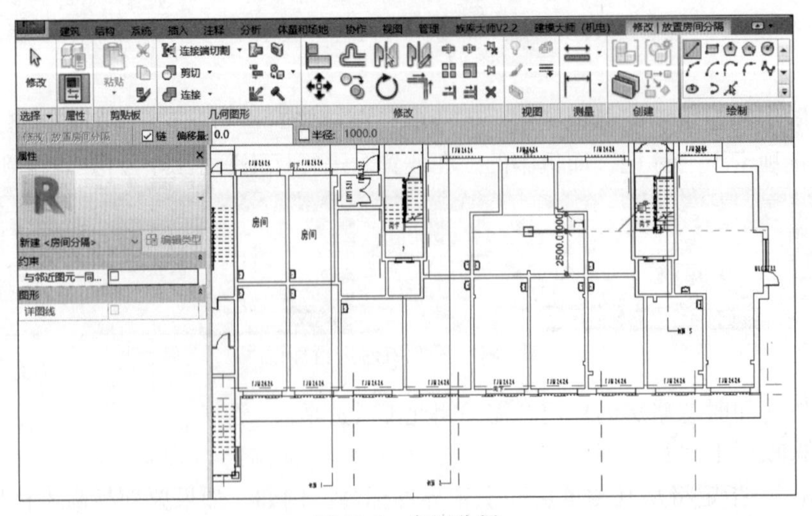

图 11-5　房间分割

（7）修改命名该房间。选中房间，在“属性”选项板中修改房间编号及名称，如图 11-6所示。

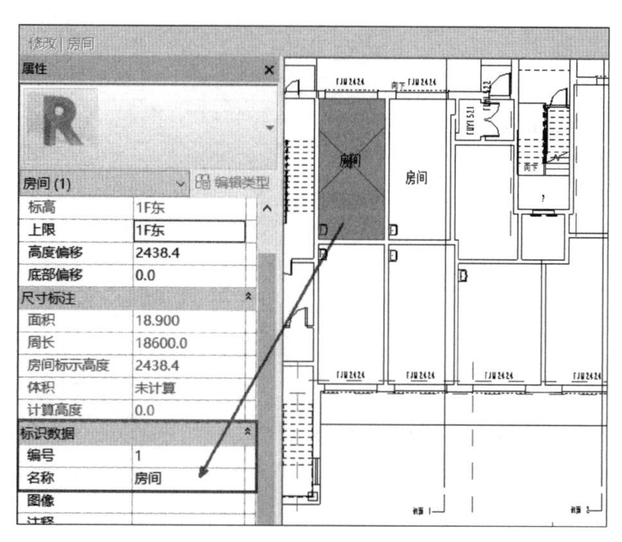

图 11-6　修改房间编号及名称

如果将房间放置在边界图元形成的范围之内，该房间会充满该范围。同样，也可以将房间放置到自由空间或未完全闭合的空间，稍后在此房间的周围绘制房间边界图元。在添加边界图元时，房间会充满边界。

注意：Revit 不会将房间置于宽度小于 1′或 306mm 的空间中。

11.1.2　房间颜色方案

可以根据特定值或值范围，将颜色方案应用于楼层平面视图和剖面视图。可以向每个视图应用不同颜色方案。

使用颜色方案可以将颜色和填充样式应用到以下对象中：房间、面积、空间和分区、管道和风管。

（1）单击“建筑”选项卡下“房间和面积”面板中下拉列表中的“颜色方案”工具，如图 11-7 所示。

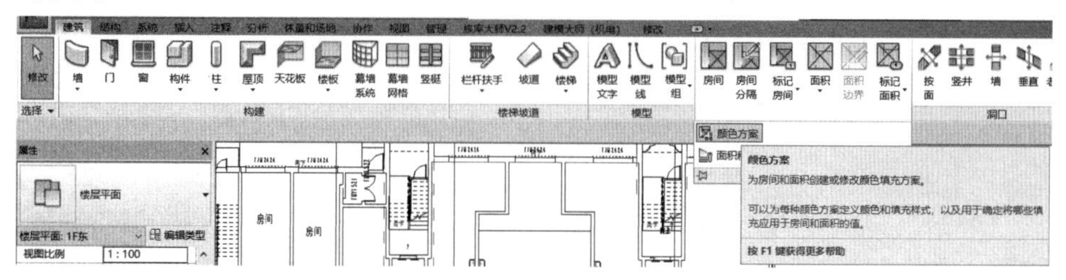

图 11-7　设置颜色方案

（2）在弹出的“编辑颜色方案”对话框中的“方案类别”中选择“房间”选项，如图 11-8 所示。复制颜色方案 1 命名为“房间颜色按名称”，如图 11-9 所示。

（3）在“方案标题”中选择“按名称”选项，在“颜色”中选择“名称”选项，完成房间颜色方案编辑，单击“确定”按钮，如图 11-10、图 11-11 所示。

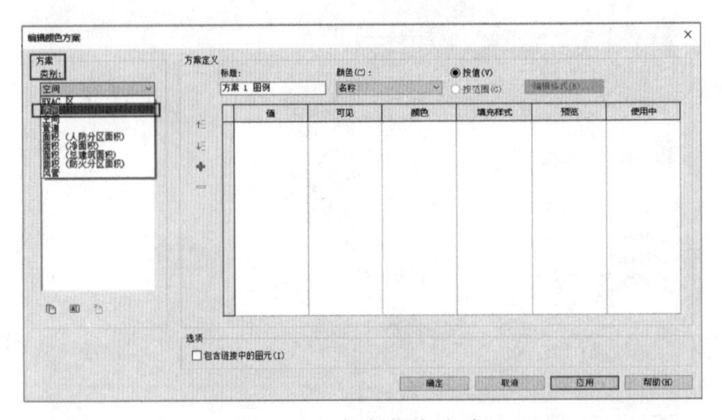

图 11-8　复制颜色方案

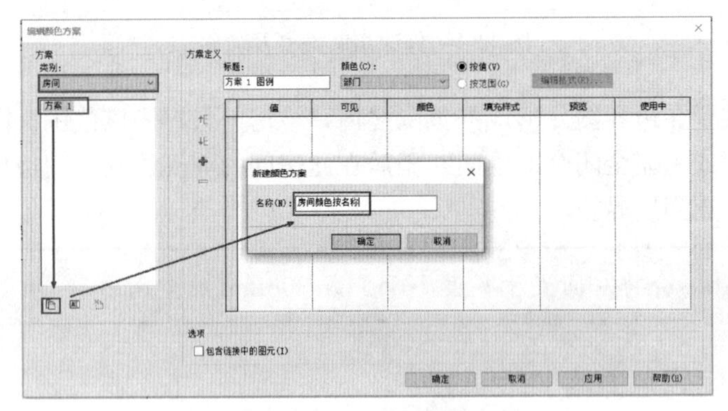

图 11-9　房间颜色按名称

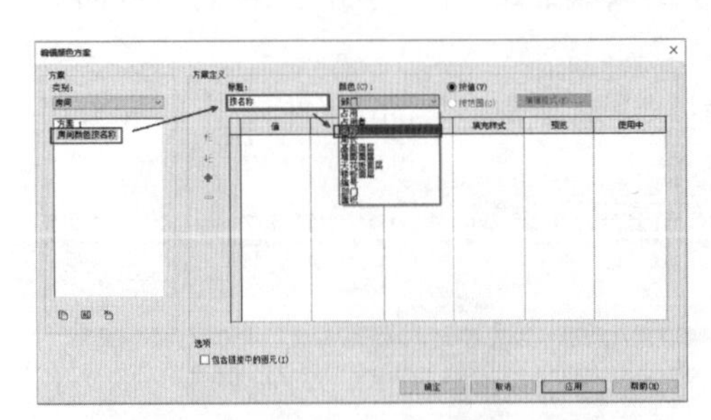

图 11-10　标题按颜色选择名称

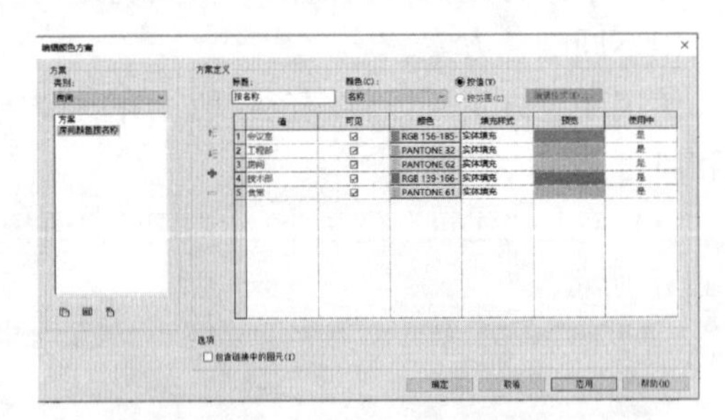

图 11-11　房间颜色方案编辑

注意：要使用颜色方案，必须先在项目中定义房间或面积。若要为 Revit MEP 图元使用颜色方案，还必须在项目中定义空间、分区、管道或风管。

任务 11.2　面积和面积方案

面积是对建筑模型中的空间进行再分割形成的，其范围通常比各个房间范围大。面积不一定以模型图元为边界。可以绘制面积边界，也可以拾取模型图元作为边界。

11.2.1　面积平面的创建

（1）单击“建筑”选项卡下“房间和面积”面板中“面积”下拉列表内的“面积平面”命令，如图 11-12 所示。

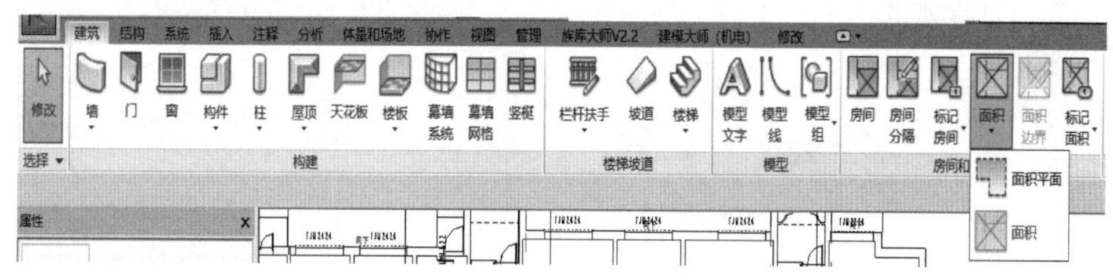

图 11-12　创建面积平面

（2）在弹出的“新建面积平面”对话框中，选择面积方案作为“类型”。

（3）为面积平面视图选择楼层，如图 11-13 所示。

（4）要创建唯一的面积平面视图，需启用“不复制现有视图”复选框。要创建现有面积平面视图的副本，需禁用“不复制现有视图”复选框。

（5）单击“确定”。

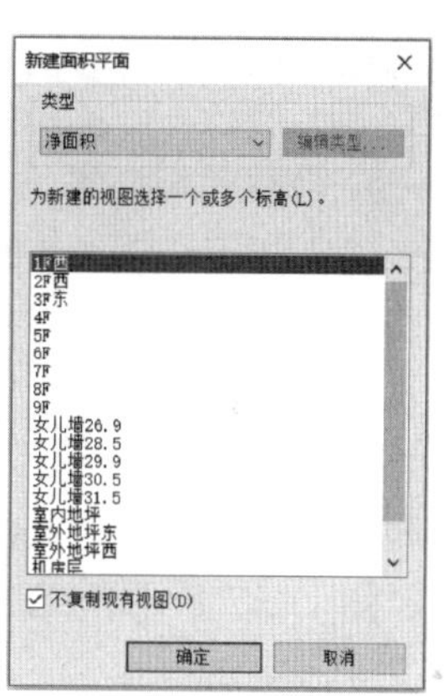

图 11-13　选择楼层

11.2.2　定义面积边界

1. 定义面积边界

（1）定义面积边界，类似于房间分割，将视图分割成一个个面积区域。面积平面视图在“项目浏览器”中的“面积平面”下列出。

（2）单击“建筑”选项卡→“房间和面积”面板→“面积”下拉列表→面积边界线，如图 11-14 所示。

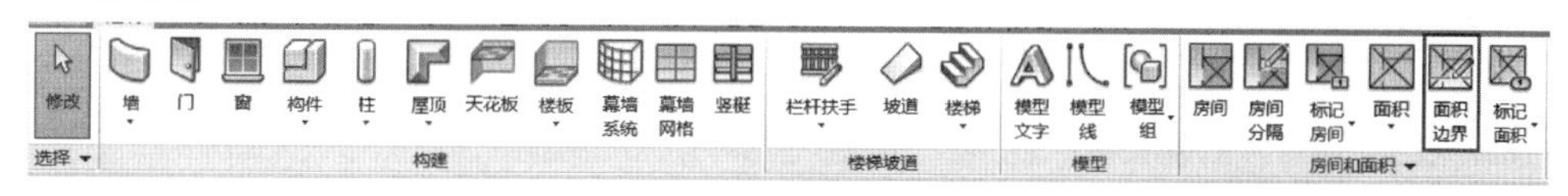

图 11-14　设置面积边界线

（3）绘制或拾取面积边界，使用“拾取线”来应用面积规则。

2. 拾取面积边界

（1）单击“修改 | 放置面积边界”选项卡下“绘制”面板中的“拾取线”工具。

（2）如果不希望 Revit 应用面积规则，在选项栏上禁用“应用面积规则”复选框，并指定偏移。

> **注意**：如果应用了面积规则，则面积标记的面积类型参数将会决定面积边界的位置。必须将面积标记放置在边界以内才能改变面积类型。

（3）选择边界的定义墙，如图 11-15 所示。

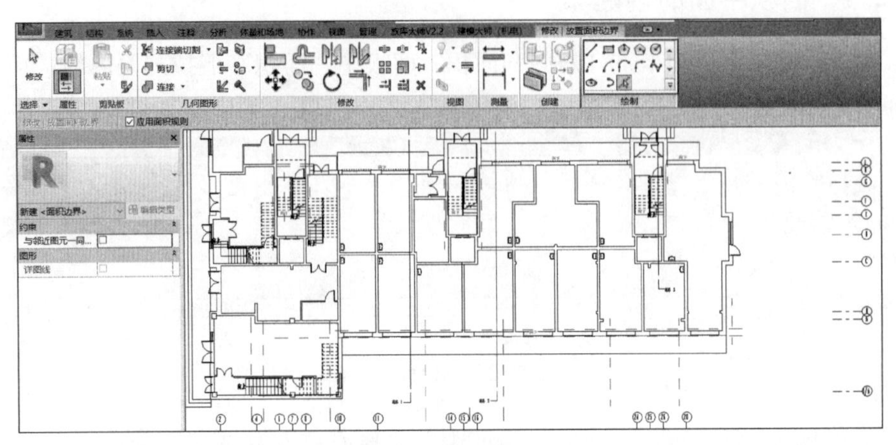

图 11-15　设置边界定义墙

3. 绘制面积边界

（1）单击“修改｜放置面积边界”上下文选项卡下“绘制”面板中的绘制工具。

（2）使用绘制工具完成边界的绘制。

11.2.3　面积的创建

面积边界定义完成之后，进行面积的创建。面积的创建同房间的创建一样，如图 11-16、图 11-17 所示。

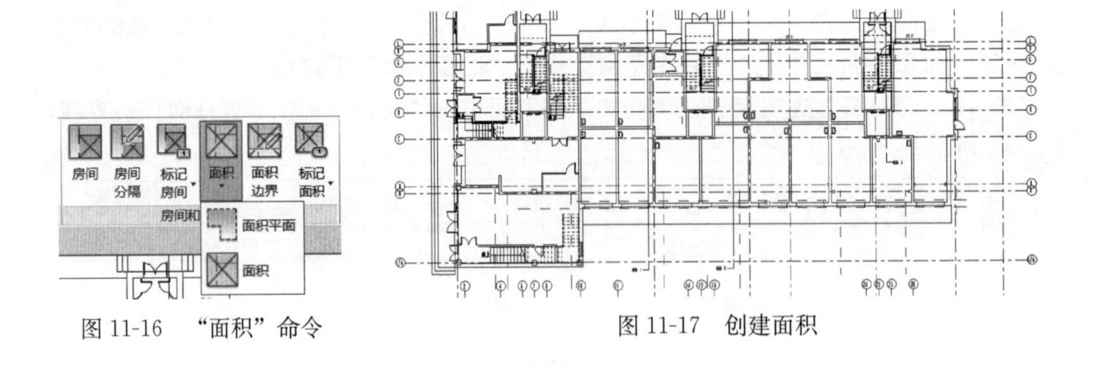

图 11-16　“面积”命令　　　　图 11-17　创建面积

创建面积标签，直接放置，如图 11-18 所示。

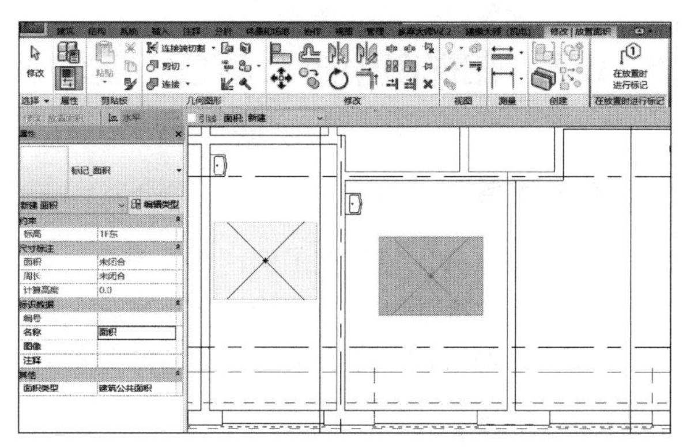

图 11-18　放置面积标签

11.2.4　创建面积颜色方案

方法同房间颜色方案，在“方案类型”中选择“面积（净面积）”选项，如图 11-19、图 11-20 所示。

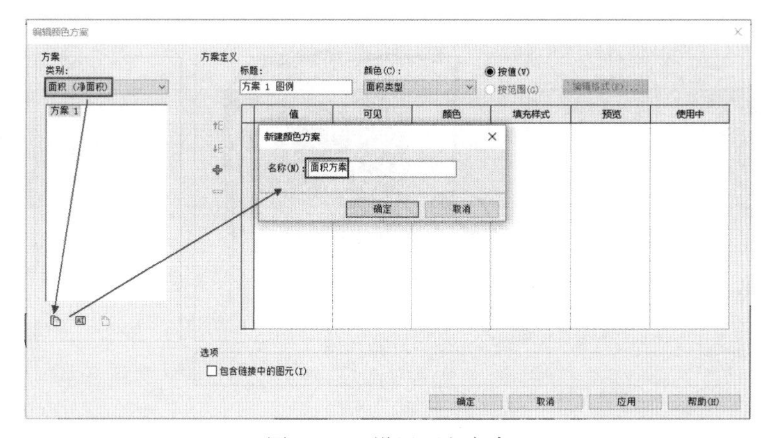

图 11-19　设置面积方案

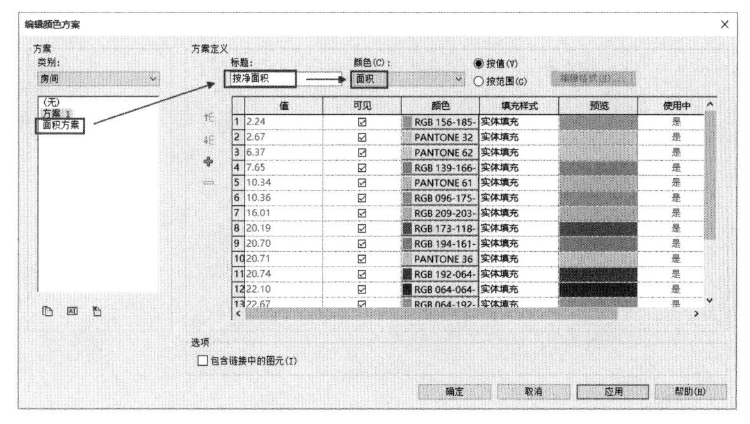

图 11-20　颜色方案

任务 11.3　在视图中进行颜色方案的放置

11.3.1　放置房间颜色方案

（1）转到平面视图，在注释里选择颜色填充图例，在视图空白区域放置图例。
（2）放置好的图例是没有定义颜色方案的，选取图例，上下文选项卡出现“编辑方案”按钮。
（3）弹出对话框，选择事先编辑好的颜色方案，完成房间颜色方案。

11.3.2　放置面积颜色方案

转到面积平面视图“面积平面（净面积）F1”，在注释里选择颜色填充图例，在视图空白区域放置图例，与放置房间颜色方案图例不同，面积方案图例会直接弹出对话框，选择面积颜色方案，我们选择实现编辑好的面积颜色方案即可，详见操作演示 11-1。

单元 11 小结

练习题 11

根据宿舍楼 . rvt 文件，对宿舍楼房间进行标记并创建面积。

宿舍楼 . rvt

学习单元 12　提取明细表

知识目标：

熟悉实例和类型明细表。
掌握定义明细表和颜色图表。
掌握材质提取明细表。
熟悉共享参数明细表。

能力目标：

能够创建实例和类型明细表。
会使用定义明细表和颜色图表。
会使用材质提取明细表。
能够创建共享参数明细表。

明细表是Revit软件的重要组成部分。通过定制明细表，可以从所创建的Revit模型中获取项目应用中所需要的各类项目信息，应用表格的表达形式直观。创建明细表、数量和材质提取，以确定并分析在项目中使用的构件和材质。明细表是模型的另一种视图。明细表显示项目中任意类型图元的列表，并以表格形式显示信息，这些信息是从项目中的图元属性中提取的，可以将明细表导出到其他软件程序中，如电子表格程序。

修改项目时，所有明细表都会自动更新。例如，如果移动一面墙，则房间明细表中的面积也会相应更新。修改项目中建筑构件的属性时，相关的明细表会自动更新。例如，可以在项目中选择一扇门并修改其制造商属性，门明细表将反映制造商属性的变化。

任务 12.1　创建实例和类型明细表

12.1.1　创建实例明细表

（1）单击“视图”选项卡下“创建”面板中的“明细表”下拉按钮，在弹出的下拉列表中选择“明细表/数量”命令。在弹出的“新建明细表”对话框中选择要统计的构件类别，如窗。设置明细表名称，选中“建筑构件明细表”单选按钮，设置明细表应用阶段，单击“确定”按钮，如图12-1所示。

（2）“字段”选项卡。从“可用字段”列表框中选择要统计的字段，单击“添加”按钮，将其移动到“明细表字段”列表框中，利用“上移”、“下移”按钮调整字段顺序，如图12-2所示。

（3）“过滤器”选项卡。设置过滤器可以统计其中部分构件，不设置则统计全部构件，如图 12-3 所示。

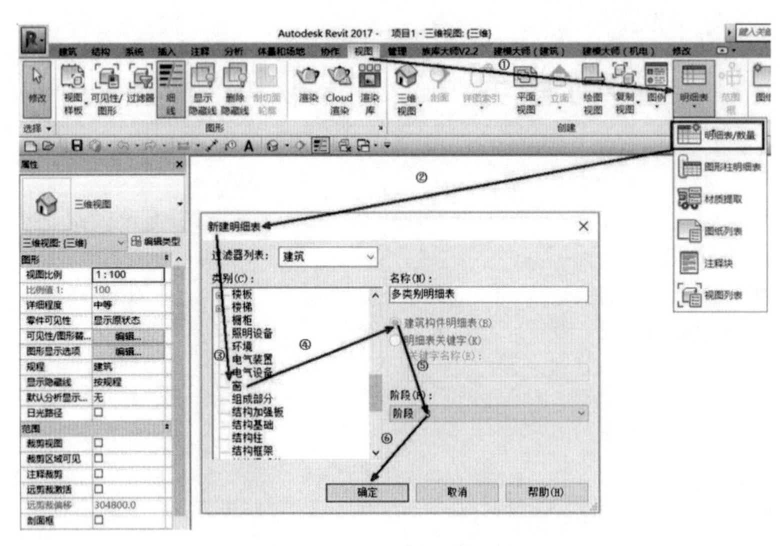

图 12-1　创建实例明细表

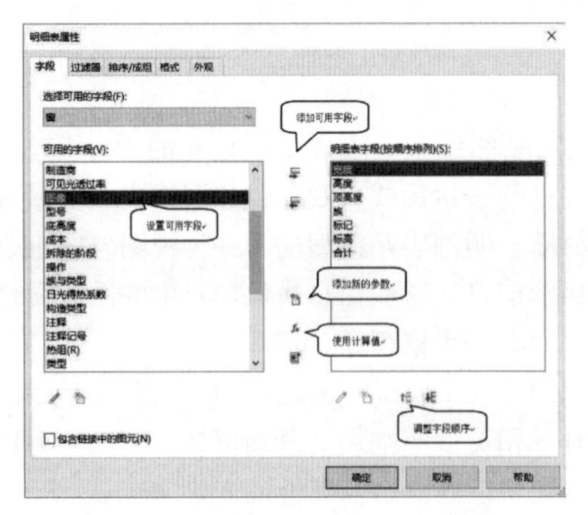

图 12-2　设置明细表“字段”属性

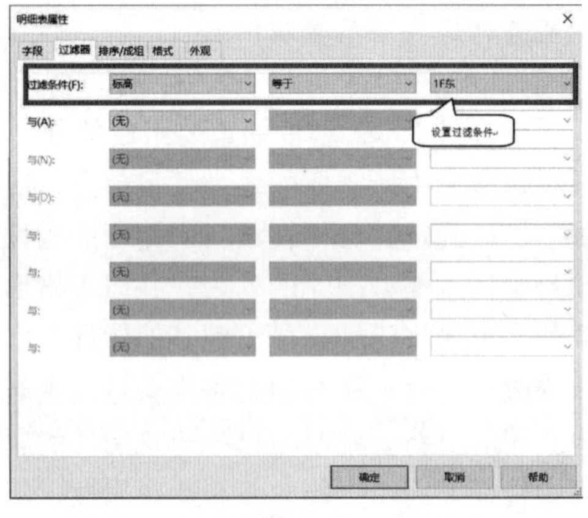

图 12-3　设置明细表“过滤器”属性

（4）“排序/成组”选项卡。设置排序方式，启用“总计”和“逐项列举每个实例”复选框，如图 12-4 所示。

（5）“格式”选项卡。设置字段在表格中的标题名称（字段和标题名称可以不同，如“类型”可修改为窗编号）、方向、对齐方式，需要时可启用“计算总数”复选框，如图 12-5 所示。

（6）“外观”选项卡。设置表格线宽、标题和正文文字字体与大小，单击“确定”按钮，如图 12-6 所示。

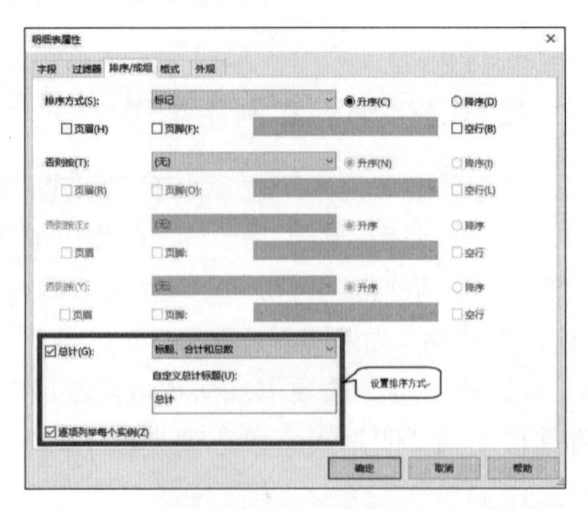

图 12-4　设置明细表“排序/成组”属性

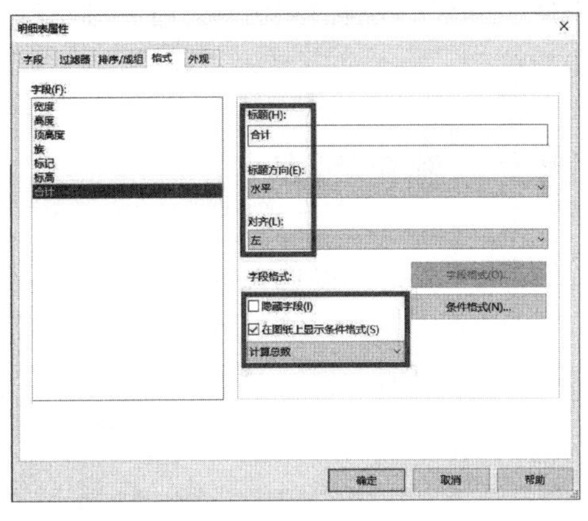

图 12-5　“格式”选项卡

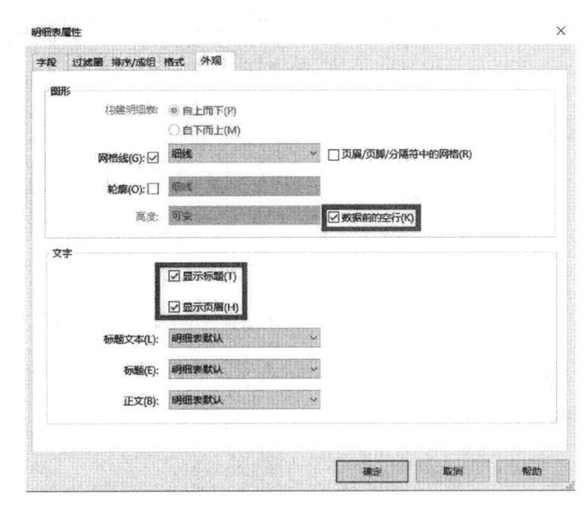

图 12-6　“外观”选项卡

12.1.2　创建类型明细表

在实例明细表视图左侧“视图属性”面板中点击“排序/成组”对应的“编辑”按钮，在“排序/成组”选项卡中禁用“逐项列举每个实例（Z）”复选框。

注意：“排序方式”选择构件类型，确定后自动生成类型明细表。

12.1.3　创建关键字明细表

（1）点击“视图”选项卡下“创建”面板中的“明细表”下拉列表内“明细表/数量”命令。在弹出的“新明细表”对话框中选择要统计的构件类别，如房间。设置明细表名称，选中“明细表关键字”单选按钮，输入“关键字名称”，单击“确定”按钮，如图 12-7 所示。

（2）按 12.1.1 创建实例明细表中步骤设置明细表的字段、排序/成组、格式、外观等属性。

（3）在功能区，单击“行”面板中的“插入”按钮，向明细表中添加新行，创建新关键字，并填写每个关键字的相应信息，如图 12-8 所示。

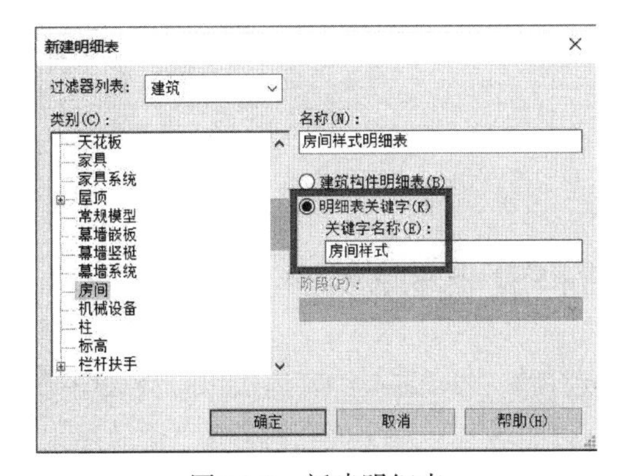

图 12-7　新建明细表

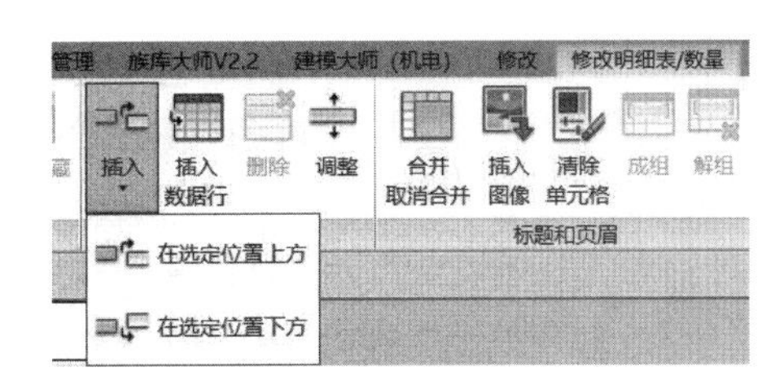

图 12-8　创建新关键字

（4）将关键字应用到图元中。在图形视图中选择含有预定义关键字的图元。

（5）将关键字应用到明细表。按上述步骤新建明细表，选择字段时添加关键字名称字段，如“房间样式”，设置表格属性，单击“确定”按钮。

任务 12.2　定义明细表和颜色图表

明细表可包含多个具有相同特征的项目，如房间明细表中可能包含 100 个带有相同的地板、天花板和基面涂层的房间。在 Revit 中，可以方便地定义，可自动填写信息的关键字，而无须手动为明细表包含的 100 个房间输入所有这些信息。创建房间颜色图表的具体操作步骤如下：

（1）在对房间应用颜色填充之前，单击“建筑”选项卡下“房间和面积”面板中的“房间”工具，在平面视图中创建房间，并给不同的房间指定名称。

（2）单击“分析”选项卡下的“颜色填充”工具，在“属性”对话框中单击“编辑类型”按钮，弹出“类型属性”对话框，设置其颜色方案的基本属性，如图 12-9 所示。

（3）单击放置颜色方案，并再次选择颜色方案图例，此时自动激活“修改｜颜色填充实例”上下文选项卡，点击“方案”面板中的“编辑方案”工具，如图 12-10 所示，弹出“编辑颜色方案”对话框。

（4）从“颜色”下拉列表中选择“名称”为填色方案，修改房间的颜色值，单击“确定”按钮，退出对话框，此时房间将自动填充颜色。

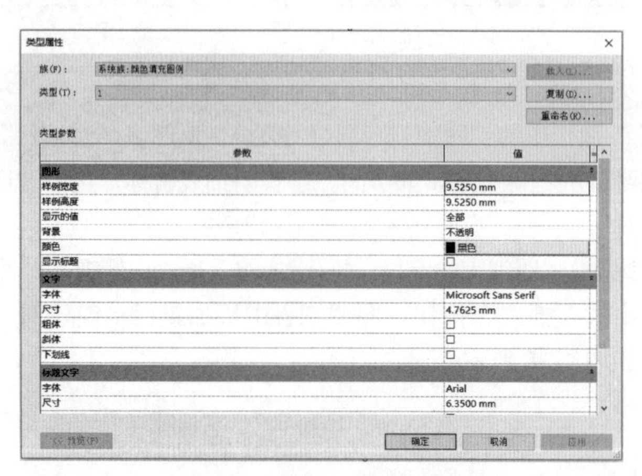

图 12-9　颜色方案的类型属性

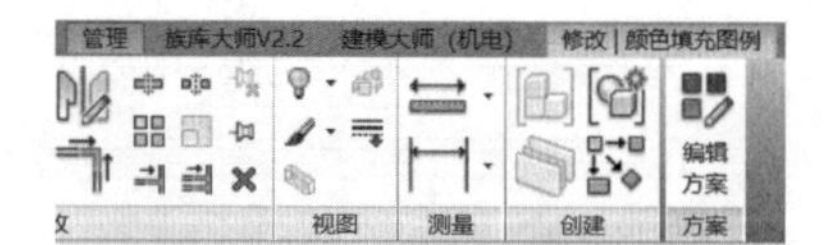

图 12-10　填色方案

任务 12.3　材质提取明细表

添加提供详细信息（如项目构件会使用何种材质）的明细表，具体操作步骤如下。

（1）单击“视图”选项卡下“创建”面板中“明细表”下拉列表内的“材质提取”命令，如图 12-11 所示。

（2）在弹出的“新建材质提取”对话框中，选择材质提取明细表的类别，然后单击”确定”按钮，如图 12-12 所示。

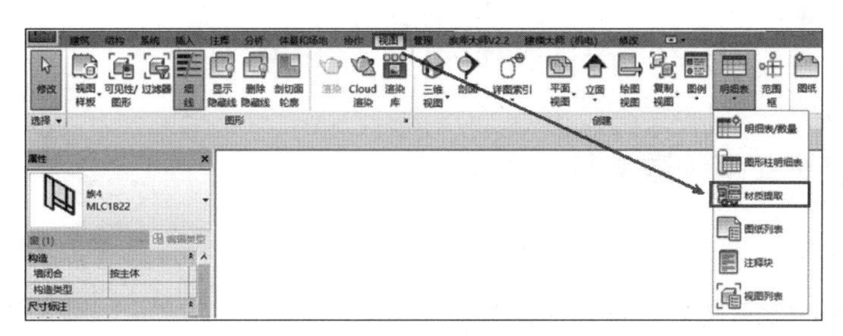

图 12-11　材质提取

（3）在“材质提取属性”对话框中，为“可用字段”选择材质特性。

（4）可以选择对明细表进行排序、成组或格式操作，如图 12-13 所示。

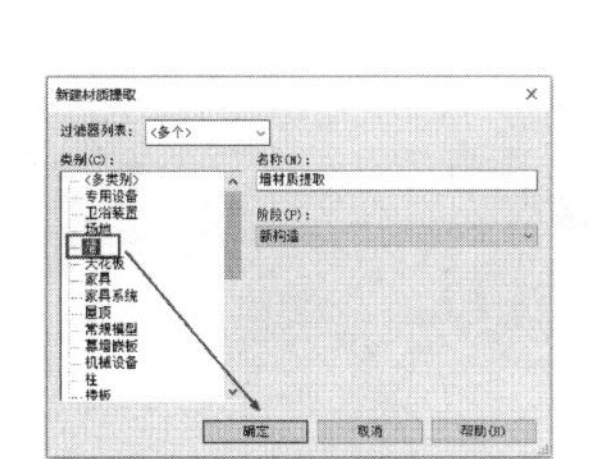

图 12-12　新建材质提取

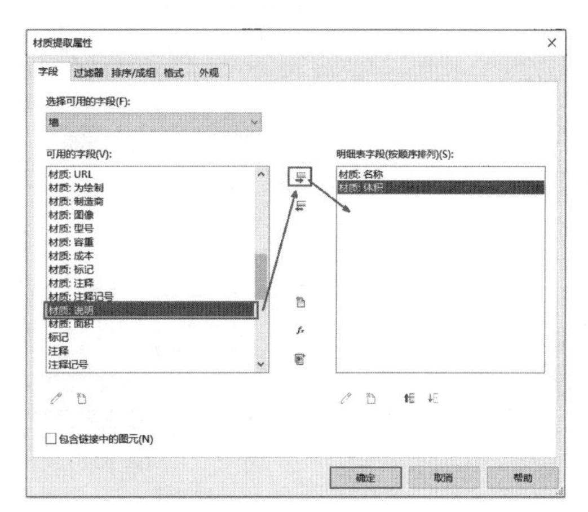

图 12-13　材质提取

（5）单击“确定”按钮以创建材质提取明细表，如图 12-14 所示。

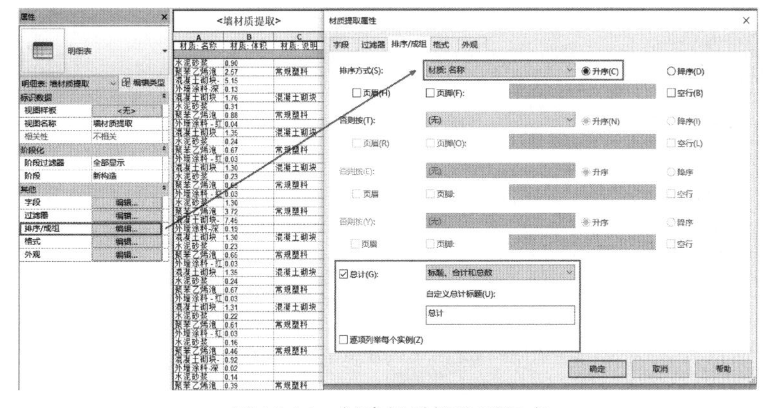

图 12-14　创建材质提取明细表

此时显示材质提取明细表，并且该视图将在项目浏览器的“明细表/数量”类别下列出。

任务 12.4 创建共享参数明细表

12.4.1 创建共享参数文件

（1）单击“管理”选项卡下“设置”面板中的“共享参数”工具，弹出“编辑共享参数”对话框，如图 12-15 所示。单击“创建”按钮，在弹出“创建共享参数文件”的对话框中设置共享参数文件的保存路径和名称，单击“确定”按钮，如图 12-16 所示。

图 12-15 编辑共享参数

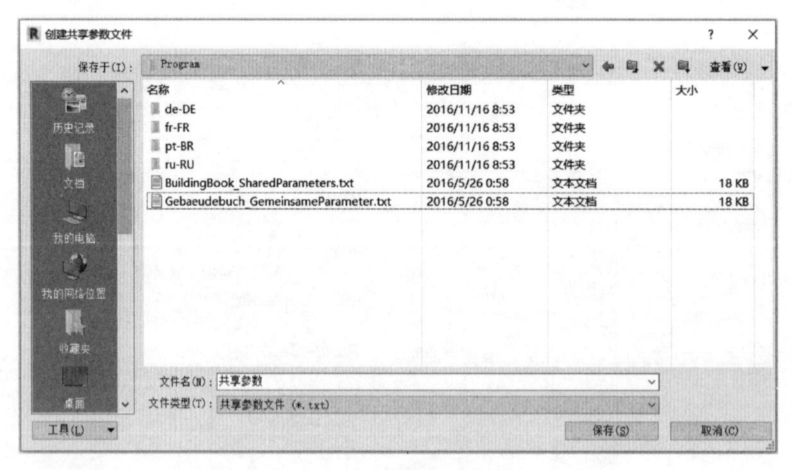

图 12-16 创建共享参数

（2）单击“组”选项区域的“新建”按钮，在弹出的对话框中输入组名创建参数组；单击“参数”选项区域的“新建”按钮，在弹出的对话框中设置参数的名称、类型，给参数组添加参数。确定创建共享参数文件，如图 12-17 所示。

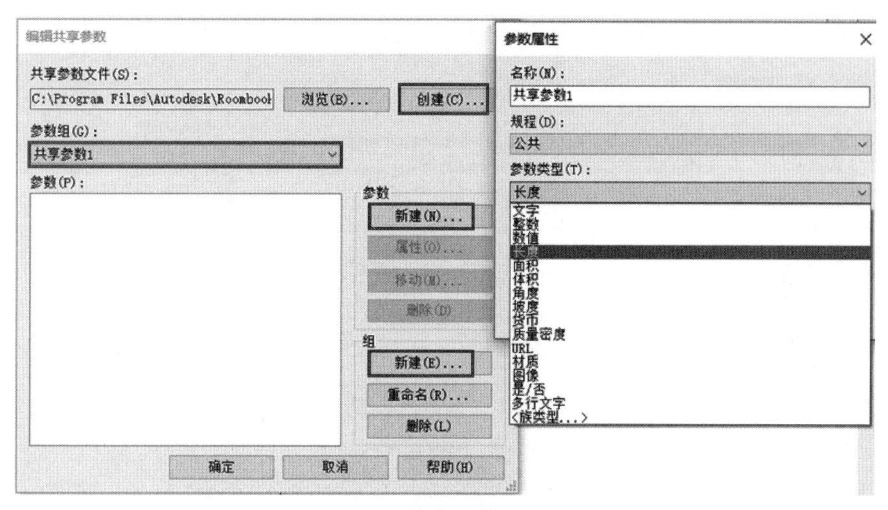

图 12-17　创建共享参数文件

12.4.2　创建多类别明细表

（1）单击“视图”选项卡下“创建”面板中的“明细表”下拉列表中的“明细表/数量”命令，在弹出的“新建明细表”对话框的列表中选择“多类别”选项，单击“确定”按钮。

（2）在“字段”选项卡中选择要统计的字段及共享参数字段，点击“添加”按钮移动到“明细表字段”列表中，也可单击“添加参数”按钮，选择共享参数。

（3）设置过滤器、排序/成组、格式、外观等属性，确定创建多类别明细表。

任务 12.5　在明细表中使用公式

在明细表中可以通过给现有字段应用计算公式来求得所需要的值，例如，可以根据每一种墙类型的总面积创建项目中所有墙的总成本的墙明细表。

（1）按上节所述步骤新建构件类型明细表，如墙类型明细表，选择统计字段：合计、族与类型、成本、面积，设置其他表格属性。

（2）在“成本”一列的表格中输入不同类型墙的单价。在“属性”面板中单击“字段参数”后的“编辑”按钮，打开“表格属性”对话框的“字段”选项卡。

（3）单击“计算值”按钮，弹出“计算值”对话框，输入名称（如总成本）、计算公式[如“成本×面积/（1000.0）”]，选择字段类型（如面积），单击“确定”按钮。

（4）明细表中会添加一列“总成本”，其值自动计算，如图 12-18 所示。

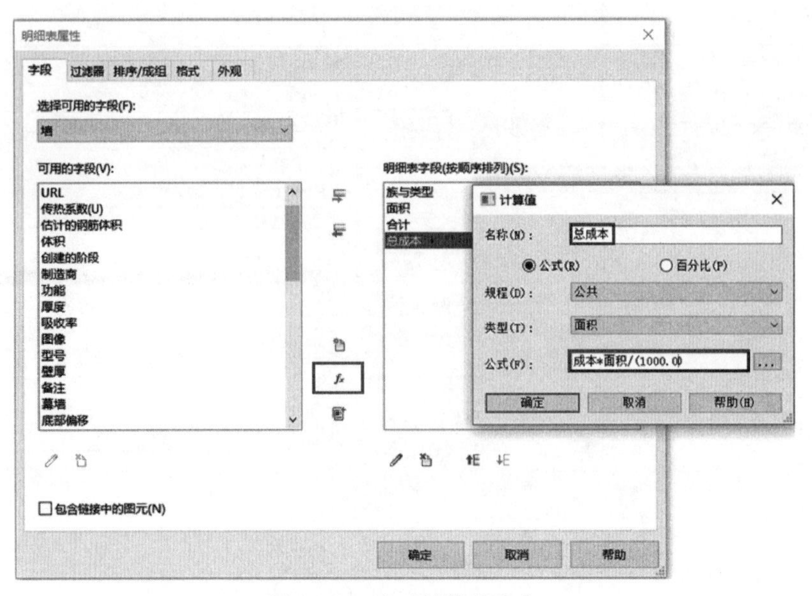

图 12-18　自动计算总成本

说明：“/（1000.0)”是为了隐藏结算结果中的单位，否则计算结果中会含有“面积”字段的单位。

单元 12 小结

练习题 12

根据宿舍楼 . rvt 文件，对宿舍楼提取门窗明细表。

宿舍楼 . rvt

学习单元 13　渲染外观和创建漫游

知识目标：

掌握材质和贴花设置的方法。
掌握相关的渲染设置方法。
掌握渲染操作的方法。
掌握漫游的创建方法。

能力目标：

能使用材质和贴花进行设置。
能使用相关设置进行渲染操作。
能创建漫游路径和编辑漫游。

在 Revit 建筑设计过程中，当创建的模型经过渲染处理后，其表面将会显示出明暗色彩和光照效果，形成非常逼真的图像。

Revit 软件集成了 Mental Ray 渲染引擎，可以生成建筑模型的照片级真实渲染图像，便于展示设计的最终效果。

在 Revit 中，用户可以通过以下流程进行渲染操作：创建渲染三维视图→指定材质渲染外观→定义照明→配景设置→渲染设置以及渲染图像→保存渲染图像。渲染的图像使人更容易想象三维建筑模型的形状和大小，并且渲染图最具真实感，能清晰地反映模型的结构形状。

任务 13.1　赋予材质渲染外观

（1）进入三维视图，选择图元（墙体）设置材质，如图 13-1 所示。

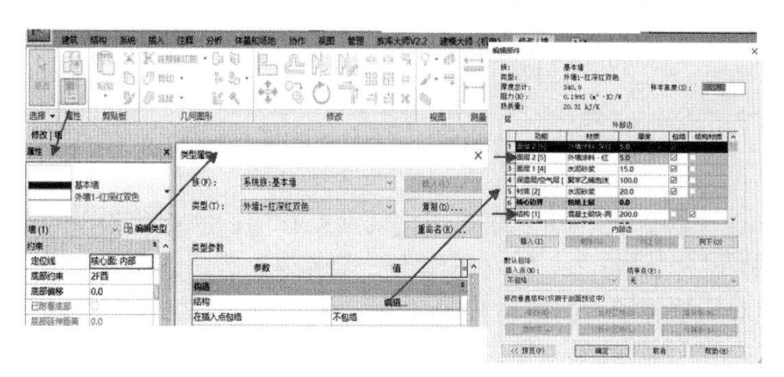

图 13-1　设置材质

（2）设置材质浏览器，单击材质中的材料，点击右上角，打开材质浏览器，设置材质如

图 13-2 所示。

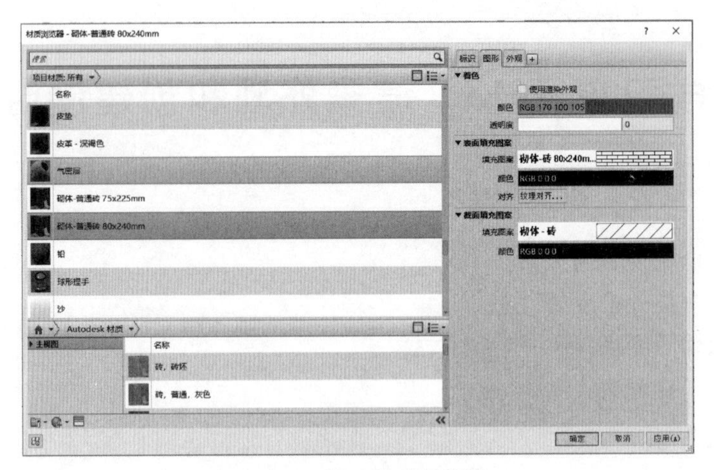

图 13-2　设置材质浏览器

任务 13.2　贴　　花

贴花类型包含以下任一图像类型：. bmp、. jpg、. jpeg 和 . png。

13.2.1　创建贴花类型

（1）单击“插入”选项卡下“链接”面板中“贴花”下拉列表内的“贴花类型”命令，如图 13-3 所示。

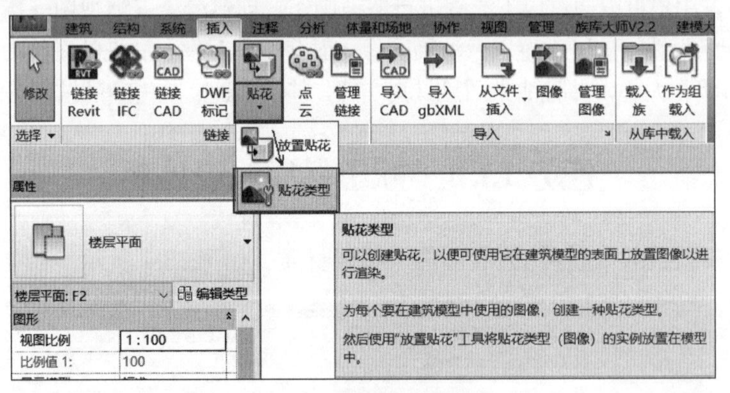

图 13-3　设置贴花类型

（2）在“贴花类型”对话框中，单击“创建新贴花”按钮，如图 13-4 所示。

（3）在“新贴花”对话框中，为贴花输入一个名称，然后单击“确定”按钮。“贴花类型”对话框将显示新的贴花名称及其属性。

（4）指定要使用的文件作为“图像文件”。

单击浏览定位到该文件。Revit 支持下列类型的图像文件：. bmp、. jpg、. jpeg 和 . png，如图 13-5 所示。

（5）指定贴花的其他属性。单击“确定”按钮。

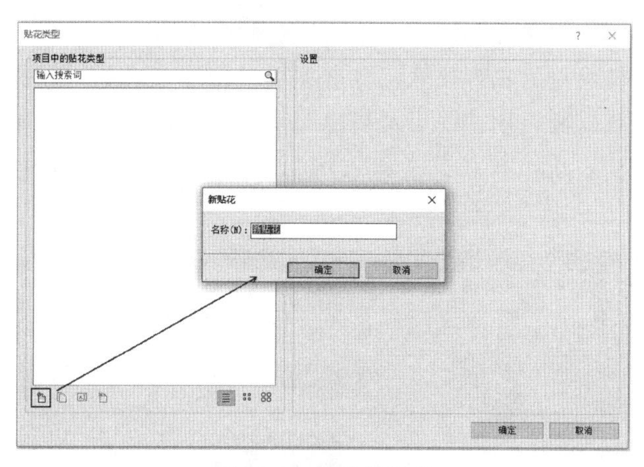
图 13-4　创建新贴花

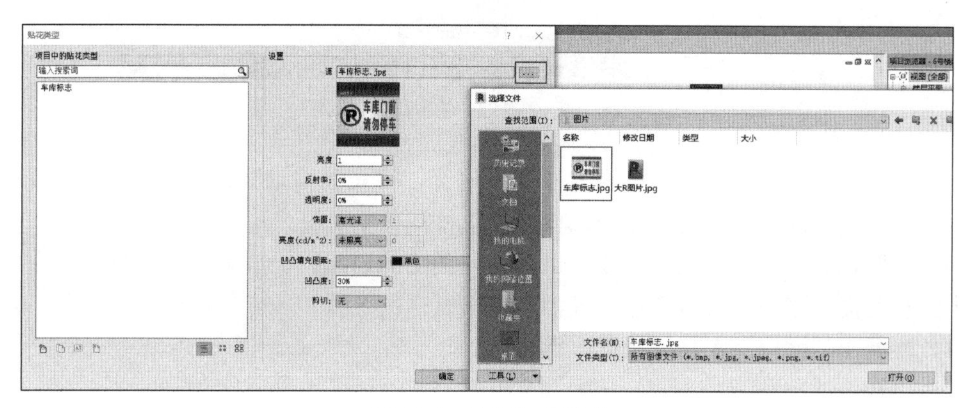
图 13-5　设定贴花类型

13.2.2　放置贴花

在二维视图或三维正交视图中放置贴花。

（1）在 Revit 项目中，打开二维视图和三维正交视图。

该视图必须包含一个可以在其上放置贴花的平面或圆柱形表面，否则无法将贴花放置在三维透视视图中。

（2）单击“插入”选项卡下“链接”面板中“贴花”下拉列表内的“放置贴花”命令，如图 13-6 所示。

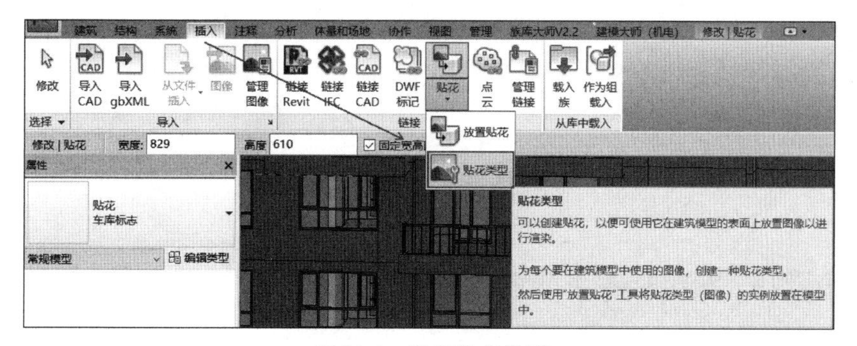
图 13-6　设置贴花类型

（3）在类型选择器中，选择要放置到视图中的贴花类型。

（4）如果需要修改贴花的物理尺寸，在选项栏中输入“宽度”和“高度”值。要保持这些尺寸标注间的长宽比，需启用“固定宽高比”复选框，如图 13-7 所示。

（5）在绘图区域中，单击要在其上放置贴花的水平表面（如墙面或屋顶面）或圆柱形表面。

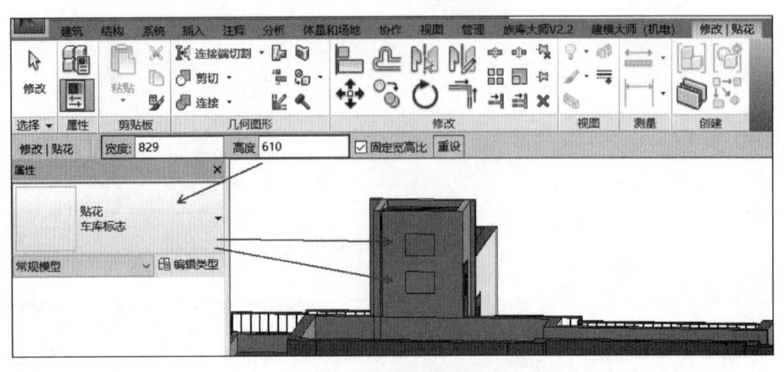

图 13-7　放置贴花

贴图在所有未渲染的视图中显示为一个占位符，将光标移动到该贴图或选中该贴图时，它显示为矩形横截面。详细的贴花图像仅在已渲染图像中可见。

（6）放置贴花之后，可以继续放置更多相同类型的贴花。要放置不同的贴花，在类型选择器中选择所需的贴花，然后在建筑模型上单击所需的位置，

（7）要退出“贴花”工具，按 Esc 键两次。

任务 13.3　相　　机

13.3.1　相机的创建

（1）打开一个平面视图、剖面视图或立面视图。

（2）单击“视图”选项卡下“创建”面板中“三维视图”下拉列表内的“相机”命令，如图 13-8 所示。

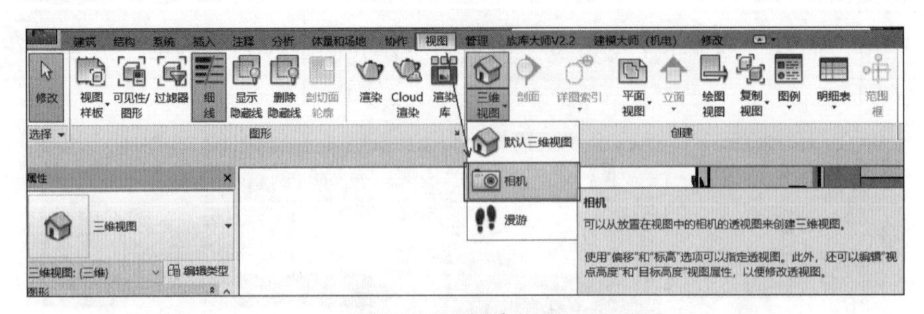

图 13-8　创建相机

（3）在绘图区域中单击以放置相机。将光标拖曳到所需目标然后单击即可放置，如图 13-9 所示。

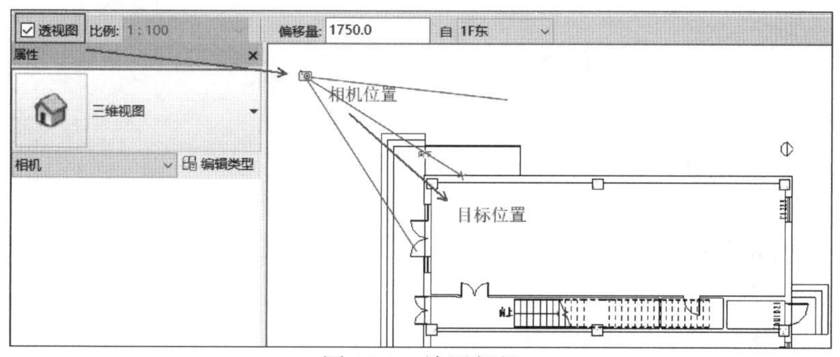

图 13-9　放置相机

注意：如果禁用选项栏上的“透视图”复选框，则创建的视图会是正交三维视图，不是透视视图，如图 13-10 所示。

图 13-10　正交三维视图

13.3.2　修改相机设置

选中相机，在“属性”选项面板里修改“视点高度”和“目标高度”以及“远裁剪偏移”。也可在绘图区域拖拽视点和目标点的水平位置，如图 13-11 所示。

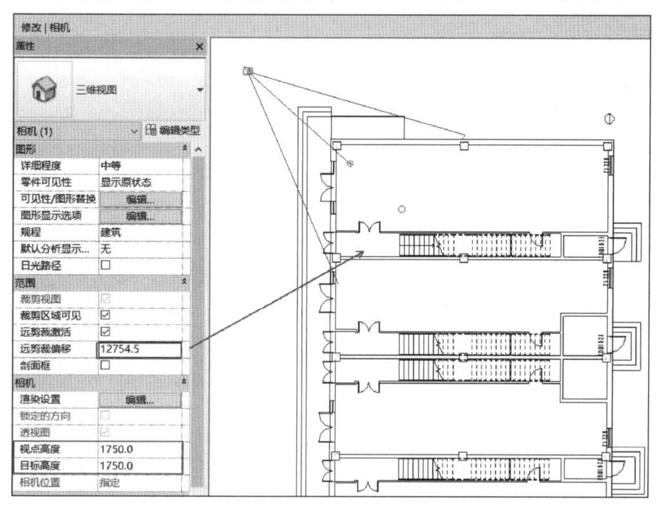

图 13-11　设置相机

任务 13.4　渲　　染

渲染的具体操作步骤如下：

（1）创建建筑模型的三维视图。

（2）对已完成的模型指定材质进行渲染外观，并将材质应用到模型图元。

（3）（可选）将以下内容添加到建筑模型中：

① 植物；② 物、汽车和其他环境；③ 贴花。

（4）定义渲染设置，点击视图，对渲染的参数进行设置，如图 13-12 所示。

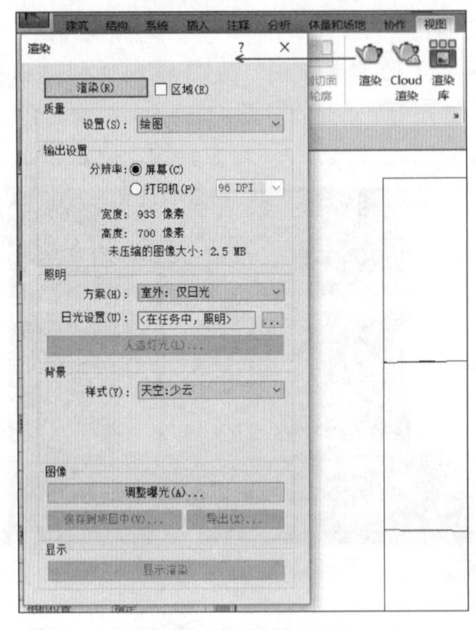

图 13-12　渲染设置

（5）渲染图像。点击保存到项目中，填好名称确定后保存渲染图像，如图 13-13、图 13-14 所示。

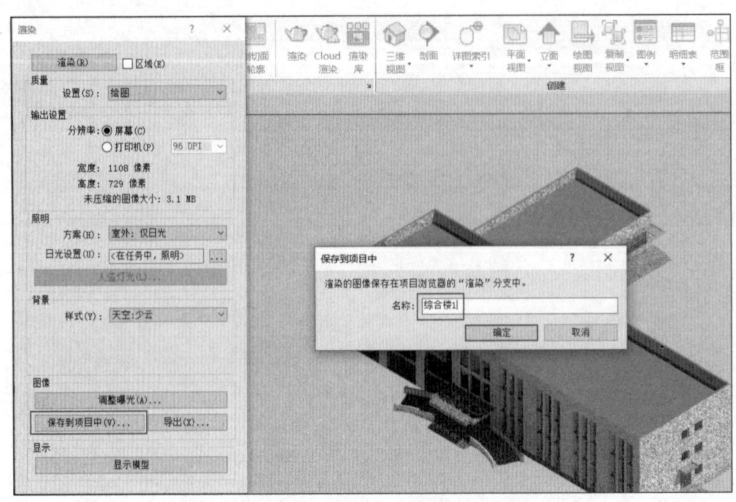

图 13-13　渲染图像

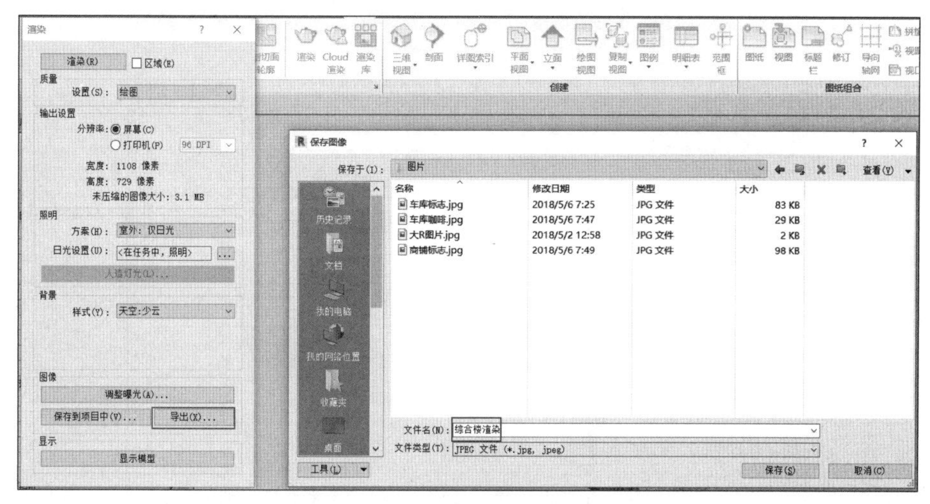

图 13-14　保存渲染图像

任务 13.5　漫　　游

漫游是指沿着定义的路径移动的相机，该路径由帧和关键帧组成。关键帧是指可在其中修改相机方向和位置的可修改帧。默认情况下，漫游创建为一系列透视图，但也可以创建为正交三维视图。

13.5.1　创建漫游路径

（1）打开要放置漫游路径的视图。注意，通常在平面视图创建漫游，也可以在其他视图（包括三维视图、立面视图及剖面视图）中创建漫游。

（2）单击“视图”选项卡下“创建”面板中“三维视图”下拉列表中的“漫游”命令，如图 13-15 所示。如果需要，在选项栏上禁用“透视图”复选框，将漫游作为正交三维视图创建。

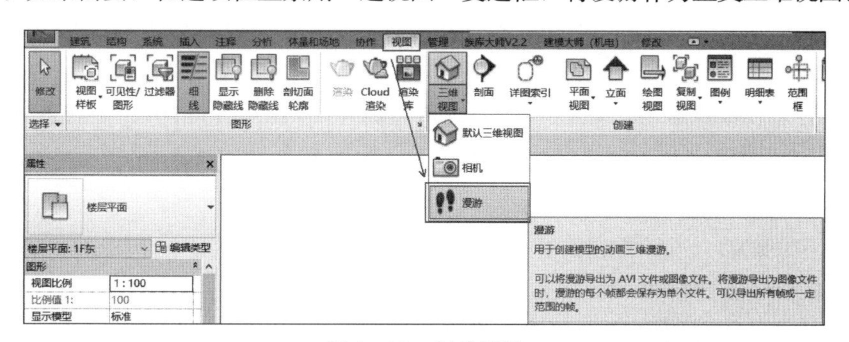

图 13-15　创建漫游

（3）如果在平面视图中，通过设置相机距所选标高的偏移，可以修改相机的高度。在“偏移”文本框内输入高度，并从“自”中选择标高。这样相机将显示为沿楼梯梯段上升。

（4）将光标放置在视图中并单击以放置关键帧。沿所需方向移动光标以绘制路径，如图 13-16 所示。

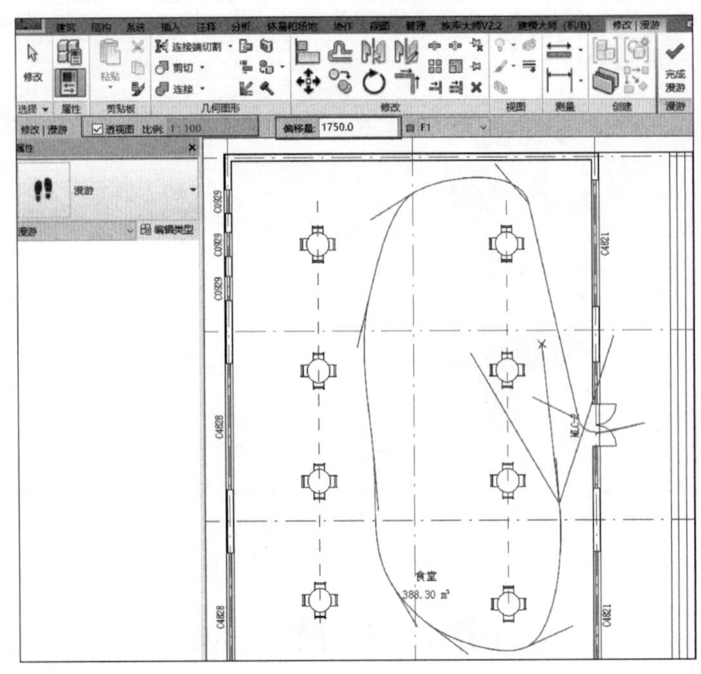

图 13-16 设置绘制路径

（5）要完成漫游路径，可以执行下列任一操作：

方法一：单击“完成漫游”按钮。

方法二：双击结束路径创建。

方法三：按 Esc 键。

13.5.2 编辑漫游

1. 编辑漫游路径

（1）编辑漫游路径

① 在项目浏览器中，右击漫游视图名称，然后在弹出的快捷菜单中选择“显示相机”命令。

② 要移动整个漫游路径，请将该路径拖曳至所需的位置。也可以使用“移动”工具。

③ 若要编辑路径，单击“修改 | 相机”选项卡下“漫游”面板中的“编辑漫游”工具，如图 13-17 所示。

可以从下拉菜单中选择要在路径中编辑的控制点。控制点会影响相机的位置和方向。

（2）将相机拖曳到新帧

① 在选项栏中，选择“活动相机”作为“控制”。

② 沿路径将相机拖曳到所需的帧或关键帧。相机将捕捉关键帧。

③ 也可以在“帧”文本框中键入帧的编号。

④ 在相机处于活动状态且位于关键帧时，可以拖曳相机的目标点和远剪裁平面。

如果相机不在关键帧处，则只能修改远裁剪平面。

（3）修改漫游路径

① 在选项栏中，选择“路径”作为“控制”。关键帧变为路径上的控制点。

② 将关键帧拖曳到所需位置，如图 13-18 所示。

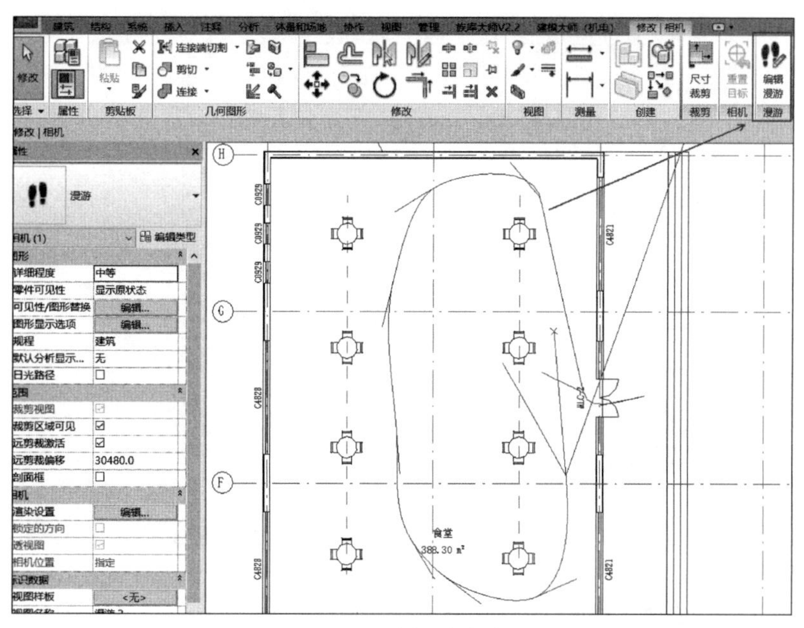

图 13-17　编辑漫游路径

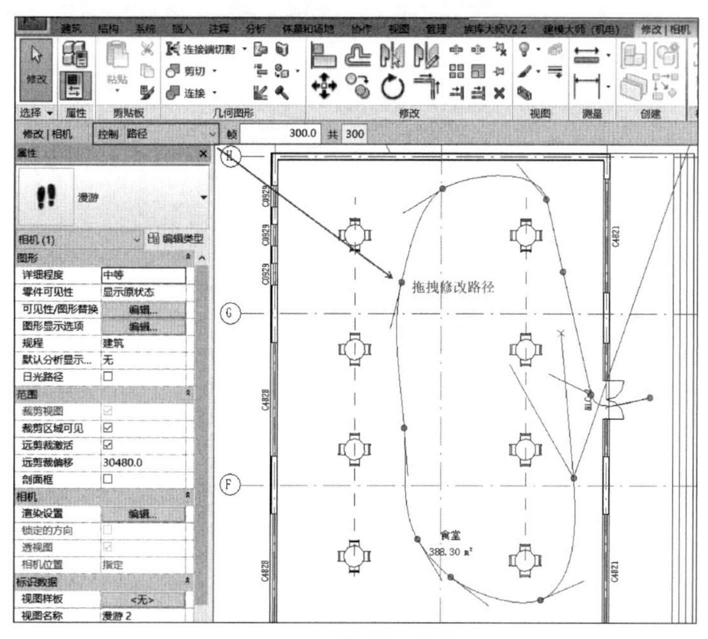

图 13-18　修改漫游路径

（4）添加关键帧

① 在选项栏中，选择“添加关键帧”作为“控制”。

② 沿路径放置光标并单击以添加关键帧，如图 13-19 所示。

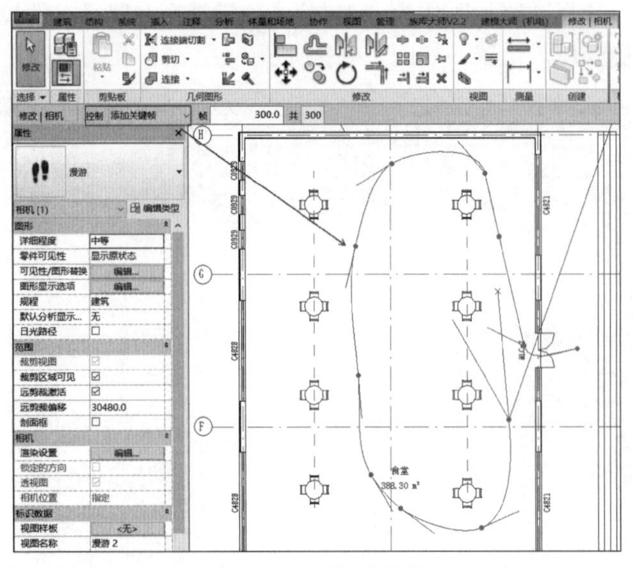

图 13-19　添加关键帧

（5）删除关键帧

① 在选项栏中，选择“删除关键帧”作为“控制”。

② 将光标放置在路径上的现有关键帧上，并单击以删除此关键帧，如图 13-20 所示。

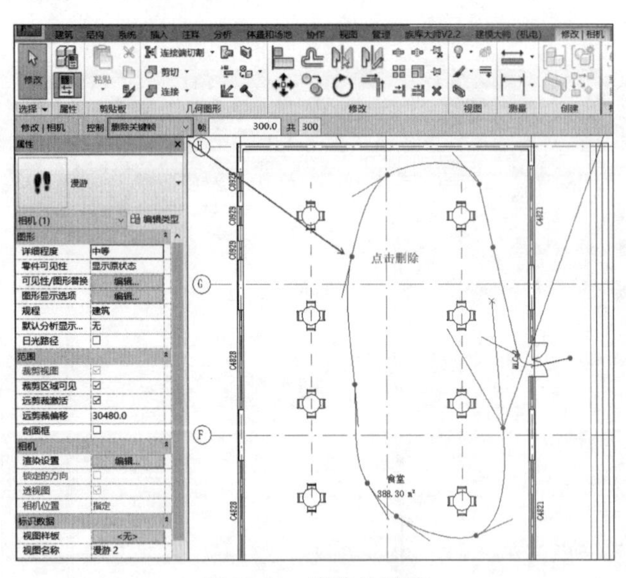

图 13-20　删除关键帧

2. 编辑时显示漫游视图

在编辑漫游路径过程中，可能需要查看实际视图的修改效果。若要打开漫游视图，单击“修改 | 相机”选项卡下“漫游”面板中的“打开漫游”工具，如图 13-21 所示。

（1）编辑漫游。单击“修改 | 相机”选项卡下“漫游”面板中的“编辑漫游”工具，如图 13-22 所示。

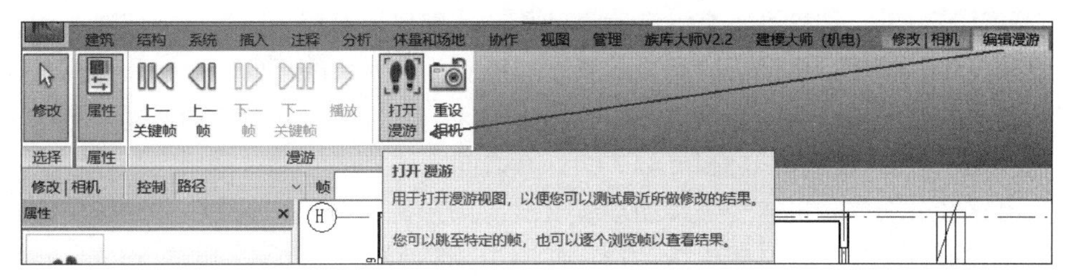

图 13-21　打开漫游

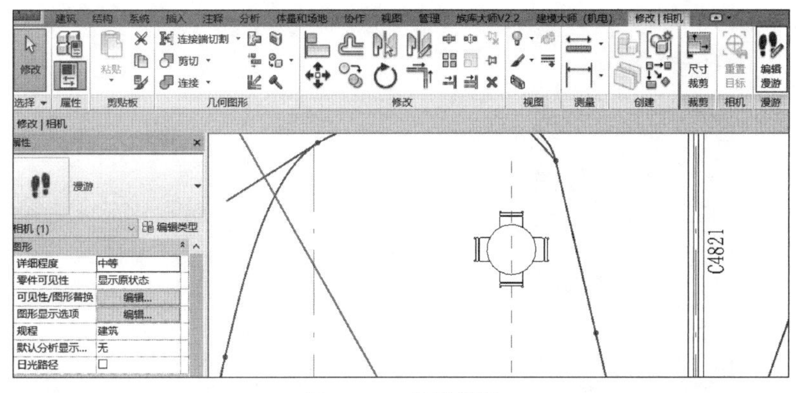

图 13-22　编辑漫游

（2）在选项栏上单击漫游帧编辑按钮 300，如图 13-23 所示。在弹出的“漫游帧”对话框中具有五个显示帧属性的列。

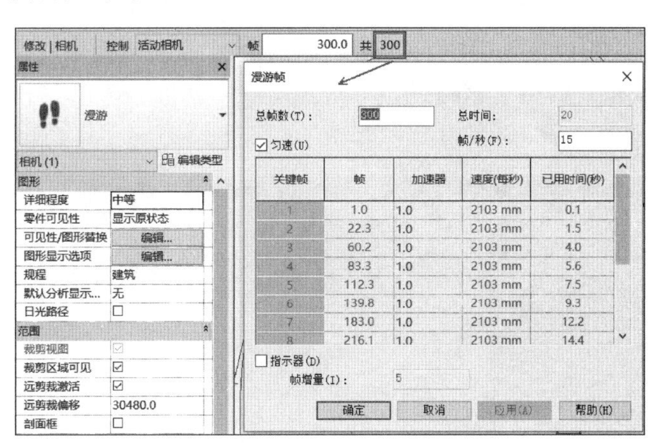

图 13-23　编辑漫游帧

①“关键帧”列显示了漫游路径中关键帧的总数。单击某个关键帧编号，可显示该关键帧在漫游路径中显示的位置。相机图标将显示在选定关键帧的位置上。

②“帧”列显示了显示关键帧的帧。

③“加速器”列显示了数字控制，可用于修改特定关键帧处漫游播放的速度。

④“速度”列显示了相机沿路径移动通过每个关键帧的速度。

⑤“已用时间”列显示了从第一个关键帧开始的已用时间。

（3）默认情况下，相机沿整个漫游路径的移动速度保持不变。通过增加或减少帧总数或者增加或减少每秒帧数，可以修改相机的移动速度。为两者中的任何一个输入所需的值。

（4）若要修改关键帧的快捷键值，可禁用“匀速”复选框，并在“加速器”列中为所需关键帧输入值。“加速器”有效值介于 0.1 和 10 之间。

（5）沿路径分布的相机。为了帮助理解沿漫游路径的帧分布，选择“指示符”。并输入增量值，将按照该增量值查看相机指示符，如图 13-24 所示。

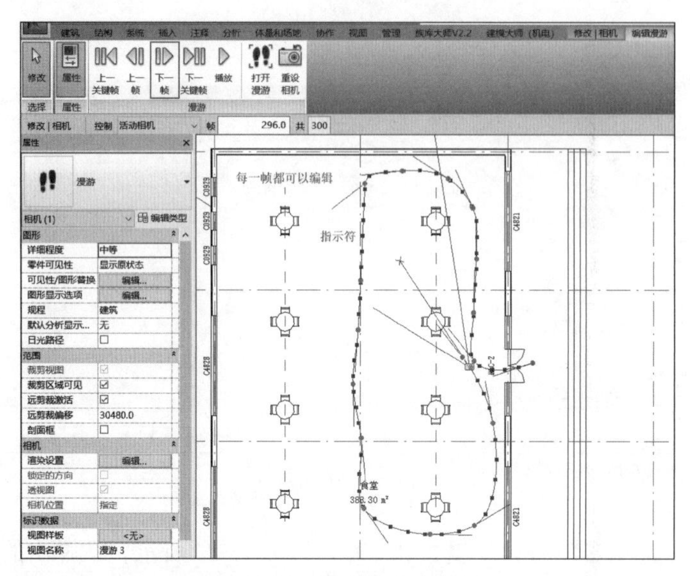

图 13-24　沿路径分布相机

（6）重设目标点。可以在关键帧上移动相机目标点的位置，例如，要创建相机环顾两侧的效果。要将目标点重设回沿着该路径，单击“修改｜相机”选项卡下“漫游”面板中的“重设相机”工具，如图 13-25 所示。

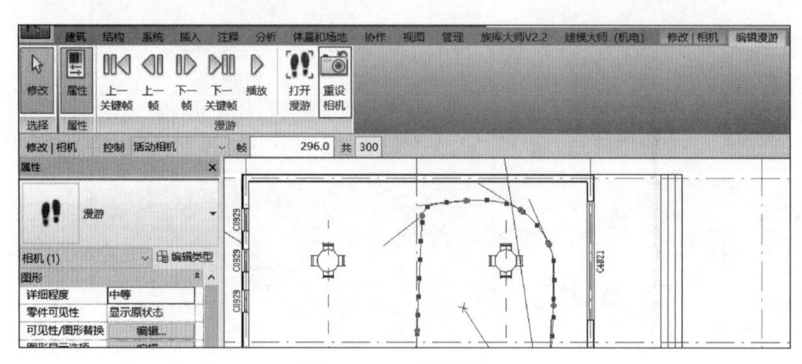

图 13-25　重设相机

13.5.3　导出漫游动画

可以将漫游导出为 AVI 或图像文件。

将漫游导出为图像文件时，漫游的每个帧都会保存为单个文件。

（1）单击“导出”→“图像和动画”→“漫游”命令，如图 13-26 所示。将打开“长度

/格式”对话框。

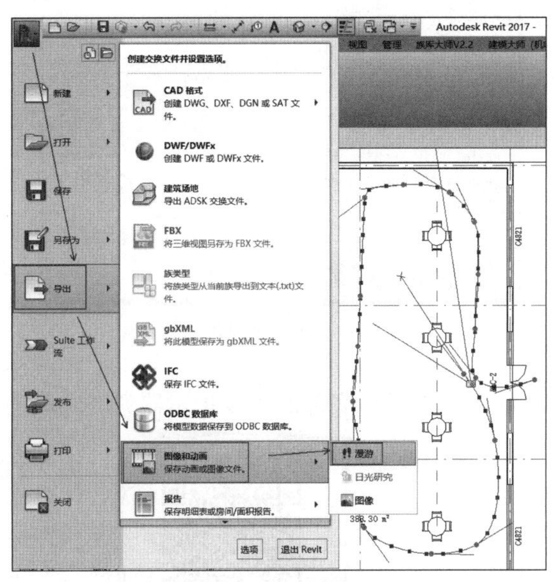

图 13-26　导出漫游动画

（2）在“输出长度”区域（图 13-27），请指定：

①“全部帧”，将所有帧包括在输出文件中。

②“帧范围”，仅导出特定范围内的帧。对于此选项，在输入框内输入帧范围。

③“帧/秒”，在改变每秒的帧数时，总时间会自动更新。

（3）在“格式”区域，将“视觉样式”、“尺寸标注”和“缩放”为实际尺寸的设置为需要的值，如图 13-28 所示。

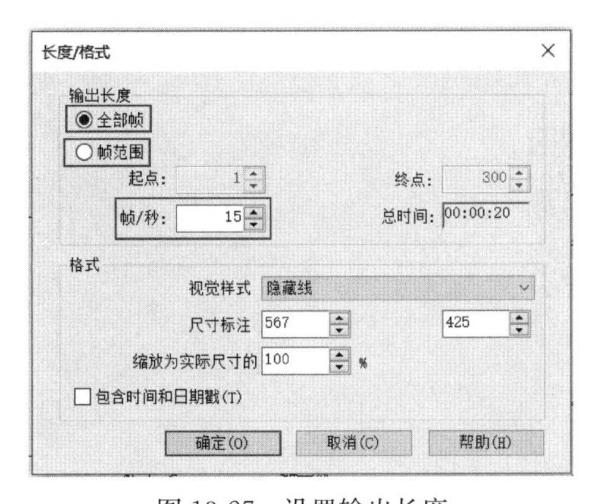

图 13-27　设置输出长度

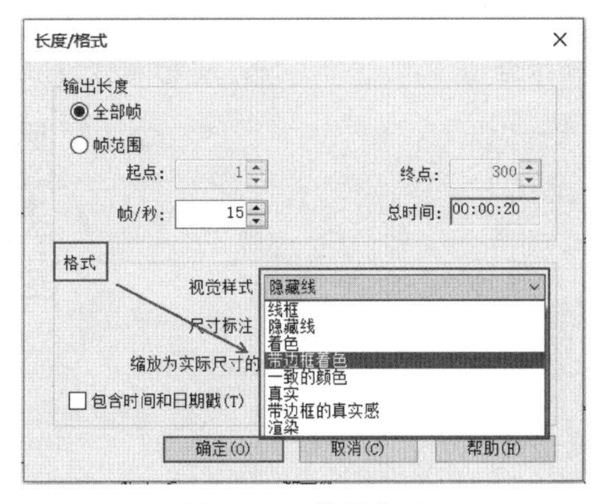

图 13-28　设置格式

（4）单击“确定”按钮。

（5）接受默认的输出文件名称和路径，或浏览至新位置并输入新名称。

（6）选择文件类型为 .avi 或图像文件（.jpeg、.tiff、.bmp 或 .png）。单击“保存”按钮。

（7）在“视频压缩”对话框中，从已安装在计算机上的压缩程序列表中选择视频压缩程序，如图 13-29 所示。

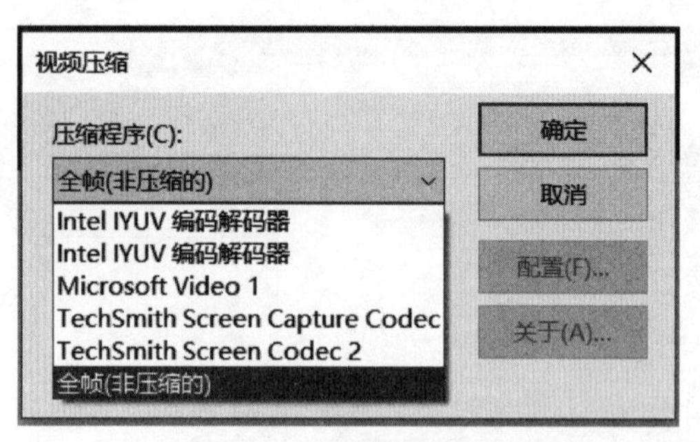

图 13-29　设置视频压缩程序

（8）停止记录 . avi 文件，单击屏幕底部的进度指示器旁的“取消”按钮，或按 Esc 键。

单元 13 小结

练习题 13

根据宿舍楼 . rvt 文件，对宿舍楼外观进行渲染并创建漫游。

宿舍楼 . rvt

学习单元 14　成果输出

知识目标：

掌握图纸的布置方式及创建方法。
掌握项目信息的设置选项。
掌握导出 CAD 文件的操作过程。
掌握打印的操作过程。

能力目标：

能创建图纸与设置相应的项目信息。
能够导出 CAD 文件。
会使用打印机打印图纸。

任务 14.1　创建图纸与设置项目信息

14.1.1　创建图纸

(1) 单击“视图”选项卡下“图纸组合”面板中的“图纸”工具，在弹出的“新建图纸”对话框中通过“载入”按钮会得到相应的图纸。这里选择载入图签中的“AI 公制”，单击“确定”按钮，完成图纸的新建，如图 14-1 所示。

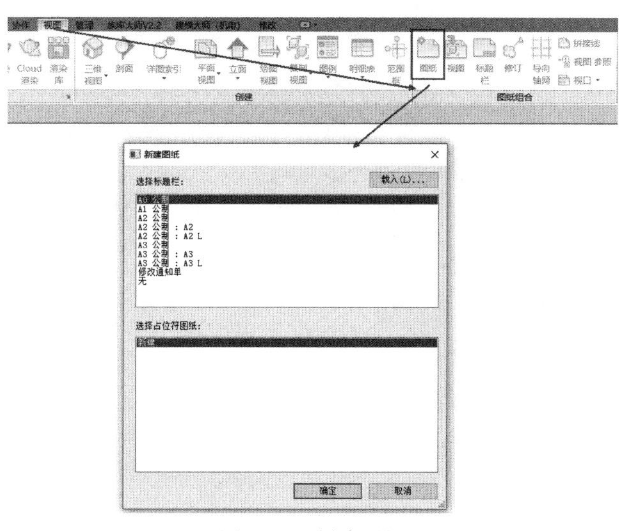

图 14-1　创建图纸

（2）此时创建一张图纸视图，如图 14-2 所示，创建图纸视图后，在项目浏览器中“图纸”项下自动增加图纸“J0-11”。

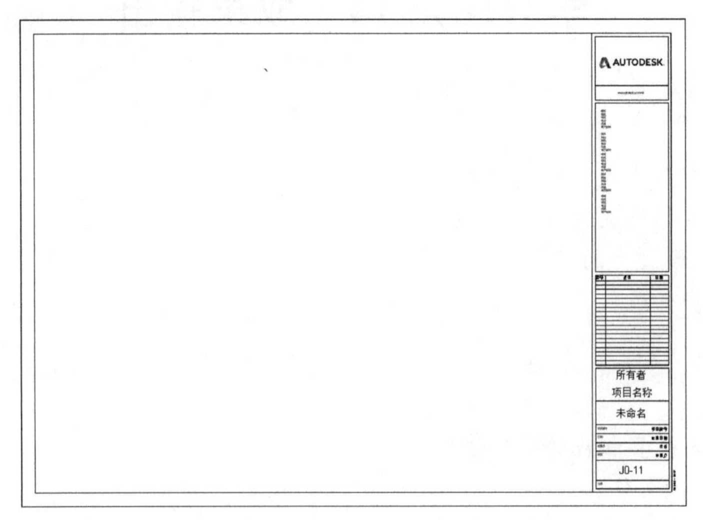

图 14-2　增加图纸

14.1.2　设置项目信息

（1）单击“管理”选项卡下“设置”面板中的“项目信息”工具，在弹出的“项目信息”对话框中按图示内容录入项目信息，单击“确定”按钮，完成录入，如图 14-3 所示。

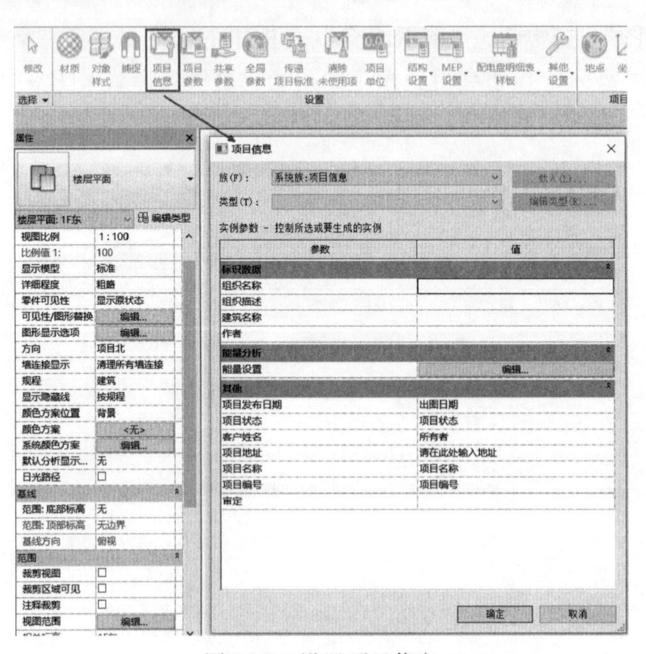

图 14-3　设置项目信息

（2）图纸中的审核者、设计者等内容可在图纸属性中进行修改，如图 14-4 所示。

图 14-4　图纸属性修改

（3）至此完成了图纸的创建和项目信息的设置。

任务 14.2　图例视图制作

（1）创建图例视图。单击“视图”选项卡下“创建”面板中“图例”下拉列表内的“图例”命令，在弹出的“新图例视图”对话框中输入名称为“图例 1”，单击“确定”按钮完成图例视图的创建，如图 14-5 所示。

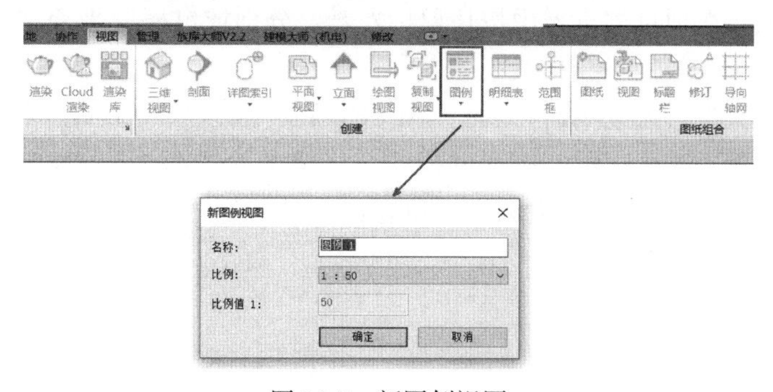

图 14-5　新图例视图

（2）选取图例构件。进入新建图例视图，单击“注释”选项卡下“详图”面板中“构件”下拉列表内的“图例构件”命令，按图示内容进行选项栏设置，完成后在视图中放置图例，如图 14-6 所示。

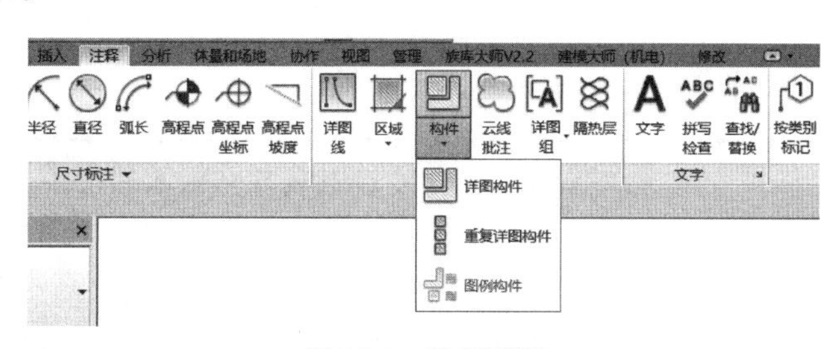

图 14-6　放置图例

(3) 重复上述操作，分别修改选项栏中的族为“墙：基本墙：CW102-50-100P”、“墙：基本墙：内部-砌块墙 190”、“墙：基本墙：内部-砌块墙 100”、“墙：基本墙：常规－90mm 砖”，在图中进行放置，如图 14-7 所示。

(4) 添加图例注释。使用文字工具，按图示内容为其添加注释说明，如图 14-8 所示。

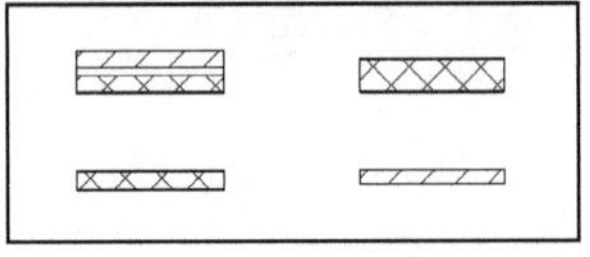

图 14-7 修改选项栏中的族

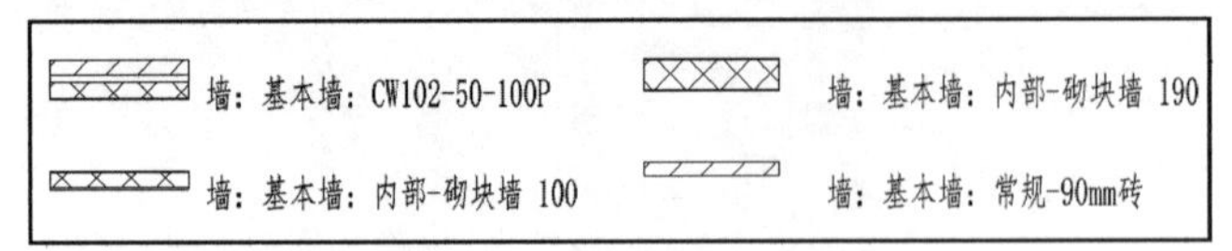

图 14-8 添加图例注释

任务 14.3 布置视图

创建了图纸后，即可在图纸中添加建筑的一个或多个视图，包括楼层平面、场地平面、顶棚平面、立面、三维视图、剖面、详图视图、绘图视图、图例视图、渲染视图及明细表视图等。将视图添加到图纸后还需要对图纸位置、名称等视图标题信息进行设置。

14.3.1 布置视图的步骤

(1) 定义图纸编号和名称。接上节练习，在项目浏览器中展开“图纸”选项，右击图纸“J0-11-未命名”，在弹出的快捷菜单中选择“重命名”命令，弹出“图纸标题”对话框，按图 14-9 所示内容定义。

(2) 放置视图。在项目浏览器中按住鼠标左键，分别拖曳楼层平面“1F”到“建施-la”图纸视图。

(3) 添加图名。选取拖进来的平面视图 1F，在“属性”中修改“图纸上的标题”为“首层平面图”，如图 14-10 所示。按相同操作，修改平面视图 2F 属性中“图纸上的标题”为“二层平面图”。将图纸标题拖曳到合适位置，并将标题文字底线调整到适合标题的长度。

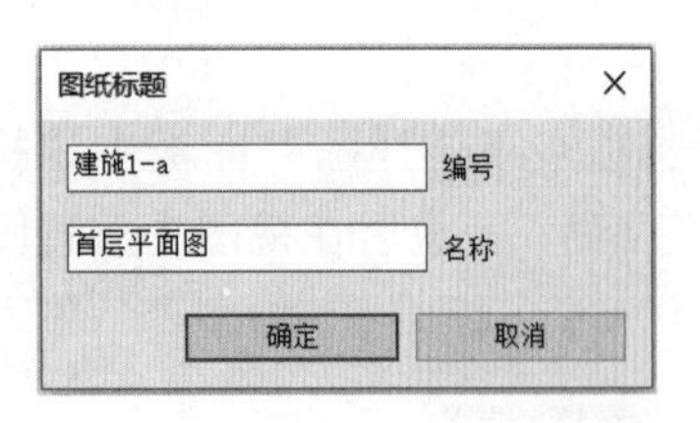

图 14-9 定义图纸编号和名称

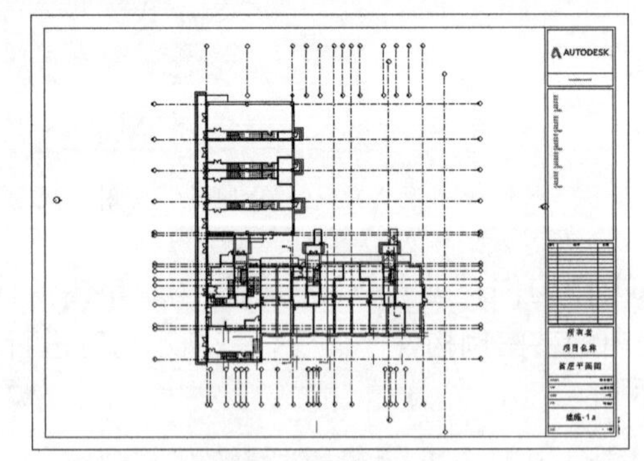

图 14-10 添加图名

注意：每张图纸可布置多个视图，但每个视图仅可以放置到一张图纸上。要在项目的多个图纸中添加特定视图，可在项目浏览器中右击视图名称，在弹出的快捷菜单中选择“复制视图”→“复制作为相关”命令，创建视图副本，可将副本布置于不同图纸上。除图纸外，明细表视图、渲染视图、三维视图等也可以直接拖曳到图纸中。

（4）改变图纸比例。如需修改视图比例，可在图纸中选择 F1 视图并右击，在弹出的快捷菜单中选择“激活视图”命令。此时“图纸标题栏”灰显，单击绘图区域左下角视图控制栏比例，弹出比例列表，如图 14-11 所示。可选择列表中的任意比例值，也可选择“自定义”选项，在弹出的“自定义比例”对话框中将“200”更改为新值后单击“确定”按钮，如图 14-12 所示。比例设置完成后，在视图中右击，在弹出的快捷菜单中选择“取消激活视图”命令完成比例的设置，保存文件。

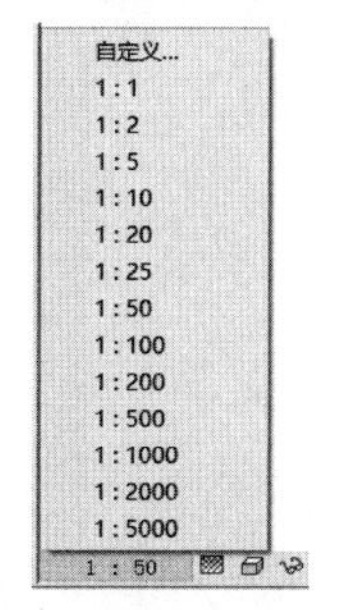

图 14-11　改变图纸比例

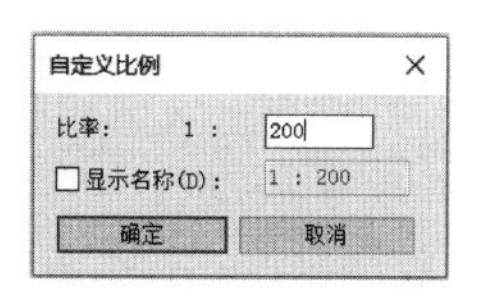

图 14-12　自定义比例

注意： 激活视图后，不仅可以重新设置视图比例，且当前视图和项目测览器中“楼层平面”项下的“F1”视图一样可以进行绘制和修改。修改完成后在视图中右击，在弹出的快捷菜单中选择“取消激活视图”命令即可。

14.3.2　图纸列表、措施表及设计说明

（1）单击“视图”选项卡下“创建”面板中的“明细表”下拉列表内的“图纸列表”命令，如图 14-13 所示。

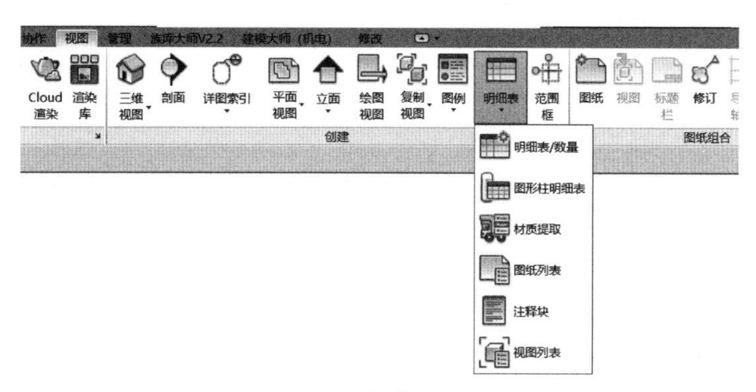

图 14-13　创建图纸列表

（2）弹出“图纸列表属性”对话框，在“字段”选项卡中根据项目要求添加字段，如图 14-14 所示。

（3）切换到“排序/成组”选项卡，根据要求选择明细表的排序方式，单击“确定”按钮完成图纸列表的创建，如图 14-15 所示。

（4）单击“视图”选项卡下“创建”面板中的“图例”下拉列表内的“图例”命令，在

弹出的“新图例视图”对话框中调整比例，单击“确定”按钮，如图 14-16 所示。

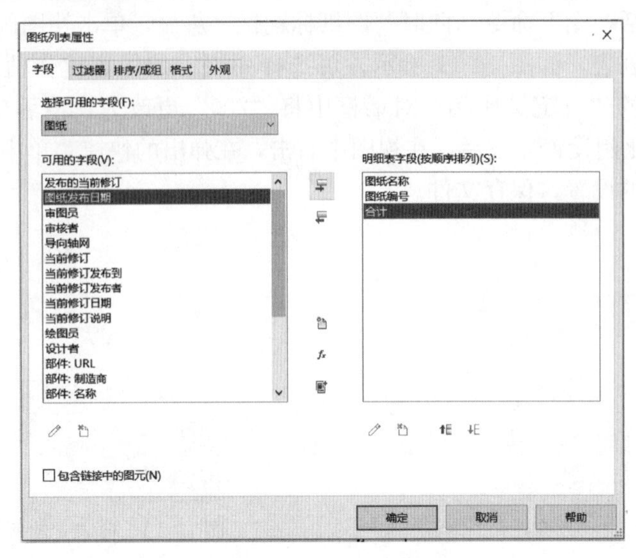

图 14-14　图纸列表属性

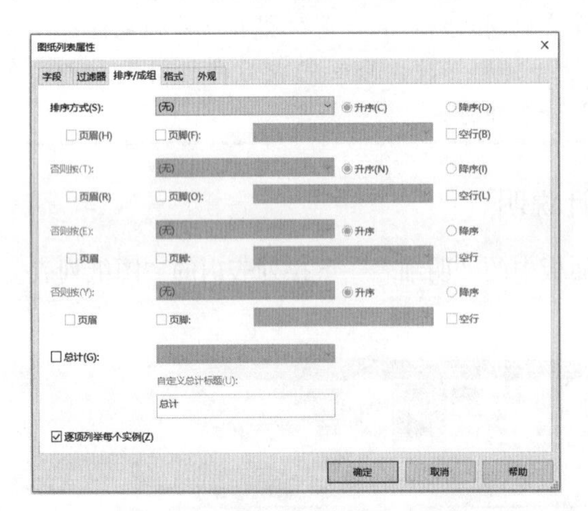

图 14-15　“排序/成组”选项卡

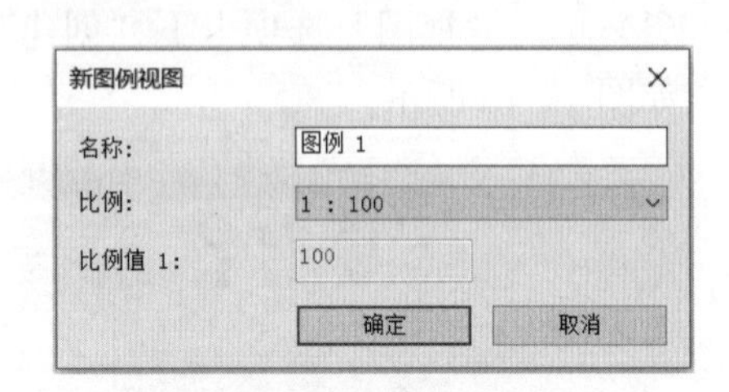

图 14-16　调整图例比例

（5）进入图例视图，单击“注释”选项卡下“文字”面板中的“文字”工具，根据项目要求添加设计说明，如图 14-17 所示。

（6）装修做法表可以运用房间明细表来做。单击“视图”选项卡下“创建”面板中的“明细表”下拉列表内的“明细表”命令，弹出“新建明细表”对话框。在“类别”列表框中选择“房间”选项，修改“名称”为“装修做法表”，如图 14-18 所示。

（7）单击“确定”按钮，弹出“明细表属性”对话框。在做装修做法表时，也要把内墙、踢脚、顶棚计算在内，在“明细表属性”中的“可用字段”列表框下并没有这几个选项。在“明细表属性”对话框中单击“编辑”按钮，如图 14-19 所示，在弹出的“参数属性”对话框中添加“名称”为“内墙”，在“类别”区域中启用“墙”复选框，单击“确定”按钮，如图 14-20 所示。

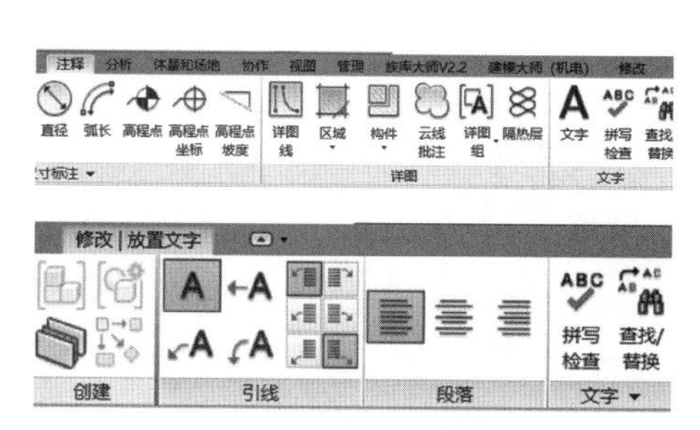

图 14-17　图例视图

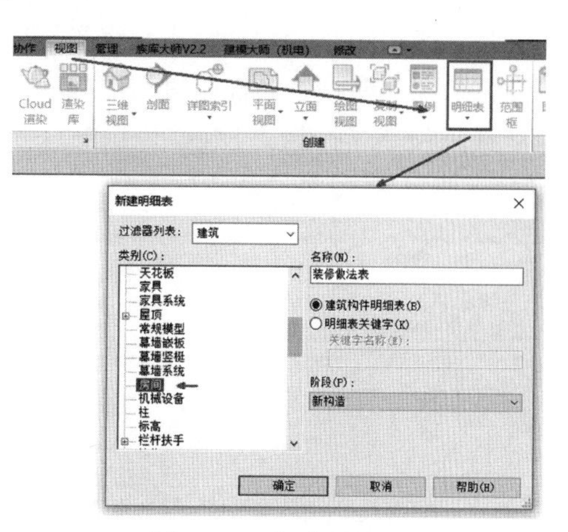

图 14-18　新建明细表

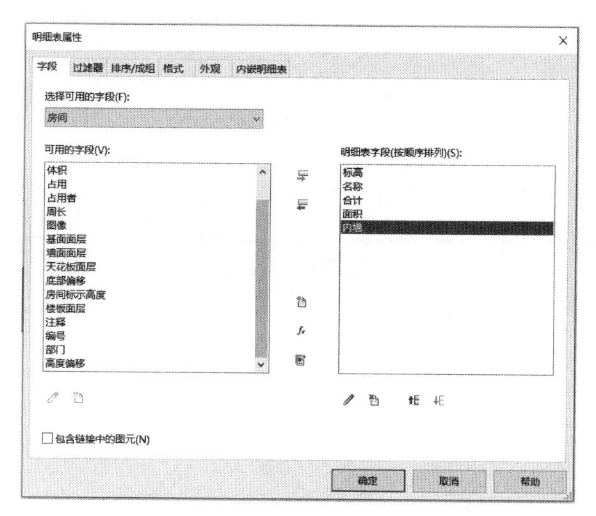

图 14-19　设置明细表属性

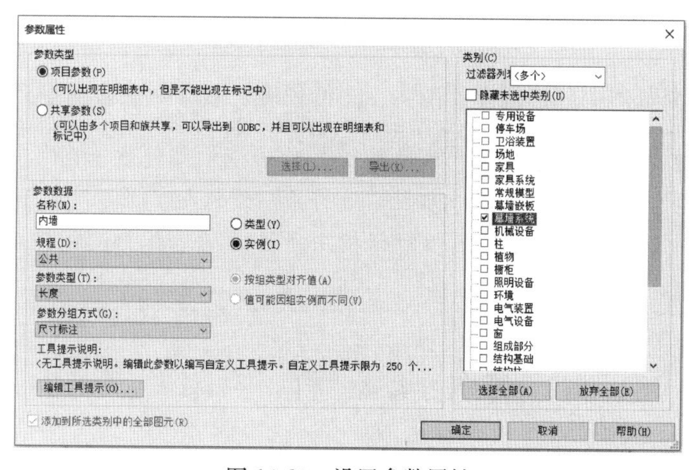

图 14-20　设置参数属性

（8）运用同样的方法完成对踢脚、顶棚的编辑。

（9）在“明细表属性”对话框中的“过滤器”选项卡中，在“过滤条件”下拉列表中选择“标高”“标高 1”选项，如图 14-21 所示。

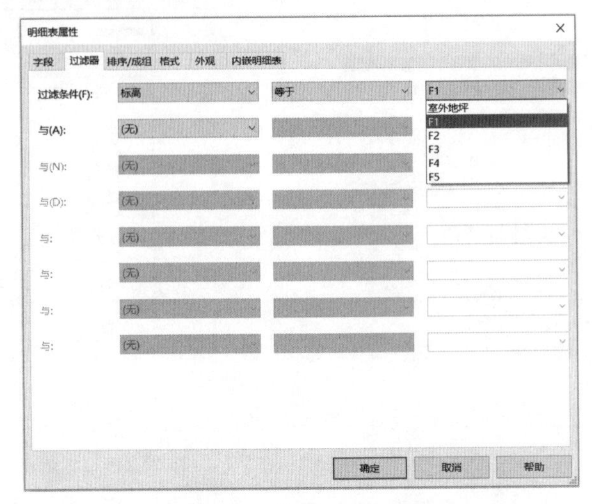

图 14-21　设置过滤器选项

（10）完成上一步操作后单击“确定”按钮，完成明细表的创建，如图 14-22 所示。

〈装修做法表〉

A	B	C	D	E	F	G
标高	名称	合计	面积	内墙	踢脚	顶棚
F1	食堂	1	388.30 ㎡			
F1	房间	1	80.63 ㎡			
F1	会议室	1	49.94 ㎡			
F1	房间	1	50.65 ㎡			
F1	房间	1	47.01 ㎡			
F1	工程部	1	47.01 ㎡			
F1	房间	1	47.01 ㎡			
F1	房间	1	47.01 ㎡			
F1	房间	1	47.01 ㎡			
F1	技术部	1	47.01 ㎡			
F1	房间	1	47.01 ㎡			

图 14-22　创建明细表

（11）在项目浏览器中分别把设计说明、图纸列表、装修做法表拖曳到新建的图纸中。

注意：① 在编辑踢脚时，在“参数属性”对话框中“过滤器列”下拉列表框中选择“建筑”选项，“类别”列表框中启用“墙饰条”复选框。

② 在项目中选择墙体，根据属性对话框中所显示的墙体信息，将信息手动输入到装修做法表中。

任务 14.4　打　　印

创建图纸之后，可以直接打印出图。

（1）接 14.3 节练习，选择“应用程序菜单”→“文件”→“打印”命令，弹出“打印”

对话框，如图 14-23 所示。

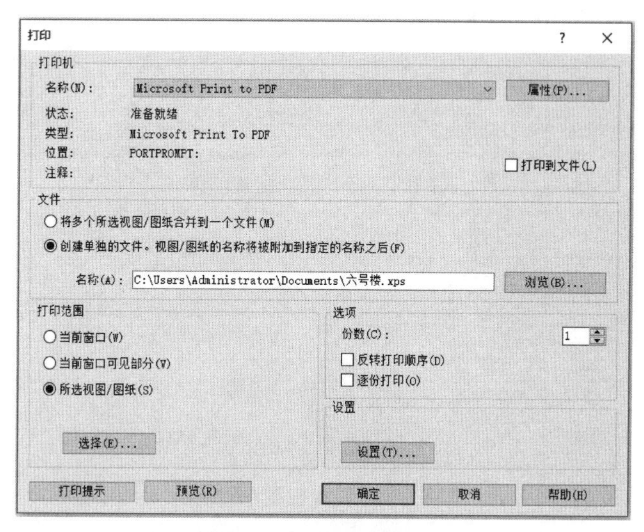

图 14-23　打印机设置

（2）在“名称”下拉列表框中选择可用的打印机名称。

（3）单击“名称”后的“属性”按钮，弹出打印机的“文档属性”对话框，如图 14-24 所示。选择“方向”为“横向”，并单击“高级”按钮，弹出“高级选项”对话框，如图 14-25 所示。

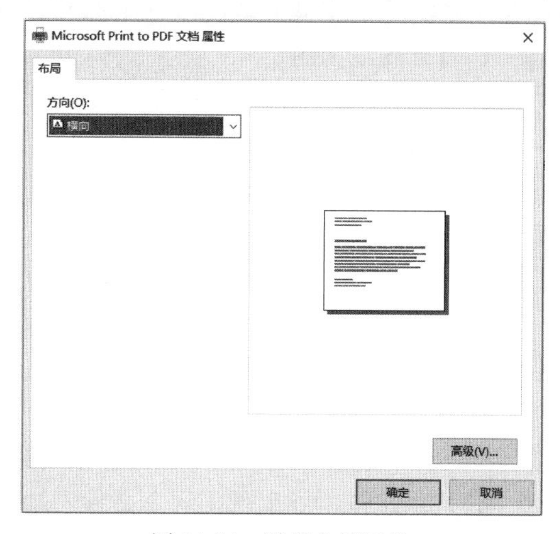

图 14-24　设置文档属性

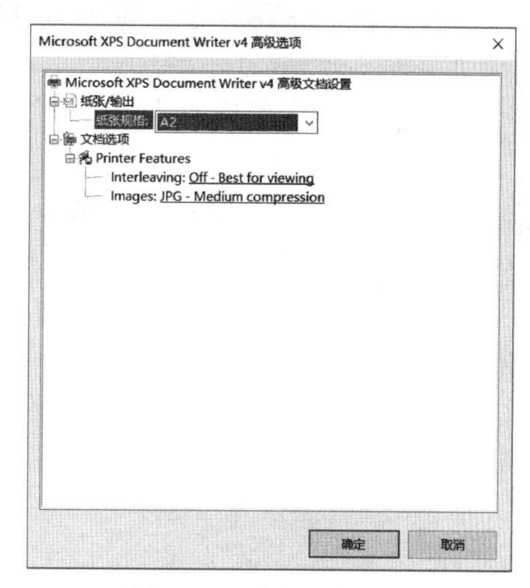

图 14-25　高级文档设置

（4）在“纸张规格”下拉列表框中选择纸张“A2”选项，单击“确定”按钮，返回“打印”对话框。

（5）在“打印范围”选项区域中选中“所选视图/图纸”单选按钮，下面的“选择”按钮由灰色变为可用项。单击“选择”按钮，弹出“视图/图纸集”对话框，如图 14-26 所示。

（6）启用对话框底部“显示”选项区域中的“图纸”复选框，禁用“视图”复选框，对话框中将只显示所有图纸。单击右边的“选择全部”按钮自动选中所有施工图图纸，单击

“确定”按钮回到“打印”对话框。

（7）单击“确定”按钮，即可自动打印图纸。

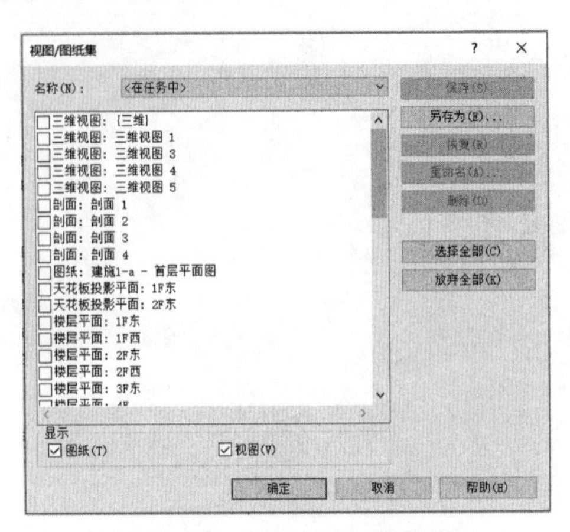

图 14-26　设置视图/图纸集

任务 14.5　导出 DWG 与导出设置

Revit 所有的平、立、剖面、三维视图及图纸等都可以导出为 DWG 格式图形，而且导出后的图层、线型、颜色等可以根据需要在 Revit 中自行设置。

（1）接 14.4 节练习，打开要导出的视图，在项目浏览器中展开“图纸（全部）”选项，双击图纸名称“建施-101-首层平面图二层平面图”，打开图纸视图。

（2）在应用程序菜单中选择“文件”→“导出”→“CAD 格式”→“DWG 文件”命令，弹出“DWG 导出设置”对话框，如图 14-27（a）所示。

（3）单击“选择导出设置”按钮，弹出“修改 DWG/DXF 导出设置”对话框，如图 14-27（b）所示，进行相关修改后单击“确定”按钮。

（4）在“DWG 导出”对话框中的“名称”对应的是 AutoCAD 中的图层名称。以轴网的图层设置为例，向下拖曳，找到“轴网”，默认情况下轴网和轴网标头的图层名称均为“S-GRIDIDM”，因此，导出后，轴网和轴网标头均位于图层“S-GRIDIDM”上，无法分别控制线型和可见性等属性。

（5）单击“轴网”图层名称“S-GRIDIDM”，输入新名称“AXIS”；单击“轴网标头”图层名称“S-GRIDIDM”，输入新名称“PUB_BIM”。这样，导出的 DWG 文件，轴网在“AXIS”图层上，而轴网标头在“PUB_BIM”图层上，符合绘图习惯。

（6）“DWG 导出”对话框中的颜色 ID 对应 AutoCAD 中的图层颜色，如颜色 ID 设置为“7”，导出的 DWG 图纸中该图层为白色。

（7）在“DWG 导出”对话框中单击“下一步”按钮，在弹出的“导出 CAD 格式—保存到目标文件夹”对话框的“保存于”下拉列表中设置保存路径，在“文件类型”下拉列表中选择相应 CAD 格式文件的版本，在“文件名/前缀”文本框中输入文件名称，如图 14-28 所示。

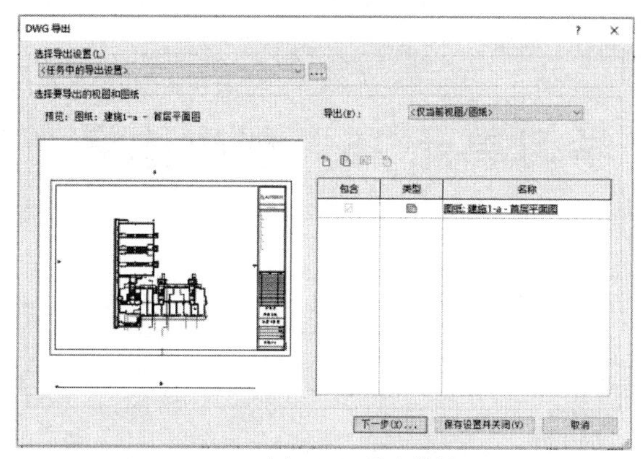

(a) DWG导出设置

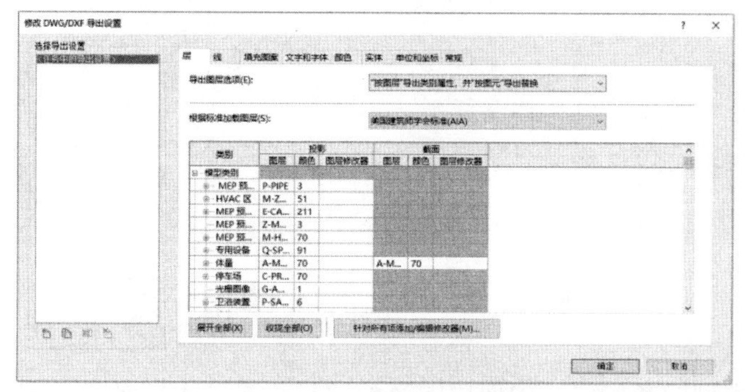

(b) DWG/DXF导出设置

图 14-27　选择导出设置

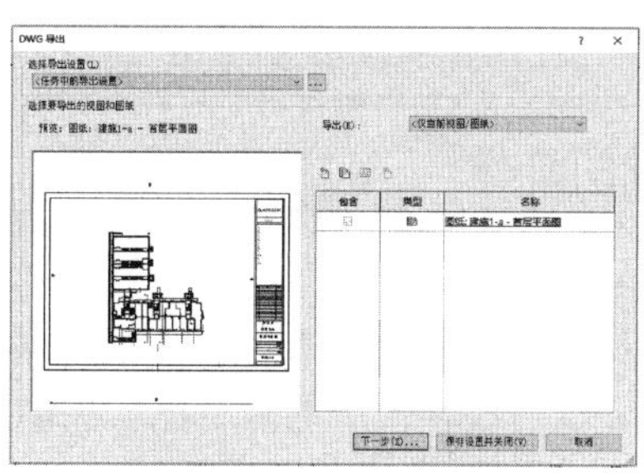

图 14-28　保存文件

(8) 单击“确定”按钮，完成 DWG 文件导出设置。

单元 14 小结

学习单元 15　创建体量

知识目标：

熟悉体量概念。

掌握创建概念体量模型。

掌握体量模型的修改和编辑。

能力目标：

会使用体量设计工具创建概念体量模型。

能够对体量模型进行修改和编辑。

任务 15.1　关于体量

体量是在建筑模型的初始设计中使用的三维形状。通过体量研究，可以使用造型形成建筑模型概念，从而探究设计的理念。概念设计完成后，可以直接将建筑图元添加到这些形状中。正是因为 Revit 体量建模能力极大、极强，使得各种异型建筑的设计及平、立剖面图纸能够自动生成。

15.1.1　使用体量完成的工作

可以使用体量来完成以下工作：

（1）创建内建体量实例或基于族的体量实例，这些实例特定于单独的设计选项。

（2）创建体量族，这些族表示与经常使用的建筑体积关联的形式。

（3）使用设计选项修改表示建筑物或建筑物群落主要构件的体量之间的材质、形式和关联。

（4）抽象表示项目的阶段。

（5）通过将计划的建筑体量与分区外围和楼层面积比率进行关联，可视化和数字化研究分区遵从性。

（6）从预先定义的体量族库中组合各种复杂的体量。

（7）从带有可完全控制图元类别、类型和参数值的体量实例开始，生成楼板、屋顶、幕墙系统和墙。在体量更改时完全控制这些图元的再生成。

15.1.2　体量和体量族

体量可以在项目内部（内建体量）或项目外部（可载入体量族）创建，如图 15-1 所示。

内建体量用于表示项目独特的体量形状。

在一个项目中放置体量的多个实例或者在多个项目中使用体量族时，通常使用可载入体量族，如图 15-2 所示。

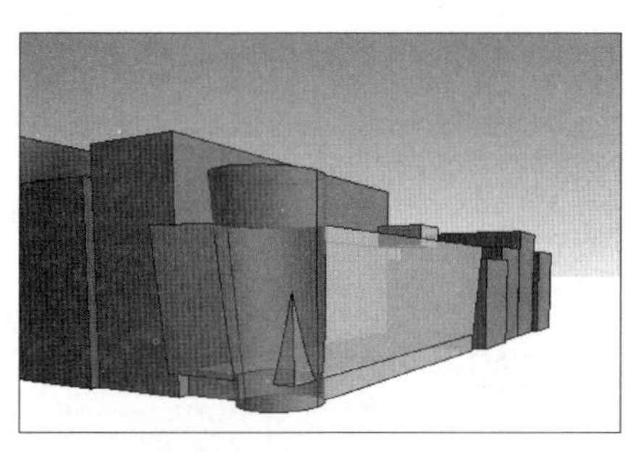

图 15-1　体量展示

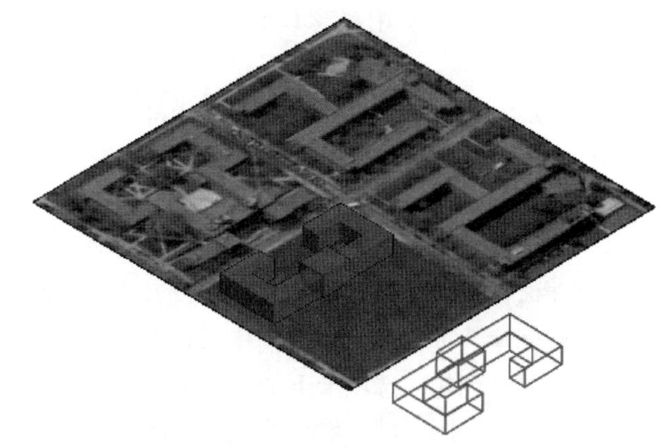

图 15-2　体量族展示

要创建内建体量和可载入体量族，需要使用概念设计环境。

(1) 在创建体量族时，可以执行以下操作：

① 将其他体量族嵌套到要创建的体量族中。

② 将几何图形从其他应用程序导入到体量族。

(2) 在项目中，可以执行以下操作：

① 放置某个体量族的一个或多个实例。

② 创建内建体量。

③ 将体量实例连接到其他体量实例以消除重叠。因此，这些体量实例的总体积值和总楼层面积值会相应进行调整。

④ 创建一个明细表，该明细表将显示体量的总体积、总楼层面积和总表面积。

⑤ 将体量实例放置在工作集中，并指定给阶段，然后将其添加到设计选项中。

任务 15.2　创建概念体量模型

15.2.1　概念体量模型

Revit 提供了创建体量模型主要有两种方法：一是内建体量；二是新建概念体量族。

1. 内建体量

用于表示项目独特的体量形状。创建特定于当前项目上下文的体量。此体量不能在其他项目中重复使用。

(1) 单击“体量和场地”选项卡下“概念体量”面板中的“内建体量”工具。

(2) 输入内建体量族的名称，然后单击“确定”按钮，应用程序窗口显示概念设计环境。

(3) 使用“绘制”面板上的工具创建所需的形状。

(4) 完成后，单击“完成体量”按钮。

2. 新建概念体量族

在一个项目中放置体量的多个实例，或者在多个项目中需要使用同一体量族时，通常使用可载入体量族。使用概念设计环境来创建概念体量或填充图案构件，选择样板以提供起点。

(1) 单击R→“新建”→“概念体量”命令。

(2) 在“新建概念体量”对话框中，选择“体量.rft”，然后单击“打开”按钮。

15.2.2 创建体量形状

创建体量形状，包含拉伸、旋转、融合和放样等建筑概念。

形状创建的过程是使用“创建形状”工具创建实心几何图形。

(1) 在“创建”选项卡下的“绘制”面板中，选择一个绘图工具。

(2) 单击绘图区域，然后绘制一个闭合环。

(3) 选取闭环。

(4) 单击“修改 | 线”选项卡下“形状”面板中的“创建形状”工具，将创建一个实心形状拉伸，如图 15-3 所示。

(5) (可选) 单击“修改 | 形状图元”选项卡下“形状”面板中的“空心形状”工具，以将该形状转换为空心形状。

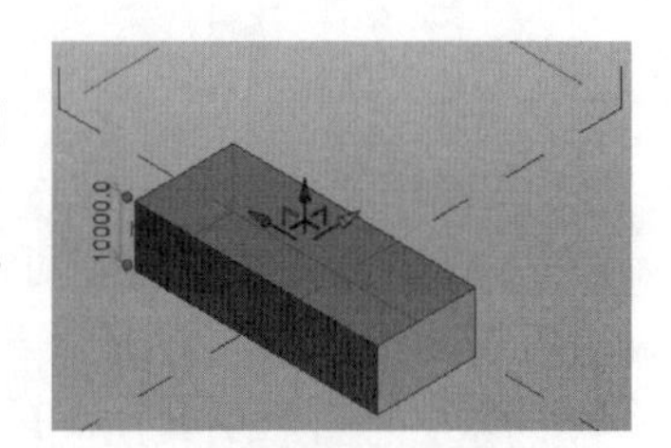

图 15-3　创建体量形状

可用于产生形状的线类型：线、参照线、由点创建的线、导入的线、另一个形状的边、来自已载入族的线或边。

可以通过使用三维拖曳控件或编辑绘图区域中的临时尺寸标注，来修改拉伸的尺寸标注。

1. 拉伸创建形状

(1) 创建表面形状

从线或几何图形边创建表面形状。在概念设计环境中，表面要基于开放的线或边（而非闭合轮廓）创建。

① 在绘图区域中选取模型线、参照线或几何图形的边，如图 15-4 所示。

② 单击“修改 | 线”选项卡下“形状”面板中的“创建形状”工具，线或边将拉伸成为表面，如图 15-5 所示。

图 15-4　选择模型线

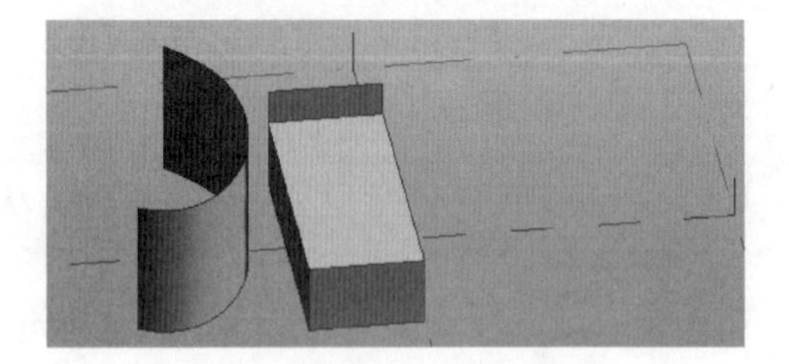
图 15-5　线或边拉伸为表面

> **注意**：绘制闭合的二维几何图形时，在选项栏上启用“根据闭合的环生成表面”以自动绘制表面形状。

（2）创建几何形状

① 在绘图区域中选取闭合的模型轮廓线、参照线或几何图形的轮廓边或面，如图 15-6 所示。

② 单击“修改｜线”选项卡下“形状”面板中的“创建形状”工具。线或边将拉伸成为几何形状，如图 15-7 所示。

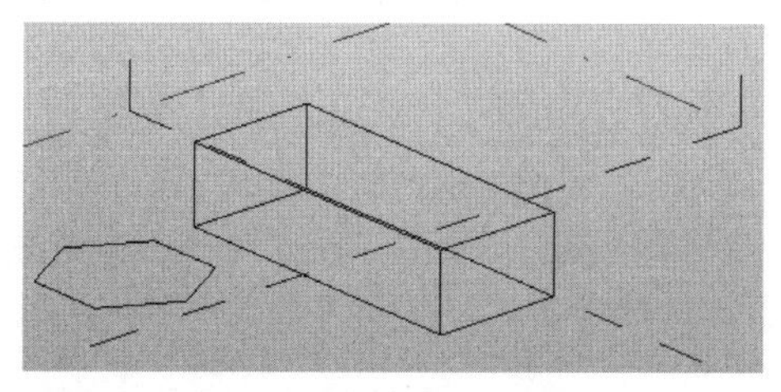

图 15-6　选择闭合轮廓线

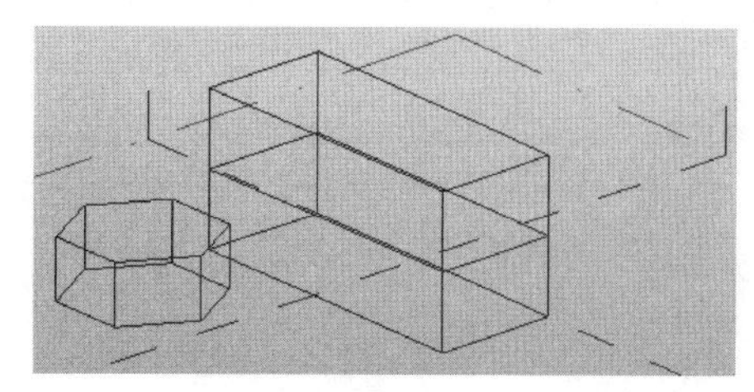

图 15-7　线或边拉伸为几何形状

2. 旋转创建形状

从线和共享工作平面的二维轮廓来创建旋转形状。旋转中的线用于定义旋转轴，二维形状绕该轴旋转后形成三维形状。

（1）在某个工作平面上绘制一条线。

（2）在同一工作平面上邻近该线绘制一个闭合轮廓。可以使用未构成闭合环的线来创建表面旋转。

（3）选取线和闭合轮廓，如图 15-8 所示。

（4）单击“修改｜线”选项卡下“形状”面板中的“创建形状”工具，生成三维形状如图 15-9 所示。

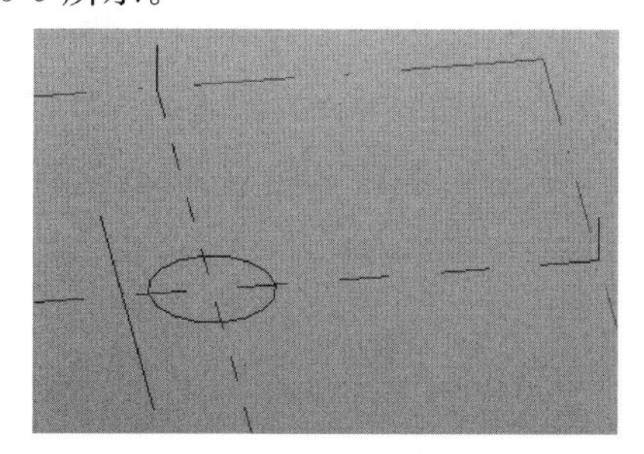

图 15-8　旋转创建形状

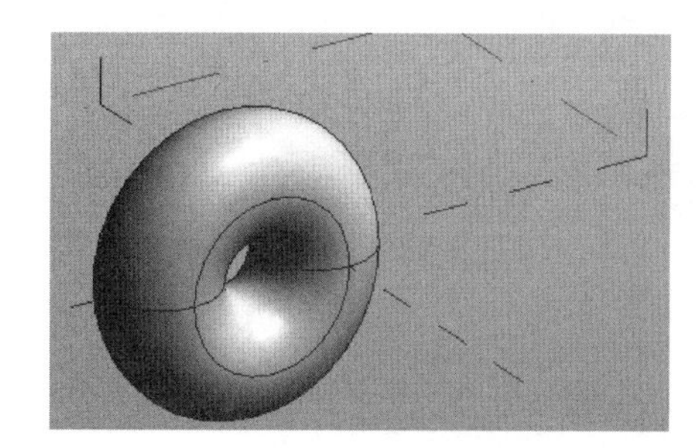

图 15-9　生成三维形状

（5）（可选）若要打开旋转，选取旋转轮廓的外边缘。使用透视模式有助于识别边缘，如图 15-10 所示。

（6）将橙色控制箭头拖曳到新位置，或者在属性栏里精确设置旋转角度，如图 15-11 所示。

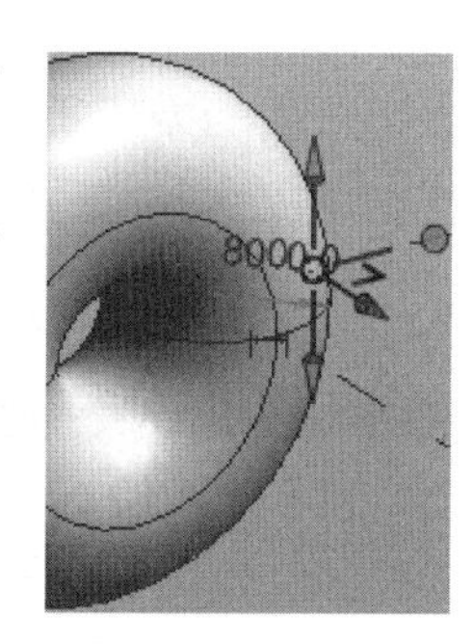

图 15-10　透视模式识别边缘

3. 放样创建形状

从线和垂直于线绘制的二维轮廓创建放样形状。放样中的线定义了放样二维轮廓来创建三维形态的路径。轮廓由线处理组成，线处理垂直于用于定义路径的一条或多条线而绘制。

如果轮廓是基于闭合环生成的，可以使用多分段的路径来创建放样；如果轮廓不是闭合的，则不会沿多分段路径进行放样；如果路径是一条线构成的段，则使用开放的轮廓创建扫描。

（1）绘制一系列连在一起的线来构成路径，如图 15-12 所示。

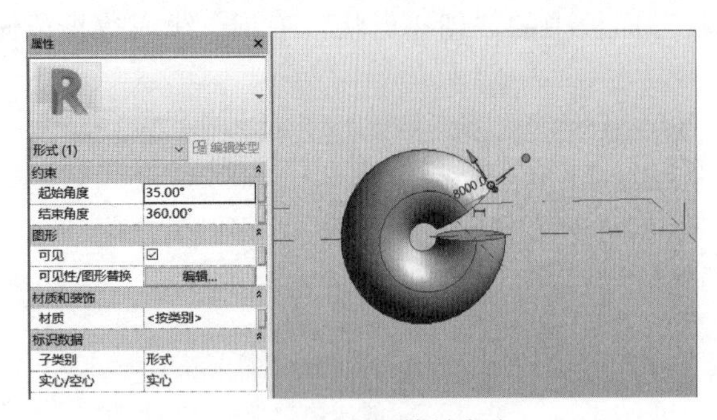

图 15-11　设置旋转角度

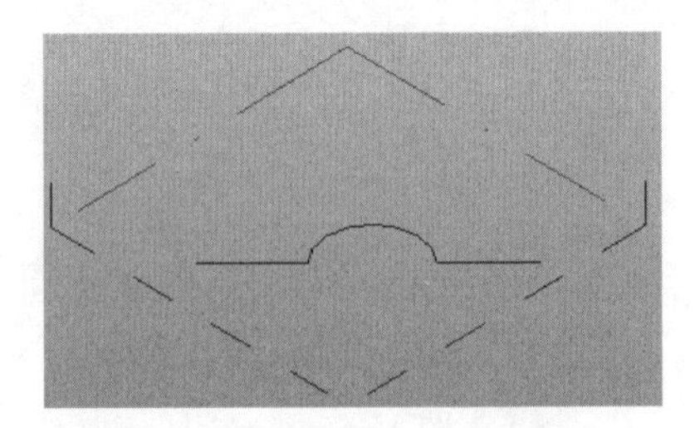

图 15-12　绘制连在一起的线

（2）单击“创建”选项卡→“绘制”面板→“点图元”，然后沿路径单击以放置参照点，如图 15-13 所示。

（3）选择参照点。工作平面将显示出来，如图 15-14 所示。

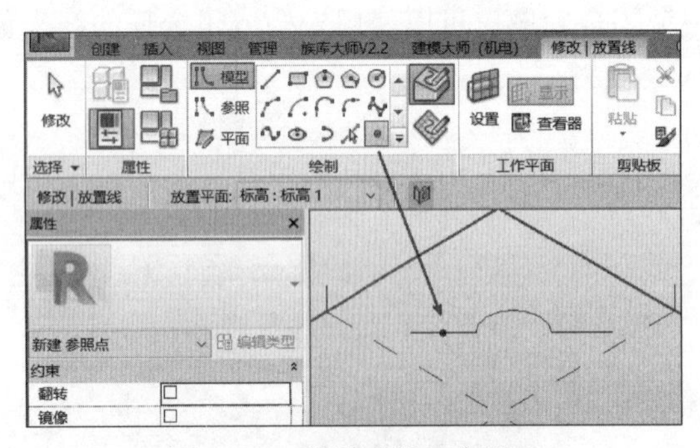

图 15-13　沿路径放置参照点

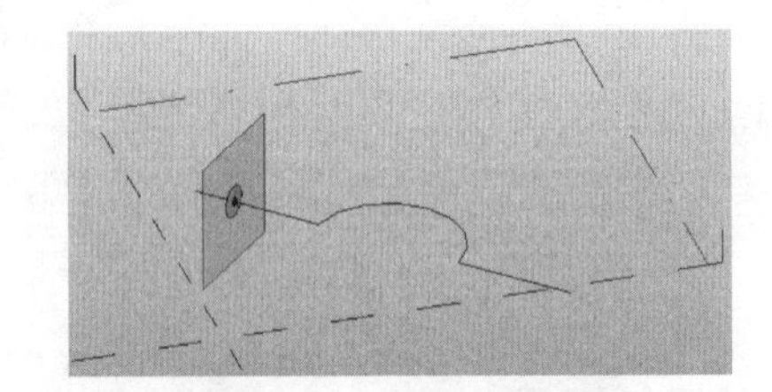

图 15-14　显示工作平面

（4）在工作平面上绘制一个闭合轮廓，如图 15-15 所示。

（5）选取线和轮廓。

（6）单击“修改 | 线”选项卡下“形状”面板中的“创建形状”工具，生成三维形状如图 15-16 所示。

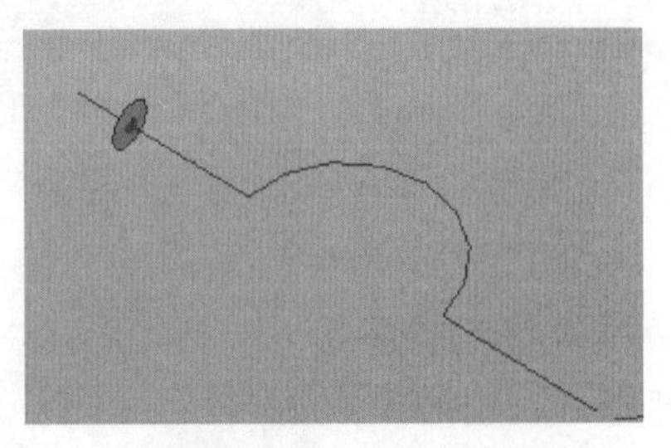

图 15-15　绘制闭合轮廓

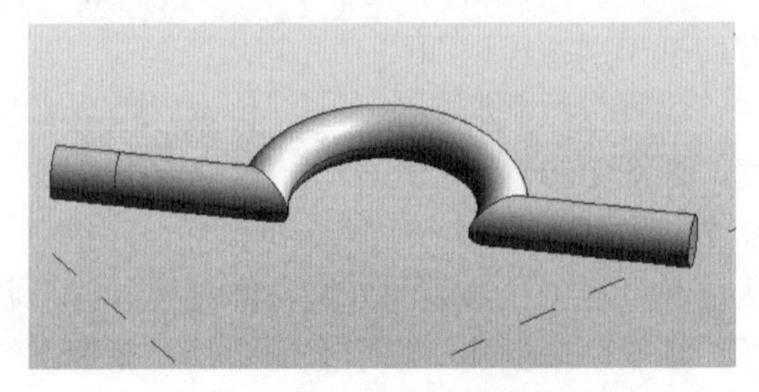

图 15-16　生成三维形状

4. 融合创建形状

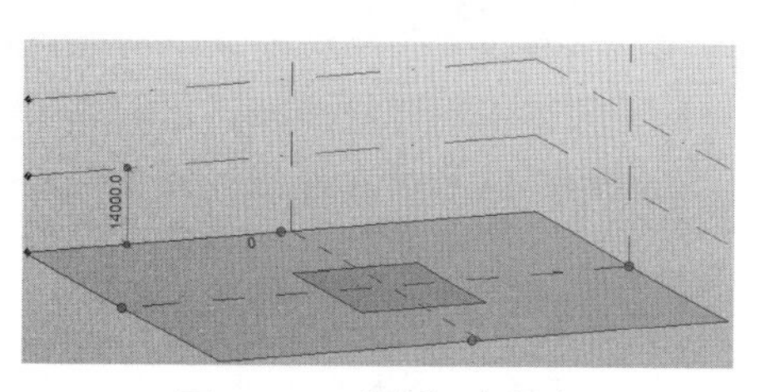

图 15-17　绘制闭合轮廓

通过单独工作平面上绘制的两个或多个二维轮廓来创建放样形状。生成放样几何图形时，轮廓可以是开放的，也可以是闭合的。

（1）在某个工作平面上绘制一个闭合轮廓，如图 15-17 所示。

（2）选择其他工作平面，如图 15-18 所示。

（3）绘制新的闭合轮廓，如图 15-19 所示。

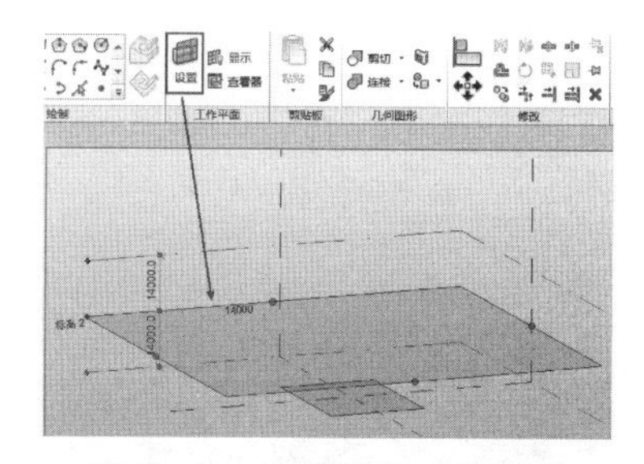
图 15-18　选择其他工作平面

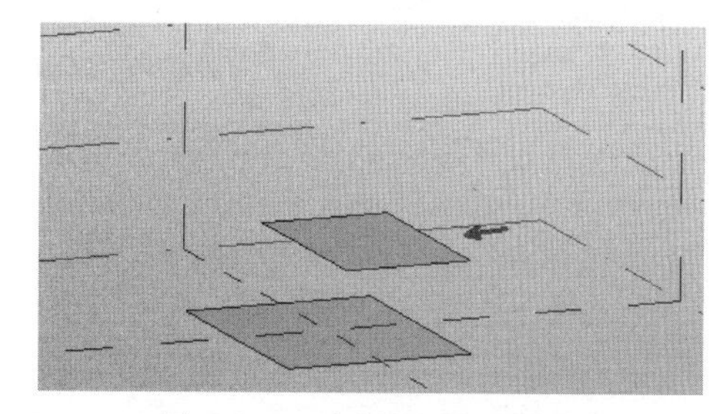
图 15-19　绘制新的闭合轮廓

（4）在保持每个轮廓都在唯一工作平面的同时，重复步骤（2）～步骤（3）。

（5）选取所有轮廓，如图 15-20 所示。

（6）单击“修改｜线”选项卡下“形状”面板中的“创建形状”工具，生成三维形状如图 15-21 所示。

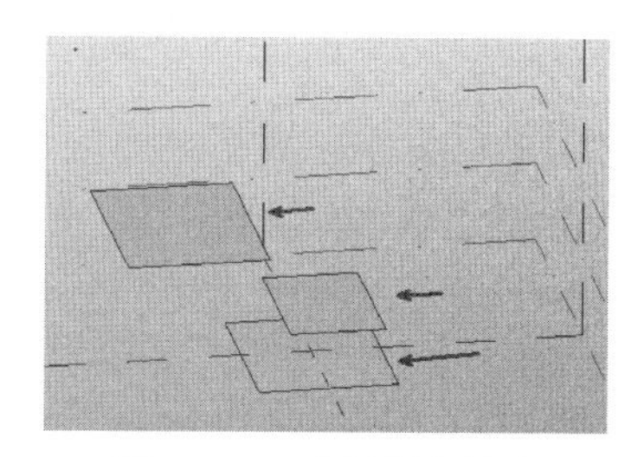
图 15-20　选择所有轮廓

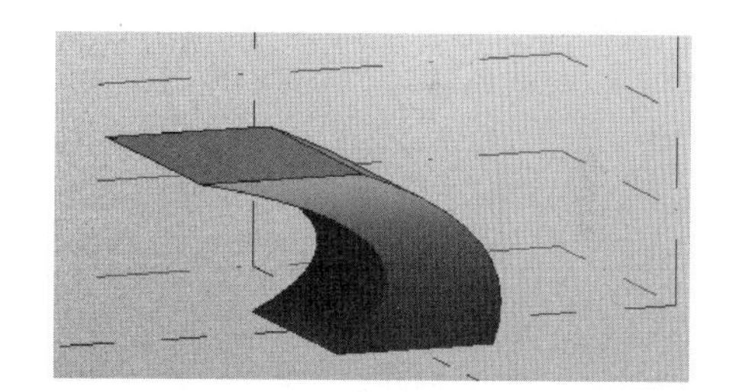
图 15-21　生成三维形状

5. 放样融合创建形状

从垂直于线绘制的线和两个或多个二维轮廓创建放样融合形状。放样融合中的线定义了放样并融合二维轮廓来创建三维形状的路径。轮廓由线处理组成，线处理垂直于用于定义路径的一条或多条线而绘制。

与放样形状不同，放样融合无法沿着多段路径创建。但是，轮廓可以打开、闭合或是两者的组合。

（1）绘制线以形成路径，如图 15-22 所示。

（2）单击“创建”选项卡下“绘制”面板中的“点图元”工具，然后沿路径放置放样融合轮廓的参照点，如图 15-23 所示。

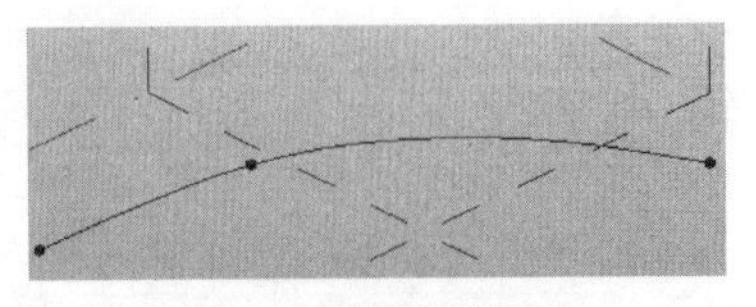

图 15-22　绘制线

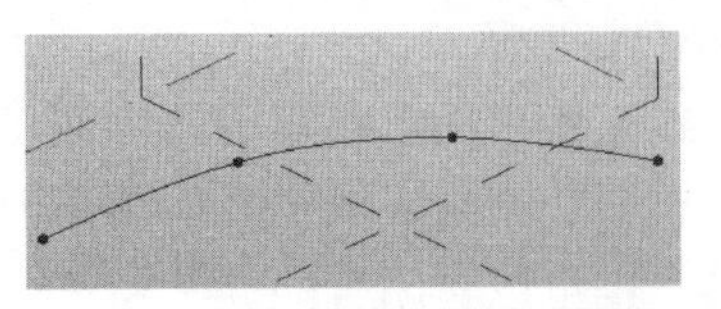

图 15-23　沿路径放置参照点

（3）选择一个参照点并在其工作平面上绘制一个闭合轮廓，如图 15-24 和图 15-25 所示。

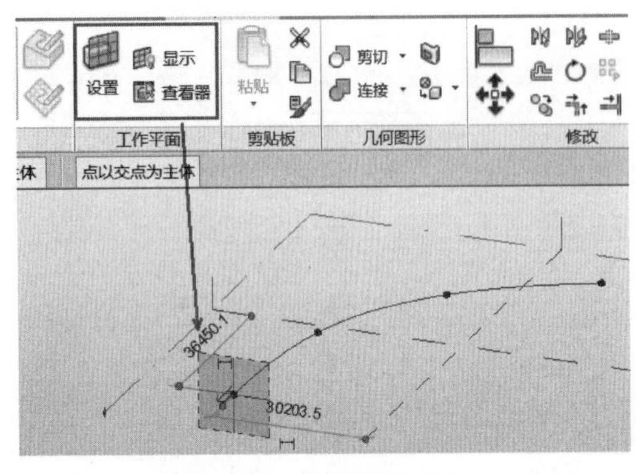

图 15-24　绘制闭合轮廓

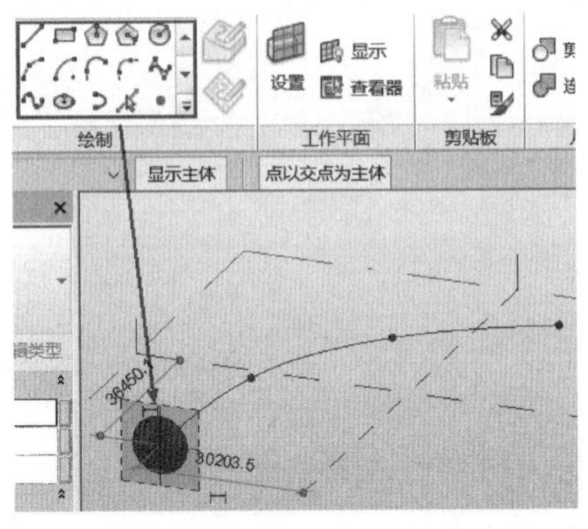

图 15-25　绘制闭合轮廓

（4）绘制其余参照点的轮廓，如图 15-26 所示。

（5）选取路径和轮廓。

（6）单击“修改 | 线”选项卡下“形状”面板中的“创建形状”工具，生成三维形状，如图 15-27 所示。

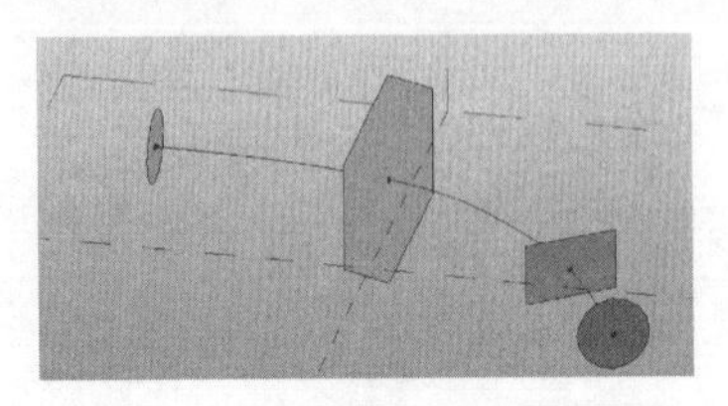

图 15-26　绘制其余参照点轮廓

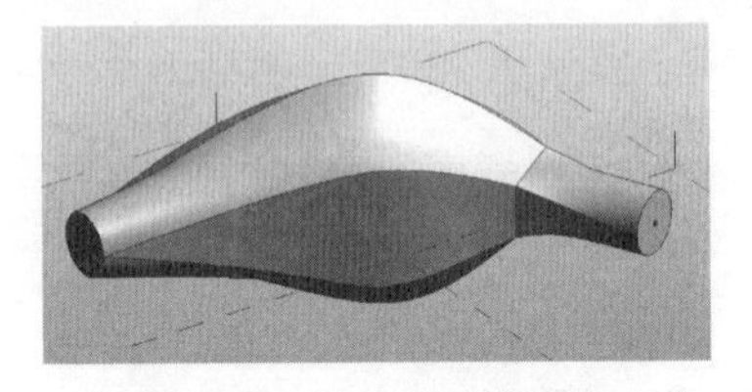

图 15-27　生成三维形状

6. 创建空心形状

用“创建空心形状”工具来创建负几何图形（空心）以剪切实心几何图形。创建空心形状的基本方法和创建实心形状的基本方法一样，只是在创建形状面板下选择空心形状。

（1）在“创建”选项卡→“绘制”面板，选择一个绘图工具。

（2）单击绘图区域，然后绘制一个相交实心几何图形的闭合环。

（3）选取闭环。

（4）单击“修改 | 线”选项卡下“形状”面板中“创建形状”下拉列表中的“空心形状”命令。将创建一个空心形状拉伸，如图 15-28 所示。

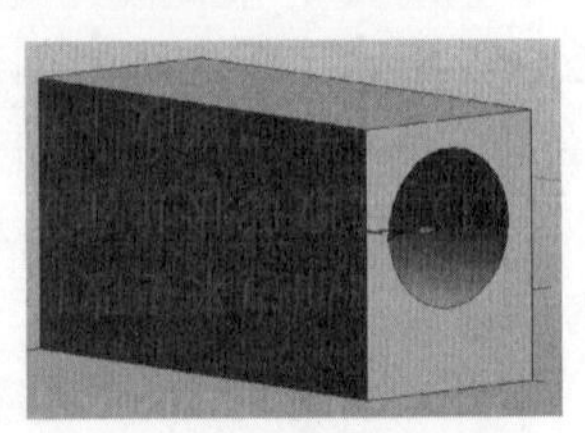

图 15-28　创建空心形状

（5）（可选）单击“修改｜形状图元”选项卡下“形状”面板中的“实心形状”工具，以将该形状转换为实心形状。

任务 15.3　体量模型的修改和编辑

15.3.1　向形状中添加边

通过添加边来更改形状的几何图形，具体操作步骤如下：

（1）选取形状并在透视模式中查看，以查看形状的所有图元，如图 15-29 所示。

（2）单击“修改｜形状图元”选项卡下“修改形状”面板中的“添加边”工具，如图 15-30 所示。

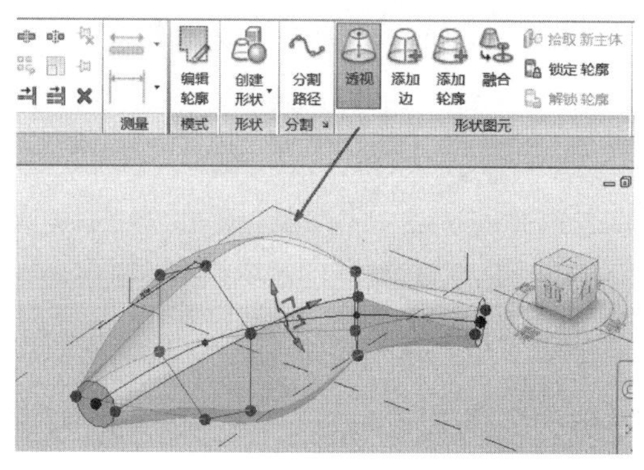

图 15-29　透视模式查看图元

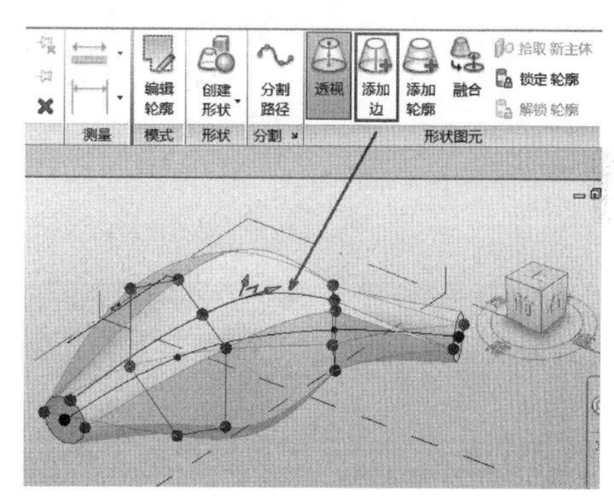

图 15-30　添加边

（3）将光标移动到形状上方，以显示边的预览图像，然后单击添加边。边与形状的纵断面中心平行，而该形状则与绘制时所在的平面垂直。要在形状顶部添加一条边，在垂直参照平面上创建该形状。边显示在沿形状轮廓周边的形状上，并与拉伸的轨迹中心线平行。

（4）选取边。

（5）单击三维控制箭头操纵该边，如图 15-31 所示。几何图形会根据新边的位置进行调整，如图 15-32 所示。

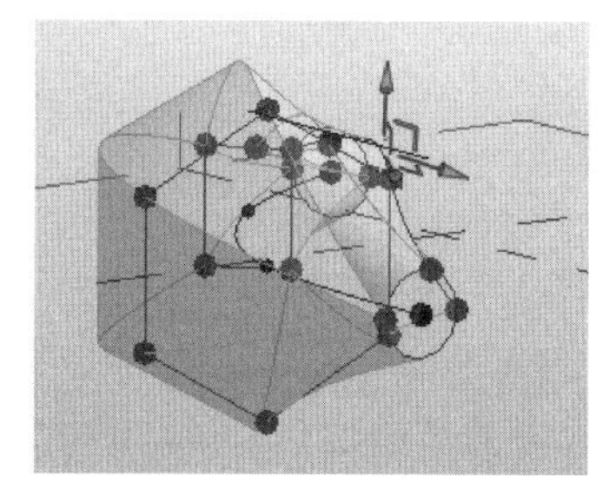

图 15-31　控制箭头操纵边

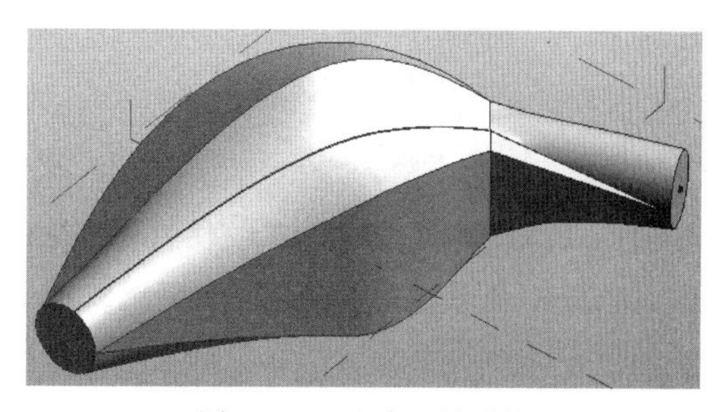

图 15-32　生成三维形状

15.3.2 向形状中添加轮廓

添加轮廓，并使用它直接操纵概念设计中形状的几何图形。

（1）选取一个形状。

（2）单击“修改 | 形状图元”选项卡下“形状图元”面板中的“透视”工具，如图 15-33 所示。

（3）单击“修改 | 形状图元”选项卡下“形状图元”面板中的“添加轮廓”工具。

（4）将光标移动到形状上方，以预览轮廓的位置。单击以放置轮廓，生成的轮廓平行于最初创建形状的几何图元，垂直于拉伸的轨迹中心线，如图 15-34 所示。

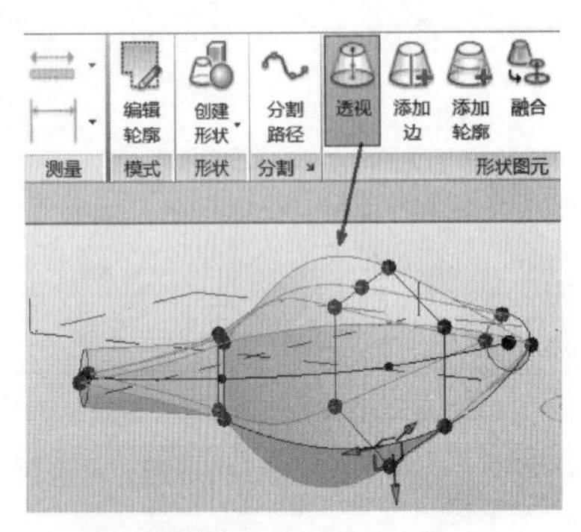

图 15-33 使用透视查看

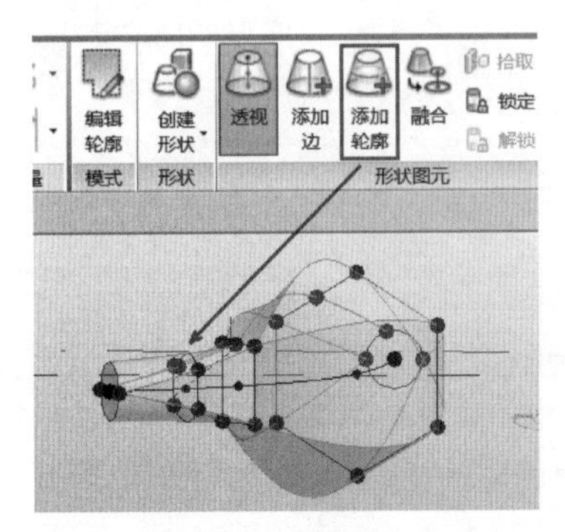

图 15-34 添加轮廓

（5）修改轮廓形状来更改形状，如图 15-35 所示。

（6）当完成表格选择后，单击“修改 | 形状图元”选项卡下“形状图元”面板中的“透视”工具，如图 15-36 所示。

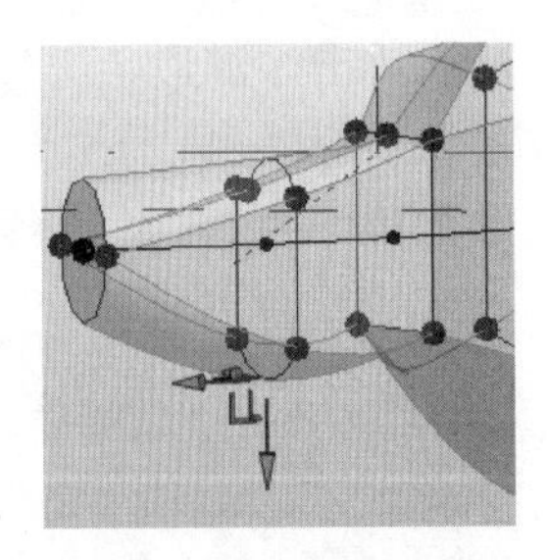

图 15-35 更改形状

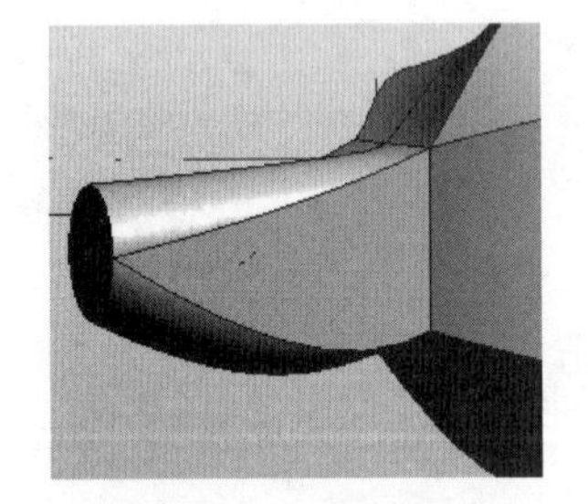

图 15-36 生成三维形状

15.3.3 修改编辑体量

编辑形状的源几何图形来调整其形状，具体操作步骤如下：

（1）选取一个形状，如图 15-37 所示。

（2）单击“修改 | 形状图元”选项卡下“形状图元”面板中的“透视”工具。形状会显示其几何图形和节点，如图 15-38 所示。

（3）选取形状和三维控件显示的任意图元以重新定位节点和线。也可以在透视模式中添加和删除轮廓、边和顶点。如有必要，重复按 Tab 键以高亮显示可选择的图元，如图 15-39 所示。

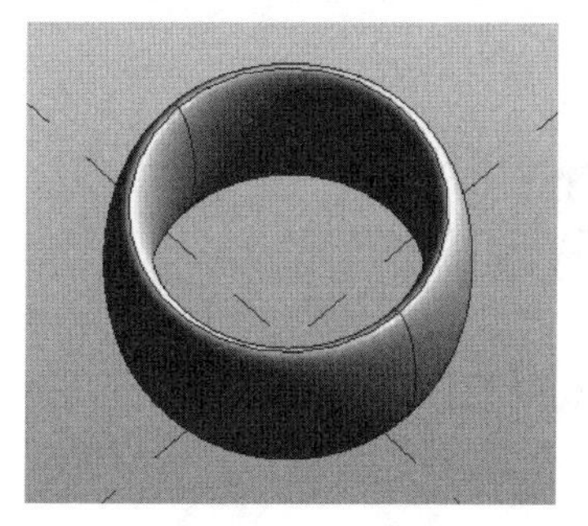

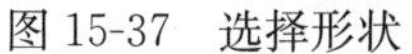
图 15-37　选择形状

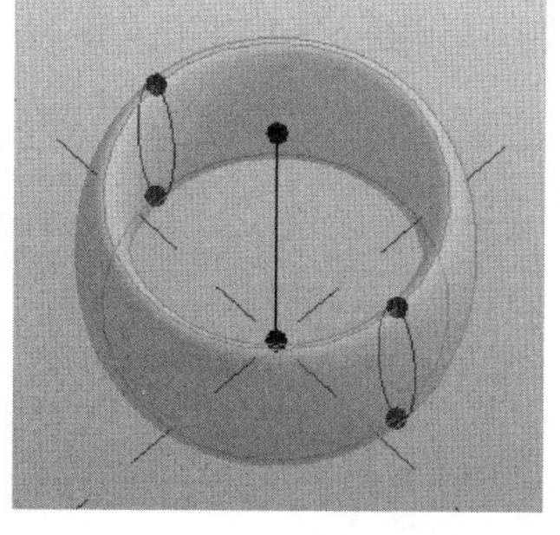

图 15-38　使用透视查看

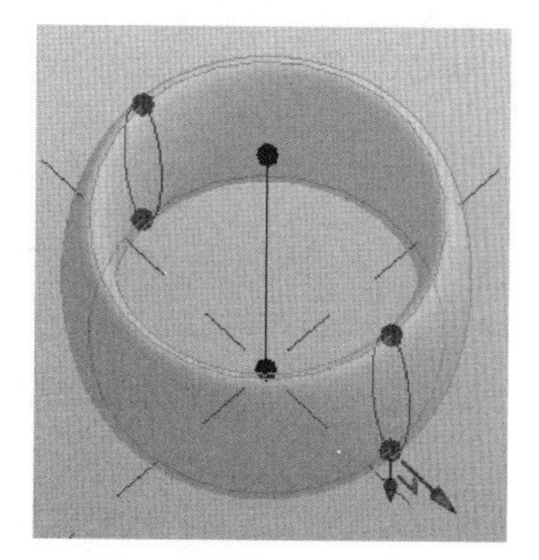

图 15-39　重新定位节点和线

（4）重新调整源几何图形以调整形状。在此示例中，将修改一个节点，如图 15-40 所示。

（5）完成后，选取形状并单击“修改｜形状图元”选项卡下“形状图元”面板中的“透视”工具以返回到默认的编辑模式，如图 15-41 所示。

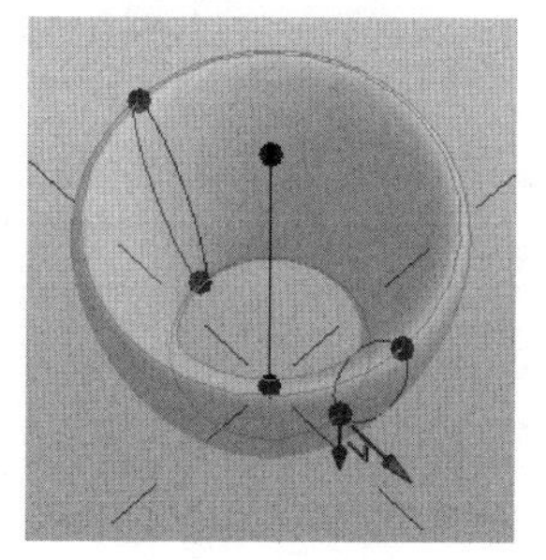

图 15-40　修改节点

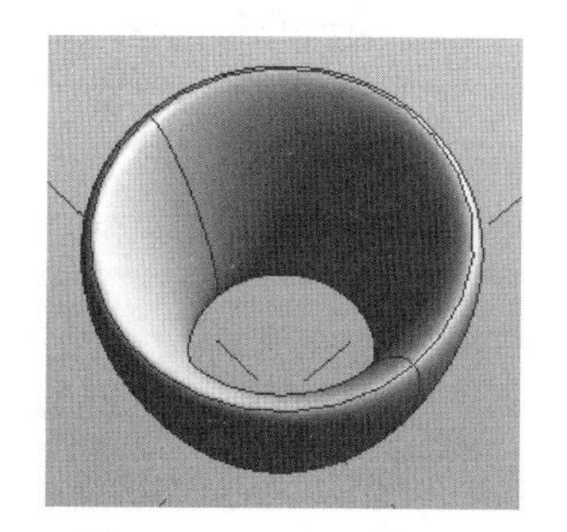

图 15-41　生成三维形状

单元 15 小结

练习题 15

1. 根据图 15-42 中给定的投影尺寸，创建形体体量模型，通过软件自动计算该模型体积。该体量模型体积为（　　）立方米，并将模型文件以“本量.rvt”为文件名保存。

2. 根据图 15-43 中给定的投影尺寸，创建形体体量模型，基础底标高为 2.1m，设置该模型材质为混凝土。将模型体积用“模型体积”为文件名进行保存，模型文件以“杯形基础”为文件名进行保存。

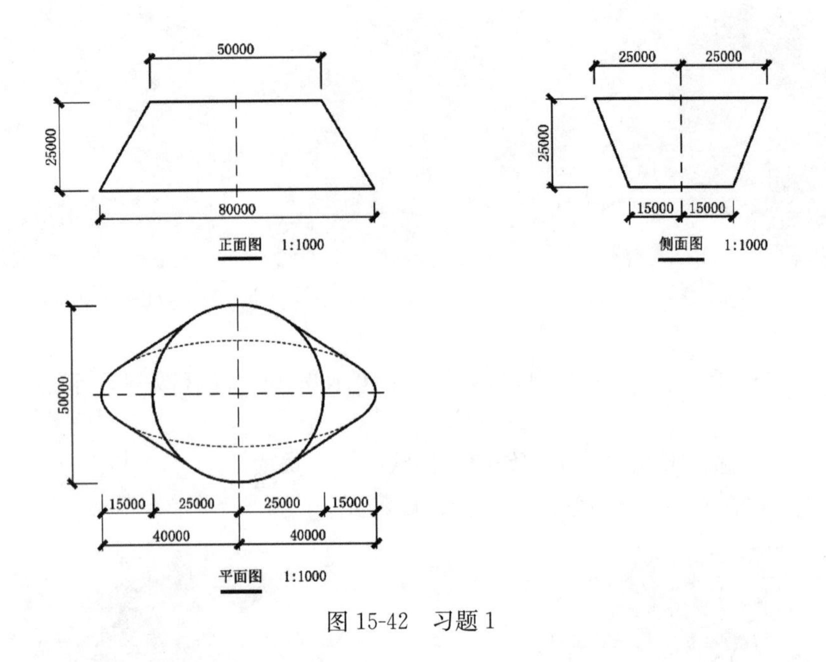

图 15-42 习题 1

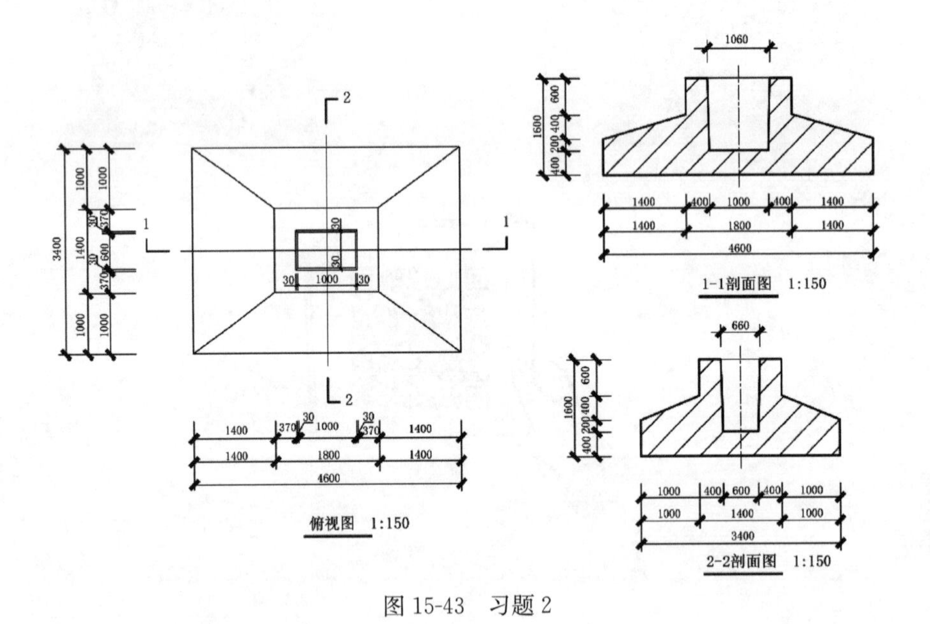

图 15-43 习题 2

3. 图 15-44 为某牛腿柱。请按图示尺寸要求建立该牛腿柱的体量模型。最终结果以“牛腿柱”为文件名称进行保存。

4. 用体量创建图 15-45 中的“仿央视大厦”模型，请将模型以“仿央视大厦”为文件名进行保存。

5. 根据图 15-46 给定的数据，用体量方式创建模型，请将模型以“体量模型”为文件名进行保存。

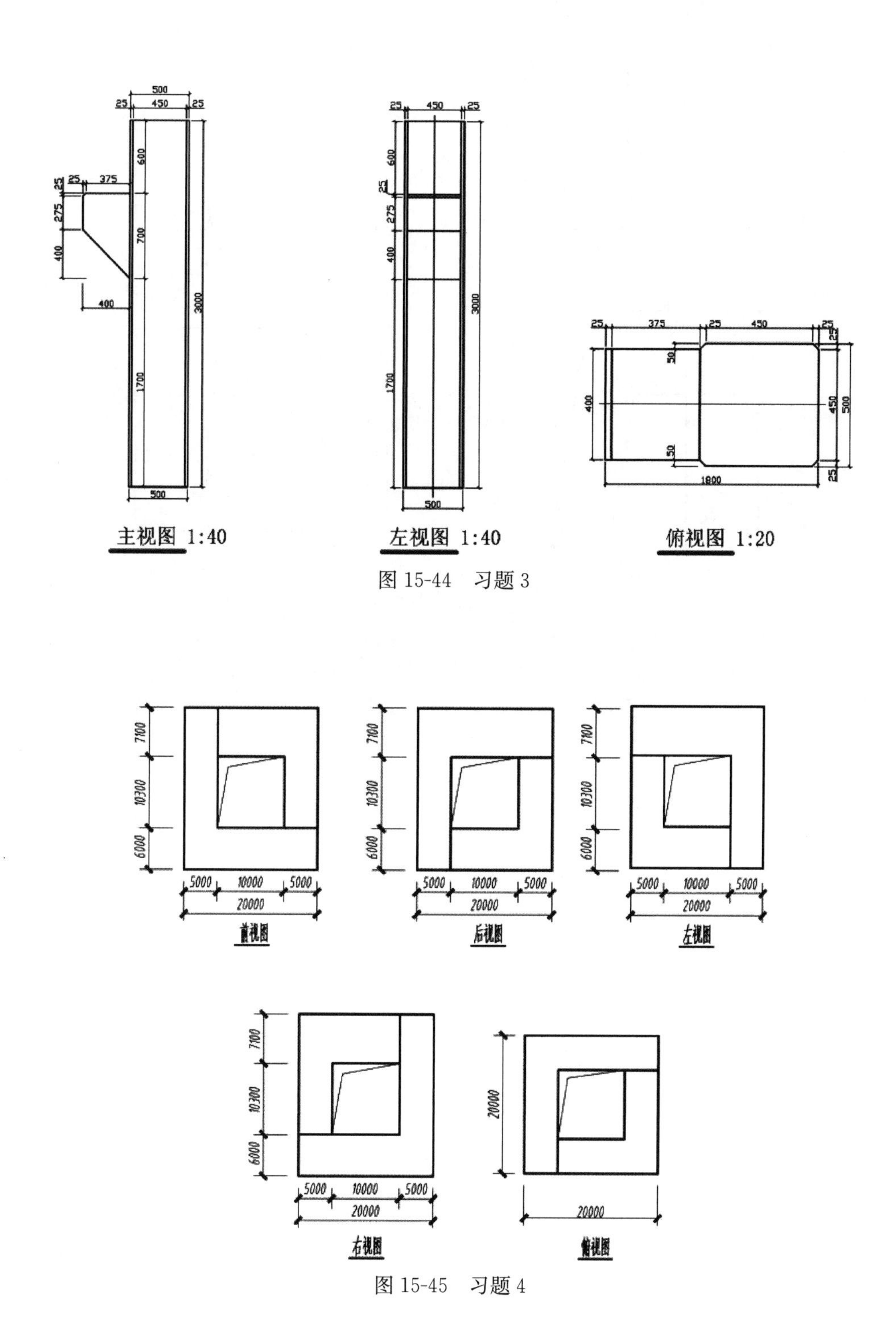

图 15-44　习题 3

图 15-45　习题 4

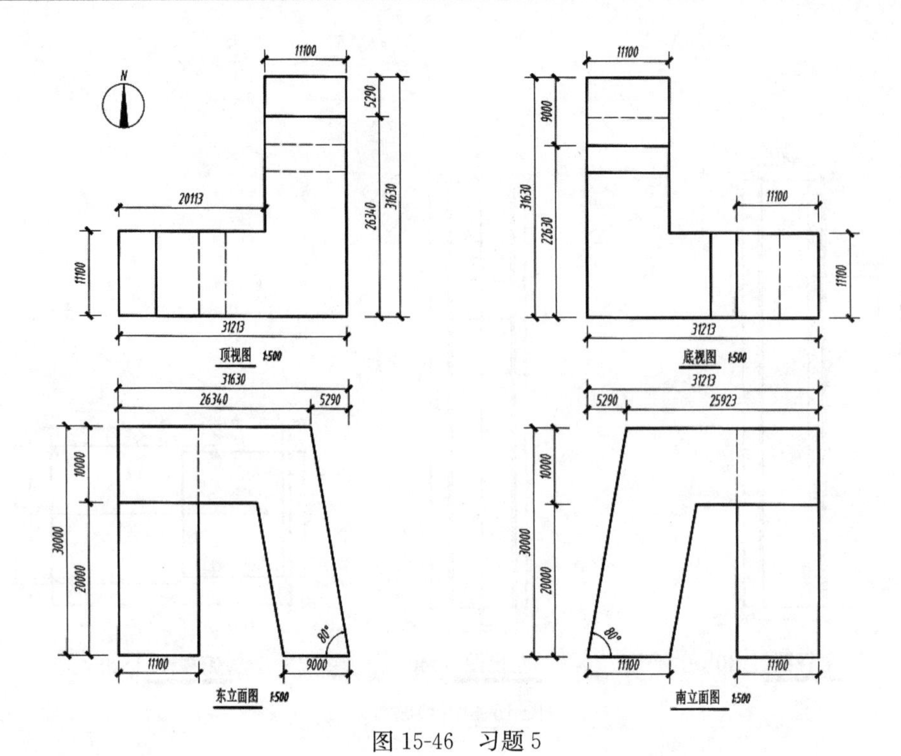
N
11100
5290
20113
26340
31630
11100
31213
顶视图 1:500
11100
9000
31630
22630
11100
11100
31213
底视图 1:500
31630
26340
5290
10000
30000
20000
80°
11100
9000
东立面图 1:500
31213
5290
25923
10000
30000
20000
80°
11100
11100
南立面图 1:500

图 15-46　习题 5

学习单元 16　学习族基础知识

知识目标：

熟悉族的相关概念。

掌握系统族的载入方法。

掌握可载入族的载入和创建方法。

掌握族参数的添加。

能力目标：

能载入系统族进行建模。

能创建可载入族并会载入。

会添加族参数。

所有添加到 Revit 项目中，从用于构成建筑模型的结构构件、墙、屋顶、窗和门到用于记录该模型的详图索引、装置、标记和详图构件的图元都是使用族创建的。族是 Revit 中一个非常重要的构成要素，正是由于族概念的引入，才可以实现 Revit 软件参数化的建模设计。

任务 16.1　关　于　族

在 Revit 中，用户可以通过使用相关的族工具将标准图元和自定义图元添加到建筑模型中。此外，通过族还可以对用法和行为类似的图元进行相应的控制，以便用户轻松地完成修改设计以及更高效地管理项目。

族是一个包含通用属性（称为参数）集和相关图形表示的图元组，且属于一个族的不同图元的部分或全部参数可能有不同的值，但是参数（其名称与含义）的集合是相同的。在 Revit 中，族中的这些变体称作族类型或类型。例如，家具类别所包括的族和族类型可以用来创建不同的家具，如桌、椅和柜子等。尽管这些族具有不同的用途，并由不同的材质构成，但它们的用法却是相关的。族中的每一类型都具有相关的图形表示和一组相同的参数，称作族类型参数。

此外，族可以是二维族或者三维族，但并非所有族都是参数化族。例如，门窗是三维参数化族；卫浴设施有三维族和二维族，有参数化族也有固定尺寸的非参数化族；门窗标记则是二维非参数化族。用户可以根据实际需求，事先合理规划三维族、二维族以及族是否参数化。

Revit 中的三种类型的族：系统族、可载入族和内建族。在项目中创建的大多数图元都是系统族或可载入的族。可以组合可载入的族来创建嵌套和共享族。非标准图元或自定义图元是使用内建族创建的。

1. 系统族

系统族可以创建要在建筑现场装配的基本图元。例如，墙、屋顶、顶棚、楼板、风管、管道，以及其他在施工场地装配的图元。此外，能够影响项目环境且包含标高、轴网、图纸和视图类型的系统设置也是系统族。

系统族是在 Revit 中预定义的。用户不能将其从外部文件中载入到项目中，也不能将其保存到项目之外的位置。系统族只能在项目文件图元的“类型属性”对话框中复制新的族类型，并设置其各项参数后保存到项目文件中，然后即可在后续设计中直接从类型选择器中选择使用。

2. 可载入族

可载入族是用于创建建筑构件和一些注释图元的族。可载入族是用于创建下列构件的族：

(1) 安装在建筑内和建筑周围的建筑构件，例如，窗、门、橱柜、装置、家具和植物等。

(2) 安装在建筑内和建筑周围的系统构件，例如，锅炉、热水器、空气处理设备和卫浴装置等。

(3) 常规自定义的一些注释图元，例如，符号和标题栏等。

由于它们具有高度可自定义的特征，因此可载入族是用户在 Revit 中经常创建和修改的族，而与系统族不同的是，可载入族是在外部 RFA 文件中创建的，并可导入或载入到项目中。对于包含许多类型的可载入族，用户可以创建和使用类型目录，以便仅载入项目所需的类型。

3. 内建族

内建族适用于创建当前项目专有的独特图元构件。在创建内建族时，用户可以参照项目中其他已有的图形，且当所参照的图形发生变化时，内建族可以相应地自动调整更新。

内建图元是创建当前项目专有的独特构件时所创建的独特图元，可以创建内建几何图形，以便它可参照其他项目几何图形，使其在所参照的几何图形发生变化时进行相应大小调整和其他调整。创建内建图元时，Revit 将为该内建图元创建一个族，该族包含单个族类型。创建内建图元涉及许多与创建可载入族相同的族编辑器工具。

4. 族样板

创建族时，软件会提示选择一个与该族所要创建的图元类型相对应的族样板。该样板相当于一个构建块，其中包含在开始创建族时以及 Revit 在项目中放置族时所需要的信息。

大多数族样板都是根据其所要创建的图元族的类型进行命名，也有一些样板在族名称之后包含下列描述符之一：

(1) 基于墙的样板。

(2) 基于顶棚的样板。

(3) 基于楼板的样板。

(4) 基于屋顶的样板。

(5) 基于线的样板。

(6) 基于面的样板。

基于墙的样板、基于顶棚的样板、基于楼板的样板和基于屋顶的样板被称为基于主体的样板。对于基于主体的族而言，只有存在其主体类型的图元时，才能放置在项目中。

任务16.2　创　建　族

16.2.1　族文件的创建和编辑

使用族编辑器可以对现有族进行修改或创建新的族，用于打开族编辑器的方法取决于要执行的操作，可以使用族编辑器来创建和编辑可载入族以及内建图元。

选项卡和面板因所要编辑的族类型而异。不能使用族编辑器来编辑系统族。

1. 通过项目编辑现有族

（1）在绘图区域中选取一个族实例，并单击“修改｜图元”选项卡下“模式”面板中的“编辑族”工具。

（2）双击绘图区域中的族实例。

2. 在项目外部编辑可载入族

（1）单击→“打开”→“族”命令。

（2）浏览到包含族的文件，然后单击“打开”按钮。

3. 使用样板文件创建可载入族

（1）单击→“新建”→“族”命令。

（2）浏览到样板文件，然后单击“打开”按钮，如图16-1所示。

图16-1　使用样板文件创建族

4. 创建内建族

（1）在功能区上，单击内建模型。

① 单击“建筑”选项卡下“构建”面板中“构件”下拉列表内的“内建模型”命令。

② 单击“结构”选项卡下“模型”面板中“构件”下拉列表内的“内建模型”命令。

③ 单击“系统”选项卡下“模型”面板中面“构件”下拉列表内的“内建模型”命令。

（2）在“族类别和族参数”对话框中，选择相应的族类别，然后单击“确定”按钮。

（3）输入内建图元族的名称，然后单击“确定”按钮。

5. 编辑内建族

（1）在图形中选取内建族。

（2）单击“修改｜图元”选项卡下“模型”面板中的“编辑内建图元”工具。

16.2.2 创建族形体的基本方法

创建族形体的方法同体量的创建方法一样，包含拉伸、融合、放样、旋转及放样融合五种基本方法，可以创建实心和空心形状，如图 16-2 所示。

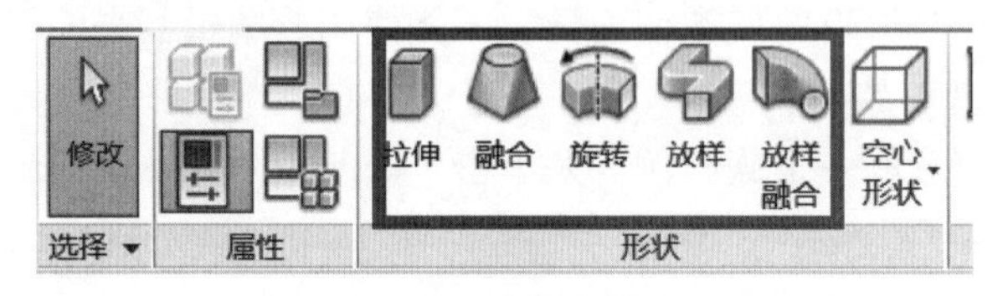

图 16-2 创建族形体方法

1. 拉伸

创建拉伸的基本操作步骤如下：

（1）在组编辑器界面，单击“创建”选项卡下“形状”面板中的“拉伸”工具。

（2）在“绘制”面板中选择一种绘制方式，在绘图区域绘制想要创建的拉伸轮廓。

（3）在“属性”选项板里设置好拉伸的起点和终点，如图 16-3 所示。

（4）单击“模式”面板中的“√”按钮完成编辑模式，完成拉伸的创建，如图 16-4 所示。

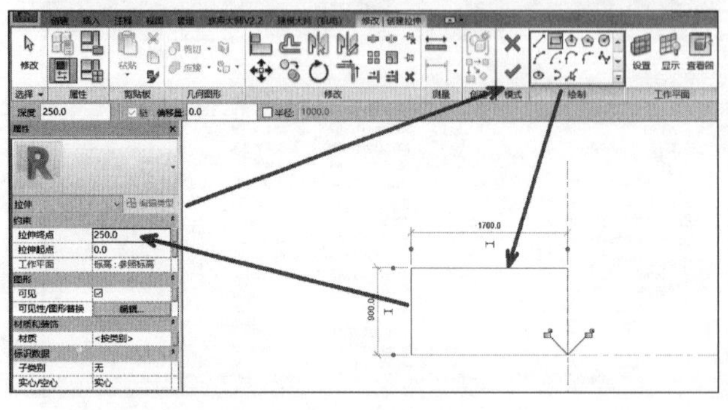

图 16-3 创建拉伸

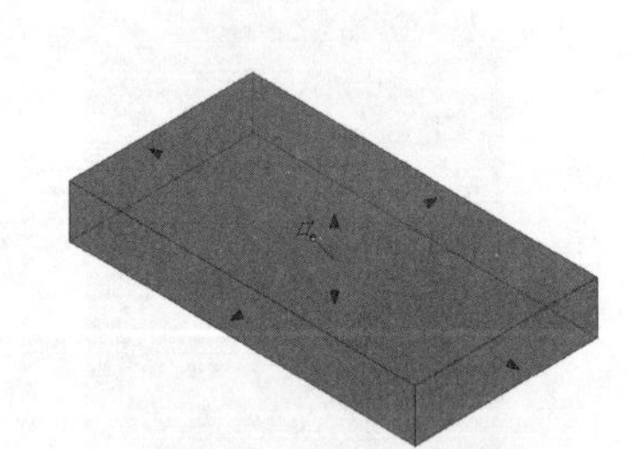

图 16-4 生成三维图形

2. 融合

创建融合的基本操作步骤如下：

（1）在组编辑器界面，单击“创建”选项卡下“形状”面板中的“融合”工具。

（2）在“绘制”面板中选择一种绘制方式，在绘图区域绘制想要创建的融合底部轮廓。

（3）绘制完底部轮廓后，单击“模式”面板中的“编辑顶部”工具，进行融合顶部轮廓的创建。

（4）在“属性”选项板里设置好融合的端点高度，如图 16-5 所示。

（5）单击“模式”面板中的“√”按钮完成编辑模式，完成融合的创建，如图 16-6 所示。

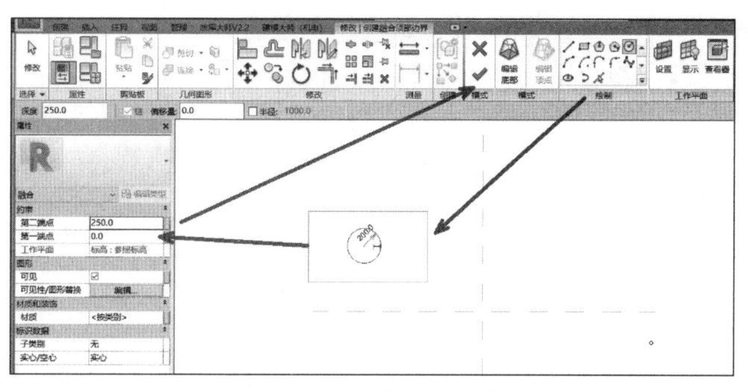

图 16-5　创建融合轮廓

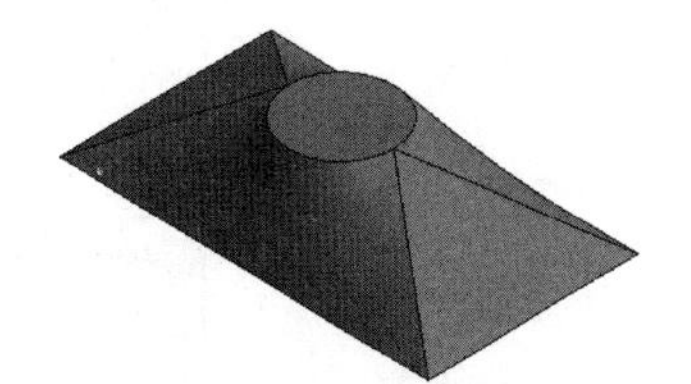

图 16-6　生成三维图形

3. 旋转

创建旋转的基本操作步骤如下：

（1）在组编辑器界面，单击“创建”选项卡下“形状”面板中的“旋转”工具。

（2）单击“绘制”面板中的“轴线”工具，选择“直线”绘制方式，在绘图区域绘制旋转轴线。

（3）单击“绘制”面板中的“边界线”工具，选择一种绘制方式，在绘图区域绘制旋转轮廓的边界线。

（4）在“属性”选项板中设置旋转的起始和结束角度，如图 16-7 所示。

（5）单击“模式”面板中的“√”按钮完成编辑模式，完成旋转的创建，如图 16-8 所示。

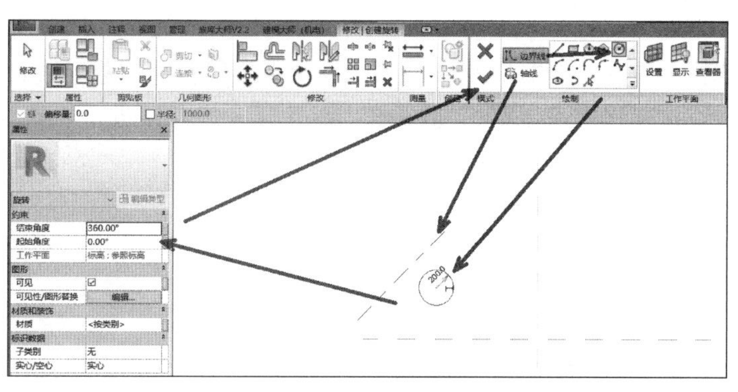

图 16-7　创建旋转

图 16-8　生成三维图形

4. 放样

创建放样的基本操作步骤如下：

（1）在组编辑器界面，单击“创建”选项卡下“形状”面板中的“放样”工具。

（2）在“放样”面板中选择“绘制路径”或“拾取路径”工具。

① 若采用“绘制路径”工具。在“绘制”面板中选择相应的绘制方式，在绘图区域绘制放样的路径线，完成路径绘制草图模式。

② 若采用“拾取路径”工具。拾取导入的线、图元轮廓线或绘制的模型线，完成路径绘制草图模式，如图 16-9 所示。

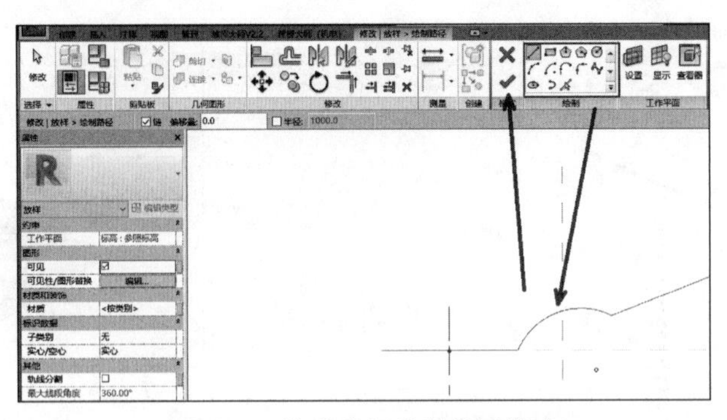

图 16-9　拾取路径绘制草图模式

（3）单击“放样”面板中的“选择编辑轮廓”工具，进入轮廓编辑草图模式，如图 16-10 所示。

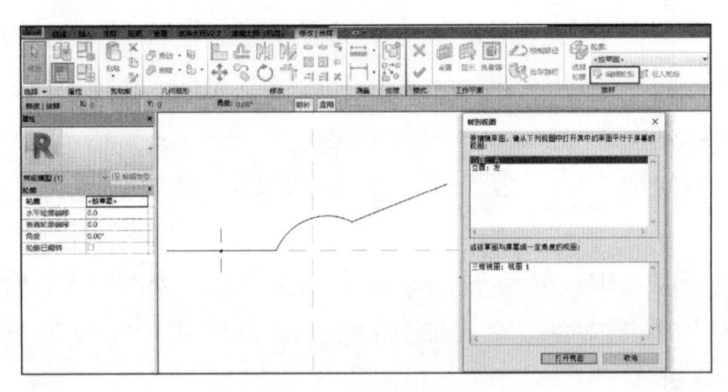

图 16-10　编辑草图模式

（4）在“绘制”面板中选择相应的绘制方式，在绘图区域绘制旋转轮廓的边界线，完成轮廓编辑草图模式。绘制轮廓所在的视图可以是三维视图，或者打开查看器进行轮廓绘制，如图 16-11 所示。

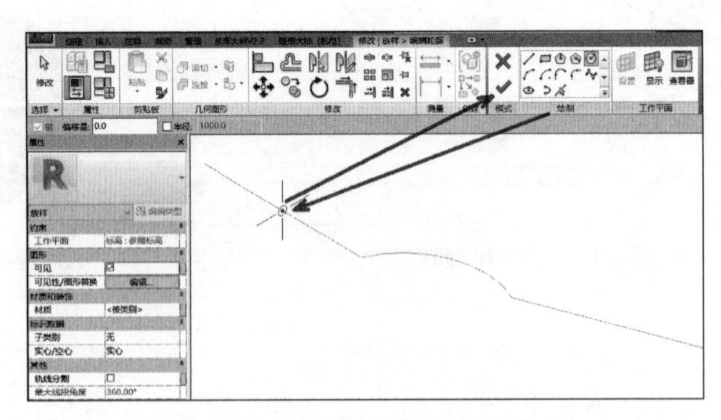

图 16-11　完成轮廓编辑草图模式

（5）单击“模式”面板中的“√”按钮完成编辑模式，完成放样的创建，如图 16-12 所示。

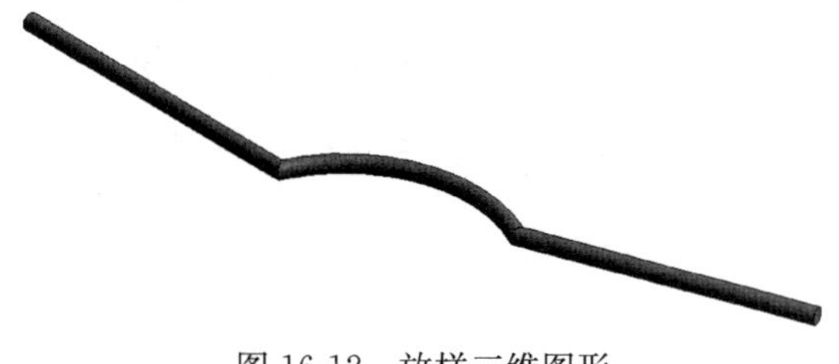

图 16-12　放样三维图形

5. 放样融合

创建放样融合的基本操作步骤如下：

（1）在组编辑器界面，单击“创建”选项卡下“形状”面板中的“放样融合”工具。

（2）在“放样融合”面板中选择“绘制路径”或“拾取路径”工具，如图 16-13 所示。

① 若采用“绘制路径”工具。在“绘制”面板中选择相应的绘制方式，在绘图区域绘制放样的路径线，完成路径绘制草图模式。

② 若采用“拾取路径”工具。拾取导入的线、图元轮廓线或绘制的模型线，完成路径绘制草图模式。

（3）在“放样融合”面板中选择编辑轮廓，进入轮廓编辑草图模式。分别选择两个轮廓，进行轮廓编辑，如图 16-14 所示。

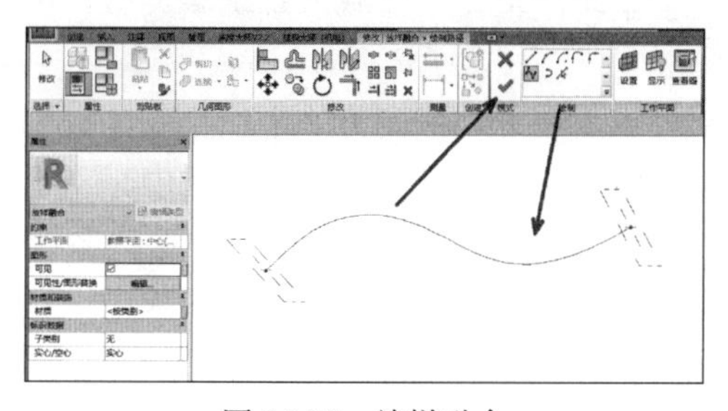

图 16-13　放样融合

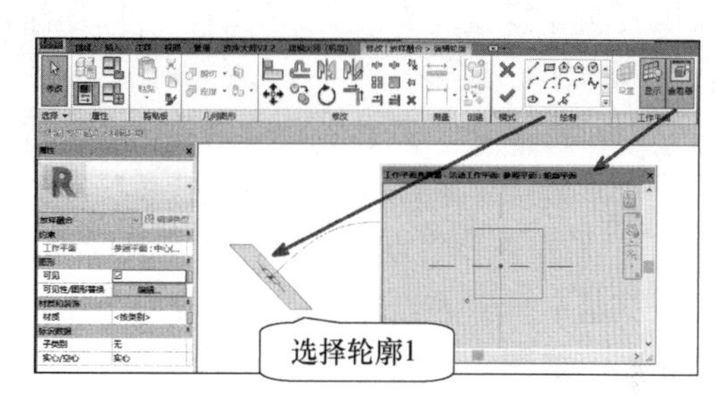

图 16-14　编辑轮廓 1

（4）在“绘制”面板中选择相应的绘制方式，在绘图区域绘制旋转轮廓的边界线，完成轮廓编辑草图模式。绘制轮廓所在的视图可以是三维视图，或者打开查看器进行轮廓绘制。

（5）重复步骤（4），完成轮廓 2 的创建，如图 16-15 所示。

（6）单击“模式”面板中的“√”按钮完成编辑模式，完成放样融合的创建，如图 16-16 所示。

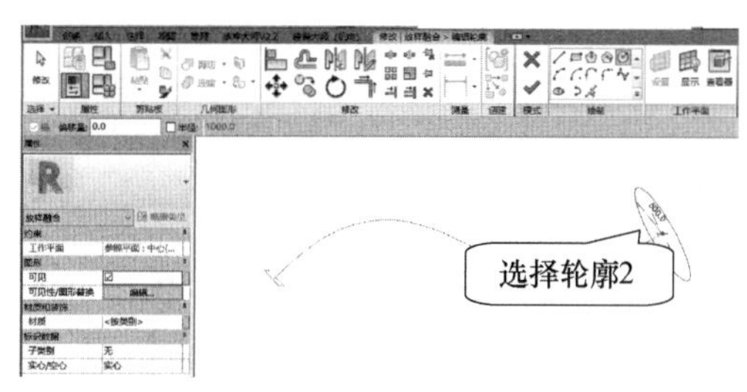

图 16-15　编辑轮廓 2

6. 空心形状

空心形状的创建基本方法同实心形状的创建方式相同。空心形状用于剪切实心形状，得到想要的形体。空心形状的创建方法参考前面的实心形状的创建，如图 16-17 所示。

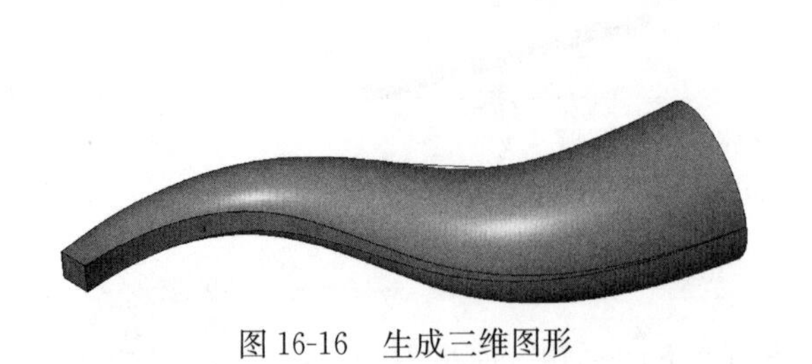

图 16-16 生成三维图形

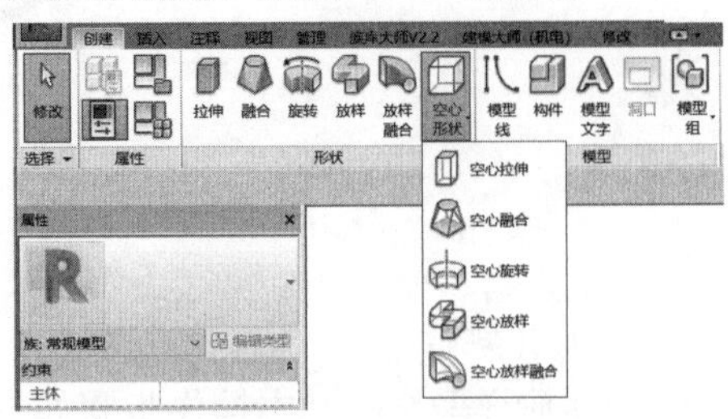

图 16-17 创建空心形状

任务 16.3 族与项目的交互

16.3.1 系统族与项目

系统族已预定义且保存在样板和项目中，而不是从外部文件中载入到样板和项目中的。可以复制并修改系统族中的类型，可以创建自定义系统族类型。要载入系统族类型，可以执行下列操作：

（1）将一个或多个选定类型从一个项目或样板中复制并粘贴到另一个项目或样板中。

（2）将选定系统族或族的所有系统族类型从一个项目中传递到另一个项目中。

① 如果在项目或样板之间只有几个系统族类型需要载入，需复制并粘贴这些系统族类型。其基本步骤为，选中要进行复制的系统族在上下文选项卡的“剪切板”面板中进行复制和粘贴，如图 16-18 所示。

② 如果要创建新的样板或项目，或者需要传递所有类型的系统族或族，需传递系统族类型。其基本步骤为，用“管理”选项卡下“设置”面板中的“传递项目标准”工具，进行系统族在项目之间的传递，如图 16-19 所示。

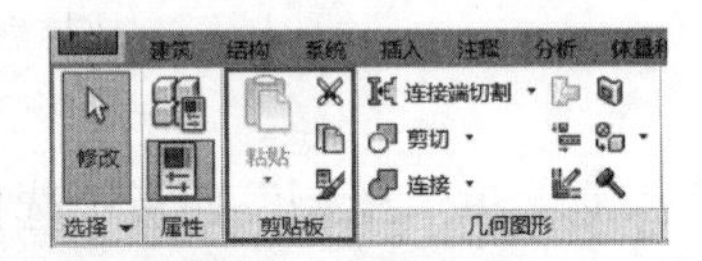

图 16-18 剪切板载入族

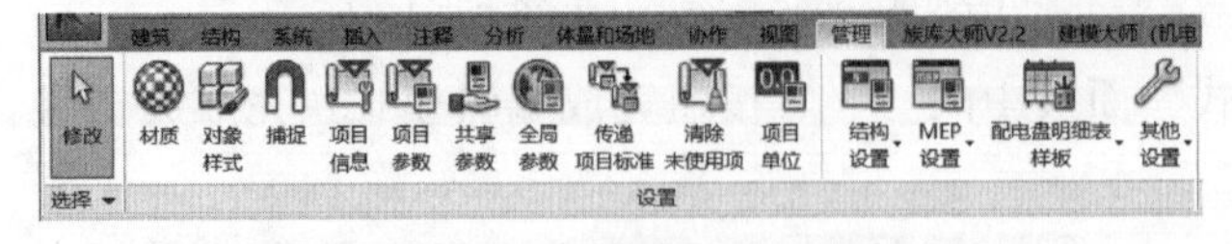

图 16-19 系统族的传递

16.3.2 可载入族与项目

与系统族不同，可载入族是在外部 RFA 文件中创建的，并可载入到项目中。创建可载入族时，首先使用软件中提供的样板，该样板要包含所要创建的族的相关信息。先绘制族的几何图形，使用参数建立族构件之间的关系，创建其包含的变体或族类型，确定其在不同视图中的可见性和详细程度。完成族后，先在示例项目中对其进行测试，然后使用它在项目中创建图元。

Revit 中包含一个内容库，可以用来访问软件提供的可载入族，也可以在其中保存创建的族。

1. 将可载入族载入项目的基本步骤

（1）单击“插入”选项卡下“从库中载入”面板中的“载入族”工具，如图 16-20 所示。

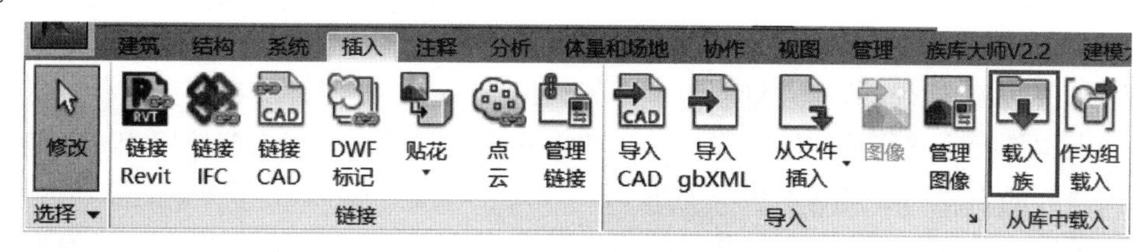

图 16-20　可载入族载入项目

（2）弹出“载入族”对话框，选择要载入的族文件，载入即可，如图 16-21 所示。

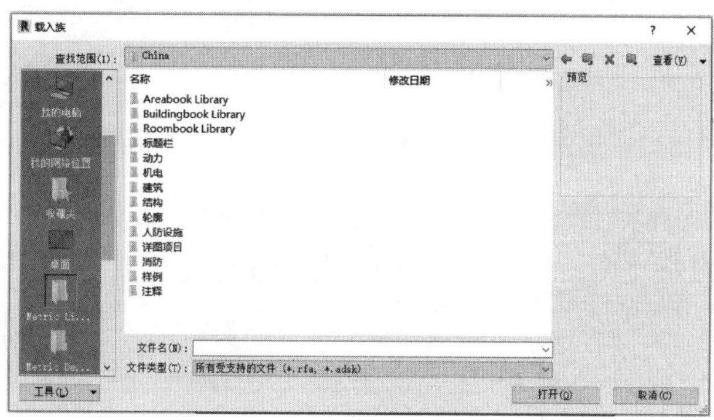

图 16-21　查找族文件

2. 修改项目中现有族的基本步骤

（1）在项目中选中需要编辑修改的族，在上下文选项卡中单击“编辑族”工具，即可打开族编辑器进行族文件的修改编辑，如图 16-22 所示。

（2）修改编辑完成族之后，执行族编辑器界面的“载入到项目中”命令，然后在项目文件中选择“覆盖现有版本及其参数值”或“覆盖现有版本”命令，完成族文件的更新，如图 16-23 所示。

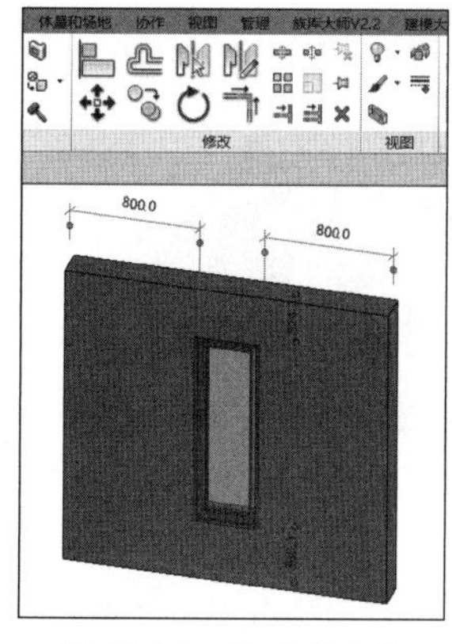

图 16-22　修改现有族

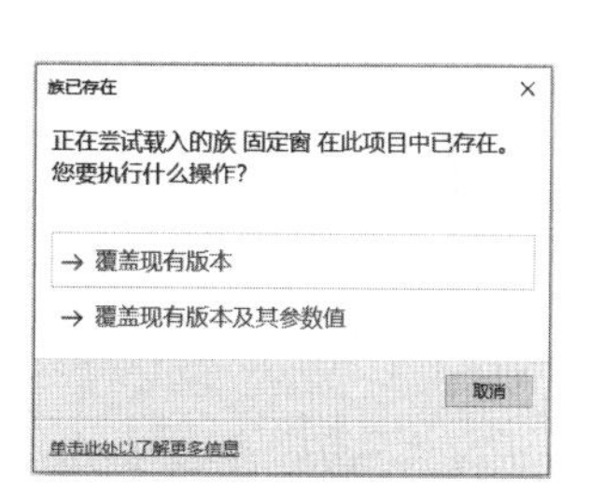

图 16-23　覆盖现有版本

16.3.3 内建族与项目

如果项目需要不想重复使用的特殊几何图形，且必须与其他项目几何图形保持一种或多种关系的几何图形，需创建内建图元。可以在项目中创建多个内建图元，并且可以将同一内建图元的多个副本放置在项目中。但是，与系统族和可载入族不同，内建族不能通过复制内建族类型来创建多种类型。

尽管可以在项目之间传递或复制内建图元，但只有在必要时才应执行此操作，因为内建图元会增大文件大小并使软件性能降低。创建内建图元与创建可载入族使用相同的族编辑器工具。内建族的创建和编辑基本步骤如下：

（1）单击“建筑”选项卡下“构建”面板中“构件”下拉菜单内的“内建模型”命令（图 16-24）。在弹出的“族类别和族参数”对话框中选择需要创建的“族类别”，进入族编辑器界面，创建内建族模型，如图 16-25 所示。

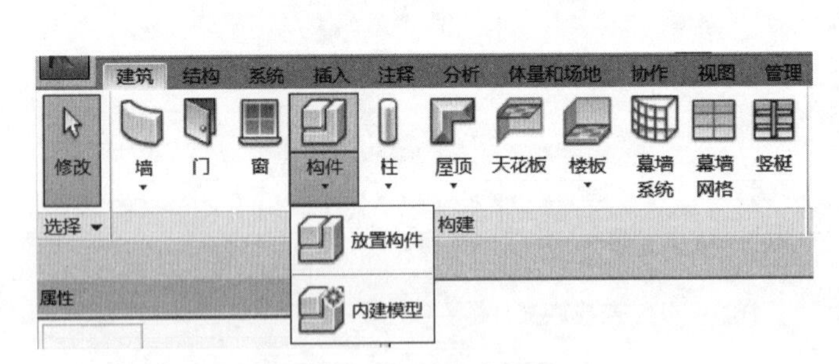

图 16-24　创建内建族模型

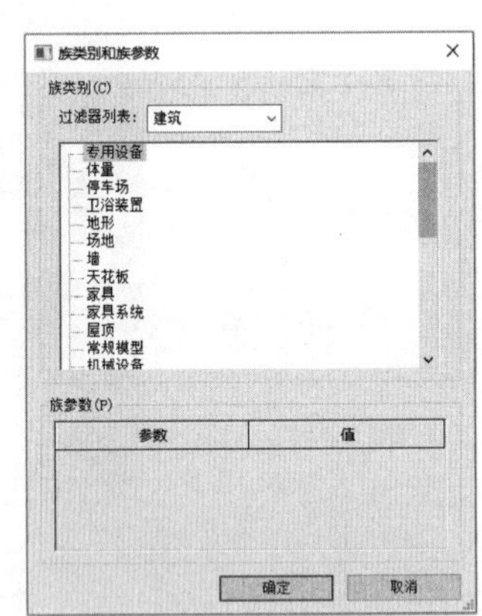

图 16-25　族编辑器

（2）在完成内建族创建后，单击“修改”选项卡下“在位编辑”面板中的“完成模型”工具，即可完成内建族的创建，如图 16-26 所示。

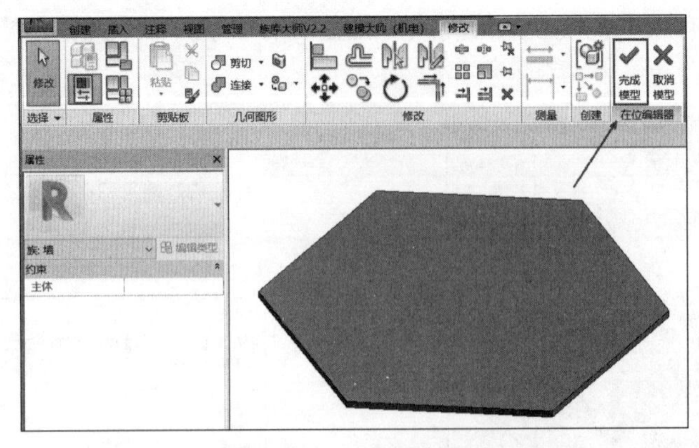

图 16-26　生成三维图形

（3）若需要再次对已建好的内建族进行修改编辑，选中内建族，单击“修改 | 墙”上下

文选项卡下“模型”面板中的“在位编辑”工具重新进入到“族编辑器界面”进行修改编辑族。编辑完成后，重复步骤（2）完成修改编辑，如图16-27所示。

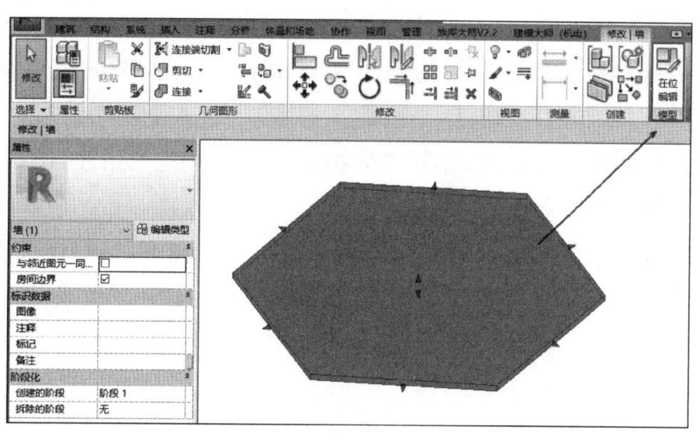

图16-27　修改编辑族

任务16.4　族参数的添加

16.4.1　族参数的种类和层次

族参数各项名称及说明见表16-1。

表16-1　族的“参数类型”种类

名称	说　　明
文字	完全自定义。可用于收集唯一性的数据
整数	始终表示为整数的值
数目	用于收集各种数字数据，可通过公式定义，也可以是实数
长度	可用于设置图元或子构件的长度，可通过公式定义，这是默认的类型
区域	可用于设置图元或子构件的面积，可将公式用于此字段
体积	可用于设置图元或子构件的长度，可将公式用于此字段
角度	可用于设置图元或子构件的角度，可将公式用于此字段
坡度	可用于创建定义坡度的参数
货币	可以用于创建货币参数
URL	提供指向用户定义的URL的网络链接
材质	建立可在其中指定特定材质的参数
图像	建立可在其中指定特定光栅图像的参数
是/否	使用“是”或“否”定义参数，最常用于实例属性
族类型	用于嵌套构件，可在族载入到项目中后替换构件
分割的表面类型	建立可驱动分割表面构件（如面板和图案）的参数，可将公式用于此字段

族参数的层次为实例参数及类型参数。通过添加新参数，即可对包含于每个族实例或类型中的信息进行更多的控制。也可以创建动态的族类型以增加模型中的灵活性。

16.4.2　族参数的添加

1. 族参数的创建

（1）在族编辑器中，单击“创建”选项卡下“属性”面板中的“族类型”工具。

（2）在“族类型”对话框中，单击“新建”按钮并输入新类型的名称，即可创建一个新的族类型。将其载入到项目中后，出现在“类型选择器”中，如图 16-28 所示。

（3）在“参数”下单击“添加”按钮。

（4）在弹出的“参数属性”对话框的“参数类型”区域下，选中“族参数”单选按钮。

（5）输入参数的名称。选中“实例”或“类型”单选按钮，这会定义参数是“实例”参数还是“类型”参数。

（6）选择“规程”。

（7）选择适当的“参数类型”。

（8）选择适当的“参数分组方式”。单击“确定”按钮，如图 16-29 所示。

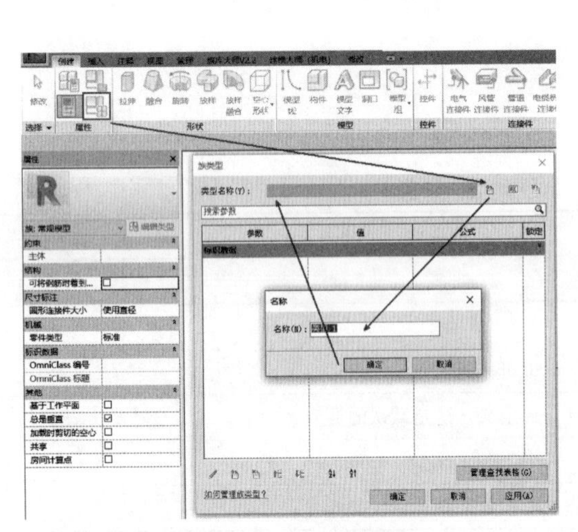

图 16-28　创建族参数

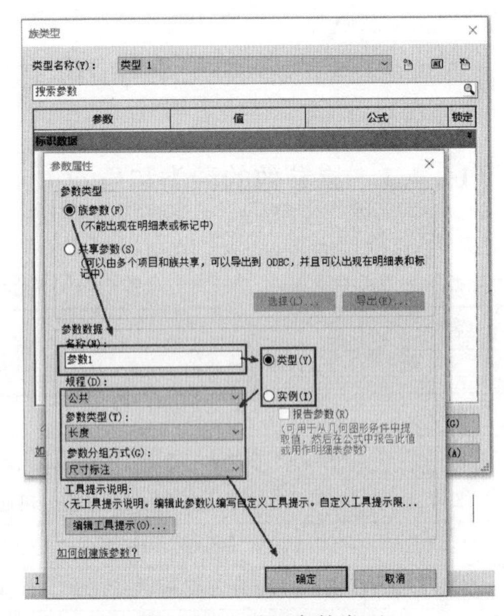

图 16-29　设置参数类型

在族载入到项目中后，此值确定参数在“属性”选项板中显示在哪一组标题下。默认情况下，新参数会按字母顺序升序排列添加到参数列表中创建参数时的选定组。

（9）（可选）使用任一“排序顺序”按钮（“升序”或“降序”）根据参数名称在参数组内对其进行字母顺序排列。

（10）（可选）在“族类型”对话框中，选择一个参数并使用“上移”和“下移”按钮来手动更改组中参数的顺序。

说明： 在编辑“钢筋形状”族参数时，“排序顺序”、“上移”和“下移”按钮不可用，如图 16-30 所示。

2. 指定族类别和族参数

“族类别和族参数”工具可以将预定义的族类别属性指定给要创建的构件。此工具只能用在族编辑器中。

族参数定义应用于该族中所有类型的行为或标识数据。不同的类别具有不同的族参数，具体取决于 Revit 希望以何种方式使用构件。

（1）控制族行为的一些常见族参数示例

① 总是垂直：选中该选项时，该族总是显示为垂直，即 90°，即使该族位于倾斜的主体上，如楼板。

② 基于工作平面：选中该选项时，族以活动工作平面为主体，可以使任一无主体的族成为基于工作平面的族。

③ 共享：仅当族嵌套到另一族内并载入到项目中时才适用此参数。如果嵌套族是共享的，则可以从主体族独立选择、标记嵌套族和将其添加到明细表。如果嵌套族不共享，则主体族和嵌套族创建的构件作为一个单位。

④ 标识数据参数包括 OmniClass 编号和 OmniClass 标题。

（2）指定族参数的步骤

① 在族编辑器中，单击“创建”选项卡（或“修改”选项卡）下“属性”面板中的“族类别和族参数”工具。

② 在弹出的“族类别和族参数”对话框中选择要将其属性导入到当前族中的“族类别”。

③ 指定“族参数”。

④ 单击“确定”按钮，如图 16-31 所示。

族参数选项根据族类别而有所不同。

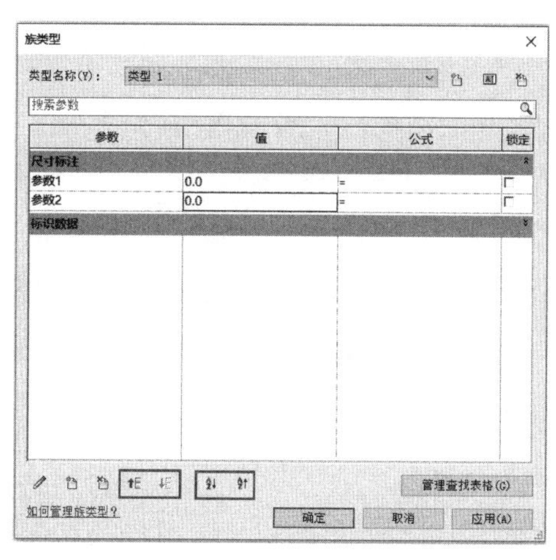

图 16-30　族参数按钮

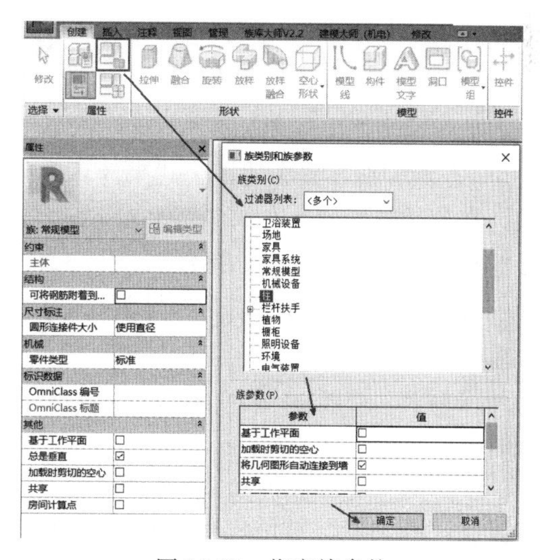

图 16-31　指定族参数

3. 为尺寸标注添加标签以创建参数

对族框架进行尺寸标注后，需为尺寸标注添加标签，以创建参数。例如，如图 16-32 所示的尺寸标注已添加了长度和宽度参数的标签。

带标签的尺寸标注将成为族的可修改参数。可使用族编辑器中的“族类型”工具，在弹出的对话框中修改它们的值。在将族载入到项目中之后，可以在“属性”选项板上修改任何实例参数，或者打开“类型属性”对话框修改类型参数值。如果族中存在该标注类型的参数，可以选择它作为标签。否则，必须创建该参数，以指定它是实例参数还是类型参数。

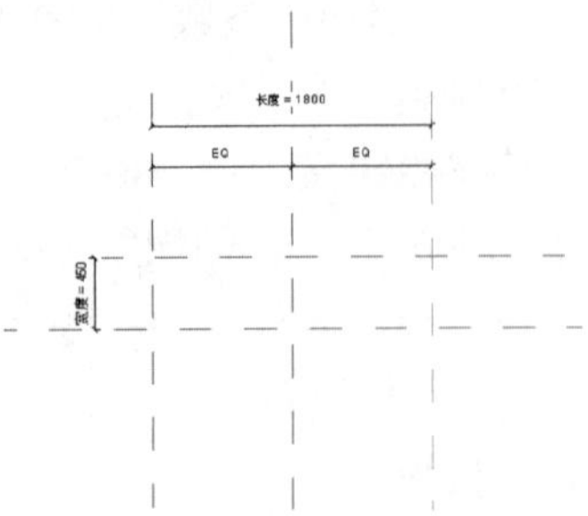

图 16-32 为尺寸标注添加标签

为尺寸标注添加标签并创建参数的具体操作步骤如下：

(1) 在族编辑器中，选择尺寸标注。

(2) 在选项栏上，选择一个参数或者选择“添加参数”并创建一个参数作为“标签”。参见创建族参数。在创建参数之后，可以使用“属性”选项板上的“族类型”工具来修改默认值，或指定一个公式。

(3) 如果需要，启用“引线”复选框来创建尺寸标注的引线，如图 16-33 所示。

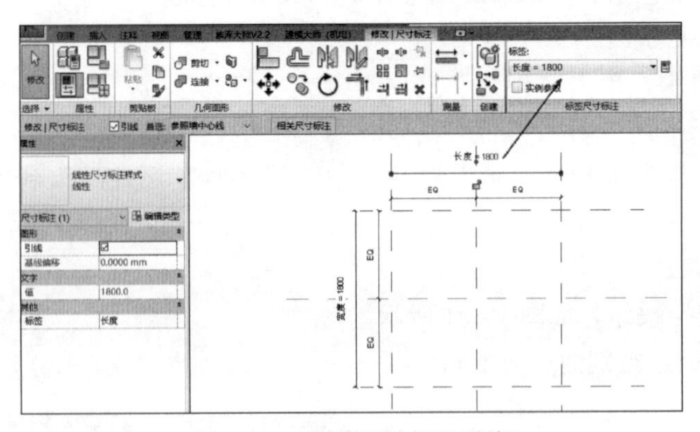

图 16-33 创建尺寸标注引线

4. 在族编辑器中使用公式

(1) 在族类型参数中使用公式来计算值和控制族几何图形，如图 16-34 所示。

① 在族编辑器中，布局参照平面。

② 根据需要，添加尺寸标注。

③ 为尺寸标注添加标签。参见为尺寸标注添加标签以创建参数。

④ 添加几何图形，并将该几何图形锁定到参照平面。

⑤ 在“属性”选项板上，单击族类型。

⑥ 在“族类型”对话框的相应参数旁的“公式”列中，输入参数的公式。

(2) 公式支持标准的算术运算和三角函数。

(3) 使用标准数学语法，可以在公式中输入整数值、小数值和分数值。

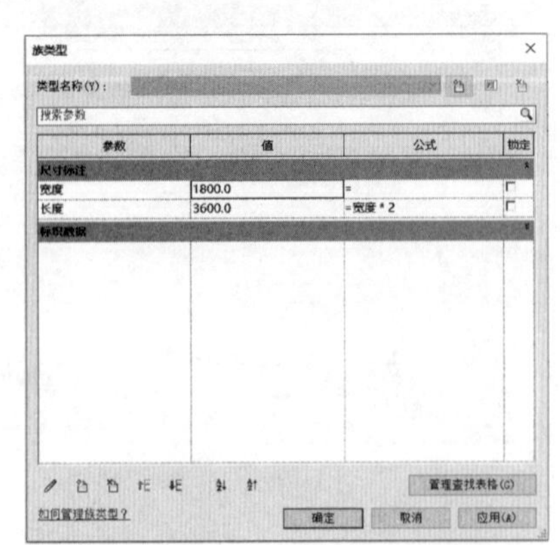

图 16-34 设置族类型参数

任务 16.5　族参数的驱动

添加完成族参数之后，直接修改参数的值，即可实现驱动修改参照平面的尺寸，如图 16-35 所示。

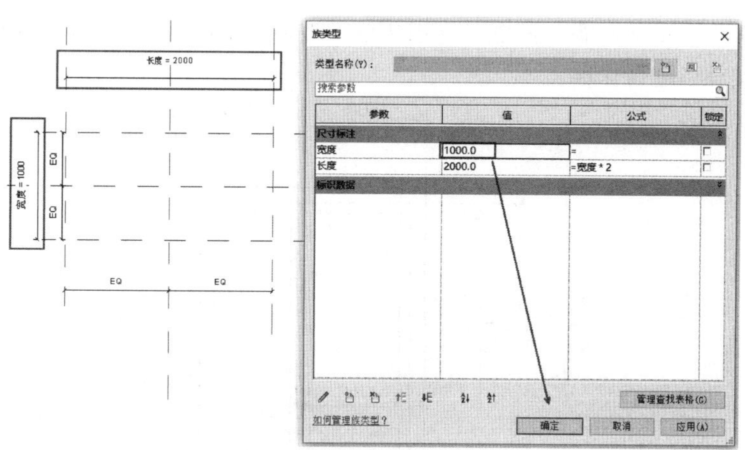

图 16-35　修改参照平面尺寸

将族形状轮廓与参照平面对齐锁定上，使形状轮廓随参照平面移动而移动，即可实现参数驱动参照平面位置变动，修改形状轮廓，如图 16-36 所示。

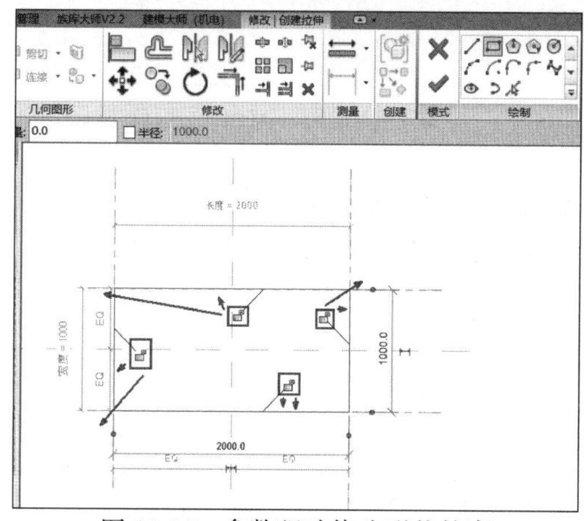

图 16-36　参数驱动修改形状轮廓

单元 16 小结

练习题 16

1. 请用基于墙的公制常规模型族模板，创建符合图 16-37 所示图纸要求的窗族，各尺寸通过参数控制。该窗窗框断面尺寸为 60mm×60mm，窗扇边框断面尺寸为 40mm×40mm，玻璃厚度为 6mm，墙、窗框、窗扇边框、玻璃全部中心对齐。请将模型文件以“双扇窗 . rfa”为文件名进行保存。

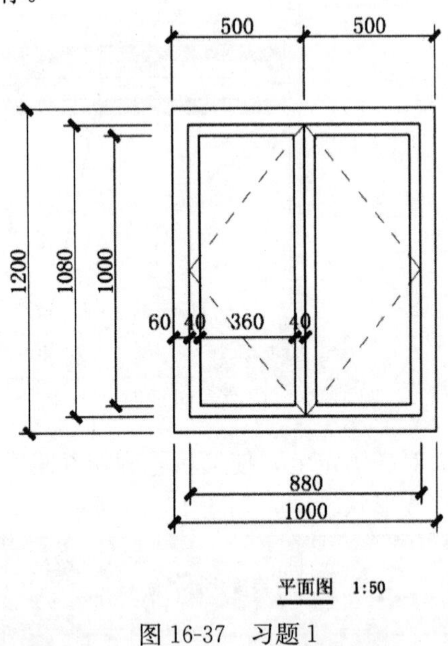

图 16-37　习题 1

2. 如图 16-38 所示为某椅子模型。请按图示尺寸要求新建并制作椅子构件集，椅子靠背与坐垫材质设为“布”，其他设为“钢”。最终结果以“椅子”为文件名进行保存。

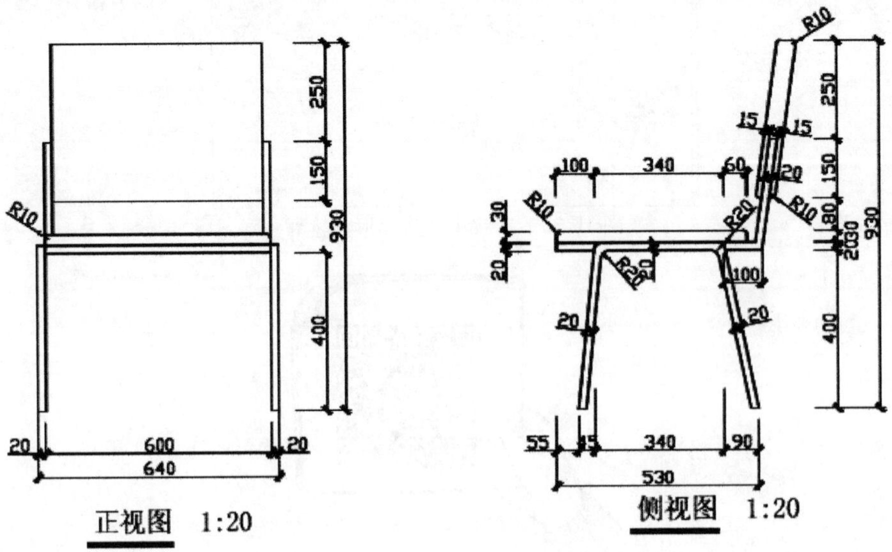

图 16-38　习题 2

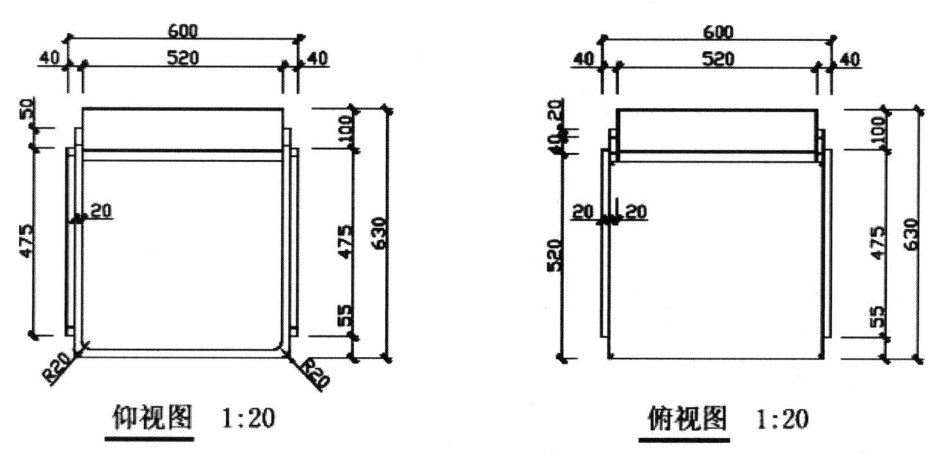

图16-38　习题2（续）

3. 创建图16-39所示的螺母模型，螺母孔的直径为20mm，正六边形边长18mm、各边距孔中心16mm，螺母高20mm。请将模型以“螺母”为文件名进行保存。

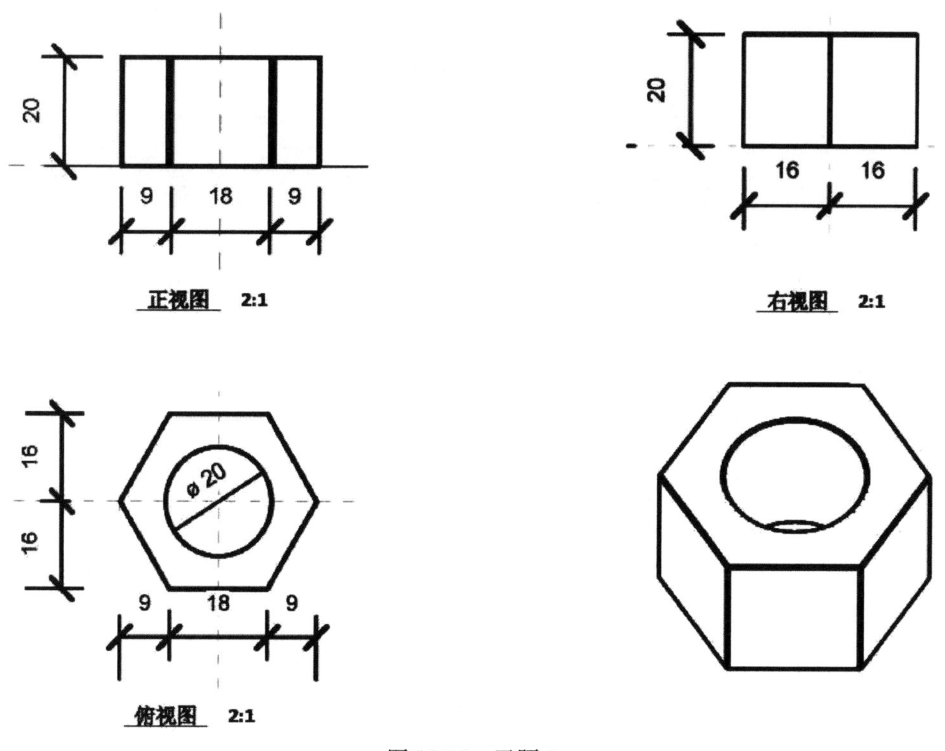

图16-39　习题3

4. 创建图16-40所示的榫卯结构，并建在一个模型中，将该模型以构件集保存，命名为“榫卯结构”进行保存。

5. 根据图16-41给定的数据，用构件集形式创建U型墩柱，整体材质为混凝土，请将模型以“U型墩柱”为文件名进行保存。

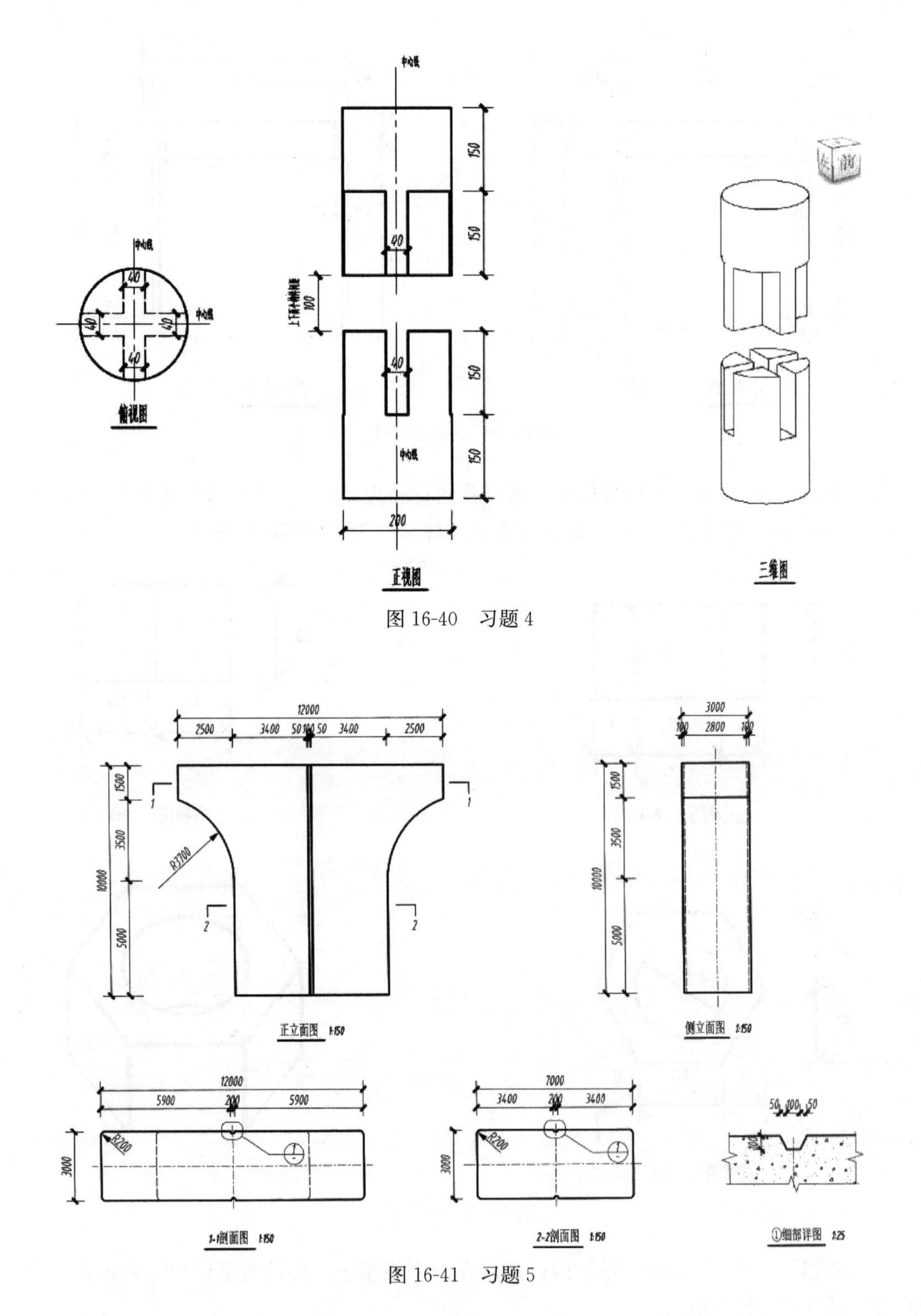

图 16-40　习题 4

图 16-41　习题 5

6. 根据图 16-42 给定的数值，用构件集形式创建直角支吊架，请将模型以“直角支吊架”为文件名进行保存。

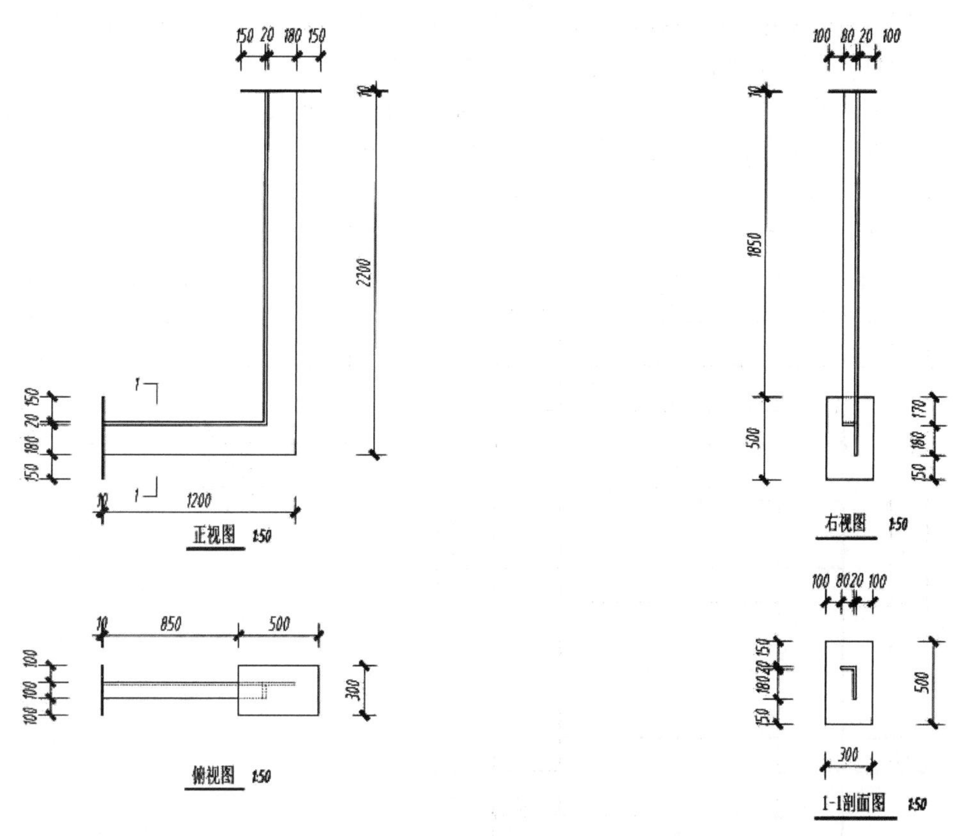

图 16-42　习题 6

7. 根据图 16-43 给定的尺寸标注建立“百叶窗”构建集。

(1) 按图中的尺寸建立模型。

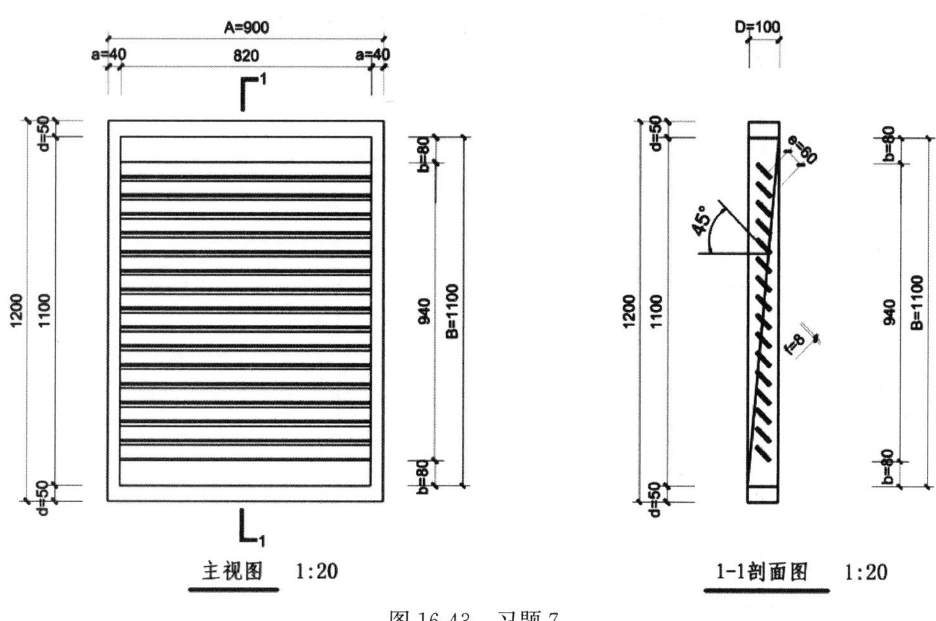

图 16-43　习题 7

（2）所有参数采用图中参数名字命名，设置为类型参数。扇叶个数可以通过参数控制，并对窗框和百叶窗百叶赋予合适材质，请将模型文件以“百叶窗”为文件名进行保存。

（3）将完成的“百叶窗”载入项目中，插入任意墙面中示意。

8. 根据图 16-44 给定的尺寸生成台阶实体模型，并以“台阶”为文件名进行保存。

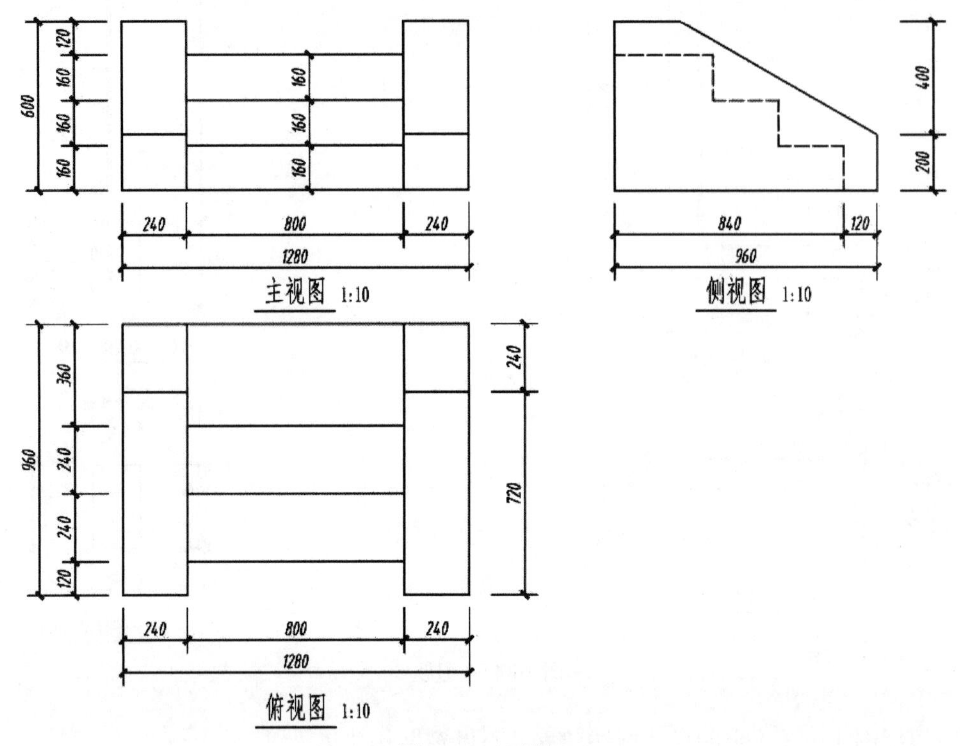

图 16-44　习题 8

9. 根据图 16-45 中给定的轮廓与路径，创建内建构件模型。请将模型文件以“柱顶饰条”为文件名进行保存。

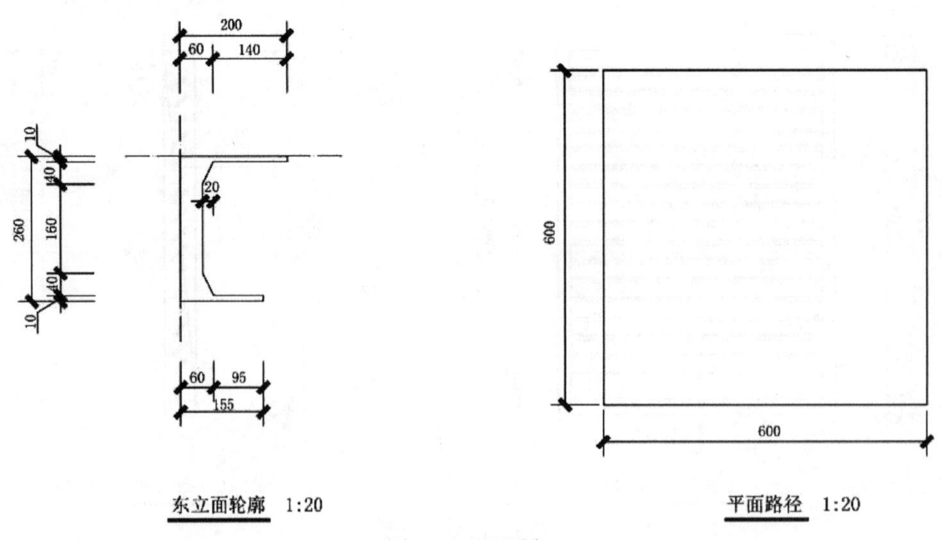

图 16-45　习题 9

10. 如图 16-46 所示为某栏杆。请按照图示尺寸要求新建并制作栏杆的构件集，截面尺寸除扶手外其余杆件均相同。材质方面，扶手及其他杆件材质设为“木材”，挡板材质设为“玻璃”。最终结果以“栏杆”为文件名进行保存。

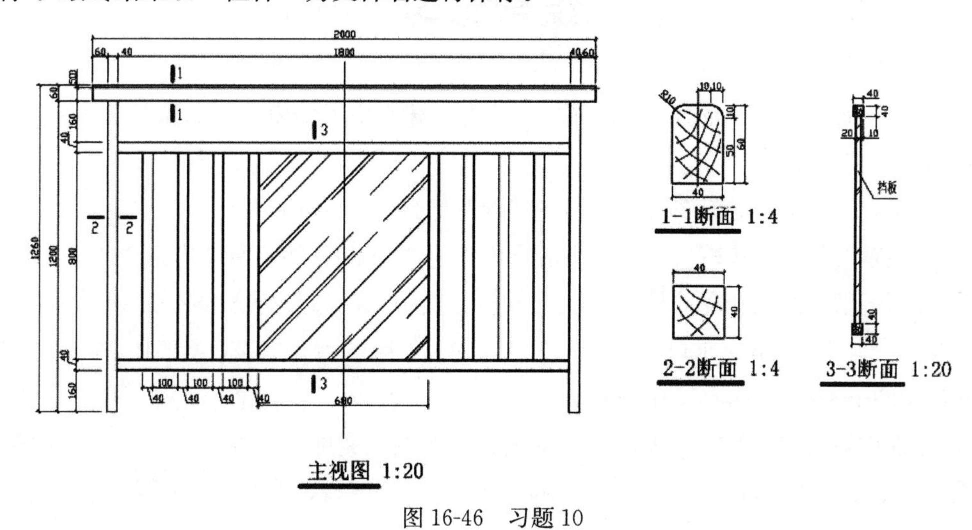

图 16-46　习题 10

综合练习

1. 根据下面给出的平面图、立面图、三维图，建立房子的模型，具体要求如下：

（1）建立房子模型：

① 按照给出的平、立面图要求，绘制轴网及标高，并标注尺寸。

② 按照轴线创建墙体模型，其中内墙厚度均为 200mm，外墙厚度均为 300mm。

③ 按照图纸中的尺寸在墙体中插入门和窗，其中门的型号为 M0820、M0618，尺寸分别为 800mm×2000mm、600mm×1800mm；窗的型号为 C0912、C1515，尺寸分别为 900mm×1200mm、1500mm×1500mm。

④ 分别创建门和窗的明细表，门明细表包含类型、宽度、高度以及合计字段；窗明细表包含类型、底高度（900mm）、宽度、高度以及合计字段。明细表按照类型进行成组和统计。

（2）建立 A2 尺寸的图纸，将模型的平面图、东立面图、西立面图、南立面图、北立面图以及门明细表和窗明细表分别插入至图纸中，并根据图纸内容将图纸视图命名，图纸编号任意。

（3）将模型文件以“房子 . rvt”为文件名进行保存。

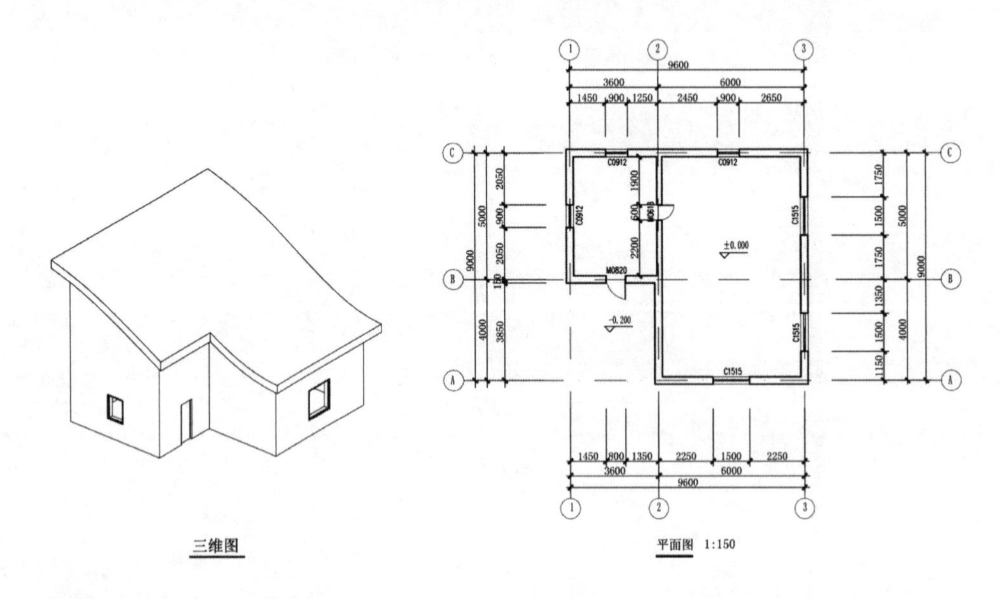

三维图　　　　平面图 1:150

2. 根据给出的图纸，按要求构建房屋模型，结果以“建筑”为文件名进行保存，并对模型进行渲染：

（1）已知建筑的内外墙厚均为 240mm，沿轴线居中布置，按照平、立面图纸建立房屋模型，楼梯、大门入口台阶、车库入口坡道、阳台样式参照图自定义尺寸，二层棚架顶部标高与屋顶一致，棚架梁截面高 150mm、宽 100mm，棚架梁间距自定，其中窗的型号分别为 C1815、C0615，尺寸分别为 800mm × 1500mm、600mm × 1500mm；门的型号分别为 M0615、M1521、M1822、JLM3022、YM1824，尺寸分别为 600mm×1500mm、1500mm×2100mm、1800mm×2200mm、3000mm×2200mm、1800mm×2400mm。

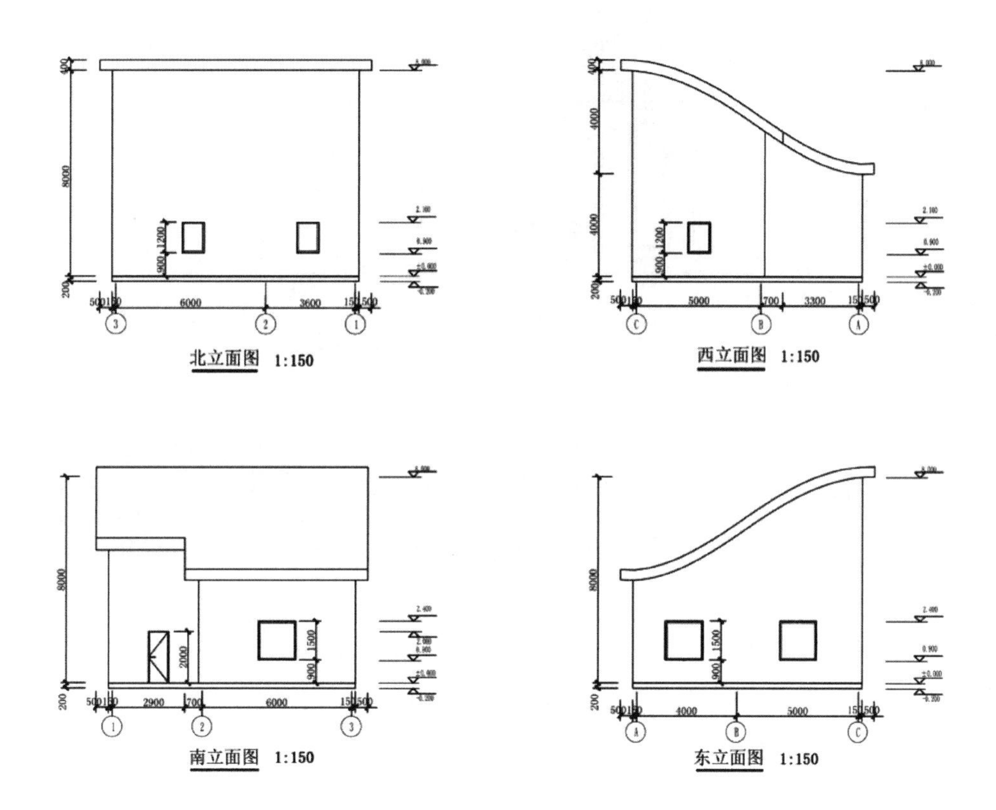

北立面图 1:150　西立面图 1:150

南立面图 1:150　东立面图 1:150

（2）对一层室内进行家具布置，可以参考给定的一层平面图。

（3）对房屋不同部位附着材质，外墙体采用红色墙面涂料，勒脚采用灰色石材，屋顶及棚架采用蓝灰色涂料，立柱及栏杆采用白色涂料。

（4）分别创建门和窗的明细表，门明细表包含类型、宽度、高度以及合计字段；窗明细表包含类型、底高度（900mm）、宽度、高度以及合计字段，明细表按照类型进行成组和统计。

（5）对房屋的三维模型进行渲染，设置蓝色背景，结果以“房屋渲染.jpg”为文件名进行保存。

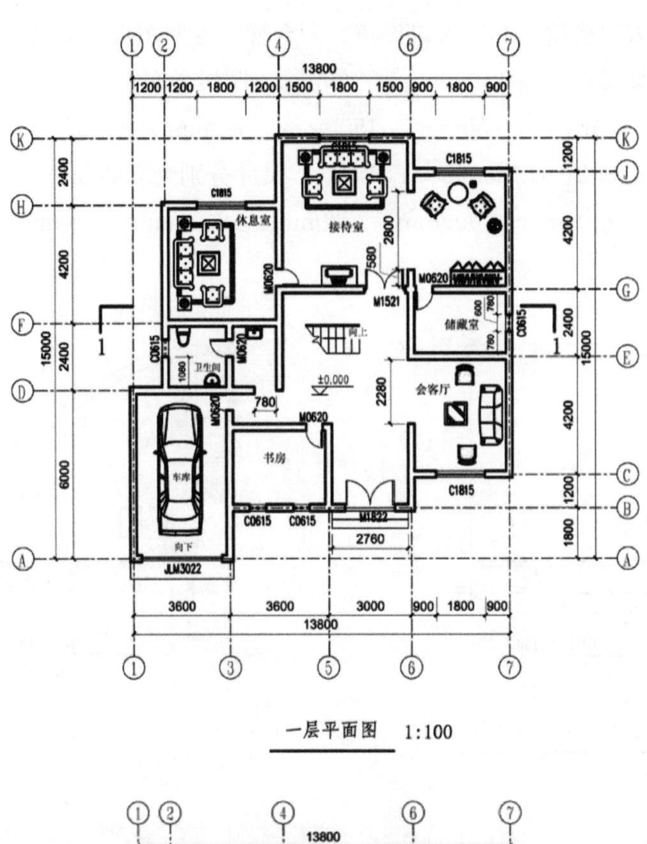

一层平面图　1:100

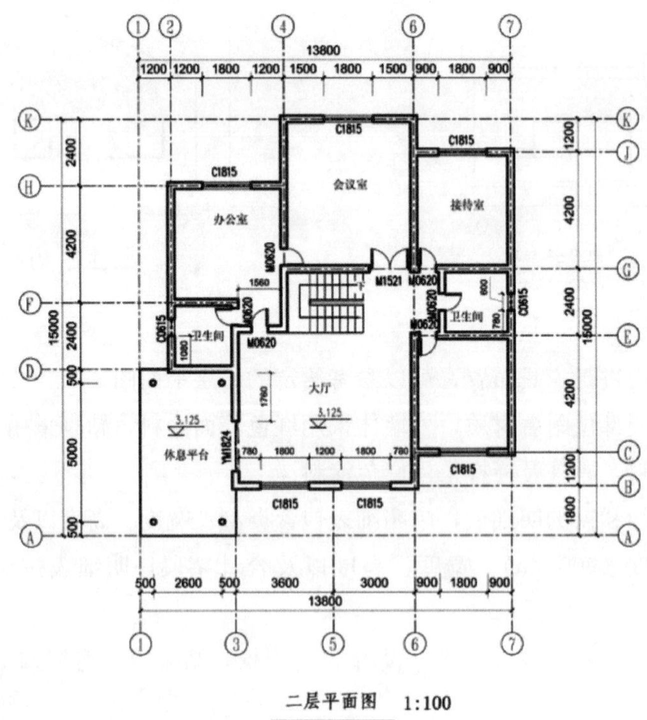

二层平面图　1:100

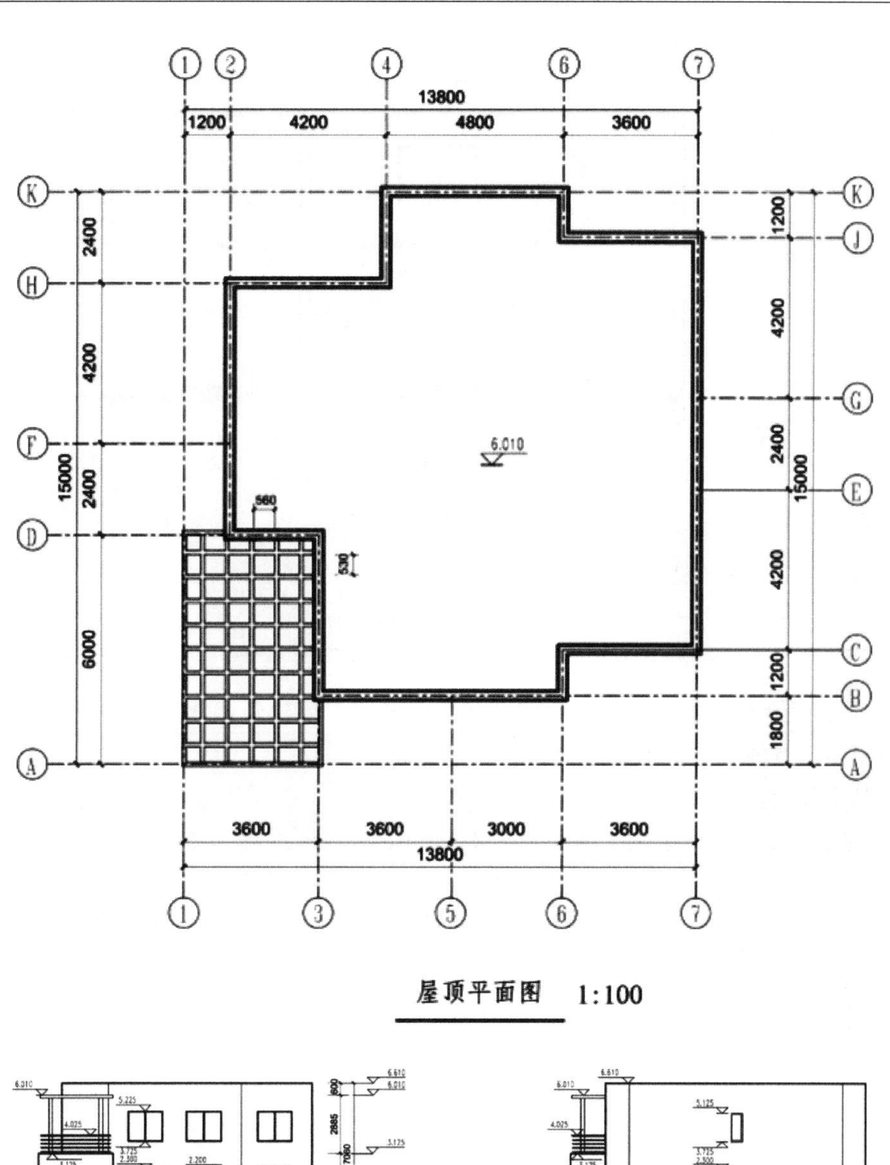

屋顶平面图　1:100

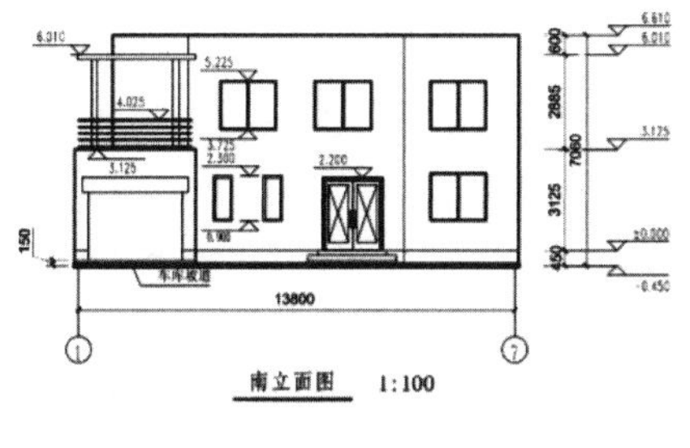

南立面图　1:100

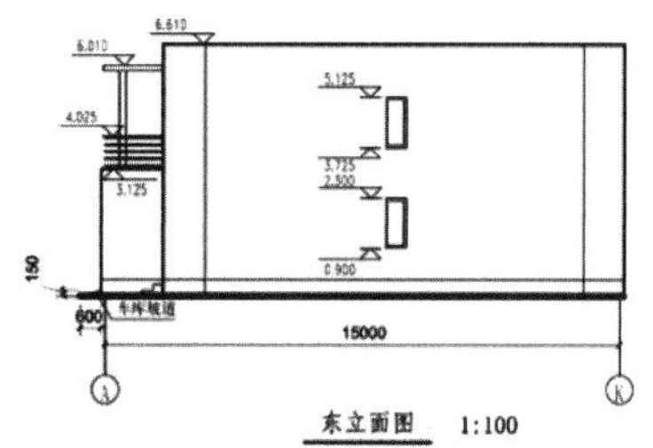

东立面图　1:100

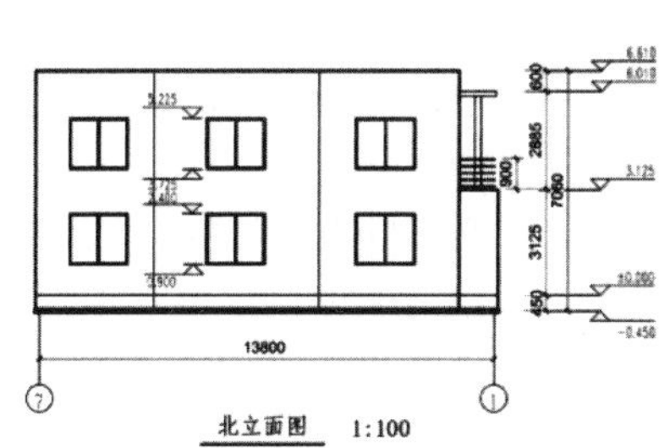

北立面图　1:100

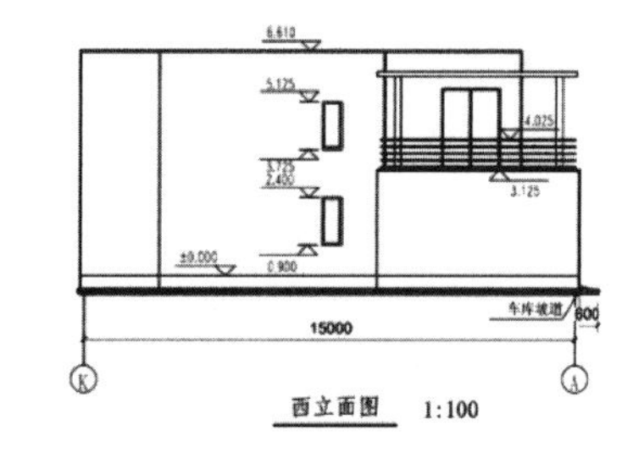

西立面图　1:100

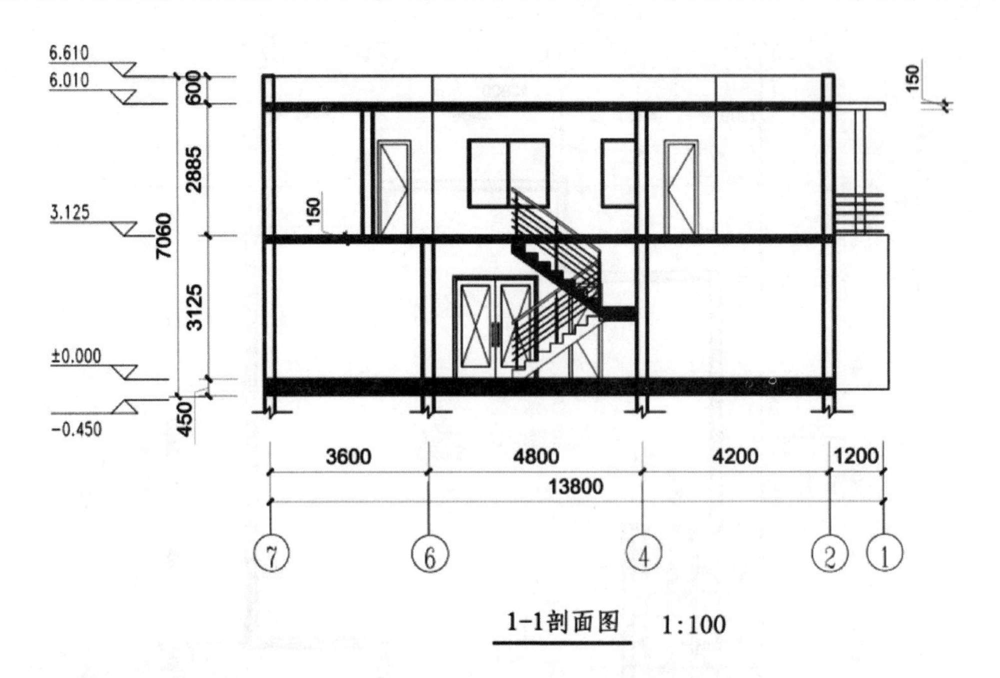

1-1剖面图 1:100

3. 参照下面给出的平面图、立面图，在给出的“三层建筑模板”文件的基础上，创建三层建筑模型，具体要求如下：

（1）基本建模。

① 创建墙体模型，其中内墙厚度均为100mm、外墙厚度均为240mm。

② 建立各层楼板模型，楼板厚度均为150mm，顶部与各层标高平齐。楼板在楼梯间处应开洞，并按图中尺寸创建并放置楼梯模型。楼梯扶手和梯井尺寸取适当值即可。

③ 建立屋顶模型。屋顶为平屋顶，厚度为200mm，出檐取240mm。

④ 按平面图要求创建房间，并标注房间名称。

⑤ 三层与二层的平面布置与尺寸完全一样。

（2）放置门窗及家具。

① 按平、立面要求，布置内外门窗和家具。其中外墙门窗布置位置需精确，内部门窗对位置不作精确要求。家具布置位置参考图中取适当位置即可。

② 门构件集共有四种型号：M1、M2、M3、M4；尺寸分别为：900mm×2000mm、1500mm×2100mm、1500mm×2000mm、2400mm×2100mm。同样的，窗构件集共有三种型号：C1、C2、C3；尺寸分别为：1200mm×1500mm、1500mm×1500mm、1000mm×1200mm。

③ 家具构件和门构件使用模板文件中给出的构件集即可，不要载入和应用新的构件集。

（3）创建视图与明细表。

① 新建平面视图，并命名为“首层房间布置图”。该视图只显示墙体、门窗、房间和房间名称。视图中房间需着色，颜色自行取色即可。同时给出房间图例。

② 创建门、窗明细表，门、窗明细表均应包含构件集类型、型号、高度及合计字段。明细表按构件集类型统计个数。

③ 建筑各层和屋顶标高处均应有对应的平面视图。

（4）最后，请将模型文件以“三层建筑”为文件名进行保存。

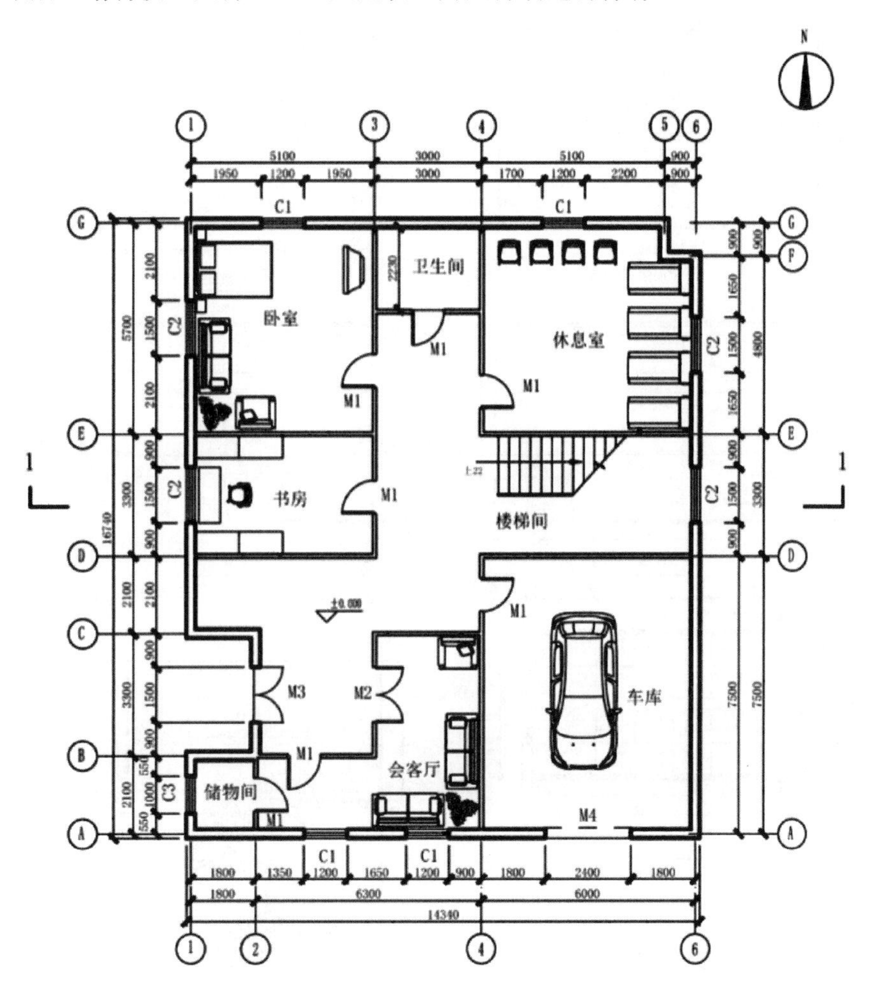

首层平面图　1:100

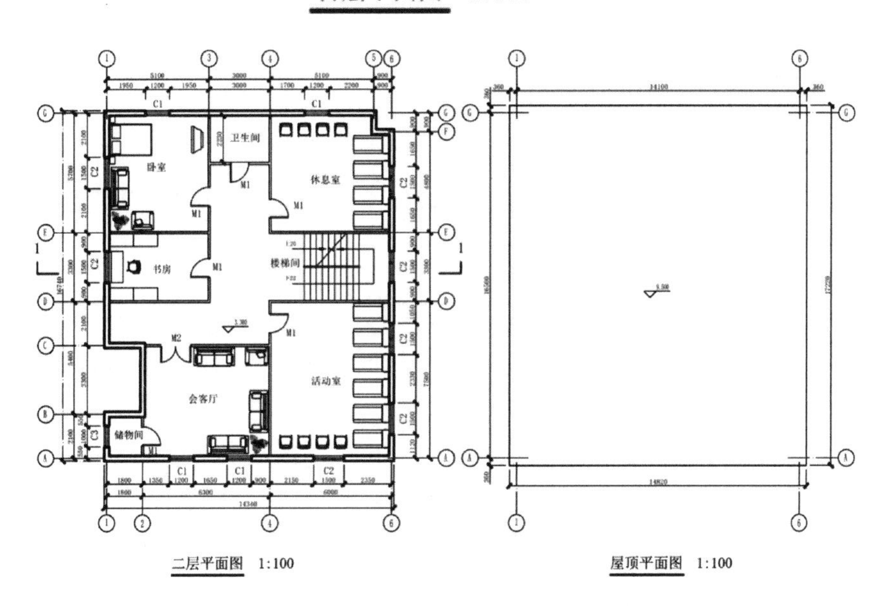

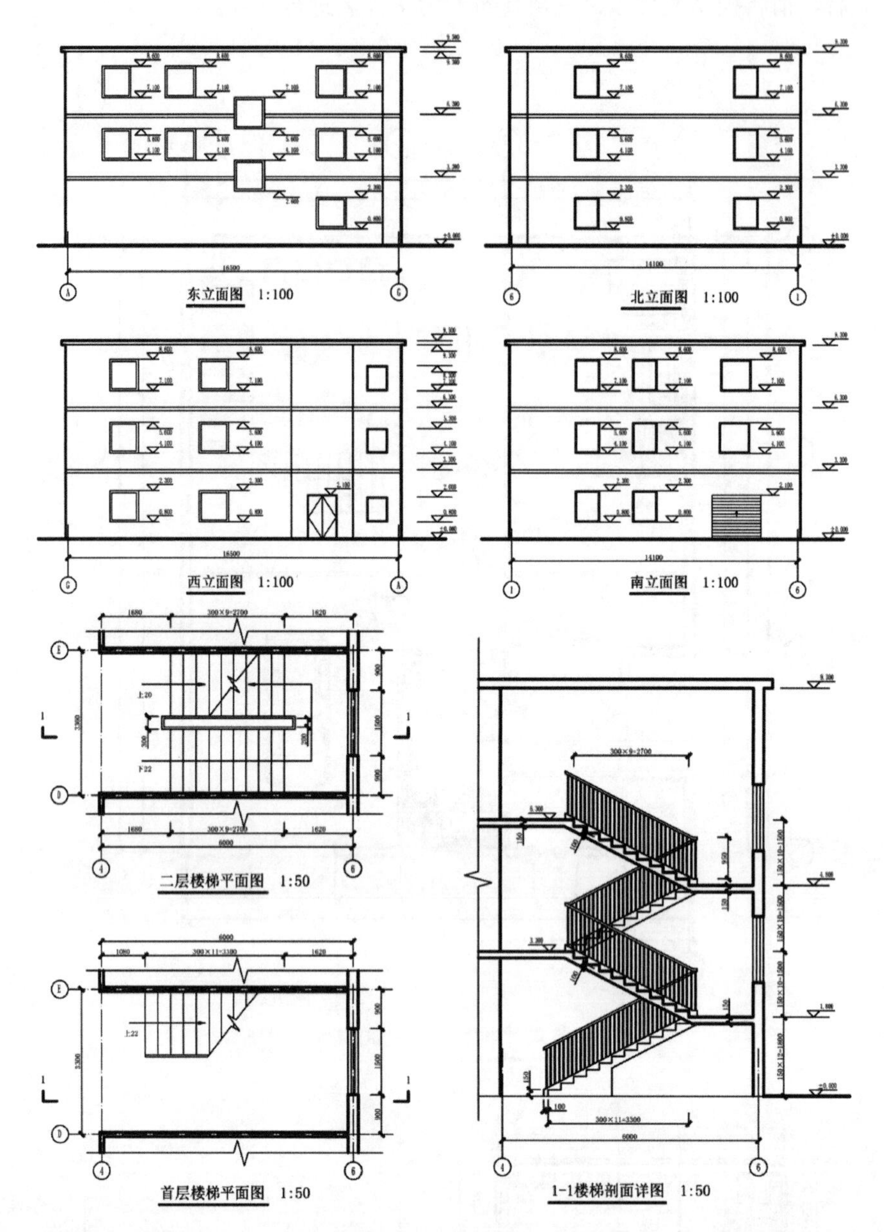

4. 根据给出的平面图、立面图、剖面图及楼梯详图，新建名为“结果输出”的文件夹，将结果文件存于该文件夹。具体要求如下：

（1）设置项目信息。

① 项目发布日期：2018 年 6 月 18 日。② 客户名称：街心花园小区。③ 项目地址：中国×××省×××市×××路×××号。④ 项目名称：N2 栋。⑤ 项目编号：2018×××－1。

（2）基本建模。

① 创建墙体模型，墙体定位及厚度见平面图，墙体均沿轴线对称。② 创建楼板及屋顶模型。其中，楼板厚度 150mm，平屋顶厚度 350mm。③ 创建楼梯模型，楼梯扶手和梯井尺寸取适当值即可。④ 标注房间名称。

（3）放置门窗及家具。

① 放置门窗，门窗尺寸见表 1，其中外墙门窗布置位置需精确，内部门窗对位置不作精确要求。

② 放置家具。根据平面图，对轴线 1、2 和轴线 22、23 间的卫生间进行蹲便器和洗手盆布置，布置位置参考图中取适当位置即可。

注：门窗及家具构件使用模板文件中给出的构件集即可，不要载入和应用新的构件集。

（4）按照表 1 创建门窗明细表。

表 1　门窗表

类别	名称	洞口尺寸		樘　数		合计
		宽	高	一层	二～六层	
窗	C1	1500	1200		5×2=10	10
	C2	1800	1500	4	5×4=20	24
	C3	900	1200	6	5×6=30	36
	C4	2700	1500	2	5×2=10	12
	C5	2100	1500	2	5×2=10	12
	C6	1200	1500	4	5×4=20	24
门	M-A	2360	2100	2		2
	M1	1000	2100	4	5×4=20	24
	M2	900	2100	12	5×12=60	72
	M3	800	2100	12	5×12=60	72
	M4	2100	2100	4	5×4=20	24
	M5	2400	2100	2	5×2=10	12
	M6	2700	2100	2	5×2=10	12

（5）建立图纸。

建立 A0 尺寸图纸，根据给定的平立剖面图，将模型的平面图、立面图、剖面图及门窗明细表分别插入图纸中，并根据图纸内容将图纸识图命名，图纸编号任意，可布置多张图纸。

（6）设置相机，对生成的三维视图命名。

在一楼轴线 1、2 间的卫生间内设置相机，使相机照向蹲便器和洗手盆，调整生成的三维视图，使蹲便器和洗手盆可见，将该三维视图命名为“相机-卫生间”；在一楼轴线 2、4 间的客厅处设置相机，使相机照向餐厅方向，调整生成的三维视图，使厨房、卫生间门可见，将生成的三维视图命名为“相机-餐厅”。

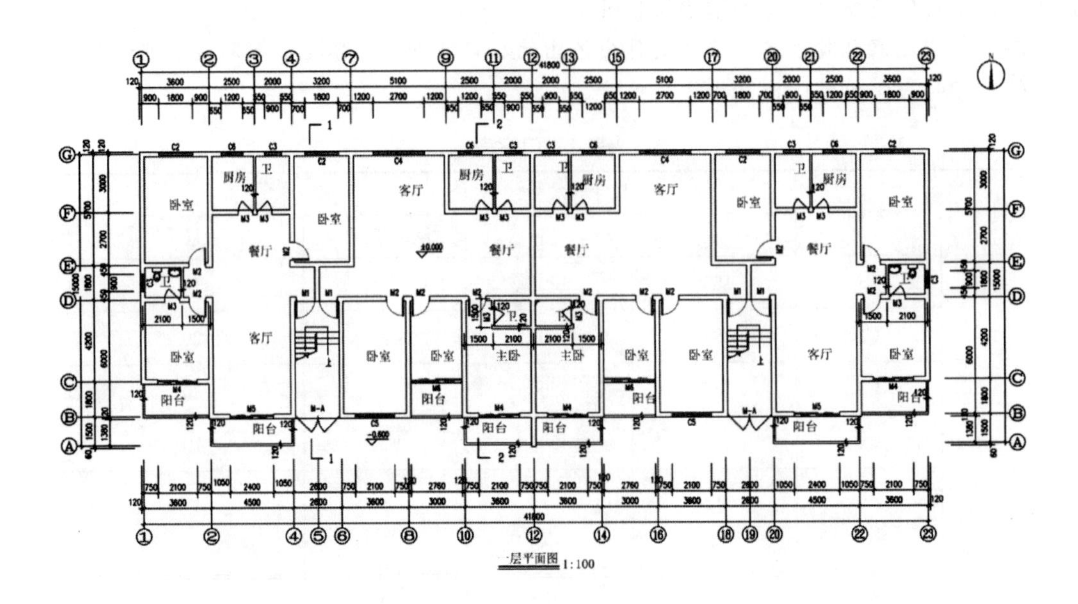

一层平面图 1:100

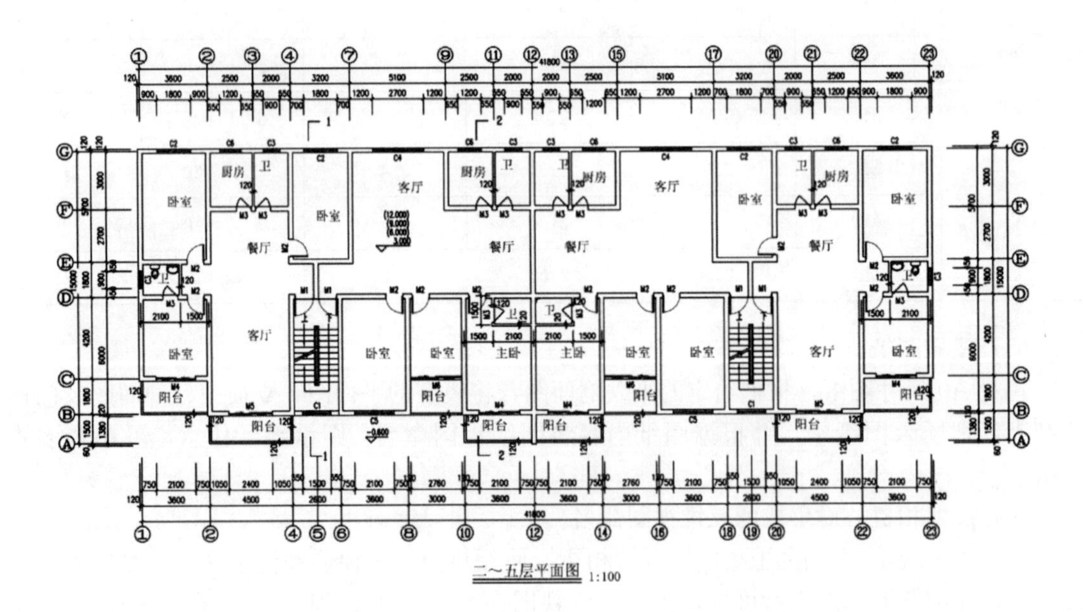

二～五层平面图 1:100

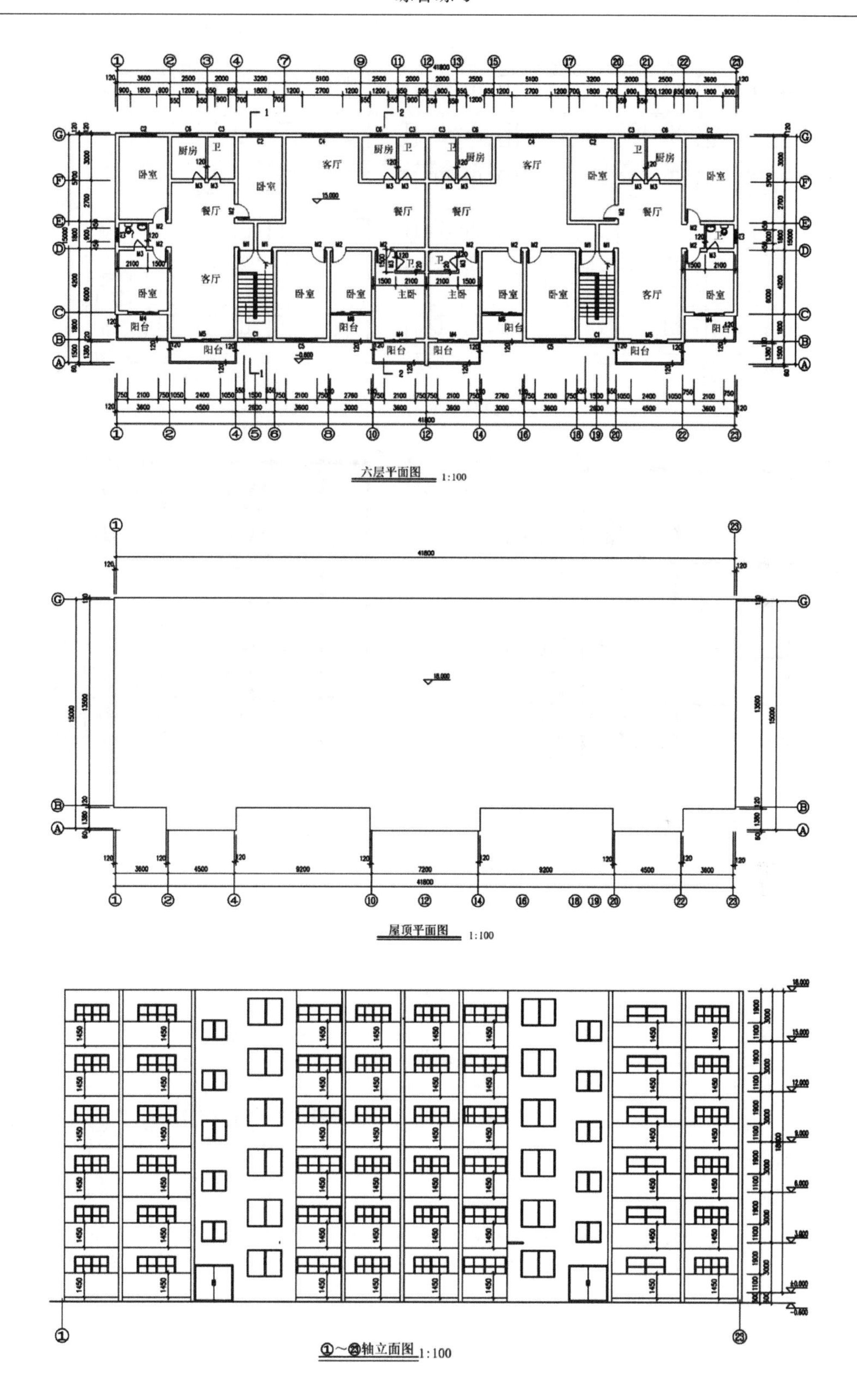

卧室
厨房
卫
客厅
餐厅
主卧
阳台
六层平面图 1:100
屋顶平面图 1:100
①～㉓轴立面图 1:100

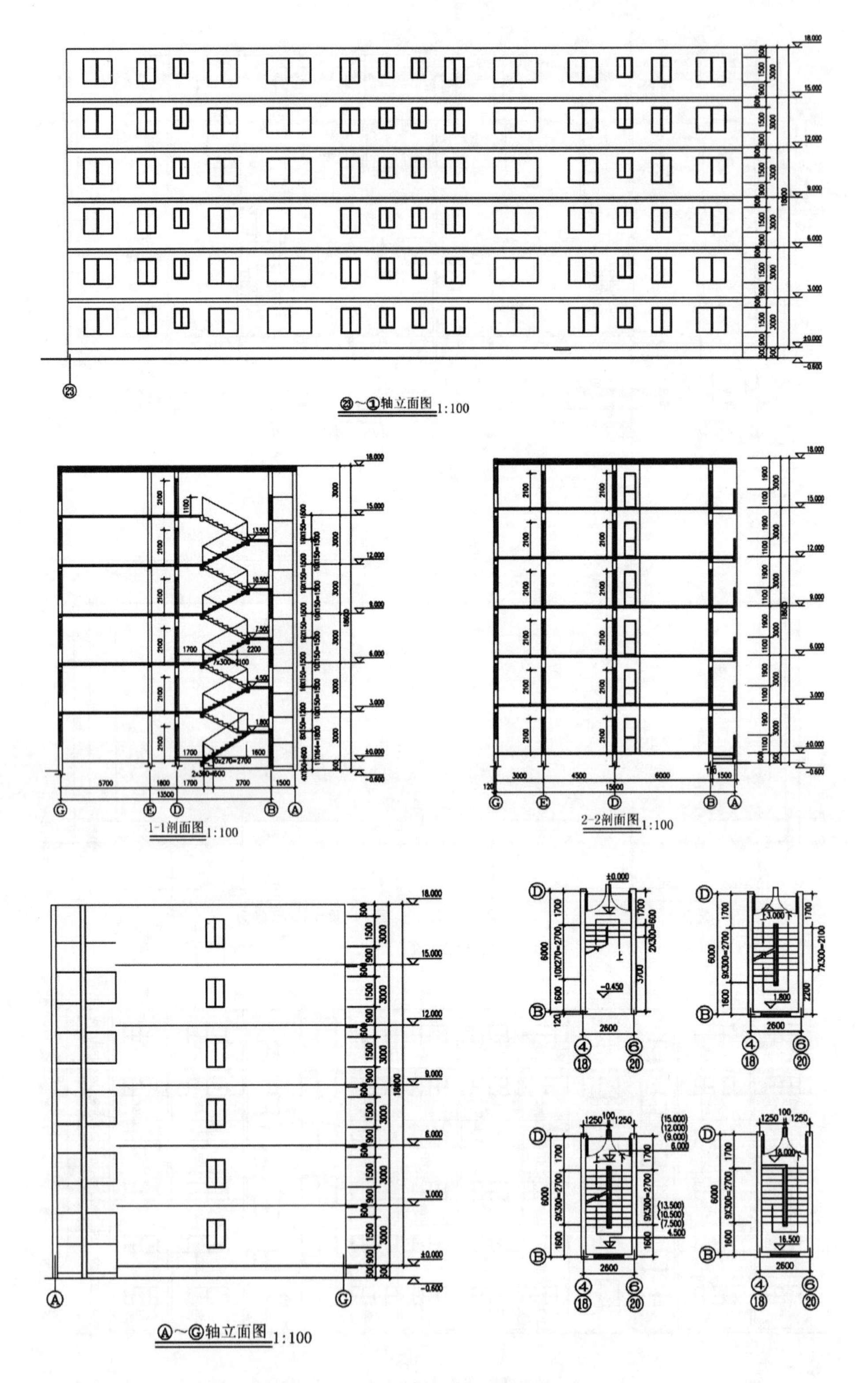

5. 根据以下要求和给出的图纸，创建模型并将结果输出。新建名为“输出结果”的文件夹，将结果文件存在该文件夹。

（1）BIM 建模环境设置 。

设置项目信息：项目发布日期为 2018 年 9 月 1 日；项目名称为污水处理站；项目地点地址为中国××省××市。

（2）BIM 参数化建模。

① 根据给出的图纸创建标高、轴网、建筑形体，包括墙、门、窗、柱、屋顶、楼板、楼梯、洞口、场地。其中，门窗要求尺寸与位置正确，窗台高度参见图纸。未标明尺寸与样式不作要求。

② 主要建筑构件的参数要求如下所示。

<table>
<tr><td rowspan="6">墙</td><td rowspan="3">地下室</td><td rowspan="2">外墙</td><td>100mm 聚苯乙烯保温板</td></tr>
<tr><td>300mm 混凝土</td></tr>
<tr><td>内墙</td><td>250mm 混凝土</td></tr>
<tr><td rowspan="3">地上</td><td rowspan="2">外墙</td><td>100mm 聚苯乙烯保温板</td></tr>
<tr><td>200mm 混凝土空心砌块</td></tr>
<tr><td>内墙</td><td>200mm 混凝土</td></tr>
</table>

结构柱	尺寸：500×500mm
屋顶	厚度：150mm
楼板	厚度：150mm
场地	材质：土壤-自然

（3）创建图纸。

① 创建窗明细表，要求包含类型、宽度、高度、底高度以及合计字段，并计算总数。

② 建立 A3 尺寸图纸，创建“1-1 剖面图”图纸，样式（尺寸标注；视图比例：1：100；图纸命名：1-1 剖面图；楼板截面填充图案：实心填充；高程标注；轴头显示样式：在底部显示）要求与题目一致。

（4）模型文件管理。

① 用“污水处理站”为项目命名并保存。

② 将创建的“1-1“剖面图”图纸导出为 AutoCAD DWG 文件，命名为“1-1 剖面图”。

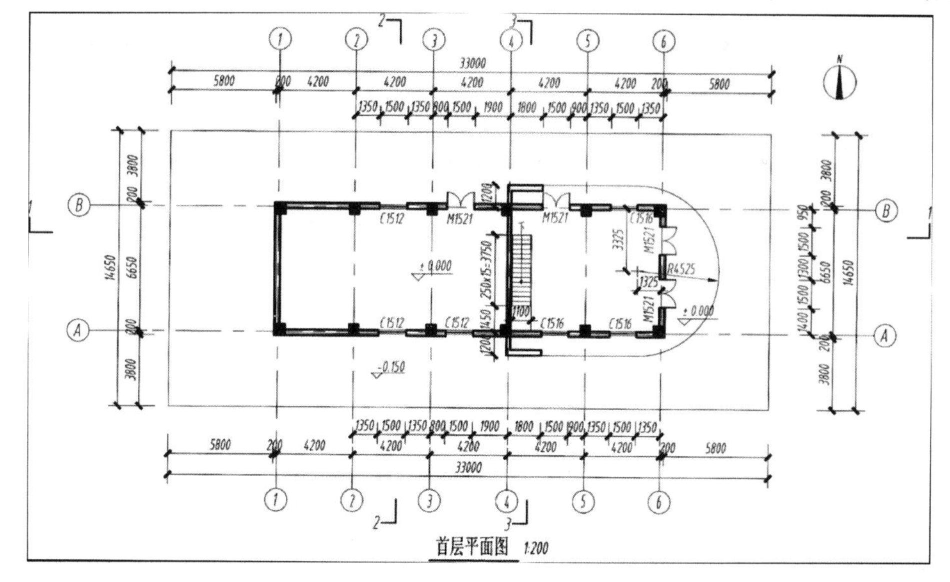

首层平面图 1:200

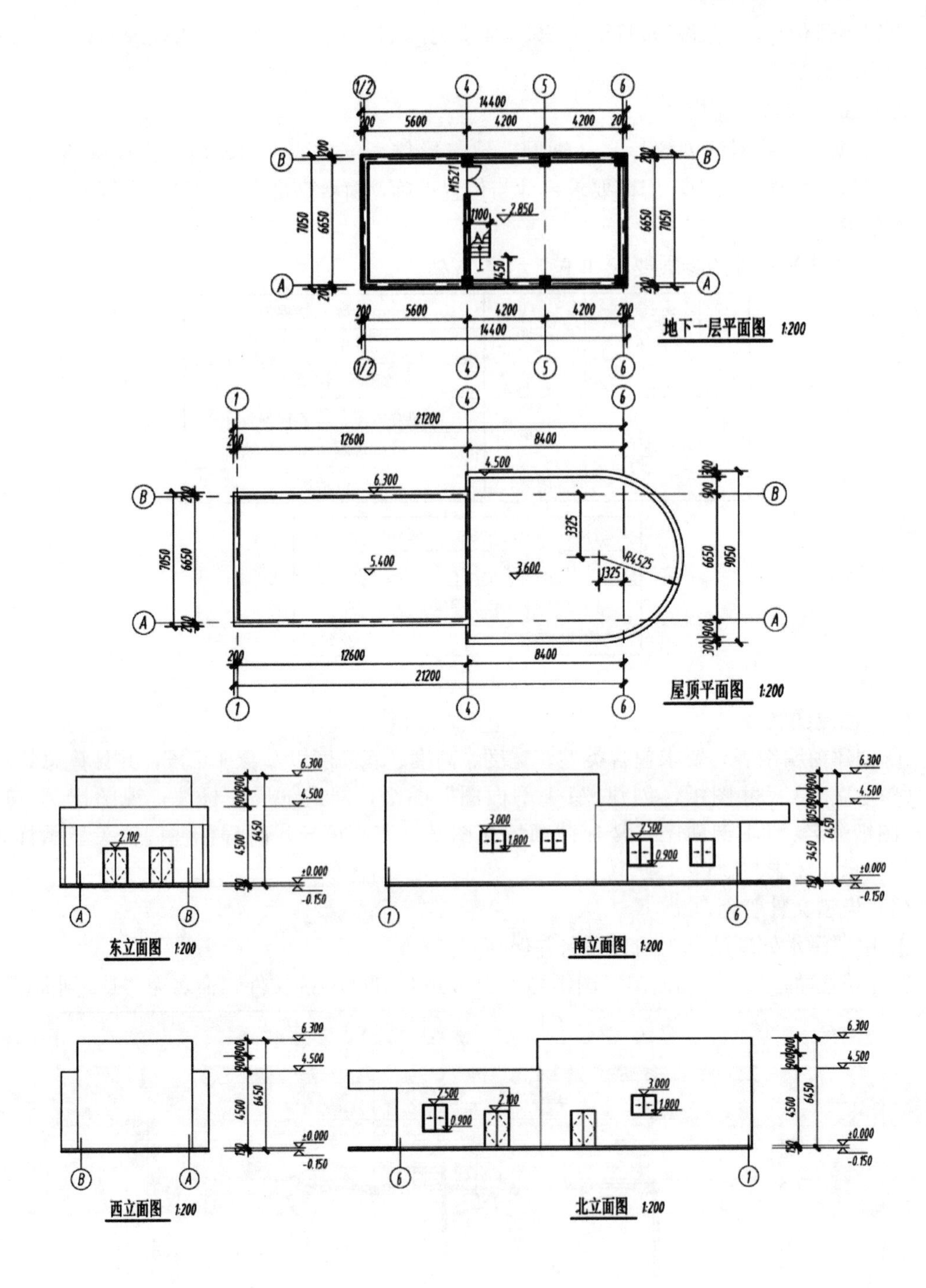

地下一层平面图 1:200
14400
5600
4200
200
7050
6650
M1521
-2.850
1100
1450
屋顶平面图 1:200
21200
12600
8400
6.300
4.500
5.400
3.600
3325
R4525
1325
9050
900
300
东立面图 1:200
南立面图 1:200
西立面图 1:200
北立面图 1:200
6.300
4.500
±0.000
-0.150
2.100
3.000
2.500
1.800
0.900
6450
4500
3450
1050
150

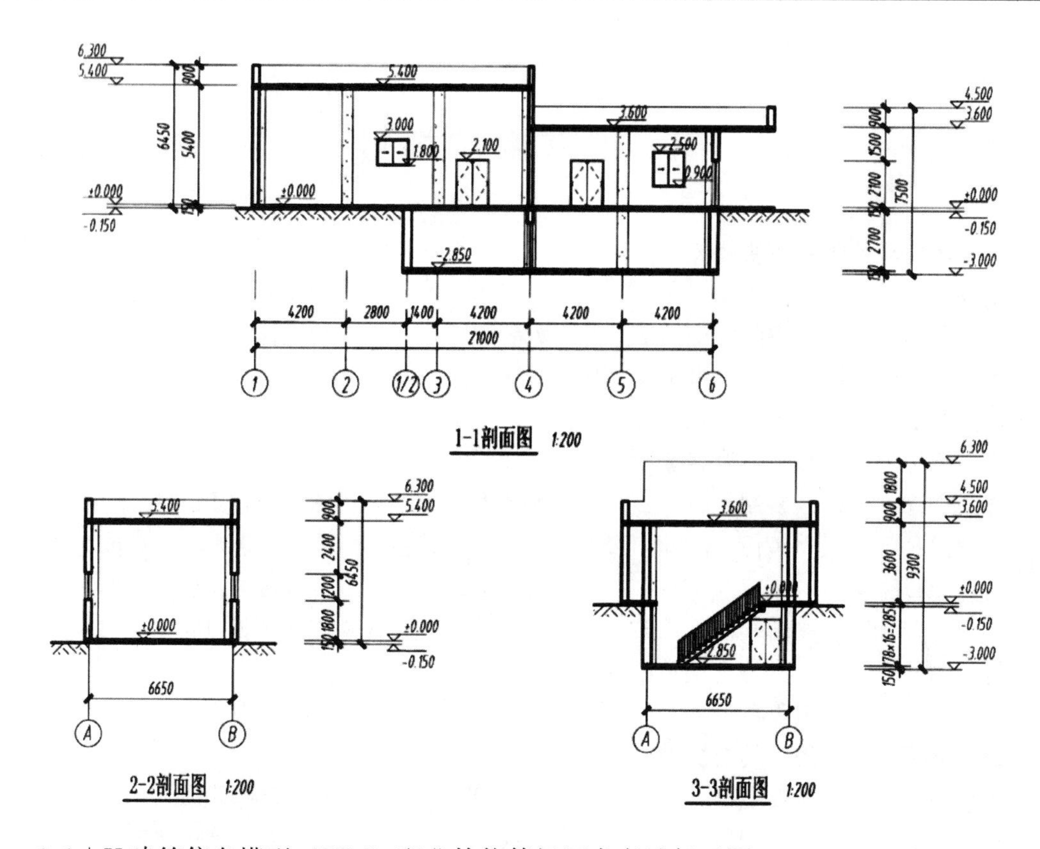

6.1+X 建筑信息模型（BIM）职业技能等级证书考试复习题

扫描二维码，
下载复习题

Revit 常用快捷键

一、建模与绘图常用快捷键

墙 WA　　门 DR　　窗 WN　　轴线 GR　　标高 LL
房间 RM　　房间标记 RT　　文字 TX　　对齐标注 DI　　放置构建 CM
工程点标注 EL　　绘制参考平面 RP　　按类别标记 TG　　模型线 LI
详图线 DL

二、标记修改工具常用快捷键

移动 MV　　复制 CO　　删除 DE　　图元属性 PP 或 Ctrl＋1
阵列 AR　　镜像-拾取轴 MM　　定义旋转中心 R3 或空格键　　旋转 RO
对齐 AL　　创建组 GP　　填色 PT　　拆分区域 SF　　线处理 LW
锁定位置 PP　　解锁位置 UP　　匹配对象类项 MA　　修剪延伸 TR
拆分图元 SL　　在整个项目中选择全部实例 SA　　偏移 OF
重复上一个命令 RC 或 Enter　　恢复上一次选择集 Ctrl＋左方向键

三、捕捉替代常用工具快捷键

中点 SM　　交点 SI　　端点 SE　　中心 SC
切点 ST　　关闭替换 SS　　形状闭合 SZ　　关闭捕捉 SO
捕捉远距离对象 SR　　象限点 SQ　　垂足 SP　　最近点 SN
捕捉到云点 PC　　点 SX　　工作平面网络 SW

四、控制视图常用快捷键

可见性图形 VV/VG　　临时隐藏图元 HH
临时隔离图元 HI　　快捷键定义窗口 KS
视图窗口平铺 WT　　视图窗口层叠 WC
隐藏图元 EH　　隐藏类别 VH
取消隐藏图元 EU　　临时隐藏类别 HC
临时隔离类别 IC　　重设临时隐藏 HR
取消隐藏类别 VU　　切换显示隐藏图元模式 RH
渲染 RR　　区域放大 ZR
缩放配置 ZF　　上一次缩放 ZP
动态视图 F8 或 Shift＋W　　线框显示模式 WF
隐藏线显示模式 WF　　带边框着色显示模式 SD
细线显示模式 TL　　视图图元属性 VP

习题解答

练习题 1 解答

1. BIM 技术给承包商带来的应用价值，主要体现在哪些方面？

答：(1) 支持施工计划的制订。

(2) 支持现场建造活动。

(3) 支持减少及避免返工。

(4) 支持工程计量和计价。

(5) 支持项目综合管控。

(6) 支持虚拟装配。

(7) 支持非现场建造活动。

2. 视图专有图元包括哪些内容？

答：该类图元只显示在放置这些图元的视图中，可以帮助对模型进行描述和归档，如尺寸标注、标记和三维详图构件等。视图专有图元又分为以下两种类型。

(1) 注释图元。指对模型进行标记注释并在图纸上保持比例的二维构件，如尺寸标注、标记和注释记号等。

(2) 详图。指在特定视图中提供有关建筑模型详细信息的二维设计信息图元，如详图线、填充区域和二维详图构件等。

3. 应用程序菜单“选项”，需设置哪些内容？

答：(1) 常规选项：设置保存自动提醒时间间隔，设置用户名，设置日志文件数量。

(2) 用户界面选项：配置工具和分析选项卡，快捷键设置。

(3) 图形选项：设置背景颜色，设置临时尺寸标注的外观。

(4) 文件位置选项：设置项目样板文件路径，族样板文件路径，设置族库路径。

4. “属性面板”包括哪些内容？

答：(1)“类型选择器”。若在绘图区域中选择了一个图元，或有一个用来放置图元的工具处于活动状态，则“属性”选项板的顶部将显示“类型选择器”。

(2)“属性过滤器”。类型选择器的正下方是一个过滤器，该过滤器用来标识将由工具放置的图元类别，或者标识绘图区域中所选图元的类别和数量。

(3)“编辑类型”。单击“编辑类型”按钮将会弹出“类型属性”修改对话框，对“类型属性”进行修改将会影响该类型的所有图元。

(4)“实例属性”，修改实例属性仅修改被选择的图元，不修改该类型的其他图元。

5. 视图控制栏包括哪些内容？

答：通过“视图控制栏”对图元可见性进行控制，视图控制栏位于绘图区域底部，状态栏的上方。内有比例、详细程度、视觉样式、日光路径、阴影、裁剪视图、显示裁剪区域、、临时隐藏/隔离、显示隐藏的图元、临时视图属性、显示分析模型及显示约束等工具。视觉样式、日光路径、阴影、临时隐藏/隔离、显示隐藏的图元是常用的视图显示工具。

练习题 2 解答

1. 建模的基本技能包括哪些内容?

答:(1) 模型。创建设计的三维虚拟表示。项目的视图是特定位置模型的切面。模型的每个视图都是图元的实时视图。如果在某个视图中移动一个图元，那么此图元在所有视图中的位置都将立即更改。该模型也采用限制条件对设计意图进行编码。

(2) 限制条件。限制条件在图元之间建立关系，所以当某个图元修改后，其限制的图元也将更改，从而保持模型的设计意图。例如，墙的顶部可以限制到屋顶。当屋顶升高、降低或修改坡度时，由于限制条件，墙会响应并保持连接到屋顶图元。

(3) 草图。定义图元的边界，如屋顶或楼板。在大多数情况下，图元的草图必须构成一个闭合的线环以使其有效。绘制线可限制到其他图元，以确保图元的边界与模型中的其他图元保持重要的关系。

(4) 视图。从特定的视点(例如模型的楼层平面或剖面)显示模型。所有视图都是实时的，在某个视图中对一个对象所作的修改将立即传播到模型的其他视图，从而保持所有的视图同步。视图还会确定模型图元在放置时所处的位置。例如，屋顶平面视图确定了放置屋顶的工作平面，以将其定位到正确的高度。

2. 绘制的基本技能包括哪些内容?

答:(1) 草图模式。该环境可绘制尺寸或形状不能自动确定的图元，如屋顶或楼板。进入草图模式时，功能区显示正在创建或编辑的草图类型所需的工具，以及其他以半色调显示的图元。

(2) 闭合环草图。建筑对象(如楼板或天花板)的草图，由连续的连在一起的线绘制而成。绘制线不能重叠并且在草图中不能有任何间隙。

(3) 绘制面板。功能区中的工具显示区，可用于绘制草图线，例如“线”和“矩形”。

(4) 拾取工具(墙、线、边)。绘制草图时，可以选择现有墙、线或边。使用“拾取线”时，“选项栏”上有一个“锁定”选项(用于某些图元)，可以将绘制线锁定到拾取的图元。

(5) 链选项。选项栏上的选项，用于绘制草图时连接线段。当选择“链”选项时，上一条线的终点自动成为下一条线的第一个点。

(6) 编辑边界。用于进入草图模式以修改图元草图形状的工具。若要编辑草图，请单击选择图元，然后在上下文选项卡上，单击“编辑边界”。

3. 项目基本设置包括哪些内容?怎样进行设置?

答:对建筑模型进行操作时，Revit 将收集有关建筑项目的信息，并在项目的其他所有表现形式中协调该信息。Revit 参数化修改引擎可自动协调在任何位置(模型视图、图纸、明细表、剖面和平面中)进行的修改。

(1) 项目信息。点击“管理”选项栏下“设置”面板中的“项目信息”工具，输入日期、项目地址、项目名称等相关信息，点击“确定”。

(2) 项目单位。点击“设置面板”中的“项目单位”，设置“长度”、“面积”、“角度”等单位。默认值长度的单位是“mm”，面积的单位是“m^2，角度的单位是“°”。

(3) 捕捉。点击“设置面板”中的“捕捉”，可修改捕捉选项。

4. 如何操作全导航控制盘?

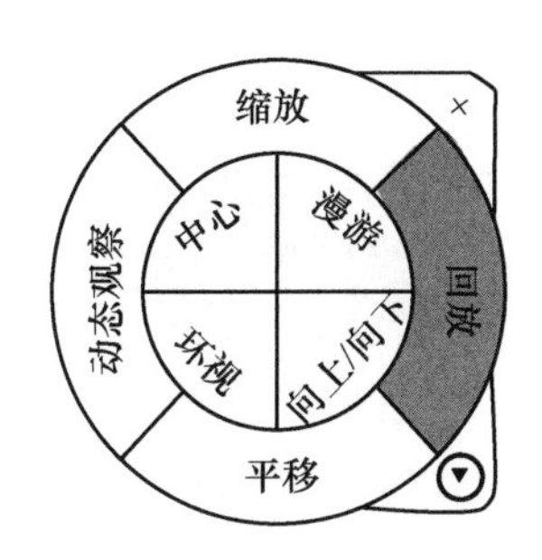

答：鼠标左键按住“动态观察”选项不放，鼠标光标会变为“动态观察”状态，左右移动鼠标，将对三维视图中的模型进行旋转。视图中绿色球体表示动态观察时视图旋转的中心位置，鼠标左键按住控制盘的“中心”选项不放，可拖动绿色球体至模型上的任意位置，松开鼠标左键，可重新设置中心位置。

5. 什么是图元的选择？包括哪些操作?

答：是建筑建模中最基本的操作命令，和其他的 CAD 设计软件一样，Revit 软件也提供了单击选择、窗选和交叉窗选等方式。具体操作方法如下所述。

(1) 单击选择

在图元上直接单击进行选择是最常用的图元选择方式。在视图中移动光标到某一构件上，当图元高亮显示时单击，即可选择该图元，

(2) 窗选

窗口选取是以指定对角点的方式定义矩形选取范围的一种选取方法。使用该方法选取图元时，只有完全包含住矩形框中的图元才会被选取，而只有一部分进入矩形框中的图元将不会被选取。

(3) 交叉窗选

在交叉窗口模式下，用户无须将欲选择图元全部包含在矩形框中，即可选取该图元。交叉窗口选取与窗口选取模式很相似，只是在定义选取窗口时有所不同。

练习题 3 解答

第 1 题解答

第 2 题解答

第 3 题解答

第 4 题解答

练习题 4 解答

第 1 题解答

第 2 题解答

第 3 题解答

练习题 5 解答

练习题 5 解答

练习题 6 解答

第 1 题解答

第 2 题解答

第 3 题解答

练习题 9 解答

第 1 题解答

第 2 题解答

第 3 题解答

第 4 题解答

练习题 15 解答

第 1 题解答

第 2 题解答

第 3 题解答

第 4 题解答

第 5 题解答

练习题 16 解答

第 1 题解答

第 2 题解答

第 3 题解答

第 4 题解答

第 5 题解答

综合练习解答

第 1 题解答

第 2 题解答

第 3 题解答

第 4 题解答

第 5 题解答

第 6 题解答

综合练习讲课中出现需纠正的错误